2023年
重点学术活动成果集

天津市社会科学界联合会 ◎ 编

天津出版传媒集团
天津人民出版社

图书在版编目(ＣＩＰ)数据

2023 年重点学术活动成果集 / 天津市社会科学界联
合会编. -- 天津：天津人民出版社, 2024.4
　　(天津社科理论文库)
　　ISBN 978-7-201-20421-5

　　Ⅰ.①2… Ⅱ.①天… Ⅲ.①学术研究－研究成果－
天津－2023 Ⅳ.①G322.721

　　中国国家版本馆 CIP 数据核字(2024)第 080525 号

2023 年重点学术活动成果集
2023 NIAN ZHONGDIAN XUESHU HUODONG CHENGGUO JI

出　　版	天津人民出版社
出 版 人	刘锦泉
地　　址	天津市和平区西康路35号康岳大厦
邮政编码	300051
邮购电话	（022）23332469
电子信箱	reader@tjrmcbs.com

策划编辑	郑　玥
责任编辑	郭雨莹
特约编辑	王佳欢　林　雨　佐　拉　武建臣
装帧设计	汤　磊

印　　刷	天津新华印务有限公司
经　　销	新华书店
开　　本	710毫米×1000毫米　1/16
印　　张	38.5
插　　页	2
字　　数	600千字
版次印次	2024年4月第1版　2024年4月第1次印刷
定　　价	198.00元

前　言

2023 年是全面贯彻党的二十大精神的开局之年，也是全面建设社会主义现代化国家新征程的起步之年。一年来，在习近平新时代中国特色社会主义思想和党的二十大精神科学指引下，天津市社会科学界联合会扎实组织开展学术交流活动，营造更好学术氛围，激发更多学术自觉，持续在打造品牌、搭建平台上作出努力，不断探索推进有组织科研。

一批高质量学术交流活动成功举办，品牌效应、平台优势不断放大。举办天津市"新时代青年学者论坛"1 场，专注打造学术研究"先锋营"，引领青年学者围绕"以天津优势助力'十项行动'扎实推进'三个着力'生动实践"深化研究，以学术研究成果推进战略规划、政策制定与行动实施，更好服务国家战略和全市中心工作。召开 2 场天津市社会科学界学术年会，聚焦深入学习贯彻习近平文化思想，组织基础学科和交叉学科不同领域知名专家学者对中华民族现代文明开展多维度探讨。第八届天津市当代中国马克思主义论坛引领研究队伍深化当代中国马克思主义体系化、学理化研究，加强原理性理论的重点研究和深度阐释，让当代中国马克思主义、二十一世纪马克思主义展现出更为强大的真理力量。社科类社会组织百家争鸣，凝聚哲学、政治学、社会学等学科力量，多场交流研讨精彩纷呈，思想碰撞中不断形成高质量研究成果，一批优秀论文在《工业技术经济》《行政管理改革》《理论与现代化》等学术期刊发表。《天津社科理论文库——2023 年重点学术活动成果集》汇集了上述论坛、年会以及部分社科类社会组织学术活动的成果。

从活动组织到理论文库成书,得到全市各高校、科研机构以及有关单位的大力支持。天津师范大学历史文化学院院长张乃和教授、天津师范大学新时代马克思主义研究院执行院长杨仁忠教授、天津大学非物质文化遗产研究中心主任耿涵副教授、中共天津市委党校科研处副处长李卫永等同志作出了重要贡献。天津人民出版社编辑团队的专业指导和耐心帮助使本书得以顺利完成。在此,对关心支持和参与本书出版的领导、专家和朋友们一并表示衷心感谢!

天津市社会科学界联合会

2023 年 12 月

目　录

天津市社会科学界学术年会篇

天津市当代中国马克思主义论坛篇

社科类社会组织学术活动篇

天津市"新时代青年学者论坛"篇

为天津高质量发展汇聚"理论津军"智慧力量

——天津市"新时代青年学者论坛"(2023)

会议综述

6月13日,由天津市委宣传部、市社科联主办,市委党校承办的天津市"新时代青年学者论坛"(2023)在市委党校举办。来自天津社科界的百余名专家和青年学者齐聚论坛,围绕"以天津优势助力'十项行动'扎实推进'三个着力'生动实践"主题,深入交流研讨,共话天津发展。

发挥平台作用 培养时代新人

市委党校分管日常工作的副校长徐瑛在致辞中感谢市委宣传部和市社科联再次给予市委党校承办论坛的机会。他激励青年学者坚定治学志向,始终牢固树立以人民为中心的研究导向,切实为人民做实学问、做好学问、做真学问;把握发展大势,扎根于强国建设和民族复兴的伟大实践,争做伟大复兴的推动者、奉献者;勇于担当作为,深刻把握习近平新时代中国特色社会主义思想的世界观、方法论,以及贯穿其中的立场、观点和方法,用以深化理论研究、推动学术创新,着力在提高学理深度、思想高度、思维广度上下功夫。

2023年是天津市"新时代青年学者论坛"创立的第五年,市社科联党组成员、专职副主席袁世军在致辞中表示,论坛为天津市社科界青年学者搭建了学术交流的有力平台,充分激发了青年学者奋进新征程的理论自觉和行动自觉,为天津高质量发展汇聚了理论"津军"的智慧力量。广大青年学者要持续推进新时代党的创新理论的学科化研究、学理化阐释;要立足时代前沿,推动中国特色哲学社会科学体系建设;要抓住机遇,多出作品、出好作品,在奋进新征程、开创新局面中展现学术担当。

奋力谱写中国式现代化的天津篇章

坚持中国式现代化的理论指导和实践探索,深化改革创新,持续攻坚克难,才能使天津在中国式现代化的进程中大有作为。南开大学马克思主义学院院长刘凤义以《在高质量发展中推进中国式现代化》为题作主旨报告,阐明中国式现代化是中国共产党领导的社会主义现代化,既有各国现代化的共同特征,更有基于自己国情的中国特色。高质量发展是全面建设社会主义现代化国家的首要任务,推动高质量发展要加强党对经济工作的集中统一领导,发挥社会主义经济制度优势,努力在利用好和驾驭好市场经济中破解政府和市场关系的世界难题。

南开大学京津冀协同发展研究院秘书长张贵的主旨报告,以《京津冀协同发展:新逻辑新征程》为题,分析了京津冀协同发展面临的新挑战和京津冀协同发展的实践逻辑。他指出,统筹京津冀协同发展和天津高质量发展,首先要加强承接载体建设,当好北京非首都功能疏解的主要承载地;其次要深化重点领域协同,争当战略合作的"排头兵";最后要完善配套功能和体制机制,增强协同发展的吸引力。

在社会主义现代化大都市建设中挺膺担当

与会学者围绕论坛主题展开深入研讨交流。市委党校政治学与统战理论教研部龚艳教授认为,全面建设社会主义现代化国家,最艰巨最繁重的任务仍然在农村,治理农村首要是巩固拓展脱贫攻坚成果。农村低保政策的运行,不仅关系到国家公共产品供给的质量和效益,更关乎党的群众基础。要坚持以"三个着力"尤其是"着力保障和改善民生"为引领,健全和完善农村低保政策。

天津科技大学马克思主义学院杨新莹副教授谈到,"让人民监督政府"和"自我革命"是解决"大党独有难题"、跳出历史周期率的两个答案。新的"赶考"之路,我们要深刻领会"两个答案"的内涵要旨,把握"两个答案"之间机制互补、逻辑递延、内在统一的辩证关系,走好党领导下的民主监督和自我革命相结合的新道路。

天津职业大学马克思主义学院沈元军副教授指出,中国式现代化既具有世界现代化的普遍特征,又具有中国特色的五大特征和九个方面的本质要求,实现中国式现代化是一项复杂的社会系统工程,必须坚持系统观念科学方法论,谋划和推进中国式现代化的整体呈现,以中国式现代化全面推进中华民族伟大复兴。

南开大学经济学院夏帅博士认为,产业结构与科技创新在区域经济与环境效应中扮演着重要角色,区域间应当充分发挥各自比较优势,加强功能互补,协同推进区域产业结构优化升级,聚力促进区域间资源的自由流动与知识的充分溢出,共享区域间科技创新成果,推进区域整体高质量发展。

论坛的保留环节"期刊编辑与学者面对面"依然座无虚席,气氛热烈。与会者一致认为,新时代青年学者要在奋进中国式现代化新场景中找目标、找任务,自觉把个人学术追求同国家社会需要结合起来,聚焦聚力京津冀协同发展、天津高质量发展等中心工作,推出更多高质量理论和咨政成果,更好地助力习近平总书记重要指示批示精神和党的二十大的重大决策部署在天津落地见效。

在经济规律体系中深入理解和把握高质量发展

刘凤义

[摘要]在经济规律体系中认识和把握一个社会经济活动的特征和趋势，是马克思主义政治经济学的科学方法论。根据马克思主义政治经济学关于经济规律体系的思想方法，对于一定社会的经济活动是不是高质量发展，可以从生产力和生产关系的辩证关系、经济有机体的循环畅通、市场经济中的供求关系三个层次来加以判断。习近平总书记关于高质量发展的重要论述，体现了对马克思主义政治经济学关于经济规律体系思想方法的创造性运用和创新性发展，构成了习近平经济思想的重要内容。从高质量发展应遵循的经济规律体系出发，把握好以高质量发展推进中国式现代化的方向性问题。

[关键词]经济规律体系；习近平经济思想；高质量发展；新发展理念

党的二十大报告指出，高质量发展是全面建设社会主义现代化国家的首

作者简介：刘凤义，南开大学党委宣传部长，南开大学政治经济学研究中心教授、博士生导师。本文系刘凤义教授在天津市"新时代青年学者论坛"（2023）上作的主旨报告，后发表于《马克思主义研究》，2023 年第 7 期。

要任务,同时也明确提出高质量发展是中国式现代化的本质要求之一。高质量发展既是一个重大的理论问题,又是一个重大的实践问题,在习近平经济思想中具有重要地位。习近平总书记关于高质量发展有丰富的论述,如何以习近平新时代中国特色社会主义思想的世界观和方法论为指导,从学理上深入理解和把握高质量发展这一重要理论,是新时代中国特色社会主义政治经济学的新课题。本文从马克思主义政治经济学关于经济规律体系的思想方法出发,结合习近平总书记关于高质量发展的重要论述,探讨如何从学理上深入理解习近平经济思想中关于高质量发展的丰富内涵。

一、经济规律体系:理解高质量发展的方法论基础

经济规律是指经济现象背后和经济过程之中内在的、必然的联系,它体现着经济发展的必然趋势。由于经济现象和经济过程纷繁复杂,从现象到本质,往往存在很多中间环节,而不同环节、不同层面的经济现象和经济过程,受不同层次规律的支配,因此经济规律具有体系性特征。经济规律体系是一个复杂的系统,从不同角度有不同的划分。比如,从人类社会发展的角度看,经济规律体系包括贯穿人类社会始终的规律,如生产力和生产关系辩证运动规律;几个社会共有的规律,如价值规律;某一社会特有的规律,如资本主义社会的剩余价值规律。在同一社会形态中,有的经济规律反映的是本质经济关系,有的经济规律则反映的是经济运行层面的关系。例如,在资本主义市场经济中,剩余价值规律是资本主义经济关系中深层的、本质的规律,而利润平均化规律则是资本主义市场经济运行中的表层规律。在这个表层规律背后,又有供求规律、竞争规律、价格规律等发挥作用,它们共同构成资本主义市场经济中的规律体系。由于经济规律体系是一个复杂的系统,针对不同经济问题的分析,要从不同的经济规律体系上去把握。

从经济规律体系来认识和把握一个社会经济活动的特征和趋势,是马克

思主义政治经济学的科学方法论,是唯物辩证法的具体体现,这一方法论超越了西方经济学仅仅停留在供求关系表层规律来认识经济活动和经济过程的根本局限性。马克思在《资本论》三卷中构建的理论体系,为我们从经济规律体系认识和把握资本主义经济运动规律提供了方法论指引。

在《资本论》第一卷中,马克思从生产领域出发揭示了资本主义市场经济中的基本经济规律,即剩余价值规律,这一规律是社会生产力和生产关系辩证关系在资本主义制度下的具体体现,它反映了资本主义经济运动的本质关系,属于深层次经济规律。在第二卷中,马克思从流通领域揭示了资本的运动规律,这一分析是从资本主义市场经济的深层规律向表层规律的过渡。在第三卷中,马克思通过引入供求关系、竞争关系等,揭示了资本主义市场经济运行的表层规律,这些规律包括利润平均化规律、利息规律、银行利润规律等,它们是资本主义剩余价值深层规律向市场经济表层规律的转化形式。马克思运用经济规律体系的方法论,在理论上破解了李嘉图"难题",使劳动价值论彻底成为科学的理论。①这一方法论,在习近平经济思想中得到了创造性运用和创新性发展,其中在关于高质量发展的认识上就有很好的体现。②

把"高质量"作为反映经济活动目标要求的一个范畴,是习近平经济思想的原创性贡献。马克思在《资本论》第一卷分析商品价值量的时候,使用过"标准质量"这个词,他指出:"每种商品的价值都是由提供标准质量的该种商品所需要的劳动时间决定的。"③这里所说的"标准质量"也不是一个范畴,只是指作为价值载体的商品使用价值,在质量上应该得到社会认可。应该说,人类

---

① 李嘉图作为英国古典政治经济学家中劳动价值论的坚定支持者,由于他阶级立场的局限性,不懂得唯物辩证法,无法从经济规律体系方法论上解释劳动创造价值和等量资本获得等量利润的矛盾问题,最终导致李嘉图学派的解体,也导致资产阶级经济学从此彻底放弃了劳动价值论,走向了效用价值论、供求价值论等不科学的价值理论。

② 在我国"高质量"对应的是"高速度",其中的"高"字是形容词。为了从学理上研究高质量发展,这里的分析暂时撇开"高"字,先从什么是"有质量"发展入手展开分析。

③ 《马克思恩格斯文集》(第五卷),人民出版社,2009年,第201页。

社会经济活动客观上是有质量要求的,但经济活动的质量受什么样的发展规律支配,包括哪些内容,如何判断,则需要通过规律性的认识来加以把握。在习近平总书记提出"高质量发展"命题之前,经济发展"质量"问题尚未纳入经济学的分析框架中,包括政治经济学也是如此。结合习近平经济思想的世界观和方法论,以及习近平总书记关于高质量发展的重要论述,从学理上认识经济活动的质量问题,可以从以下三个层次的经济规律体系上加以判断。

第一层次,从生产力和生产关系的辩证关系来判断经济活动是不是有质量发展。任何社会的经济活动都是在生产力和生产关系的辩证统一中进行的。从生产力的维度来看,有质量的经济活动,一定是能够不断创造出剩余,满足人类自身生存和发展需要的生产活动,这是人类经济活动的原动力,也是人类经济活动的根本目的,正是基于此,马克思才认为未来共产主义社会生产力高度发达,使每个人都能得到自由而全面的发展。如果在人类经济活动中,无法创造出剩余以更好地满足人类自身生存和发展需要,只是简单再生产的重复,甚至连简单再生产都难以为继,"质量"这个范畴就没有任何意义了。正如习近平总书记指出的:"把经济发展仅仅理解为数量增减、简单重复,是形而上学的发展观。"[1]因此,一个社会能够在不断深化分工中改进技术,发明创造先进的生产工具,推动科学技术进步,越来越多地创造出剩余且用于满足人类自身生存和发展需要,就可以说是有质量的经济活动。[2]

然而,任何社会的经济活动都是在一定社会生产关系下的活动,因此不能仅仅从是不是创造剩余的生产力维度判断经济是不是有质量的发展,还必

---

① 中共中央文献研究室:《习近平关于社会主义经济建设论述摘编》,中央文献出版社,2017年,第80页。

② 张俊山教授对什么是有质量的经济活动有过深刻分析,他认为,判断一个社会经济活动是不是有质量,一个根本标准就是社会生产活动创造的财富是不是用于满足劳动者自身生存和发展的需要(参见张俊山:《对经济高质量发展的马克思主义政治经济学解析》,《经济纵横》,2019年第1期)。本文同意他这个判断的根本标准,但本文进一步提出,有质量的发展还应该是不断创造出更多剩余的发展,否则,仅仅维持简单再生产,即使是这种经济活动的目的是满足劳动者自身需要,也算不上有质量的发展。

须考虑生产关系维度。从生产关系的维度看,由于生产资料性质不同,人们之间的物质利益关系也不同,生产活动的成果首先用来满足谁的生存和发展需要,取决于谁是生产资料的占有者。因此,对于什么是有质量的经济活动会因为阶级地位的不同而有不同的判断。比如,在生产资料私有制的社会里,剥削阶级占有生产资料,从剥削阶级的立场看,越是能够占有别人更多剩余劳动的经济活动,越是被视为有质量的经济活动,至于劳动者的贫困、饥饿、过度劳动等,都不会成为剥削阶级考虑发展质量的因素。而在社会主义和共产主义制度中,由于实现了生产资料公有制,社会生产的根本目的是满足人民需要(包括生存、发展和享受的需要),发展目标是实现人的自由而全面发展。因此,衡量经济活动是不是有质量,根本标准在于是否坚持以人民为中心、不断解放和发展生产力、满足人民日益增长的美好生活需要、促进人的全面发展。

第二层次,从经济有机体的循环畅通中判断经济活动是不是有质量发展。马克思的政治经济学中,"循环"是指资本的流通问题。在习近平经济思想中的"循环",既包括狭义的循环(即流通),也包括广义的循环即国民经济有机体的生产、分配、流通和消费之间的循环畅通。①国民经济循环中各环节之间的基本关系是生产决定分配、流通和消费,后三个环节对生产具有反作用,生产是起点,消费是终点(如果是自然经济的社会,经济有机体中无须流通环节)。但如果从再生产的角度看,消费环节既是上一个循环过程的终点,又是下一个循环过程(即再生产)的起点,因此处于独特地位。从经济有机体四环节之间的关系上看,如果从生产到消费,再从消费到生产都能够顺利完成循环过程,就可以认为这是一个健康的、有质量的经济有机体。正如习近平总书记指出的:"在正常情况下,如果经济循环顺畅,物质产品会增加,社会财富会积聚,人民福祉会增进,国家实力会增强,从而形成一个螺旋式上升的发展过

---

① 在习近平经济思想中,关于构建以国内大循环为主体、国内国际双循环相互促进的新发展格局理论中的"循环",既包括狭义的循环,即流通;也包括广义的循环,即经济有机体的生产、分配、流通和消费之间的循环。 对此,我们可以从习近平总书记的有关重要论述中学习到。

程。如果经济循环过程中出现堵点、断点,循环就会受阻,在宏观上就会表现为增长速度下降、失业增加、风险积累、国际收支失衡等情况,在微观上就会表现为产能过剩、企业效益下降、居民收入下降等问题。"①这里的"正常情况"就是指经济有机体健康、有质量的发展。

在不同的社会制度下,生产和消费谁是目的,谁是手段,或者说谁是"主动轮",谁是"从动轮"是不同的。在资本主义市场经济中,资本追求剩余价值最大化是生产的根本目的,资本主导下的生产是"主动轮",消费则是"从动轮",消费服从于资本增殖目的,正是在这个意义上,马克思把资本主义经济危机的性质概括为"生产相对过剩"的危机。而在社会主义市场经济中,尽管在价值规律的作用下,生产者的直接目的也是价值增殖(或增值),但生产的根本目的已经转变为满足人民需要,消费成为目的本身,与之相适应,社会主义市场经济中的高质量发展,在发展理念、发展目标、发展战略、制度保障等方面,也不同于资本主义市场经济。

第三层次,从市场经济中的供求关系是否平衡来判断经济活动是不是有质量发展。显然这一层次的判断是与市场经济相联系的。在市场经济中供求关系是经济活动的基本关系,正如习近平总书记指出的:"供给和需求是市场经济内在关系的两个基本方面,是既对立又统一的辩证关系,二者你离不开我、我离不开你,相互依存、互为条件。没有需求,供给就无从实现,新的需求可以催生新的供给;没有供给,需求就无法满足,新的供给可以创造新的需求。"②由于供求关系是市场经济中的基本关系,所以生产力和生产关系之间的辩证关系、经济有机体的各个环节之间的关系,在市场经济中最终都是通过供求关系表现出来的。一般来说,市场经济中供求关系平衡,生产者想卖的东西都能卖出去,消费者想买的东西都能买到,生产者该赚的钱都能赚到,消费者该花的钱都能花掉,可以判断这一国民经济运行是健康的、有质量的。但

---

① 《习近平谈治国理政》(第四卷),外文出版社,2022年,第176页。
② 《习近平谈治国理政》(第二卷),外文出版社,2017年,第252页。

是由于供求关系是市场经济中的表层关系,供求规律反映的关系有时候与一定制度下的深层 规律是一致的,有时候是不一致的,甚至是相反的。比如在资本主义市场经济中,利润表现为资本自行增殖的产物,这与剩余价值规律所揭示的本质关系是不一致的。 正如马克思所指出的:"如果事物的表现形式和事物的本质会直接合而为一,一切科学就都成为多余的了。"[①]对供求关系与经济活动质量的关系,要作具体分析。有些情况下供求关系平衡、供求两旺,并不必然是经济健康的、有质量的运行,相反可能隐藏着危机。比如住房市场如果任其自由发展,就可能在供求两旺的假象掩盖下,隐藏着金融—经济危机,美国 1929—1933 年大危机、2007 年次贷危机,日本 20 世纪 80 年代末期的金融危机,都是如此。因此,不能仅仅依赖供求关系判断经济活动是不是有质量。正是在这个意义上,在社会主义市场经济中,推动高质量发展,不能简单用供求规律来指导我们的实践:一方面要充分"利用市场",让市场在资源配置中起决定性作用;另一方面要有效"驾驭市场",更好地发挥政府作用。

二、习近平经济思想中高质量发展的丰富内涵

习近平经济思想中关于高质量发展的论述内涵丰富,体现了对马克思主义政治经济学关于经济规律体系思想方法的创造性运用和发展,也体现了对社会主义发展规律的新认识,下面从经济规律体系的三个层次上加以理解和把握。

(一)从生产力和生产关系的辩证关系上理解高质量发展

如前文所说, 从生产力和生产关系的辩证统一中认识发展是不是有质量,既要从生产力维度看财富如何创造,又要从生产关系维度看财富依靠谁

---

① 《马克思恩格斯文集》(第七卷),人民出版社,2009 年,第 925 页。

创造、为了谁创造。 对此,习近平总书记明确指出:"高质量发展,就是能够很好满足人民日益增长的美好生活需要的发展, 是体现新发展理念的发展,是创新成为第一动力、协调成为内生特点、绿色成为普遍形态、开放成为必由之路、共享成为根本目的的发展。"①习近平总书记这一重要论述,充分体现了我国高质量发展是对生产力和生产关系辩证关系原理在新时代创造性的运用和发展。

第一,高质量发展"就是能够很好满足人民日益增长的美好生活需要的发展"这句话,明确了只有符合社会主义生产根本目的的发展,才是高质量发展,而新时代社会主义生产的根本目的就是满足人民日益增长的美好生活需要。

习近平总书记关于高质量发展是满足人民日益增长的美好生活需要的观点,是对马克思主义政治经济学坚持以人民为中心发展思想的继承和发展。他指出,马克思、恩格斯已经指出,在未来社会"生产将以所有的人富裕为目的"②;邓小平提出社会主义的本质是解放生产力,发展生产力,消灭剥削,消除两极分化,最终达到共同富裕。在此基础上,"党的十八届五中全会鲜明提出要坚持以人民为中心的发展思想,把增进人民福祉、促进人的全面发展、朝着共同富裕方向稳步前进作为经济发展的出发点和落脚点"③。习近平总书记强调:"只有坚持以人民为中心的发展思想,坚持发展为了人民、发展依靠人民、发展成果由人民共享,才会有正确的发展观、现代化观。"④满足人民日益增长的美好生活需要这一发展立场,是建立在中国特色社会主义制度性质和社会主义基本经济制度基础上的。社会主义市场经济是社会主义制度与市场经济的结合,这种结合既要发挥市场在资源配置中的决定性作用,又要发

---

① 《习近平谈治国理政》(第三卷),外文出版社,2020 年,第 238 页。

② 习近平:《在纪念马克思诞辰 200 周年大会上的讲话》,人民出版社,2018 年,第 20 页。

③ 中共中央文献研究室:《习近平关于社会主义经济建设论述摘编》,中央文献出版社,2017 年,第 31 页。

④ 《习近平著作选读》(第二卷),人民出版社,2023 年,第 407 页。

挥社会主义制度优势,坚持公有制为主体、多种所有制经济共同发展,按劳分配为主体、多种分配方式并存,为真正坚持发展为了人民、发展依靠人民、发展成果由人民共享的发展思想提供坚实经济基础。

第二,高质量发展"是体现新发展理念的发展"这句话,明确了我国高质量发展的指导原则。新发展理念是在总结国内发展经验教训、深入分析国内外发展大势的基础上提出来的,具有鲜明的问题导向性。理念是行动的先导,新发展理念为我们判断什么是高质量发展提供了试金石。正如习近平总书记指出的:"党的十八大以来我们对经济社会发展提出了许多重大理论和理念,其中新发展理念是最重要、最主要的。新发展理念是一个系统的理论体系,回答了关于发展的目的、动力、方式、路径等一系列理论和实践问题,阐明了我们党关于发展的政治立场、价值导向、发展模式、发展道路等重大政治问题。"[1]简而言之,符合新发展理念的发展就是高质量发展。

第三,新发展理念集中体现了我们党对我国经济发展规律的新认识。任何一个社会,经济发展都受发展规律的支配,能否自觉认识规律、利用规律、按规律办事,直接关乎这个社会发展的成败。中国特色社会主义进入新时代,党面对国内外经济发展条件的变化,对我国经济发展规律有了新的认识,这种新认识集中体现在新发展理念上,即创新成为第一动力、协调成为内生特点、绿色成为普遍形态、开放成为必由之路、共享成为根本目的的发展。创新、协调、绿色、开放和共享这五个方面在解决发展中的问题上各有侧重,创新发展注重解决发展动力问题,协调发展注重解决发展不平衡问题,绿色发展注重解决人与自然和谐问题,开放发展注重解决内外联动问题,共享发展注重解决社会公平正义问题。[2]

新发展理念的五个方面是不可分割的整体,它们之间相互联系、相互贯通、相互促进。正是在这个意义上,习近平总书记反复强调推动高质量发展,

---

① 《习近平著作选读》(第二卷),人民出版社,2023 年,第 406 页。

② 《习近平著作选读》(第二卷),人民出版社,2023 年,第 405 页。

必须完整、准确、全面贯彻新发展理念,这表明新发展理念五个方面的内容是辩证统一关系,与生产力和生产关系的辩证关系在本质上是一致的,正如习近平总书记指出的,新发展理念的内容"同马克思主义政治经济学的许多观点是相通的"[①]。具体来说,创新要解决动力问题、协调要解决结构问题和不平衡问题、绿色要解决人和自然的关系问题,都是生产力层面的问题;开放要解决内外关系问题,既有生产力层面的问题,也有生产关系层面的问题;共享体现的是社会主义本质属性,是社会生产关系的本质要求,显然属于生产关系层面的问题。新发展理念体现了新时代中国特色社会主义政治经济学关于发展规律的深刻认识和把握,为高质量发展提供了根本遵循。

(二)从经济有机体的循环畅通中理解高质量发展

新发展理念作为高质量发展遵循的根本原则,必然通过经济有机体经济活动中的生产、分配、流通和消费各个环节来实现。按照新发展理念的要求,只有这些环节之间能够循环畅通,才表明经济发展是按照高质量要求推动的发展。因此,习近平总书记指出:"从宏观经济循环看,高质量发展应该实现生产、流通、分配、消费循环通畅,国民经济重大比例关系和空间布局比较合理,经济发展比较平稳,不出现大的起落。"[②]

在习近平经济思想中,符合高质量发展的经济有机体,不是抽象的,而是具体的。对此习近平总书记明确指出:"推动高质量发展,就要建设现代化经济体系,这是我国发展的战略目标。"何为现代化经济体系? 现代化经济体系就是指现代化的经济有机体,"是由社会经济活动各个环节、各个层面、各个领域的相互关系和内在联系构成的一个有机整体"[③]。习近平经济思想从七个

---

① 中共中央文献研究室:《习近平关于社会主义经济建设论述摘编》,中央文献出版社,2017年,第31页。

② 《习近平谈治国理政》(第三卷),外文出版社,2020年,第239页。

③ 《习近平谈治国理政》(第三卷),外文出版社,2020年,第239、240~241页。

方面对现代化经济体系的内容进行了概括,这七个方面是针对我国经济有机体面对高质量发展要求存在的问题提出来的,是对经济有机体中生产、分配、流通和消费各个环节以及各环节之间关系的具体化,既具有深刻的学理性,又具有鲜明的问题导向性。在生产环节上,要建设创新引领、协同发展的产业体系;在分配环节上,要建设体现效率、促进公平的收入分配体系;在流通环节上,要建设统一开放、竞争有序的市场体系;在生产和流通相结合上,要建设彰显优势、协调联动的城乡区域发展体系,资源节约、环境友好的绿色发展体系,多元平衡、安全高效的全面开放体系,充分发挥市场作用、更好发挥政府作用的经济体制。[①]当然,现代化经济体系作为高质量发展的载体,它的具体内容和要求随着经济有机体的发展变化而不断变化。

(三)从供求关系的数量和结构有机结合中理解高质量发展

供求关系是市场经济的表层关系,在西方经济学中,运用供求规律主要寻找“数量”关系(无论是微观层面的供求规律还是宏观上总供给和总需求规律都是如此),而在马克思主义政治经济学中,运用供求规律不仅要寻找“数量”关系,还要寻找数量背后的“结构”关系。在数量和结构的关系上,数量是“标”,结构是“本”。[②]我国的高质量发展是针对“高速度”而言的,从供求关系角度看,高质量要解决的核心问题是结构问题,这个“结构”既包括供给结构,也包括需求结构,还包括供给和需求之间的结构。因此,从供求关系层面看高质量发展,就不能简单停留在市场供求之间的数量是否平衡,还要看这种平衡背后的结构关系,是低水平重复的平衡,还是高水平螺旋上升的平衡;是单纯的总量平衡,还是总量和结构相互协调的平衡。

习近平总书记在供求关系层面对高质量发展的论述,既包括供求结构自

---

① 《习近平谈治国理政》(第三卷),外文出版社,2020 年,第 241 页。
② 刘凤义、曲佳宝:《马克思主义政治经济学与西方经济学关于供求关系分析的比较——兼谈我国供给侧结构性改革》,《经济纵横》,2019 年第 3 期。

身也包括供求结构之间的关系。一方面,他从供求关系自身角度看高质量发展的要求:"从供给看,高质量发展应该实现产业体系比较完整,生产组织方式网络化智能化,创新力、需求捕捉力、品牌影响力、核心竞争力强,产品和服务质量高。从需求看,高质量发展应该不断满足人民群众个性化、多样化、不断升级的需求,这种需求又引领供给体系和结构的变化,供给变革又不断催生新的需求。"这是从供给和需求自身的结构认识高质量发展的要求。另一方面,他从投入产出的角度进行阐述,"从投入产出看,高质量发展应该不断提高劳动效率、资本效率、土地效率、资源效率、环境效率,不断提升科技进步贡献率,不断提高全要素生产率"。同时,高质量发展要求坚持质量第一、效益优先,还必然体现在产出成果的分配上,因此习近平总书记进一步指出:"从分配看,高质量发展应该实现投资有回报、企业有利润、员工有收入、政府有税收,并且充分反映各自按市场评价的贡献。"①这里的分配强调利用市场经济中的供求关系,让各利益相关者获得相应的成果回报,激励各方力量为推动高质量发展做出贡献。

三、从高质量发展的规律体系出发把握好推进中国式现代化的方向性问题

以上从经济规律体系的三个层次分析了高质量发展的丰富内涵,表明我国高质量发展是新时代遵循社会主义经济发展规律的发展。需要指出的是,高质量发展遵循的发展规律是客观的,但高质量发展的具体内容会随着我国经济社会发展条件、发展目标、发展任务、发展阶段的变化而变化。党的二十大报告针对推进中国式现代化的目标任务,对如何推动高质量发展作出了系统全面的部署。本文结合以高质量发展推进中国式现代化的内在要求,强调

---

① 《习近平谈治国理政》(第三卷),外文出版社,2020年,第238、238~239页。

要把握好几个方向性问题。

（一）坚持党对高质量发展的集中统一领导

高质量发展之所以作为全面建设社会主义现代化国家的首要任务，不仅是因为它在推进中国式现代化中具有基础性地位，还因为它自身带有全局性、艰巨性的特点，在推动高质量发展中，必然会遇到各种艰难险阻、风险挑战。要克服困难、迎接挑战，必须坚持党的集中统一领导。

首先，党的集中统一领导能确保高质量发展的方向。高质量发展是满足人民日益增长的美好生活需要的发展，这就要求我们必须紧紧围绕以人民为中心的发展思想，不断促进人的全面发展，让全体人民在现代化进程中不断增加获得感、幸福感、安全感。其次，党的集中统一领导为高质量发展凝聚力量。高质量发展目的是为了人民，过程要依靠人民，人民是推动高质量发展的主体力量。党代表最广大人民群众的根本利益，党的集中统一领导有利于调动各方面积极性、创造性，让全体人民的智慧汇聚成推动高质量发展的磅礴伟力。再次，党的集中统一领导有助于为高质量发展提供坚实的经济基础。毫不动摇巩固和发展公有制经济，做强做优做大国有资本和国有企业，有助于发挥集中力量办大事的体制优势，推动关键领域、重大项目攻关突破和创新，引领高质量发展朝着社会主义方向前进；毫不动摇鼓励、支持和引导非公有制经济发展，有助于发挥中小企业的创新活力，增加就业渠道，更好满足人民群众多层次、多样化的生活需要。最后，党的集中统一领导使高质量发展得以有效贯彻落实。 推动高质量发展是一场事关中国式现代化发展的根本性、全局性变革，必须坚持和加强党的全面领导，坚持顶层设计和基层首创精神相结合，发挥党建在推动高质量发展中的政治引领和政治保障作用，使推动高质量发展行动能够真正落到实处。

（二）在完整、准确、全面贯彻新发展理念基础上把握未来发展新方向

新发展理念是生产力和生产关系辩证关系在新时代的具体体现,是推动高质量发展的本质要求。面向建设中国式现代化这一目标任务,我国在坚持创新、协调、绿色、开放和共享的各个方面,也有了新的方向性要求和着力点。在创新发展方面,要加快科技自立自强的步伐,解决"卡脖子"问题。2023年3月,习近平总书记参加他所在的十四届全国人大一次会议江苏代表团审议时指出:"加快实现高水平科技自立自强,是推动高质量发展的必由之路。"①必须深刻认识科技是第一生产力、人才是第一资源、创新是第一动力,实现科教兴国战略、人才强国战略、创新发展战略有效联动,不断塑造竞争新优势和开创竞争新赛道。在协调发展方面,要全面推进城乡区域协调发展,推动城乡融合发展,缩小城乡、区域差距,畅通城乡经济大循环。习近平总书记指出:"农业强国是社会主义现代化强国的根基,推进农业现代化是实现高质量发展的必然要求。"②高质量发展必须全面推进乡村振兴,推进农业现代化。在绿色发展方面,要遵循经济规律和自然规律协调发展;坚持推动经济社会发展的绿色化、低碳化,这是实现高质量发展的关键环节;加快推动产业结构、能源结构、交通运输结构等调整优化,倡导绿色消费,推动形成绿色低碳的生产方式和生活方式,以高品质生态环境支撑高质量发展,加快推进人与自然和谐共生的现代化。在开放发展方面,要推进高水平对外开放,对内吸引全球资源要素,对外深度参与全球产业分工与合作,形成竞争新优势;推动共建"一带一路"高质量发展。在共享发展方面,坚持把实现人民对美好生活的向往作为现代化建设的出发点和落脚点,完善收入分配制度,扎实推进共同富裕,让现代化建设成果更多更公平惠及全体人民。

---

① 《牢牢把握高质量发展这个首要任务》,《人民日报》,2023年3月6日。

② 《牢牢把握高质量发展这个首要任务》,《人民日报》,2023年3月6日。

（三）在加快构建新发展格局中把握未来发展主动权

推进中国式现代化,要求经济有机体各个环节之间循环畅通。构建新发展格局是实现国民经济循环畅通的新路径,这种循环畅通不是低水平的循环畅通,而是一种螺旋式上升的过程,也就是高质量发展的过程。正是在这个意义上,习近平总书记指出:"加快构建新发展格局,是推动高质量发展的战略基点。"①构建新发展格局的本质是实现国民经济体系的自立自强,牢牢把握高质量发展的主动权。因此,新发展格局首先是以国内大循环为主体,对此,要从广义循环和狭义循环两个方面加以把握。在广义循环方面, 从生产、分配、流通和消费四个环节入手,建立现代化经济体系。要实现自立自强,生产环节具有决定作用,其中最关键的是加快建设现代化产业体系,尤其要推动我国制造业走智能化、高端化、绿色化之路。在狭义循环方面,加快构建全国统一大市场,建设高标准市场体系;加快构建完整的内需体系。同时,新发展格局还要推动国内国际双循环相互促进,通过高水平对外开放,实现国内国际两个市场两种资源的联动循环,形成推动双循环的动力和活力。积极推动世界经济发展,坚持发展优先、坚持以人民为中心、坚持普惠包容、坚持创新驱动、坚持人与自然和谐共生、坚持行动导向,构建全球发展命运共同体,推动全球发展迈向平衡协调包容新阶段。②

（四）在实施扩大内需战略同深化供给侧结构性改革有机结合中处理好数量和结构的关系

供求背后既有数量关系也有结构关系,高质量发展本质上强调的是结构关系。 供给侧结构性改革作为促进高质量发展的主线, 是从供给方面解决

---

① 《牢牢把握高质量发展这个首要任务》,《人民日报》,2023 年 3 月 6 日。

② 习近平:《坚定信心 共克时艰 共建更加美好的世界——在第七十六届联合国大会一般性辩论上的讲话》,《人民日报》,2021 年 9 月 22 日。

结构性问题;扩大内需作为促进经济发展的战略基点,是从需求方面解决结构性问题。但是供求之间的结构性问题如何解决? 党的二十大报告明确提出实施扩大内需战略同深化供给侧结构性改革有机结合,这里的"有机结合"就是要求从供给和需求两个方面协调联动解决发展中的结构性问题。同时,结构和数量之间也不是截然分开的,因此党的二十大报告强调推动经济实现质的有效提高和量的合理增长,这实质是要求质和量的有机结合。未来高质量发展,从供求关系角度看,能否处理好这两个方面的有机结合是解决结构性问题的关键。

四、结语

高质量发展是"十四五"时期乃至更长时期我国经济社会发展的主题,关系我国社会主义现代化建设全局。对高质量发展的规律性认识,体现了习近平经济思想对马克思主义政治经济学的创新性发展。高质量发展内涵丰富,是一个螺旋式上升的过程,从经济规律体系上加以认识和把握,有助于抓住其中的核心要义和真谛,从而更好地推进中国式现代化。

高质量发展是为破解我国经济发展中出现的不平衡不充分、重速度轻效益问题提出来的,因此高质量发展首先是指经济的高质量发展。但今天我们谈及高质量发展,又不仅仅是经济的高质量发展,正如习近平总书记指出的:"高质量发展不只是一个经济要求,而是对经济社会发展方方面面的总要求;不是只对经济发达地区的要求,而是所有地区发展都必须贯彻的要求;不是一时一事的要求,而是必须长期坚持的要求。"[1]对此,我们要根据一定的语境去理解和把握。

---

① 习近平:《论把握新发展阶段、贯彻新发展理念、构建新发展格局》,中央文献出版社,2021年,第533页。

最后需要指出的是，习近平经济思想中关于高质量发展的重要论述，对推动世界经济发展有重要意义。习近平总书记指出："我们要提倡创新、协调、绿色、开放、共享的发展观，实现各国经济社会协同进步，解决发展不平衡带来的问题，缩小发展差距，促进共同繁荣。"①中国在积极参与国际分工与合作中，推动构建开放型世界经济，推动经济全球化朝着更加开放、包容、普惠、平衡、共赢的方向发展，推动构建人类命运共同体，建设一个共同繁荣的世界，这是我们党胸怀天下的重要体现。

参考文献：

1.习近平：《论把握新发展阶段、贯彻新发展理念、构建新发展格局》，中央文献出版社，2021 年。

2.韩庆祥：《中国式现代化的理论逻辑》，《马克思主义理论教学与研究》，2023 年第 1 期。

3.逢锦聚、荆克迪：《以中国式现代化全面推进中华民族伟大复兴》，《南开学报》（哲学社会科学版），2023 年第 3 期。

4.刘伟：《高质量发展：构建中国特色社会主义政治经济学的重要内容》，《东南学术》，2023 年第 4 期。

5.张俊山：《对经济高质量发展的马克思主义政治经济学解析》，《经济纵横》，2019 年第 1 期。

---

① 《习近平谈治国理政》（第三卷），外文出版社，2020 年，第 441 页。

《共产党宣言》对资本主义现代化的批判及其对中国式现代化的启示（观点摘要）

19 世纪中叶是资本主义现代化如火如荼推进的时期,但马克思、恩格斯并没有被资本主义现代化造成的繁荣景象遮蔽批判视野。他们合著的《共产党宣言》蕴含着对资本主义现代化深刻、全面、辩证的批判,这些批判思想源于马克思、恩格斯时代,又超越了他们的时代,其基本立场、观点和方法在今天看来仍然是完全正确的。马克思和恩格斯在《共产党宣言》中基于鲜明的阶级立场论证了资本主义现代化成果的主要创造者是无产阶级。同时,他们也没有对资本主义现代化予以全盘否定,而是坚持将辩证法应用于资本主义现代化批判之中:既揭露资本主义现代化是建立在阶级剥削基础上的现代化,产生了两极分化、殖民掠夺、经济危机等一系列消极后果;也不回避资本主义现代化给人类社会带来的正面效应以及蕴藏的解放力量。《共产党宣言》不仅蕴含着批判资本主义现代化的维度,更有超越现代化的资本主义制度束缚而迈向社会主义现代化的探索,从而给中国式现代化带来了诸多理论启迪,包括必须始终坚持共产党的领导、协调好利用资本和规范资本之间的关系、以中国式现代化全面推进中华民族伟大复兴等。

本文作者:王洁,天津大学马克思主义学院

"中国式现代化"命题阐释的历史演进

——以概念史为视角(观点摘要)

习近平总书记在党的二十大报告中提出了"中国式现代化"命题。该命题一经提出便得到学界的普遍关注,研究成果颇丰。"中国式现代化"命题并不是中国共产党人的突发奇想或理论玄设,而是经过了长期的建构后形成的科学概念,在一定程度上表明了中国共产党人对现代化理念认知的深化。从概念史的角度来看,每一个概念、命题的生成都有其自身的发展脉络,借助概念史的分析能够全景再现概念与命题的生成与发展历史。"中国式现代化"命题的生成,发轫于马克思的现代社会思想,展现了中国共产党人对源于西方的现代化理念和实践的发展与超越。具体而言,"中国式现代化"命题的生成主要经历了四个发展阶段:中国近代知识界对现代化的认知、现代化的重新赋意与曲折探索、改革开放赋予现代化以新的含义和新时代中国式现代化阐释的新表达。借助概念史分析"中国式现代化"命题不仅能澄明中国共产党人在理论上的自觉与自信,而且深刻诠释了中国共产党为什么能、马克思主义为什么行、中国特色社会主义为什么好。

本文作者:韩雷,天津中德应用技术大学马克思主义学院

中国式现代化视域下社会主义意识形态引领力研究(观点摘要)

中国式现代化作为一种不同于西方现代化发展模式的具有中国特色的现代化理论体系和发展道路,打破了西方资本主义国家对现代化理论与实践解释权的垄断局面,为世界上其他探索现代化发展道路的国家提供了可供借鉴的经验与道路选择。然而,国际上出现了"中国威胁论"等抹黑中国式现代化的论调,干扰了中国式现代化发展进程和人们对中国式现代化的理论自信、道路自信。因此,中国式现代化对社会主义意识形态引领力建设提出了新要求,社会主义意识形态引领力建设要着眼于中国式现代化这一最新实际,将社会主义意识形态引领力研究置于中国式现代化进程中来分析与考察。这成为当前研究意识形态工作的重要内容。

因此,既要深刻认识并准确定位社会主义意识形态的战略地位,阐明社会主义意识形态工作对国家发展、民族复兴的极端重要性;又要提高思想引领力,开展意识形态斗争,反对、抵制并消除各种质疑中国式现代化的错误观点;还要在实践领域,把握社会主义意识形态的形成和发展规律,在顶层设计方面加强党对社会主义意识形态建设的全面领导;在"思想生产"环节,从话语概念、理论体系两个方面进行社会主义意识形态理论的发展与创新;在"思想分配"环节,继续高效开展社会主义意识形态工作,更好地推动中国式现代化建设。

本文作者:宁悦,南开大学马克思主义学院

中国式现代化蕴含的一元多线论现代化范式(观点摘要)

一元多线论现代化范式缘起于从洋务运动到中国式现代化的不懈探索,渊源于罗荣渠先生的《现代化新论》,立足一元二象性原理,通过"一元"(质)与"多线"(量)之间的辩证关系细化了马克思主义基本原则。在一元多线论现代化范式下,中国式现代化吸取了东西方现代化的经验教训,兼顾了"统一"与"多样",使科学社会主义焕发出前所未有的生机活力;对国际关系层面的基本价值观、国际交往观、全球格局观进行了梳理,拓展了中国式现代化的国际视野。一元多线论现代化范式,克服了既有现代化范式中机械一元论、二元对立论和多元主义的内在缺陷,对相关分歧进行了辨正。在该范式下,中国式现代化将发挥重大战略价值:既坚持科学社会主义原则(一元),通过跨越"卡夫丁峡谷"促进世界社会主义复兴和人类进步事业;又继承本来、吸收外来、把握未来,博采众长、为我所用(多线),塑造人类文明新形态。

本文作者:郭海龙,中央党史和文献研究院(中央编译局)办公厅

中国式现代化的深刻内涵与独特优势（观点摘要）

现代化，是指"人类社会从传统农业社会向现代工业社会的转变过程"。现代化是世界各国在发展过程中的必然追求。在具体实践中，基于对现代化的不同理解、国家发展目标的不同设定以及对本国国情的实际把握，各国的现代化具有不同的内涵，展现出不同的优势。中国式现代化是中国共产党带领人民历经百余年奋斗开辟的正确发展道路，是一条既遵从现代化发展普遍原则又极具中国特色的发展道路，是以国情为基、以实践为引，经过长期奋斗形成的内涵深刻、优势独特的现代化。从内涵界定来讲，它是中国特色的社会主义现代化；是以人民为中心的现代化；是在探索中统筹推进的现代化；是和平发展、合作共赢的现代化。同时，它具有五大优势，即以马克思主义为指导的理论优势、中国共产党领导的政治优势、中国特色社会主义的制度优势、中华文化支撑的独特优势、顺应发展规律的显著优势。基于对中国式现代化内涵特色的分析，有利于更好地把握中国特色社会主义的发展方向及发展道路。

本文作者：黎娟，重庆邮电大学马克思主义学院

中国式现代化理论和实践的创新突破（观点摘要）

"中国式现代化理论和实践的创新突破"，是中国共产党人在新中国成立尤其是改革开放以来长期的社会主义现代化建设探索与实践的基础上，自党的十八大以来在成功推进与拓展中国式现代化的伟大接续奋斗征程中所取得的理论与实践的创新突破。它扎根文明灿烂的中华优秀传统文化，彰显本质先进的科学社会主义，批判汲取人类文明一切优秀成果，既蕴涵对苏联社会主义式现代化的扬弃超越，又蕴涵对西方资本主义式现代化的批判超越，创造了人类文明新形态。中国式现代化坚持马克思主义世界历史理论、"真正的共同体"理论和人类解放理论，从人类社会大视野出发，创造性地提出推动构建人类命运共同体，积极参与全球治理变革和推动经济全球化。中国式现代化，创造性地提出推动构建人类命运共同体理念与实践，以"和平、发展、公平、正义、民主、自由"的全人类共同价值和"共商共建共享"的全球治理观为内在价值，理论根源于马克思主义创始人马克思的世界历史理论、"真正的共同体"理论和人类解放理论，内在地蕴涵着在社会主义先进制度原则下充分利用资本的文明面并超越资本逻辑和建构更高文明形态的向度。

本文作者：郑小伟，天津科技大学马克思主义学院（部）

中国式现代化话语体系建构的三维阐释（观点摘要）

　　话语是思想的结晶和时代的缩影，中国式现代化话语体系是围绕中国式现代化而建构的旨在传播这一新理论的一整套话语系统。中国式现代化话语体系的建构是一个重要的现实课题，需要从生成、价值、路径等三重维度去把握。从生成维度看，中国式现代化话语体系的建构是对马克思主义世界观和方法论的继承发展、对中华优秀传统文化的赓续以及对党百年来探索现代化的实践总结，彰显了理论语境、历史语境和实践语境的有机统一。从价值维度看，中国式现代化话语体系的建构通过终结"西方中心论"、破除"历史终结论"和廓清"图强必霸论"，不仅实现了对西方现代化和苏联现代化模式的超越，还通过创造人类文明新形态、构建人类命运共同体为世界贡献中国智慧、中国方案。从路径维度看，中国式现代化话语体系的建构要优化话语环境、完善话语内容、丰富话语表达、革新话语传播、培养话语人才，从而推动中国式现代化话语体系建构的高质量发展。从这三重维度阐释中国式现代化话语体系的建构，有利于推进中国式现代化的发展势能和中国式现代化的话语效能相互转化，对于推进中华民族伟大复兴具有重要的理论意义和实践意义。

本文作者：杨雨晴，鲁东大学马克思主义学院

理性的重建：中国式现代化对资本逻辑的扬弃（观点摘要）

中国式现代化得以发生和发展的逻辑，及其与资本主义现代化的关系，都只有在世界历史的辩证运动中才能得到正确的理解。资本主义现代化的逻辑内核是以资本增殖为导向的工具理性，由于价值理性的缺失和工具理性的片面发展，资本主义现代化造成了一系列尖锐矛盾，理性走向了自己的反面。西方资本主义国家通过扩张建立的资本主义世界体系是资本逻辑在全球尺度上的展开，而中国式现代化源于这一体系内部被压迫民族的反抗，是其内在的否定性因素。中国式现代化诞生和发展的过程，同时也是资本主义现代化及其构建的世界体系走向自我否定的过程。中国式现代化对资本逻辑的积极扬弃，是通过在更高维度上容纳资本逻辑的全部积极成果并解决其内在矛盾的方式实现的。它把在资本主义社会里作为绝对原则的资本逻辑作为社会主义社会里的一个有限环节，将资本主义现代化过程中发展出来的工具理性置于"以人民为中心"的坚实价值基础之上，重建了健全的理性。正是在此意义上，中国式现代化的实践创造了人类文明新形态，必将推动世界历史进入新纪元。

本文作者：黄黎辉、邓鹏，天津工业大学马克思主义学院

"营改增"试点改革与城市工业用地价格

——基于重点城市面板数据的实证分析(观点摘要)

基于充分发挥市场在资源配置中的决定性作用的经济发展目标,揭示了减税降费背景下城市土地出让价格演变的逻辑,是推动现代产业体系建设、促进经济高质量发展的重要内容。将"营改增"改革试点、工业用地供需、工业用地价格纳入静态博弈框架,并利用 2007—2015 年我国 34 个省会、副省级及以上城市微观数据进行实证分析,"营改增"试点改革显著提升了城市工业用地价格水平。在城市产业结构、财政结构维度,该因果关系呈现异质性特征,城市第二产业占比越高、城市土地出让金占一般预算内收入越高,"营改增"试点改革对城市工业用地价格的提升作用越弱。"营改增"试点改革促进城市工业用地提升的微观机制包括增加城市新生工业企业数量、降低地方政府供应工业用地规模、提高工业用地配置市场化程度等渠道。

基于此,我国国有土地配置制度改革过程中要注重配套政策改革,发挥财税制度与土地制度变革的联动效应,基于城市特征"因城施策",对于工业主导型、土地财政依赖程度高的城市更需注重加强政策实施力度,持续深化工业用地配置市场化改革,助力工业用地价格回归市场价值,更好地发挥要素价格机制作用。

本文作者:梅林、许泓莉,天津财经大学财税与公共管理学院

当代地方治理结构改革的特征比较与发展趋势（观点摘要）

当代地方治理改革是一个全球性战略，主要目的是缩减政府公共支出，提高政府工作效率，加强透明性、问责性，激发地方居民参与地方事务的积极性和增强地方民主。目前对西方国家地方治理改革的比较研究，视角多集中于府际关系、地方自治和改革理念。对后发国家地方治理改革的比较研究，视角多集中于权力下放、地方绩效和贫困问题。大部分国家在地方治理改革过程中实行了提升地方治理能力的结构化改革，通过地方政治与行政二分等手段提高地方内部行政治理能力，通过重组地方政府规模等手段提高地方应对外部环境变革的治理能力，通过政治、行政、财政和职能权力下放赋予地方更多自由裁量权。改革打破了地方政府原有的科层管理结构，形成网络化治理结构，进入"后层级制"管理模式。在新的公共治理模式下，地方政府的内外部结构以及围绕地方政府形成的纵向网络结构和横向网络结构，在各国进行了一定程度的改革，政府和网络都发挥了重要的作用，呈现出从网络化地方治理模式向传统科层式公共行政模式回归的发展趋势，以及网络化与科层制相融合的新现象。

本文作者：孙宏伟，天津师范大学政治与行政学院

当代中国的"三大叙事"：论现代化、民族复兴与人类文明新形态的话语转向（观点摘要）

现代化、民族复兴与人类文明新形态是当代中国的"三大叙事"，现代化和民族复兴是贯穿中国近现代史和百年大党奋斗历程的共时性与历时性叙事，人类文明新形态是当代中国的创新叙事，是人类发展史上中国所创造的新文明。面临世界百年未有之大变局，"三大叙事"在共时与历时的过程中，三者之间的张力逐渐趋于次要地位，产生联动、融汇及统一的界限，话语叙事发生转变，现代化转向建构话语叙事体系，以强化"理论解释力"；民族复兴转向追求中国式现代化之新文明，凸显"民族性"重建；人类文明新形态转向世界范畴，突破"民族国家"范畴，以中国理念诠释人类文明的具体范式。立足新时代，以现代化推进民族复兴"圆梦"话语，创造人类文明新形态，实现三者的融汇与统一。

本文作者：杨天明、杨贺然，重庆工商大学马克思主义学院

马克思城乡关系理论视域下推动我国城乡融合的路径探析(观点摘要)

城乡关系不仅是人类历史发展中长期存在的一个重要问题,更是经济社会生活中关乎全局发展的关键环节。马克思城乡关系理论从生产力、生产关系的辩证角度对城乡关系从结合走向分离和对立再到融合进行了系统而科学的阐述,指出生产力与生产关系的相互作用是产生城乡分离与对立的根源,而城乡对立也将伴随生产力的进一步发展而消失,最终走向融合。消除旧的社会分工、重视农业的基础地位、发挥城市中心作用、实现工农结合是实现城乡融合的主要路径。新中国成立以来,中国共产党致力于实现城乡融合,不断推进马克思城乡关系理论中国化,我国城乡关系总体上经历了从城乡初始二元状态到统筹城乡发展再到城乡发展一体化和城乡融合三个阶段。

总体而言,中国共产党推动城乡融合发展的实践探索成效显著,但是在看到成绩的同时,也必须清醒认识到马克思所提出的实现城乡融合的目标还没有真正实现。新时代,中国共产党还需要以马克思城乡关系理论为指导,为促进城乡融合继续努力:一是致力于消除城乡二元结构,建立健全城乡融合发展机制;二是优先发展农业农村,加快实现农业农村现代化;三是秉持"以人民为中心"的价值理念,推动城乡融合发展;四是坚持以城乡融合为方向,推进新型城镇化建设。

本文作者:张静,中共天津市滨海新区委员会党校科研室

以系统观念引领中国式现代化的四个维度(观点摘要)

坚持系统观念是习近平新时代中国特色社会主义思想科学方法论的重要内容。中国式现代化整体呈现的进程与社会主义现代化强国全面建成的进程具有显著的内在关联性,与第二个百年奋斗目标和民族复兴的实现过程具有一致性。中国式现代化既具有世界现代化的普遍特征,又具有中国特色的五大特征和九个方面的本质要求,实现中国式现代化是一项复杂的社会系统工程。必须坚持以系统观念作为科学指导方法,以整体性原则统筹中国式现代化五大特征的现代化进程,以结构性原则指导和引领对推进中国式现代化具有基础性和关键性作用的实现高质量发展的本质要求,以层次性原则强化坚持党的领导的"顶层设计",以开放性原则推动人类命运共同体的构建,为前瞻性、全局性、整体性推进中国式现代化的系统呈现,实现中华民族伟大复兴,创造人类文明新形态。

本文作者:沈元军,天津职业大学马克思主义学院

新时代凝聚思想共识的深刻意蕴及实践要义（观点摘要）

　　新时代我国社会主要矛盾发生转变,社会结构深刻变动、利益格局深刻调整、思想观念深刻变化,如何凝聚思想共识,汇聚发展力量,已经成为我们当前面临的重大时代课题。凝聚思想共识是统一思想认识、形成思想合力的实践活动,是在社会主导思想的引领下,将全体社会成员多元多样的思想观念进行整合和凝练,从而在国家政权、大政方针及意识形态等重大问题上形成一致性的看法。其本质上是要在多变的社会意识中确立主导、在复杂的利益关系中谋求共识、在激烈的思想交锋中举旗定向,从而彰显筑牢思想精神之魂、汇聚强大发展合力、维护社会和谐统一、巩固主流意识形态的时代价值。对此,要积极探索凝聚思想共识的实现路径:其一,夯实思想阵地,坚持和发展马克思主义,用习近平新时代中国特色社会主义思想凝心铸魂,用党的创新理论统一思想、统一意志、统一行动;其二,筑牢意识形态阵地,加强主流意识形态建设,不断增强社会主义意识形态凝聚力引领力,巩固全党全国人民团结奋斗的共同思想基础;其三,坚守文化阵地,弘扬中华优秀传统文化,在守正创新中构筑具有最大公约数的共同精神家园, 汇聚起实现中华民族伟大复兴的强大精神力量。

本文作者:武雅君,天津工业大学马克思主义学院

"绿水青山就是金山银山":兼论京津冀协同发展战略的经济与环境效应(观点摘要)

科学评估京津冀协同发展战略的政策效果意义重大。基于经济与环境的双重视角,采用夜间灯光数据与2008—2019年全国282个地级及以上城市的平衡面板,借助合成控制法(SCM)评估了京津冀协同发展战略的经济与环境效应。研究发现:一是实施京津冀协同发展战略显著提高了京津冀地区的夜间灯光亮度,有效促进了地区的经济增长,实现了"增效"目标;该政策有效减少了京津冀地区的工业二氧化硫与工业废水排放量,总体上降低了整体区域的环境污染程度,实现了"控污"目标。在经过安慰剂检验、置换检验以及PSM–DID检验等一系列稳健性检验后,研究结论保持稳健。二是政策实施有效促进了天津与河北两地的经济增长,但并未对北京产生显著的"促增"作用;而政策的工业废水减排效应只在河北表现显著,工业粉尘减排效应只在北京表现显著。三是产业结构与科技创新在政策产生经济与环境效应的过程中发挥着显著的调节效应,进一步研究发现科技创新与政策间存在一定的替代关系。研究结论对于推动经济实现高质量发展、打通环境保护的"最后一公里"以及贯彻落实"两山"理论具有深刻的政策启示。

本文作者:夏帅、周京奎,南开大学经济学院

"富裕"还是"共享"：数字技术渗透何以推进共同富裕（观点摘要）

基于 2018 年中国劳动力动态调查（CLDS）数据，从"富裕"和"共享"两个维度，从收入、财富和基本公共服务三个方面构建共同富裕评价指标体系，深入探究数字技术渗透对城乡家庭共同富裕的影响效应及作用机制。首先，通过依次加入个体、家庭和地区层面的控制变量后发现，数字技术能够显著推动家庭共同富裕水平的提升，并且在经过替换被解释变量和控制省级固定效应等稳健性检验，以及运用二阶段最小二乘法进行内生性分析之后，结论依然成立。其次，通过建立中介效应模型探究数字技术影响共同富裕的作用机制发现，数字技术能够通过促进家庭创业和金融市场参与推进家庭共同富裕水平提升。最后，通过将共同富裕拆分为富裕程度和共享程度的研究发现，数字技术对富裕程度和共享程度的促进作用存在水平上的差异，其对共享程度的促进作用更为显著有效。与此同时，数字技术对富裕程度和共享程度的促进作用还存在城乡差异，数字技术更利于农村家庭实现"共享"，即"分好蛋糕"；更利于城市家庭实现"富裕"，即"做大蛋糕"。

本文作者:缪言、刘莹,天津师范大学经济学院

技术现象学视角下人工智能风险及治理研究（观点摘要）

人工智能尤其是强人工智能使得人与技术之间呈现交互关系，技术现象学中具身、诠释、他者、背景四种人—技术—世界的意向性关系发生着变更和异化，冲击了人作为技术主体的地位，同时蕴含着身体虚化、诠释遮蔽、他者竞争和文明失序的内在性风险。把握人—技术—世界中的意向性关系，成为人工智能风险治理的新思路、新视角，有助于完善人工智能技术治理、原则治理路径，促使善治良治成为机器行为学的内生品质。首先，人工智能应将重点转向知觉身体、文化身体的强化，而非侧重信息传播的技术身体，从而克服其身体虚化和消解人的能动性风险。其次，克服人工智能的诠释遮蔽，既要完善其数据全面性和价值判断中立性，更需要将其应用场景重点转向自然科学领域。再次，针对人工智能应用探索特定的"反垄断法"，避免资本对劳动力形成过大优势，产生系统性失业。最后，类似 ChatGPT 的通用型、商业化人工智能将存在着发展的瓶颈和弱点。鉴于此，分散型、分布式的专项人工智能更符合人类社会的长远福祉。

本文作者：董向慧，天津社会科学院舆情研究所

论京津冀环境治理污染物排放标准协同的路径(观点摘要)

2015 年印发实施的《京津冀协同发展规划纲要》,标志着京津冀协同发展国家战略进入具体实施落实阶段。近年来,京津冀在交通、环境等方面不断进行实践协同治理,取得了阶段性成果,形成了协同发展新格局,进入了发展新时期。京津冀协同立法机制已基本形成,而具体的立法过程有四种方式:一为由京津冀三地人大法制工作部门各自起草,然后将草案文本在内容上进行协调,形成统一的立法草案文本;二为经协商由一地人大常委会负责起草,并及时沟通;三为经三地人大常委会协商,委托给第三方起草;四为由京津冀三地人大常委会抽调法制工作部门人员成立协同立法工作小组,共同开展起草工作。三方可以同步调研、同步论证、同步修改,联合攻关。但是,京津冀环境协同治理开展至今,仍未出台一部明确的法律法规对区域协同治理进行规范,这使得省际协同立法的性质、法律地位、立法主体、制定程序缺乏明确的法律依据。这意味着,京津冀环境协同治理的地方立法需要上位法给予支持及规范,才能进行更深一步的协同。这是协同立法需要解决的基础性问题。目前京津冀环境协同治理立法过程中的难点是:价值目标存在差异、利益有待整合、环境标准不一致等。

深入推进新时期京津冀环境治理立法协同,一是要在中央引领下制定地方法规的上位法;二是要通过对价值目标、地方利益的整合,确立统一的立法原则,制定区域地方环境标准;三是要在现有创新制度下进一步促进行政立法转化为人大立法;四是要在数字政府治理趋势下共享环境治理信息资源,使京津冀协同高质量发展,在法治轨道上持续不断改善京津冀生态环境,进一步推进生态文明和法治建设。

本文作者:郭婧滢,天津科技大学文法学院

天津技能人才发展现状及技能人才培养的天津模式构建

——基于对天津 26 家企业 454 名技能人才的调查分析

（观点摘要）

推动我国由制造大国向制造强国转变，提高经济质量效益和核心竞争力，需要大批高素质技能人才提供坚实的技术技能支撑。基于对天津市技能人才的人口学特征、国家职业资格等级、奖项与荣誉称号、政策了解度、崇尚技能的社会氛围、技能培训、技能大赛、师带徒、工匠精神、技能人才评价方式十个维度，对天津 26 家企业共 454 名技能人才展开调查，结果发现：性别比例分配不均，年龄、工龄、学历和薪资结构较为合理；国家职业资格等级结构较为合理但仍需进一步优化；职业上升通道较为畅通但仍需进一步疏通；各级各类技能大赛促进技能人才成长的作用显著；技能人才总体上具备工匠精神；技能人才评价方式合理；国家和社会崇尚技能的氛围持续向好。当前，天津市高度重视通过对现代职业教育体系供给侧的改革，从整体上优化和提升现代产业工人队伍的结构和质量。基于以上调查结果，总结与提炼出以重大国家战略为制度基础、创新技能人才培养方式为核心、企业高技能人才培养平台为载体、经费投入为保障的技能人才培养"天津模式"，也为全国大力培养高素质技能人才提供了借鉴。

本文作者:郭达,天津职业技术师范大学世界技能大赛中国研究中心;邢少乐,天津职业技术师范大学职业教育学院;刘玉亮,天津市职业技能公共实训中心

实施乡村振兴全面推进行动中农村低保政策的执行问题及完善对策（观点摘要）

党的二十大报告指出，全面建设社会主义现代化国家，最艰巨最繁重的任务仍然在农村。治理农村首要是巩固拓展脱贫攻坚成果，满足农村弱势群体的生活要求。农村低保政策的运行，不仅关系到国家公共品供给的质量和效益，更关乎党的群众基础。习近平总书记在天津考察时提出了"三个着力"的重要要求，尤其是要着力保障和改善民生，因此要以"三个着力"重要要求为引领，健全和完善农村低保政策。一是明确低保的法律地位，促进乡镇政府依法行政。在农村低保政策的执行中要坚持公开原则，即低保程序要公开、经办过程要公开、低保结果要公开。二是提升村民参与低保政策的程度，提高村民自治能力。因地制宜合理选择农民参与村庄治理的模式，健全完善村民利益表达机制；建立村干部的容错纠错和奖励机制，完善村干部长效管理机制，进一步优化干事创业的制度环境。三是明确乡镇政府在低保政策中的角色，明晰乡村两级权力界限。重塑乡镇政府在低保执行中的"公共人"角色，树立责任义务观以转变政府职能；乡镇政府在工作中要着眼于全局性、综合性事务,以实现多元主体、协调控制的公共治理模式,提高村内事务的组织和管理能力。

本文作者:龚艳,中共天津市委党校政治学与统战理论教研部;李琦,山东省济宁市任城区人民法院民事审判第三庭

中国英文媒体中天津城市形象建构研究（观点摘要）

以话语建构理论为研究基础框架，采用语料库语言学研究方法，探讨中国对外宣传媒体"感知天津"英文网站建构的天津国际形象。通过语料库关键词、搭配和索引行数据分析得出，外宣媒体塑造了天津全面发展的国际城市形象。从经济发展转型、区域经济合作、交通运输、教育医疗、居住环境等方面，天津被建构为一个经济发展良好、区域合作互动频繁、科教资源丰厚、生态宜居的国际化大都市形象。在重点宣传领域，经济领域相关报道是重点，侧重介绍区域合作和经济成果。在交通运输方面，天津具有得天独厚的区位优势，在航空、海运、铁路方面的辐射优势明显。

受语料规模的限制，天津的历史、旅游和文化信息在语料中容量较小。天津丰富的历史文化内涵和宝贵的精神文化财富在话语中的表现尚未得到充分挖掘和分析。总之，在城市国际形象的建构过程中，话语起着举足轻重的作用。从话语分析的视角出发探究一个城市如何通过外宣话语建构自己的形象，建构形象的话语策略及其背后动因等问题，能够为提升城市国际形象提供智力支持，具有重要的现实意义。

本文作者：付海燕，天津科技大学外国语学院

党建引领"两新"组织参与城市基层治理：
价值、实践与路径（观点摘要）

　　"两新"组织是改革开放后形成的新兴领域，"两新"党组织是党在"两新"组织中全部工作和战斗力的基础。在"两新"党组织的引领下，"两新"组织健康快速发展，为我国经济社会发展贡献了巨大力量。进入新时代，民营经济在稳定增长、促进创新、增加就业、改善民生等方面发挥着重要作用，同时互联网等新兴领域经济蓬勃兴起，社会组织快速发展，有效参与了城市基层治理。"两新"组织是城市基层治理格局的重要一环，坚持党建引领"两新"组织参与城市基层治理，既是巩固党的执政基础、加强党的组织体系建设的内在要求，也是"两新"组织自身良性发展的迫切需要，更是构建基层社会治理新格局的必然选择。由此，推进党建引领"两新"组织参与城市基层治理日益成为重要议题。应始终坚持党建引领，发挥"两新"党组织的政治优势和组织优势，以人才队伍建设为抓手强基固魂，以发挥组织优势为契机提质增效，以坚强的保障力度为重点蓄势赋能，推动"两新"组织成为城市基层治理的重要参与主体，从而提高社会治理整体水平。

本文作者：杨少杰、李曼，中共天津市委党校党的建设教研部（党建研究所）

雄安新区基于产学研合作的人才重构系统动力学仿真研究（观点摘要）

创新驱动发展环境下产学研合作成为加速人才资源整合重组的重要途径，明晰产学研合作中人才重构的内在机理，能够为雄安新区人才重构的实现提供解决方案。以雄安新区基于产学研合作的人才重构为研究对象，运用系统动力学方法，根据雄安新区产学研合作过程中各行为主体之间进行人才重构的内在关联，构建雄安新区基于产学研合作的人才重构系统动力学模型，并利用 Vensim PLE 开展雄安新区基于产学研合作的人才重构系统动力学模型仿真及分析，结果显示：①雄安新区基于产学研合作的人才重构过程中，高校人才投入对产学研人才培养具有立竿见影的正向影响。②雄安新区基于产学研合作的人才重构初期，企业合作意愿和高校合作意愿对产学研合作效益的影响均不显著。随着产学研合作活动展开，高校合作意愿对产学研合作效益提升的影响更为显著。但利益分配比例对产学研合作效益的影响不显著。③政府支持在人才重构中地位突出，但也不是越多越好，达到一定临界值后，会出现边际效益递减现象。

本文作者： 梁林、段世玉、武晓洁，河北工业大学经济管理学院；孟庆铂，天津理工大学中环信息学院

天津市非遗"双创"赋能乡村振兴的发展理路研究(观点摘要)

党的十八大以来,我国创造性地提出了坚定文化自信、实施乡村振兴战略、传承中华优秀传统文化、推动传统工艺振兴等一系列国家层面的战略性思想与举措,显著并可持续地驱动了社会、经济、文化等事业的高质量发展。非物质文化遗产(以下称"非遗")作为中华民族优秀传统文化的重要代表,对于乡村建设、产业振兴、城乡一体化融合发展、全民教育等国家重点工程发挥着不可替代的赋能作用。天津市非遗资源丰厚,然而由于社会环境的多重影响,其中所蕴含的资本优势、产能优势、内生动能与精神引导作用并未得到完全发挥,特别是在践行党的二十大报告中所倡导的非遗创造性转化与创新性发展(以下称"双创")理念层面还存在较大提升空间。因此,围绕天津市的乡村非遗资源,选出具备产能转化优势、利于乡村道德文化建设的项目与种类,遵照保持原真性、增强地域性、加快传播性、扩展综合性及深挖学术性等逻辑规律,持续推进各类非遗项目的发展模式建构及非遗传人能力提升路径探寻,可为全面搭建非遗双创赋能乡村振兴发展理路提供智力支持。

本文作者:蒲娇,天津大学冯骥才文学艺术研究院;陈天凯,天津大学研究生院

智媒时代天津城市形象对外传播实践的创新进路（观点摘要）

作为首都北京的"东大门"，天津近年来着力加强城市形象构建与对外传播体系建设，虽已意识到智媒时代城市形象对城市整体发展的重要性，然而作为北方名城的天津，无论是形象传播的热度还是城市品牌的知名度，其对外传播的效果却难如人意。天津应立足"一基地三区"功能定位，明晰城市定位与特色，实现政府主导、企业共建和海内外公众广泛参与的多元主体价值共创。着力整合利用融媒体平台并因地制宜，推动天津城市节事活动的对外传播由散点式宣介走向整合式营销，着力完善节事活动的软硬件条件，打造节事品牌并突出其核心价值。智媒时代，我们应深刻认识到提升城市形象的对外传播能力是一项长期且艰巨的任务，城市形象传播本身就是一座城市潜在的文化张力与经济实力，持续探索新时期天津城市形象对外传播的创新进路，为更好地对外传播城市和国家形象提供崭新路径。提升城市乃至国家形象的国际认同度和美誉度，讲好中国故事、传播中国之美，将一直在路上。

本文作者：韩文婷，中共天津市委党校马克思主义学院

区块链技术赋能下品牌制造商的仿冒品防治策略研究(观点摘要)

如何防治仿冒品特别是欺诈性仿冒品,一直以来都是困扰品牌商企业的难题和社会关注的热点问题,但多年以来始终缺乏行之有效的方法。区块链技术的交易信息由链上成员共同维护,具有典型的去中心化、可溯源、不可篡改等特点,恰好切中欺诈性仿冒商的要害,为有效防治仿冒品提供了一种全新的解决方案。但是,区块链技术的应用也相应增加了品牌商的运营成本。鉴于此,考虑在面对欺诈性仿冒商和非欺诈性仿冒商的双重威胁下,品牌商是否应采用区块链技术抵制仿冒商入侵,从而维护品牌形象和消费者合法权益,相关研究结果显示:当区块链技术应用成本较低时,品牌商采用区块链技术使得零售价格下降,此时欺诈性仿冒商的需求却可能增加,这说明区块链技术在一定程度上促进了仿冒产品的泛滥;只有当市场中品牌商产品比例较低或者欺诈性仿冒商产品质量较低时,品牌商才有动机采用区块链技术。区块链技术不仅能够降低欺诈性仿冒商的利润,同时也能够降低非欺诈性仿冒商的利润。从政府角度而言,帮助品牌商降低区块链技术的应用成本既能够提高企业收益,也能够提高消费者剩余和整个社会福利。

本文作者:李玲、张驰,天津财经大学商学院;高辉,天津财经大学管理科学与工程学院

职业教育技能供给模式的影响因素与组织形态

——基于"市场—层级"框架的理论分析（观点摘要）

资产专用性与扰动是影响组织形态的重要因素。在职业教育领域，资产专用性主要包括技能专用性、有形资产专用性与人力资本专用性，扰动主要表现为劳动力市场不确定性、校企合作保障激励制度缺位与实质性校企合作频率。这些因素共同影响了职业技能供给的组织形态，形成市场制、混合制或层级制的多重选择。当前我国职业教育发展面临的环境不确定性较大。产业结构升级、职业教育政策调整、地方政府政策应对，都是职业教育发展不确定性的重要原因，而且这种不确定性会随着经济发展、政策扶持和地方实践创新而进一步加强。在这种情况下，在职业技能供给领域进行组织形态改革，特别是进行混合制改革，就成为适应时代发展和市场需求的重要举措。职业教育改革者需要解放思想、摸索规律；充分考虑技能性质与组织形态之间的关系，增强它们之间的适配性，避免出现组织偏离；突出混合制改革方向，避免不适宜的政绩观念。同时，也要跳出职业教育的传统思维，将其置于中国经济社会发展的宏观环境中，实现职业教育政策逻辑、经济逻辑和教育逻辑的统一。

本文作者：李昕一，天津机电职业技术学院管理与信息学院

财税激励精准定向与居民消费扩容升级（观点摘要）

全面促进居民消费,尤其是绿色智能商品消费,对贯彻新发展理念、构建新发展格局、推动经济高质量发展意义重大。如何解决因疫情冲击进一步凸显的中国居民消费需求不足问题,是宏观调控政策的关注点。鉴于此,通过构建具有居民消费与产品供给联动特征的异质性 DSGE 模型,对供需两侧财政政策工具的动态效应、差异性以及福利损失进行系统性分析的研究发现,需求侧的绿色智能商品消费税减税和补贴政策短期内能够促进居民消费扩容提质,提升居民消费倾向,但中长期政策效果趋弱甚至补贴政策对居民消费产生负向影响;供给侧的绿色智能商品生产企业所得税减税政策相较于需求侧财政工具的政策效应具有滞后性,即政策效应短期较弱,在中长期开始显著见效;只有通过供需两侧财政政策的协同发力,打好政策"组合拳",才能全面促进居民消费扩容提质,提升居民消费倾向;从社会福利损失的角度看,供需两侧的减税政策相较于绿色智能商品消费补贴政策造成的福利损失更小,政策可调整的空间更大。

本文作者:李政,天津财经大学统计学院;缪言,天津师范大学经济学院

京津冀区域协同法治的生成逻辑
与实践路径（观点摘要）

在法治轨道上推进京津冀协同发展，是京津冀三地破局"哑铃型"发展特征、形成制度联动和治理互动的关键一步。作为注解习近平法治思想的应用场景，京津冀三地从发展实际出发，从现实问题着手，通过打通立法"断头路"、畅通执法"大动脉"、完善司法"微循环"，探索出了一条区域协同治理的新路径，即协同法治。作为习近平法治思想的重要组成，协同法治话语体系历经初步构建、探索发展和提质升级，以十年实践经验为累积，从系统观上分别扩展和丰富了协同立法、协同执法和协同司法的内涵和形式，反映出法治普遍性原理在区域协同发展上的应用与创新。同时，京津冀区域协同法治的实践路径也从三个方面（从法制协调到协同法治、从产业政策协调到竞争政策协同、从立法协同到全面协同）实现了对这一话语体系的证成。通过对京津冀区域协同法治实践路径的考察可以发现，协同法治的核心要义是以法治方式引领区域协同发展、以改革实践引领法治建设、以法治思维化解区域发展过程中的社会纠纷和矛盾。其最终目标是积法治之势，促进区域发展从合作向合力、从联合体到共同体、从谋求共赢到同生共长，为打造中国式现代化先行区、示范区保驾护航。

本文作者：杨童，中共天津市委党校马克思主义学院

数字经济发展对居民消费价格的影响研究（观点摘要）

　　锻造政治坚定、素质过硬、适应新时代要求的产业工人队伍,是实现中国式现代化进程中制造业健康发展的关键因素。文章对天津市各类企业进行问卷调查,其中国有/集体企业、民营/私营企业、股份制企业、外商投资企业(独资/中外合资/合作)占比分别为 46.26%、13.06%、9.25%、31.43%。通过对问卷进行数据整理,梳理了天津市产业工人队伍思想现状及思政工作情况,发现目前主要存在管理层重视不足、工作制度不健全、参与方式不丰富、反馈渠道不畅通、内容没有针对性等问题。为进一步加强思想教育工作,充分发挥工人队伍的积极作用,促进高质量发展,文章提出以下对策建议。一是加强企业党团组织建设,建立全覆盖的党组织和共青团组织,培育高素质的企业思想教育干部队伍,建立健全企业思想教育工作体制机制,加大在工人中培养发展党员的工作力度。二是拓展参与渠道与方式,在职业教育培训中增加思政内容,提高思想教育活动的数字化水平,将思想教育工作融入群团活动,积极争取高校的师资与智力支持。三是丰富和创新活动内容,大力开展习近平新时代中国特色社会主义思想教育,充分尊重产业工人的个体差异与个性化需求,关注产业工人的心理健康,做好心理教育。四是充分激发工人身份自豪感,加大社会宣传引导力度,发挥先进示范带头作用,强化主体意识、积极参政议政。

本文作者:王芳,中共天津市委党校生态文明教研部

中华优秀传统工艺的创造性转化与创新性发展研究

——以天津杨柳青年画为中心(观点摘要)

在当下"推动中华优秀传统文化创造性转化与创新性发展"的大背景下,人民大众作为文化的创新主体、实践主体和成果享用主体,被赋予了新的历史使命,即积极能动地进行具有时代特征形态美的设计创造,为生活美学的建构提供源源不断的文化资源,以满足人民群众对文化产品和生活美学日益增长的需求。不同类别的民间工艺包含着相同深刻的文化内涵,反映着人们的审美追求。在非物质文化遗产的传承保护成为全球性命题的新时代,优秀民间传统工艺的手作美与现代化批量生产的机械美如何和谐有机地共存,不仅关系到传统手工技艺的传承发展,而且也是学界以及各级政府一直探讨的问题。通过分析近年工艺美术创作的实践案例可以发现,不仅技艺的传承者主动担当、开拓创新,传统工艺的研究者、设计者、传播者等群体也积极参与其中。通过研究优秀传统工艺创造的典型案例,如在材料与工艺层面的复原与提升、造型与装饰之美的回溯与赋新,可以拓宽各类工艺美术形式在现代生活中的影响力与吸引力,从而总结出中华审美意境在优秀传统工艺中的当代表达形式与内容。

本文作者:王坤,天津大学人文艺术学院;张敏,南通大学艺术学院

杨柳青木版年画中的文化基因
与当代创新设计探究（观点摘要）

　　杨柳青木版年画绵延至今仍熠熠发光，但传统的装饰性特点与审美功能已不适应现代人的生活环境，亟须紧密结合当下时代背景，从多元视角多样尝试，满足以"90 后"年轻人为主体的文创 IP 主力消费人群的需求。综观杨柳青木版年画作为民间时尚的历史流变历程，其变化一直紧随大众时尚风向。因此，杨柳青年画的活化与再生，应以当代潮流眼光，探索一种"新潮时尚+科技原创+年轻消费"的"年画+"当代发展模式。通过对杨柳青木版年画中文化基因的构成与分类，构建服务于年画再设计的表征谱系图，研究设计点与创新设计要素相互之间的内在联系，同时尝试提取一些天津地域文化元素符号，为深度有效地与杨柳青木版年画融合提供借鉴意义。另外，从图形创新、色彩创新、材质创新、语义创新等几方面结合案例说明，为杨柳青木版年画创新设计提供了方法策略，赋予年画新的生命活力，使年画更适宜融入现代人的生活，满足人们日益增长的精神文化需求，最终有助于实现发挥地域文化优势和推广杨柳青木版年画传承的双重作用。

本文作者：王丽莎、齐梦媛、张诚轩，天津美术学院影视与传媒艺术学院

中国参与构建世界职教命运共同体：动因、实践、成效与问题

——以鲁班工坊为例（观点摘要）

中国积极参与构建世界职教命运共同体是实现教育强国、构筑职教领域人类文明新形态的重要路径，动因有四点：一是职业教育中外合作需要新平台；二是中外人文纵深交流需要新路径；三是国际产能深入合作需要新触点；四是为广大发展中国家提供"拿来可用"的新经验。作为中国职教走向世界的知名品牌和典型案例，鲁班工坊依托中国经验开展实践尝试，为世界职教命运共同体提供"中国模式"，包括建设模式、教学模式；提供"中国标准"，包括建设标准、教学标准；提供"中国保障"，包括政策、组织、宣传保障。通过顶层设计、传递理念、布局全球、搭建平台、创新范式、提供样本、深化交流、携手企业、强化保障、扩大影响等手段，在参与构建世界职教命运共同体过程中贡献了中国智慧，极大提高了中国职业教育在国际上的品牌效应和影响力。但当前存在三个主要问题：一是资源聚合效应没有得到充分体现；二是服务中资企业"走出去"功能有待提升；三是系统化综合咨询平台尚未建立。针对问题提出三点建议：第一，推动建立政校企鲁班工坊产教融合联合体；第二，提高建设深度，对接中企需求；第三，建立官方信息共享平台。

本文作者：王妍，天津轻工职业技术学院科研部

中华优秀传统文化创造性转化与创新性发展研究综述

——基于 CiteSpace 的知识图谱分析（观点摘要）

中华优秀传统文化的创造性转化与创新性发展是党的十八大以来学者热议的主题。以 2014—2022 年间中国知网收录的 539 篇"两创"主题的期刊论文为数据来源,通过文献计量法和 CiteSpace 可视化知识图谱对"两创"的研究现状、热点主题和知识演进进行梳理。结果表明:①"两创"研究的发文量从 2014 年起稳步增长,在 2021 年开始井喷式增长后于 2022 年达到顶峰;②核心作者数量显著增长,目前尚未形成核心作者群;③主要研究机构类型呈现多样化,遍布政界、学界和文艺界;④热点主题为"两创"的前提性诠释、生成依据、价值意蕴以及方法与路径;⑤知识演进经历了起步阶段(2014—2016)、发展阶段(2018—2020)和深化阶段(2021—2022)。在今后的研究中还需加强合作,推进"两创"研究向深度发展,进一步挖掘"两创"的深刻寓意和实践价值;开阔视野,进一步丰富"两创"的研究内容,使该领域的研究在理论上系统化、实践上成效化;增强方法意识,创新研究方法,提升"两创"的实践品质,增强文明互鉴对"两创"的启发和借鉴作用,加强其他学科对"两创"的学理支撑。

本文作者:尹佳,天津外国语大学欧语学院

专精特新小巨人企业创新基因的构成要素

——基于力生制药的案例研究（观点摘要）

　　创新基因是企业可持续创新和高质量发展的内在根源。基于企业基因理论和扎根理论研究方法，以天津市国家级专精特新小巨人企业——力生制药为案例，对企业创新基因的构成要素进行探索性研究。首先，借助 NVivo 文本分析软件，对近三万字的案例资料逐级进行初始、聚焦和主轴编码，提炼出力生制药创新基因的五大核心范畴，即组织文化、人力资源、财务资源、研发能力和经营战略。其次，通过理论编码，初步构建专精特新小巨人企业创新基因的构成要素及其与企业持续创新逻辑关系的理论模型，即组织文化、人力资源、财务资源、研发能力和经营战略分别构成专精特新小巨人企业创新基因的精神、智力、资金、能力和管理要素，为企业持续创新提供对应的精神力量、人才智力、资金保障、核心能力和管理方略；创新基因是企业创新的基本遗传单元，是解读专精特新小巨人企业持续创新的遗传密码。最后，形象绘制企业创新基因树，从创新基因的五项构成要素维度阐释专精特新小巨人企业持续创新的政策启示。

本文作者：佘耀东、贾晓群，天津财经大学珠江学院管理学院

从"安全、发展"到"安全——发展":中国青年发展型城市建设模式研究(观点摘要)

青年群体是城市高质量发展和可持续发展的重要力量,践行青年与城市共同发展已成为新型城镇化建设的必探课题。需要注意的是,将青年发展和城市发展有机结合的方式仍处于探索阶段,且青年群体的思想安全与城市发展安全息息相关,面对复杂多变的国际局势和各种"思潮"侵蚀,确保青年参与城市发展全过程的思想安全显得极为重要。研究基于青年与城市共同发展和确保青年思想安全来保障城市安全的"发展与安全"视角,通过全网数据抓取和青年群体问卷调查"双数据"作为构建思路的现实基础,梳理分析国内外研究成果和建设经验,提出一种新型青年发展型城市建设的理论模型,并根据现实建设可能遇到的全局性、时代性、结构性、体系性四个维度的现实困境给出具体解决方案与实践路径。

本文作者:王妃、樊源泉,天津市应急外语服务研究院;温志强、毕宏音,天津师范大学政治与行政学院

制度环境对传统企业数字化转型的作用机制研究（观点摘要）

引言

随着人工智能、大数据等数字技术的发展，传统企业纷纷开始数字化转型。为了科学引导和加速推动传统企业数字化转型，国家出台了系列政策。例如，党的二十大报告中指出，要促进数字经济和实体经济深度融合，加快传统产业数字化转型。科技部、工信部和地方政府相继推出配套政策、细化措施和重大项目等，为企业数字化转型营造有利的政策环境。然而，数字化转型的成功仅限于少数领先企业和重点企业，大部分企业仍面临"不愿转""不敢转""不会转"等转型窘境。埃森哲发布的《2022年中国企业数字转型指数研究》指出，当前只有17%的中国企业数字化转型成效显著，可见，既有政策对数字化转型引导不足，尚未精准、有效地推动传统企业数字化转型。

处于转型中的传统企业具有更高的情境敏感性和风险脆弱性，更需要基于制度情境进行数字化转型，并由此形成企业的数字化逻辑。现有研究已经探讨了政府的引导和支持、产业的制度压力等单一制度的影响，尚未有效分析出不同制度组合与数字化转型程度的关系。本文基于制度多中心理论和产业基础观,从政府支持和市场经济制度两种制度的组合视角出发,并引入行业动态性和丰裕性作为中介变量,以探讨制度环境对传统企业数字化转型的作用机制,有利于推动传统企业的数字化转型,并为设计有效推动数字化转型的制度提供重要启示。

理论分析与研究假设

(一)制度的组合效应

制度多中心理论认为,制度源自多个权力中心,分为多种类型,且存在于多个层级。对企业行为和结果产生影响的制度环境是以多样性为特征——是不同类型的相互关联的制度组合。从制度组合的影响来看,已有研究讨论了制度组合对创业、创新等企业行为和战略的影响,但在数字化转型领域还未引起重视。本文探索的制度组合效应表现为政府支持和市场经济制度两种制度的交互,即组合效应体现为交互效应,具体而言,指的是市场经济制度在政府支持作用于数字化转型的过程中产生调节性影响。

(二)政府支持、市场经济制度与数字化转型

政府支持可以为企业提供适当的数字化资源、规范市场,促进数字化创新的商业化过程。除此以外,政府推出的促进数字化转型的政策直接具备合法性,使得企业的数字化转型具有制度和政府的认可。因此,政府支持能够为数字化转型提供合法性,降低环境的不确定性,最终促进企业的数字化转型。因此,本文假设:

H1:政府支持对数字化转型具有正向影响。

虽然政府支持可以在效率和合法性方面促进企业的数字化转型,但是可能会由于信息不对称和委托代理问题在某种程度上挤出企业的数字化投入

而抑制数字化转型,这往往是由于转型期的中国企业面临的市场经济制度的不完善即制度空缺而导致的。因此,即使政府支持政策较强,如果市场经济制度的质量较差,那么数字化转型的水平也达不到支持政策预期的效果。于是,本文认为:

H2:市场经济制度在政府支持和数字化转型关系间起正向的调节作用。

(三)行业特性的中介作用

行业环境是指对处于同一行业内的组织都会发生影响的环境因素。对于数字化转型,行业动态性和行业丰裕性两个行业特性从风险和资源的角度产生重要影响。行业动态性描述了行业内的变化是随机的,增加了整体的不确定性。数字化转型本身面临巨大的成本和风险,而来自行业环境的高动态性和不可预测性会加重这一风险,降低企业数字化转型的意愿。行业丰裕性是指行业中具有丰富的关键资源,体现了行业的数字化水平。在数字化水平较高的行业中,企业更容易有效地获得所需的数字化资源和技术等,可以促进数字化活动的顺利开展。因此,本文假设:

H3a:行业动态性对数字化转型具有负向影响。

H3b:行业丰裕性对数字化转型具有正向影响。

行业特性会受到制度环境的影响。一方面,政府对特定行业的支持政策会给企业带来行业数字化发展利好的信号,降低数字化转型环境的不确定性。另一方面,政府在税收减免、专项资金、技术支持、人才培育以及提供解决方案等方面的行业政策会为企业带来更丰富的资源条件,提高行业丰裕性。

H4a:政府支持对行业动态性具有负向影响。

H4b:政府支持对行业丰裕性具有正向影响。

如上所述,政府支持会降低行业的动态性,而行业的动态性所带来的变化和不确定性使得企业因厌恶风险而降低数字化转型意愿;政府支持政策能够为行业提供更多的资源,而行业的丰裕性能够促进数字化转型活动。因此,

政府支持并非是针对某个特定企业,而是通过影响行业环境的特性而间接影响企业数字化转型的。因此,本文假设:

H5a:行业动态性在政府支持与数字化转型的关系中具有中介作用。

H5b:行业丰裕性在政府支持与数字化转型的关系中具有中介作用。

(四)被调节的中介作用

基于上文论述,市场经济制度在政府支持和数字化转型关系间起正向的调节作用,同时,行业动态性和行业丰裕性在政府支持与数字化转型的关系中具有中介作用。这表明可能存在一个被调节的中介模型。当市场经济制度质量越高时,政府支持更能降低行业的动态性,更能增强行业的丰裕性,从而更能促进企业的数字化转型程度。于是,本文认为:

H6a:市场经济制度对行业动态性的中介效应具有显著的调节作用。

H6b:市场经济制度对行业丰裕性的中介效应具有显著的调节作用。

实证分析与稳健性检验

本文采用二手数据和问卷调查相结合的方法,其中,问卷调查对象为高层管理者,包括董事长、首席执行官、总经理等。本文以浙江、上海、天津、黑龙江、山西、甘肃地区的企业为样本。政府支持、市场经济制度、数字化转型、行业动态性和行业丰裕性均借鉴已有的量表,并根据本文的研究适当修正,为李克特七级量表。本文对调节作用的检验采用了层次回归法,并采用逐步回归法来检验中介作用,分析结果表明本文关于调节作用和中介作用的假设成立。对于被调节的中介效用的检验,本文采用 Hayes(2013)提出的 Bootstrap 法,结果表明假设 6a 成立,6b 不成立。为进一步验证研究的稳健性与可信度,本文采用了不同的调节和中介检验方法,并将控制变量分组检验,结果表明本文的实证结论是稳健的。

结论与讨论

本文基于制度组合的视角,整合制度多中心理论和行业基础观,探索了中国转型经济情境下政府支持对数字化转型的作用机制,得出以下结论:①市场经济制度对政府支持与数字化转型关系起到了正向的调节作用,说明制度对数字化转型的影响并不是单一的,而是多重制度的复杂互动的结果。②行业动态性和行业丰裕性在政府支持与数字化转型之间起到了部分中介作用。③市场经济制度对行业丰裕性的中介作用起到了调节效应,而对行业动态性的调节中介效应并不显著。

相比于以往文献,本文在以下两个方面做出拓展:其一,已有研究多是分析单一政策或者多种政策对数字化转型的影响过程,对其他类型、层级的制度和不同制度间的复杂关系与组合如何影响的问题讨论不足,本文将制度视为多元的,关注政府支持和市场经济制度的组合效应,能够更好地理解数字化转型的制度动因,丰富了制度复杂性研究。其二,一个国家的许多正式制度,都被转化为行业规则和规范来调整行业内的竞争行为,但已有数字化转型研究忽略了行业层面的影响。本文通过引入行业动态性和行业丰裕性两种行业特性作为中介变量,丰富了制度与数字化转型关系研究。

本文作者:高辉、张尚珠,天津财经大学商学院;李倩,长春大学管理学院

本文系天津市"新时代青年学者论坛"(2023)优秀论文,后发表于《工业技术经济》2023 年第 8 期。

教育数字化转型背景下高职劳动教育推进机制研究（观点摘要）

职业教育作为一种教育类型，具有自身的类型特征与层次属性，劳动教育的实施与推动应与之相呼应，明确其推进机制能够引导和保障新环境条件下高职院校劳动教育有效实施，助力职业教育高质量发展和高素质技术技能人才培养。

一、教育数字化转型背景下高职劳动教育的特性表征

一是劳动+职业：高职劳动教育推进的内在诉求。职业教育的根本目的是培养高素质技术技能人才，强调面向职业、突出就业，具有职业教育特色的劳动教育实践才能促进职业教育类型属性的确立和职业教育适应性的提升，而不至于最终陷入模式趋同的桎梏。"劳动+职业"是高职院校劳动教育推进的内在诉求，也是其重要特征，也就是说，开展劳动教育的过程中要将劳动实践和职业技能培养融合起来。

二是劳动+数字：高职劳动教育推进的关键抓手。在教育数字化转型过程中，"劳动"与"数字"结合是高职劳动教育推进的基本特征，这也意味着高职

劳动教育的价值目标、劳动场景、实践形式与内容等都将受到数字技术的深度影响,一方面体现为技术手段使得劳动形态更具复杂性、创造性和智能性,另一方面数字技术打破传统劳动教育的边界,逐渐构建起劳动教育生态的三维空间。

三是劳动+创造:高职劳动教育推进的价值取向。在教育数字化转型背景下,"劳动+创造"取向是建立在数字技术基础上,通过多样化劳动工具和手脑并用来创造新生事物的劳动,这不仅要依赖新技术构成的劳动情境,还需要学习者(劳动者)具备一定的分析、创造和协同等能力,才能使其更自如地应对复杂多变的职业劳动需求,也更有效地促进高职劳动教育向纵深推进。

二、教育数字化转型背景下高职劳动教育推进的逻辑理路

一是以数字技术融通创生高职劳动教育新生态。高职劳动教育要在数字化转型过程中融通创生劳动教育新生态。向内,形成数字技术和劳动教育的双向融合;向外,实现劳动教育和职业教育的互促共生。首先,高职劳动教育要充分运用这些新技术搭建职业劳动教育智慧场域,同时在职业劳动过程中促进数字技术发展和适应性提升。其次,职业教育数字化转型将有效促进职业教育教育链、产业链、人才链和创新链的融合衔接。

二是以数字劳动牵引带动高职劳动教育新模式。数字劳动与职业需求的变化促使高职劳动教育改革升级,不断探索与创新劳动教育模式,其本质是在更自然日常而非刻意制造的劳动场景中进行劳动教育,变"被动劳动"为"主动劳动",使学习者更贴近数字时代的生产劳动。围绕数字劳动开展多样化的劳动教育模式,是数字时代技术技能塑造和职业发展的必然选择与趋势。

三是以数字素养保障提升高职劳动教育新成效。在教育数字化转型发展过程中,高职劳动教育的场域更加智能化、开放化和多维化,但这并不能自动自觉地实现劳动教育使命。高职劳动教育新成效,关键是在智能化场景中对

数字技术的创新和应用，而这很大程度上取决于劳动教育主体的数字素养。数字素养是教育数字化转型背景下高职劳动教育有效推进的先决条件和重要保障，也是创新高职劳动教育新模式的动力所在。

三、教育数字化转型背景下高职劳动教育推进的现实困境

一是劳动教育实施与高职专业教育融合不紧密。目前高职院校的劳动教育实践与专业教育处于一种游离状态，尚未形成互动关联的融合机制，具体表现在以下三方面：一为劳动教育目标与专业教育目标割裂；二为劳动教育资源与高职专业教育资源孤立；三为劳动教育评价与高职专业教育评价脱嵌。

二是劳动教育理念与数字劳动需求不匹配。数字经济催生广泛的数字劳动，由此推动数字劳动教育的产生与发展。然而，高职院校开展的劳动教育实践与数字劳动需求仍存在不匹配现象，具体来说，一为对数字劳动及数字劳动教育存在偏见；二为创造性劳动教育体现不足。

三是劳动教育的数字化升级改造不充分。在教育数字化转型背景下，高职劳动教育的数字化升级改造还不充分，主要体现在以下三方面：一为劳动教育数字化基础设施还不完善；二为数字化劳动教育智慧服务平台与资源支撑不足；三为高职劳动教育主体的数字素养欠缺。

四、教育数字化转型背景下高职劳动教育的推进机制

一是形成"嵌入—融合—创造"的目标发展机制。以培养高素质技术技能人才为根本目标，全面审视高职劳动教育与高职专业教育，逐步转变二者游离脱嵌的关系，构建"嵌入—融合—创造"的目标发展机制，一为根据专业教育教学内容和要求，将劳动教育核心要素嵌入专业教育体系；二为将劳动教育与专业教育有机融合，形成综合育人的共同体；三为让"创造力"成为劳动

教育的核心目标。

二是构建"手段—资源—模式"的支持保障机制。教育数字化转型背景下的高职劳动教育是以数字技术和数字劳动为依托,以职业劳动能力和创造性劳动能力提升为主要目标的教育形式。在硬件维度,数字技术手段是教育数字化转型背景下高职劳动教育的实践基础;在软件维度,劳动教育数字资源是高职劳动教育开展的必要条件;在潜件维度,模式创新是教育数字化转型背景下高职劳动教育有效推进的重要保障。

三是建立"共识—共研—共建"的协同治理机制。要想在复杂系统中推进高职劳动教育发展,需要寻求并建立有效的协同治理机制。协同治理是一种集体行为,在协同治理过程中,首先,多主体只有就高职劳动教育的理念价值与实践取向达成共识,才能确保劳动教育实施同向同行;其次,多元主体共同参与劳动教育实施,需要有共同的行动规则,至少包含明确权责和筑牢底线两个方面;最后,要在多主体共同开展实践行动的基础上,满足不同主体的利益诉求,实现共赢发展。

本文作者:张慧,天津职业技术师范大学职业教育学院

本文系天津市"新时代青年学者论坛"(2023)优秀论文,后发表于《教育与职业》2023 年第 7 期(下)。

低碳通勤导向下的产业园区
建成环境优化研究
——以天津高新区为例（观点摘要）

一、研究概述

党的二十大报告提出，要推进生态优先、节约集约、绿色低碳发展。作为以生产就业为主导功能的城市空间，产业园区内职工出行呈现较为明显的高碳特征，具有很高的减碳潜力。研究发现，城市建成环境对交通碳排放的影响主要体现在对居民出行行为选择的引导方面（袁玉娟，2021；张赫，2020）。建成环境质量会在一定程度上影响居民的通勤选择，进而影响交通碳排放总量（Ding，2014）。因此，探究建成环境与居民出行选择之间的关系并提出相应的优化策略，对城市的低碳发展具有重要现实意义。

本文选取天津市高新区华苑片区和华苑产业园两个不同区位的典型产业园区作为实证研究对象，探究两类常见产业园区的建成环境对低碳通勤行为的影响机理，从步行环境、功能与活力、交通连通度及交通设施建设四个维度，运用主成分分析法和多项 Logit 回归模型识别并归纳园区建成环境中的不同因素对职工低碳通勤选择的影响程度,提出具有针对性的产业园区建成环境共性和差异性低碳更新策略。

二、城市建成环境指标体系

研究参考现有文献中对于城市建成环境评价指标体系的构建方法,结合产业园区的空间特征,从中提取了步行环境、功能与活力、交通连通度、交通基础设施建设情况四个评价维度,并对相关指标进行优化增补,构建城市建成环境评价指标体系(表1)。

表 1　建成环境评价指标及计算方法

评价维度	评价指标	表征指标	算法及获取方式	最佳数值
步行环境	人车道路宽度比	人车道路宽度比	人行道宽度 / 车行道宽度	大于 0.3
	街道开敞度	街道高宽比	沿街建筑高度 / 街道宽度	介于 1—2 之间
	街道连续度	贴线率	街墙立面线长度 / 建筑控制线长度 *100%	大于 60%
	街道安全度	两侧建筑窗墙比	某方向建筑外窗总面积 / 该方向墙体总面积	大于 0.35
功能与活力	周边地块功能混合度	周边地块功能(商业、居住、就业 3 类)	现场调研获取	—
	周边商业设施多样性	周边商业设施种类(餐饮、购物、科教、金融 4 类)	现场调研获取	—
交通连通度	轨道交通站点可达性	街道中心点距最近轨道交通站点距离	现场调研获取	—
	公交站点可达性	道路上公交站点数量	现场调研获取	—
	共享交通可达性	道路上共享单车停车点数量	现场调研获取	—

续表

评价维度	评价指标	表征指标	算法及获取方式	最佳数值
交通基础设施建设	道路上站台服务水平	站台上是否配有休憩设施,是否有现显示时间等	现场调研获取	–
	公共交通服务水平	车隔、车速、票价	现场调研获取	–
	道路上新能源汽车服务水平	道路上新能源汽车充电桩数量	现场调研获取	–

三、产业园区建成环境对居民低碳出行意愿的影响研究

基于前文所述指标体系对两个产业园区的建成环境展开集成评价(图 1)。可以看到,城内园区的评价结果总体高于城外园区,其中功能与活力、交通连通度和交通基础设施具有显著优势。

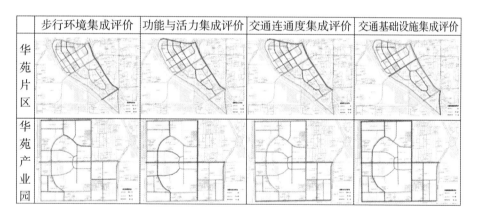

图 1　产业园区建成环境集成评价结果

(一)职工通勤选择的主要影响因素判定

采用主成分分析法对建成环境评分与各类通勤方式比例数据进行计算,分析影响职工通勤选择的建成环境因素的影响力排序结果。

对于城内园区,一级指标的影响力强度排序结果为:交通连通度>步行环

境>功能与活力>交通基础设施建设；而影响作用最强的二级指标分别为：轨道交通站点可达性、人车道路宽度比、公交站点可达性、周边地块功能混合度、共享交通可达性和街道开敞度。

对于城外园区，按照影响力强度由强到弱对一级指标进行排序，得到排序结果为：交通连通度>交通基础设施建设>步行环境>设施与活力；提取得到影响最为显著的六个二级指标，分别为：轨道交通站点可达性、公交站点可达性、道路上站台服务水平、人车道路宽度比、共享交通可达性和周边地块功能混合度。

(二)减少交通碳源贡献度计算

为进一步明确各指标对职工低碳通勤选择的具体影响，采用多项 Logit 回归模型计算不同指标的贡献度，作为指标变化对减少交通碳排放效果的判定标准。根据贡献度计算结果，大部分指标的改善均能提高低碳通勤出行的比例。其中，对于步行出行比例贡献度较大的指标为轨道交通站点可达性、人车道路宽度比和公交站点可达性；对公交出行贡献度较大的指标为公交站点可达性、公共交通服务水平和道路上站台服务水平；而对减少私人汽车出行贡献度最大的指标为公交站点可达性、轨道交通站点可达性和共享交通可达性。若将未来建成环境各指标改善程度按预计 30%~50% 计，可大致计算出在建成环境得到改善后，每年的交通碳源排放量将减少 117.49 吨/年~176.23 吨/年。

四、低碳通勤导向下的产业园区建成环境优化策略

园区建成环境四个维度中的不同指标对园区中职工的通勤选择均具有一定的影响。无论是在城内园区还是城外园区，交通连通度和步行环境质量始终是影响职工通勤选择的重要因素。对于城内园区而言，功能与活力指标

对低碳出行选择的影响较为显著；而在城外园区中，交通基础设施建设却是更为重要的影响因素。

（一）共性优化策略

1.交通连通度优化

产业园区的交通连通度是影响职工通勤选择的首要因素。为了提升园区内部低碳出行比例，可从以下方面进行优化（图2）：①依据职工通勤数据，对园区内部的公交站点布局进行调整，使之能最大程度地满足员工通勤需要；②结合轨道交通站点及公交站点合理配置共享单车换乘场地，保证园区内外交通无缝衔接，构建公共交通与自行车换乘模式；③对交通站点周边的步行空间进行改善提质，提升其对人群的吸引力（李国强，2019）。

图2　产业园区交通连通度优化

2.步行环境优化

对园区步行环境的优化可围绕以下三方面展开：①改造道路断面，优化公共交通与步行交通的接驳能力，提升步行体验；②根据园区的空间布局特征编制产业园区慢行交通网络规划，结合职工的通勤路线对区域道路内出行景观进行优化,设置利于通勤者短暂休憩的街道设施(黄明瑜,2019);③通过适当提升底层建筑通透性、增加街道两侧商业设施数量和增设执勤岗亭等方式进行街道安全性优化。

(二)差异性优化策略

1.城内园区的功能与活力优化

街道活力的提升可以显著提高职工对公交出行的选择意愿,对步行出行也具有引导作用。从产业园区规划的角度,应结合现状功能分区特点,适当提升街区功能混合度;也可结合交通站点的布局配置公共设施,鼓励周边街区功能混合开发,促进产业园区紧凑发展,引导职工采用低碳出行方式。

2.城外园区的交通基础设施优化

交通基础设施服务水平的提升能够有效地提高公共交通的使用效率,减少城市交通碳排放。在设施布局规划方面,不应再延续根据数量指标配置设施的规划方式,而应重视不同交通基础设施的空间属性,结合职工需求科学配置;在公交服务水平方面,应引入智慧交通技术,切实提升运营管理水平。

五、结论与展望

本研究运用主成分分析法分别对华苑片区(城内园区)和华苑产业园(城外园区)内影响职工通勤选择的影响因素进行了分析,并选取多项 Logit 回归模型计算不同影响因素指标的贡献度,提出建成环境优化策略。分析得到以下结论:①近年来共享单车对公共交通站点与工作地起到了较优的联通作用,提升公共交通对各个园区的连通度可有效减少小汽车通勤行为;②产业园区应合理调整人车道路宽度比和街道开敞度,以完善步行环境建设,提高职工的低碳通勤意愿;③城内园区的建设需强调功能多样性,而城外园区则应以公交设施的建设为重点。

本文作者:张赫、董宏杰、张宇童、杨兴源、李文雅,天津大学建筑学院

本文系天津市"新时代青年学者论坛"(2023)优秀论文,发表于《西部人居环境学刊》2023 年第 3 期,题目为《产业园区建成环境对低碳通勤的影响机制和优化策略研究——以天津高新区为例》。

"三融"视域下促进科技成果转化为现实生产力的天津实践(观点摘要)

统筹"三教"协同创新,推进"三融"系统改革,就是要充分发挥高等教育、职业教育在科技自立自强中的重要支撑作用,通过协同配合、系统集成来共同塑造发展的新动能新优势,推动科技和经济社会发展深度融合,让"纸上成果"走出实验室和工作间,让科技成果转化为现实生产力,体现实实在在的价值,为中国式现代化建设贡献科技力量。

一、推进职普融通、产教融合、科教融汇是促进科技成果转化的内在要求

推进职普融通、产教融合、科教融汇是实施科教兴国战略、人才强国战略、创新驱动发展战略的重要契合点,是坚持科技创新和人才队伍建设同步发力,不断开辟发展新领域新赛道,塑造发展新动能新优势的重要突破口。只有推进"三融"系统改革才能实现不同教育要素开放重组、各类产业要素和创新要素互动融合,推动科技成果转化。

职普融通是促进科技成果转化提质赋能的内在要求。推进职普融通将建

立健全多形式衔接、多通道成长、可持续发展的教育和培训体系,搭建起人才成长的"立交桥",全面培养适应中国式现代化建设的高素质创新型人才,使教育更好地适应、支撑、引领经济社会发展,为国家竞争力储能、赋能、提能,成为回应时代之问的应然之举。

产教融合是促进科技成果转化协同的内在要求。推进产教融合将产业与教育、企业与学校、生产与教学相融合,促进人才培养供给侧和产业发展需求侧全方位对接,发挥人才支持和智力支撑作用,优化"政、行、企、校"各类资源,构建"全主体融入、全要素融合、全链条融通"的产教融合新生态,实现各类资源在教育和产业发展中的全面共享与互通互融。

科教融汇是促进科技成果转化耦合联动的内在要求。推动科教融汇将强化科研机构和学校的高度结合,推动教学与科研深度联系,提升科教资源配置的合理性, 全面培养应用型的技术创新人才和研究型的科学创新人才,延伸教育链、服务产业链、支撑供应链、打造人才链、提升价值链。

二、推进职普融通、产教融合、科教融汇视域下促进科技成果转化为现实生产力的困境

近年来,我国不断深化科技体制改革,探索创新构建以企业为主体、市场为导向、产学研相结合的科技创新体系,促进科技经济融合发展,努力实现创新驱动发展,推动科技更好地赋能经济发展,服务百姓民生,推动高质量发展。但在科技成果转化为现实生产力方面还存在诸多困境。

一是职普融通不够,共建共享机制尚未形成。近年来,我国开展了普职融通试点工作,取得了积极进展,但还处于实践摸索阶段,其成效仍流于经验性、浅表化,尚未形成可供全国复制的经验。

二是人才培养层次、类型、结构,还不能很好地满足经济社会和国家发展的需求。当前高层次急需人才、拔尖创新人才培养能力亟须进一步加强;人才

培养层次、类型、结构还不能很好地满足经济社会发展需求。

三是高等院校重大原始创新能力需要进一步提高。高等院校学科专业设置与现代产业体系契合度不高。高等院校主动对接服务国家战略和区域发展重大需求的意识和能力有待提高。

四是体制机制有待深化和改革。科研评价体系有待进一步完善,科技成果应用场景短缺,还存在一些有形无形的"栅栏"、院内院外的"围墙",创新源泉还不能得到充分涌流。

五是存在不能转、不敢转、不想转、不会转的瓶颈问题。科技成果管理模式老旧,科研评价体系中缺少成果转化导向和激励,影响科研人员成果转化积极性,缺乏成果转化孵化的专业机构和中试平台创新载体。

六是受经济等多方影响,稳定投入的长效机制还不健全。东西部有较大差距,调动行业产业共同支持高等院校学科、专业建设的机制,尚需优化完善,地区间高校间学科间校企间的合作协同还不够紧密。

三、推进职普融通、产教融合、科教融汇视域下多措并举推动科研成果在津落地转化的路径

科教资源富集、科技人才密集,是天津的核心优势和竞争力。只有以更高的站位、更大的格局、更实的举措推进职普融通、产教融合、科教融汇视域下的科研成果转化为现实生产力,才能使教育与产业紧密对接、科技与经济深度融合、人才与发展有效匹配,才能把我市打造成自主创新的重要源头和原始创新的主要策源地。

一是建立"大学科技园+产业融合联盟",增强科技成果创新转化的带动力。要加强研究推动在重点区域建设较大规模的大学科技园,发挥我市在职业教育、高等教育等方面的资源优势,进一步优化成果转化、创业孵化、集聚资源、培育人才和协同创新等核心要素动能,建立健全科学合理的成果转化

绩效评价体系。要建立新型产教融合联盟。围绕我市重点产业链,试点培育具有示范带动作用、特色鲜明的新型产教融合联盟。

二是推动人才培养模式创新,增强科技成果创新转化的原动力。要深化办学体制改革,推进职业学校股份制、混合所有制改革,做实"引校进企""引企驻校"。实施"国家急需高层次人才培养专项",加强与产业、企业的联合,加快探索形成中国特色、世界水平、天津特色的工程师培养体系。要完善共性基础技术供给体系,联盟内部共建创新平台,实现人才培养、技术创新和产业发展的多维合一。全面推行新型学徒制,及时将新技术、新工艺、新规范纳入教学标准和教学内容。要深化现代产业学院建设,建设一批"企业人才中心""协同科技创新中心"和产业学院,全面提高人才供给质量。

三是提升教育服务力支撑力贡献力,增强科技成果创新转化的引领力。高校要整合优化调整学科专业布局,加快推进新工科、新医科、新农科、新文科建设,实施好顶尖学科培育计划。高等职业院校要突出自身特色,不断提升办学水平、服务能力,形成一批有效支撑职业教育高质量发展的政策、制度、标准,打造和巩固中国特色高水平高职学校和专业群的"双高计划"建设。

四是创新优化完善机制体制,增强科技成果创新转化的驱动力。实施增强科技成果转化解困行动,举办校企对接会,完善校企项目研发、项目应用、项目推广"三位一体"深度融合体系。推动高校、高职院校主动对接服务行业部门骨干企业和科研院所,帮助解决行业发展和技术升级中的难题。要坚持强化顶层设计和超前谋划,建成科研成果转化"高速公路"。要不断健全科研成果转化制度体系,探索将科研成果转化为研发团队的收益或股权,促进科研人员参与到科技成果转化工作的全链条各环节。

五是积极发挥政府和市场作用,增强科技成果创新转化的牵引力。政府部门要主动作为,推动校企握手,建立市、部门、高校三个层面协调推进机制,细化科技创新支持政策。大力发展科技服务业,引育并举打造一批小试、中试、概念验证平台,助推更多科创成果走出实验室。要推动技术、人才、资本、项目深度结合,加速构建以企业为主体、市场为导向、产学研相结合的科技创新体系,持续将科技成果不断转化为现实生产力。

本文作者:张立鼎,中共天津市委党校马克思主义学院

本文系天津市"新时代青年学者论坛"(2023)优秀论文,后发表于《天津市社会主义学院学报》2023年第3期。

跳出历史周期率的"两个答案"：
内涵要旨、辩证关系及实践进路（观点摘要）

历史周期率是指中国历史上历代王朝政权由于违背社会发展规律而经历的"其兴也勃焉，其亡也忽焉"的兴衰更替的周期性现象。"大党独有难题"的核心问题，即如何防止马克思主义政党在长期执政条件下腐化变质、如何跳出治乱兴衰历史周期率问题。

一、跳出治乱兴衰历史周期率的"两个答案"的内涵要旨

第一，民主监督是百年大党长盛不衰的奥秘所在。发扬人民民主、接受人民外部监督是以毛泽东同志为主要代表的中国共产党人探索出的跳出治乱兴衰历史周期率的第一个答案。中国共产党一经成立就把人民的利益放在首位，将"自觉接受人民监督"鲜明地写在自己的旗帜上。毛泽东同志在对历史的深刻反思和对现实的深刻体认中敏锐地提出要通过人民监督跳出治乱兴衰历史周期率的支配，顺应了历史发展的大势和社会变革的潮流，这一民主新路为实现人民当家作主奠定了坚实基础。从革命、建设、改革时期到新时代，党始终坚持把权力关进制度的笼子，广泛接受全党全国各族人民监督，久

经风雨而长盛不衰。

第二,自我革命是百年大党风华正茂的鲜明品格。经历了新中国成立以来特别是十八大以来的实践探索,面对"四大考验"和"四种危险",以习近平同志为核心的党中央以强烈的忧患意识和高度的历史自觉推进全面从严治党,在党的二十大报告中给出了跳出治乱兴衰历史周期率的第二个答案:自我革命。"自我革命"的精神贯穿于中国共产党百年奋斗史。以毛泽东、邓小平、江泽民、胡锦涛为主要代表的中国共产党人在不同时期都对"自我革命"进行了理论创新。伴随着中国特色社会主义进入新时代,世情国情党情发生了深刻变化,习近平总书记提出"一个马克思主义政党,要保持先进性和纯洁性,实现崇高使命,必须'以补过为心,以求过为急,以能改其过为善,以得闻其过为明',一刻不放松地解决自身存在的问题",为"自我革命"的出场提供了逻辑遵循。

二、跳出治乱兴衰历史周期率的"两个答案"的辩证关系

"两个答案"之间是相辅相成、辩证统一的逻辑关系,统一于中国共产党为中国人民谋幸福、为中华民族谋复兴的初心使命,共同回答了"建设什么样的长期执政的马克思主义政党、怎样建设长期执政的马克思主义政党"这一时代问题。

第一,"两个答案"是机制互补,体现了全面从严治党的他律与自律统一。在马克思主义哲学和唯物史观语境下来看,敢于将党的治国理政活动放在"放大镜"下诚恳接受人民监督与鞭策是改造外部客观世界的逻辑范畴;推进自我革命、不断净化党的肌体是改造内在主观世界的逻辑范畴。二者的相辅相成、相得益彰代表着无产阶级政党改造客观世界与改造主观世界相统一的革命路向。从人民监督到自我革命,跨越了七十多年漫长岁月,见证了中国共产党从发展到壮大、从革命到长期执政的伟大飞跃,实现了党执政场域的逻

辑互补和他律与自律实践同步的统一。

第二,"两个答案"是逻辑递延的,是贯穿百年党史的守正与创新。外部监督是当今各国政党普遍采取的监督方式,但勇于自我革命却是中国共产党独有的品质。推进党的自我革命是对人民监督的继承和发展,体现了党对执政规律和执政方向认识的与时俱进和不断深化,这种由外向内的转化,强调的是在人民监督基础上进行自我革命,因此"两个答案"在逻辑上是守正与创新的关系。"守正"守的是中国共产党自建党之初传承至今的以人民为中心的精神之正,是民心之正,"创新"创的是新时代大刀阔斧开展自我诊断之新,是符合时代发展规律的历史主动精神之新。

第三,"两个答案"是内在统一的,统一于党的整体执政理念之中。中国共产党的执政理念整体性地包含党的指导思想、性质、宗旨、初心使命、执政本质、工作标准六个方面。六个方面是一个整体,共同构成了中国共产党执政理念的"四梁八柱"。"两个答案"在本质上统一于上述党的六个方面的执政理念。一方面,六个方面的执政理念的价值旨归都是人民,"两个答案"都以人民至上作为遵循。另一方面,六个方面的执政理念是通往实现中华民族伟大复兴中国梦的宏伟目标的执政观,"两个答案"都以实现中华民族伟大复兴的中国梦为遵循。

三、新时代用好跳出历史周期率的"两个答案"的实践进路

在新的历史条件下,党的建设面临前所未有的"四大考验"和"四种危险",居安思危,我们要直面挑战,坚持和加强党的全面领导,用好跳出历史周期律的"两个答案",解答好百年大党独有难题。

第一,接受人民监督,时刻保持同人民群众的血肉联系:一是要让权力在阳光下运行,二是要让人民群众掌握正确行使监督权的方法,三是要让人民群众的监督有所反馈。

第二,坚持党内自我革命,推进全面从严治党向纵深发展:一是要营造浓厚的自我革命政党文化和社会氛围,二是要建设堪当民族复兴重任的纯洁党员干部队伍,三是要不遗余力地惩治腐败分子以打赢反腐斗争攻坚战持久战。

第三,探索党领导下的民主监督和自我革命相结合的新道路。"两个答案"源于党的过去百年奋斗实践,最终也指向中国共产党未来的新征程:一是要坚守中国共产党一以贯之的初心使命,二是要推动党内监督和人民监督相互贯通,三是要凝心聚力发展好全过程人民民主。

本文作者:杨新莹、徐靖楠,天津科技大学马克思主义学院

本文系天津市"新时代青年学者论坛"(2023)优秀论文,发表于《理论与现代化》2024年第1期。

中国式现代化进程中"数据产权制度"的构建探析（观点摘要）

　　中国式现代化"具有中国特色、符合中国实际"，是破除西方以"资本"为核心要素的高质量发展道路，也是奋进新征程、全面建设社会主义现代化国家、实现跨越式发展的必由之路，而数字经济发展正是实现中国式现代化的重要抓手。数字经济发展离不开数据要素充分流动。引导和强化数据赋能，不仅可以提高生产效率和资源配置效率，促进产业转型升级，提高政府治理能力，也可以发挥我国数据规模和应用场景优势，全面助推经济高质量发展。在此背景下，数据产权制度不仅是数据基础制度的核心组成部分，也是加速数字经济发展、发挥数据要素潜能与活力、促进数据要素流动的前提条件。

　　本文提出"数据产权制度"，目的是在现有产权理论的基础上，综合考量数据的特征和性质，给出数据产权界定方案，使数据流向使用效率最高的群体，进而产生最优或次优的激励效果。因此，探讨数据产权时，必须明确哪种类型的数据有"产权"及其对应的权利主体和客体，其次才能讨论数据产权界定。

　　数据"非竞争性"决定了数据要素的"可流动"，而"排他性"特征则直接影响了数据交易的"可行性"。本文依据数据性质，将数据进一步分为"个人数据""企业数据"和"公共数据"三种类别,其中"个人数据"分为个人隐私与非隐私数据,"企业数据"分为衍生数据与二次数据,"公共数据"可视为"政务数据"。个人数据中的非隐私数据和企业数据共同构成了商业数据。商业数据不涉及人格权,完全可以按照财产权的形式进行产权界定,以期在产权界定清晰后进行数据流转;而公共数据既不属于人格权,也不属于财产权,无须界定数据产权。但三类数据具有不同的权利属性和规制目标,因此存在不同类型的产权冲突与矛盾:个人数据的产权问题主要聚焦在个人隐私保护与非隐私数据搜集使用之间的矛盾;企业数据产权问题亟待解决的主要矛盾是大型平台企业数据垄断和自我优待的问题,直接影响了平台经济领域的竞争秩序;公共数据产权问题的主要矛盾是正确处理加快公共数据开放共享与保护国家数据安全之间的关系。

针对现阶段数据产权不清导致的消费者个人隐私被过度搜集、企业利用数据优势实施数据垄断、公共数据使用效率不足等问题,本文提出数据产权配置的构建机制与方案设计,个人数据需明确个人隐私范围,规范企业非隐私数据搜集使用;企业数据需打破平台企业数据垄断,激励企业数据入场交易;公共数据需加强政务数据开发开放,提高公共数据使用效率。

依据数据产权配置的构建机制与方案设计,进一步搭建数据产权制度的基本架构与保障措施。建立数据产权制度,明确划分不同类型数据产权归属,确定数据产权在不同主体之间的初始配置与再配置方案,初始配置阶段主要确定数据产权主体,保障消费者、企业和社会公众的多方权益,再配置阶段侧重市场和规则制定,加速数据要素流动。并通过建立健全数据交易体系和加强数据监管体系作为产权制度的配套机制,多管齐下,共同构建激励相容的数据基础制度,进而为解决数据要素流通中"确权难、定价难、互信难、入场难、监管难"的"五难"问题提供分析思路与政策建议。

第一,确定不同类型数据产权的初始权属。首先,在个人数据产权配置的过程中,严格划分个人隐私的保护范围,将个人隐私的决定权划归个人所有,同时在个人利用"非隐私数据"换取企业服务时,对企业搜集使用该部分数据的范围、用途、保存期限等予以明确规定。其次,在企业数据产权配置的过程中,防止数据封锁在大平台内部,其中二次利用数据的产权配置给企业,并鼓励二次利用数据流出平台参与数据市场交易,获取额外利润,衍生数据的产权配置给平台内经营者,通过数据换取增值服务的方式,平衡二者地位,防止企业滥用数据优势实施"自我优待"行为。最后,在公共数据产权配置的过程中,将权利配置给直接相关的政府机构,通过加强部门合作打破数据壁垒,明确公益数据、产业数据与行业数据的目录类别,建立统一的政务数据公开平台和定价规则,降低公共数据的流通门槛,提高公共数据的使用效率。

第二,建立数据产权再配置阶段的市场机制。建立健全数据流通交易规则,引入独立运营的第三方数据中介机构从事数据清洗和数据定价。专门的第三方数据中介一方面可以避免具有数据优势地位的企业以垄断高价出售数据,提高市场进入障碍,另一方面也可以激励平台通过数据交易获得额外的收益,提高平台厂商利润,进而提升商品和服务的质量水平。此外,在加速数据要素流通的大背景下,建立第三方数据中介有助于制定标准化的数据交易流程,为监管机构规范数据要素合法、有序流通提供便利条件。同时,将消费者个人数据可携带权作为市场机制的重要补充手段。

第三,搭建数据产权制度全流程监督体系。建立行业监管、市场监管和司法救济"三头并进"的监管体系。从市场监管的角度,建立和完善现有的反垄断执法体系,有助于适应数字经济的发展态势,也是我国平台反垄断执法逐渐走向"审慎监管"的重要标志。在反垄断后续执法中,可以在现有"算法备案"制度的基础上,考虑引入专家审查制度,对算法的反竞争效果进行评估,增加更多的技术性手段。应充分采取"审慎监管"的态度,避免因监管介入导致算法利用效率的降低,阻碍技术革新。此外,从行政监管和司法救济的角度,加强对数据领域行政执法与法院司法的衔接,建立消费者集体诉讼、后继诉讼等方式,降低消费者维权成本。

本文作者:王昕灵,国家粮食和物资储备局科学研究院;刘玉斌,天津财经大学法律经济分析与政策评价中心

本文系天津市"新时代青年学者论坛"(2023)优秀论文,发表于《理论与现代化》2024年第1期。

共同富裕目标下脱贫地区碳汇生态产品价值实现：理论内涵、作用机制与推进路径（观点摘要）

　　共同富裕是社会主义的本质要求，是中国式现代化的重要特征。党的十八大以来，习近平总书记关于共同富裕作出了系列重要论述，为新时代共同富裕注入了新内涵。生态文明已被纳入新时代共同富裕框架，成为实现共同富裕的重要领域，并且生态效益不平衡已成为推进共同富裕中急需解决的问题。促进共同富裕，最艰巨最繁重的任务仍在农村，特别是在脱贫地区。我国脱贫攻坚战取得全面胜利后，研究和解决的问题由绝对贫困转向相对贫困，而共同富裕的主要任务正是解决相对贫困问题。从地理空间来看，脱贫地区与少数民族聚居区、革命老区、边远地区、自然环境恶劣区、自然资源富集区等具有高度重合性，既承担着"生态保护第一"职责，又要确保不发生规模性返贫，难度极大。但脱贫地区地域广阔、地表类型多样，林地、草地、农田、湿地、海洋、冻土、荒地、沙地、盐碱地、石漠化土地等碳汇资源丰富，我国碳达峰碳中和目标的提出为脱贫地区碳汇生态产品价值实现，进而迈向共同富裕带来了历史性机遇。

　　碳汇生态产品价值实现与巩固脱贫攻坚成果、实现共同富裕之间在理论逻辑和战略内涵上具有较强的一致性,协同推进具备坚实的理论基础。本文在对共同富裕与碳汇生态产品价值实现协同推进理论内涵、作用机制进行深入分析基础上,提出了共同富裕目标下脱贫地区碳汇生态产品价值实现路径。

一、共同富裕与碳汇生态产品价值实现协同推进的理论内涵

共同富裕、脱贫攻坚和生态产品价值实现虽分属不同的子系统,但以上战略有共同之处,都属于现代化强国建设和可持续发展的内在要求,实现路径互联互通,并且相互之间具有很强的理论逻辑互通性,协同推进具备坚实理论基础。

一是共同富裕是包含高质量发展和生态文明的共同富裕。一方面,共同富裕是包含高质量发展的共同富裕。高质量发展要求提高发展的平衡性与协调性,扩大中等收入群体规模,促进农村农民共富。另一方面,共同富裕是包含生态文明的共同富裕。马克思主义生态观认为,生态权益也是人类基础性和根本性的权益,生态环境是人类最基本的生存需要,良好生态环境是人的全面发展的重要支撑。

二是实现生态共富的福利经济学解释。边际效用递减规律指出,随着商品消费数量不断增加,人们每增加一单位消费所带来的满足感不断下降。庇古指出:"在对国民收入未造成减少情况下,任何使穷人收入提高的行为都会导致社会总福利增加。"因此,通过碳汇生态产品价值实现,促进财富从城市"富人"向乡村"穷人"手中转移,可以增进社会总福利,从而有利于促进共同富裕。

三是生态要素是影响生产函数的重要变量。应该大力推进土地制度改革,使生态资源像资金、技术那样成为可交易、可核算、可变现的生产要素,在

市场上自由流动。这样,自然资源富集区依靠丰富的自然资源就可以获得收入和财富,实现城乡之间的共同富裕。

四是生态产权交易可以实现更高层次的共同富裕。只有当生态产权确定后,通过生态产权交易,生态资源才能高效利用,生态资源的经济价值才能实现,同时实现社会福利最大化。碳排放权交易是碳汇生态产品价值实现的主要载体,脱贫地区生态碳汇在适应气候变化、减缓气候变化和促进可持续发展方面具有强大功能,通过生态权证的交易,加快碳汇生态产品价值实现,赋予具有强大固碳功能的生态碳汇一定的经济价值,让生态环境保护者获益,促进社会福利的最大化,进而实现共同富裕。

二、共同富裕与碳汇生态产品价值实现的相互作用机制

共同富裕的难点在脱贫地区,对于脱贫地区来说,需要尽快打通生态产品价值实现通道,增强自身经济社会发展内生动力。推进共同富裕与生态产品价值实现对脱贫地区来讲,不仅在量的规定性上高度一致,并且在质的规定性上也高度契合。在此背景下,碳汇生态产品价值实现可成为解决该问题的主抓手。

一是脱贫地区推进共同富裕与碳汇生态产品价值实现多维契合。首先是内涵要求高度契合;其次是战略目标契合;最后战略节点契合。

二是促进脱贫地区共同富裕要求尽快打通碳汇生态产品供销渠道。打通碳汇生态产品价值实现供销渠道,有助于解决实现共同富裕面临的地区之间、城乡之间、群体之间发展不平衡、不充分的问题。

三是碳汇生态产品价值实现是促进区域协调发展的重要途径。脱贫地区先天劣势明显,再加上部分地区属于国家重点生态功能区,保护环境压力较大,经济发展受到限制,导致区域之间收入差距不断加大,成为共同富裕路上必须解决的难点。

四是碳汇生态产品价值实现是脱贫攻坚向乡村振兴有效衔接的有力抓手。当前,脱贫地区农民收入构成以外出务工挣得的工资性收入为主,来自农业的收入占比偏少,而碳汇生态产品更多承担生态职能,获得的经济收入有限。加快碳汇生态产品价值实现,要求让生态环境、自然资源成为现代经济体系构建的核心生产要素,使其进入社会生产各环节、全过程,逐步将生态产业培育成为继农业、工业、服务业后的"第四产业",增强脱贫地区农村发展内生动力,助力乡村振兴。

五是碳汇生态产品价值实现是初次分配中促进低收入群体增收的有效手段。脱贫攻坚过程中,脱贫地区经历了外部输血式扶贫向本地造血式扶贫的转变,其间各级政府对贫困人口进行大量的转移支付,财政负担较大。而碳汇生态产品价值实现是一种以初次分配实现共同富裕的手段,减少了二次分配中政府的财政压力。

三、共同富裕目标下脱贫地区碳汇生态产品价值实现路径

目前,我国碳汇市场还处于探索阶段,对于脱贫地区来说,总体上碳汇交易刚刚起步,还存在产权不清、核算较难、交易成本高、市场认可度低等问题。脱贫地区需在立足"双碳"目标前提下,加强顶层设计,从生态系统保护修复、生态补偿、生态系统碳汇调查监测体系构建、碳汇交易、碳金融支持等方面加快推进碳汇生态产品价值实现。

一是加强顶层设计,推动共同富裕与碳汇生态产品价值实现路径深度融合。主要包括:借助"外脑",推动跨领域学术研究合作;评估跨系统政策影响。彼此兼顾的跨系统政策效果如何,需要定期评估,以便及时作出调整;构建跨部门协同机制。由相关机构跟踪和报告协同治理情况,测算共同富裕和生态产品价值实现相关关系、协同效应等,设计能够彼此兼顾的协同战略。

二是加快推进生态系统保护和修复,巩固提升生态系统碳汇能力。碳汇

的种类主要包括森林碳汇、草地碳汇、湿地碳汇、农业碳汇、土壤碳汇和海洋碳汇等。就脱贫地区而言,应重点依托国家重大生态建设工程加快推进生态系统保护修复,巩固提升生态碳汇。主要从以下四个方面着力:第一,林业碳汇;第二,草地碳汇;第三,农业碳汇;第四,改善土壤环境质量。

三是建立健全能够体现碳汇价值的生态保护补偿机制,为脱贫人口提供利益补偿。大多数脱贫地区同时是国家重点生态功能区,在"生态保护第一"原则下,脱贫地区经济发展会受到限制,从已有做法来看,国家层面会采取两种模式进行补偿,分别为重点生态功能区生态补偿模式和自然资源要素生态补偿模式,但与生态碳汇资源的市场价值相比较,差距十分巨大,必须完善制度设计、拓宽补偿渠道、加大补偿力度,切实提高脱贫地区农民收入。一为完善生态保护补偿制度;二为加大补偿力度和补偿资金多元化。

四是摸清碳汇资源家底,建立生态系统碳汇监测核算体系。碳汇经济发展的前提是能够准确"摸清家底",脱贫地区生态系统碳汇市场价值如何,迫切需要从县域层面对林地、草地、湿地、农业、大江大河等开展碳汇本底监测核算,对脱贫地区碳汇量的分布和构成有一个全面的掌握与了解。一方面,探索构建生态系统碳汇调查监测体系;另一方面,构建制定科学合理生态系统碳汇价值核算体系。

五是借鉴先进地区碳市场经验,加快完善符合本地特色的生态系统碳汇交易机制。做好碳汇交易的基础性工作;推动生态系统碳汇交易纳入碳排放权交易市场;加快成立碳汇经营管理专业机构;建立绿色金融支持碳汇提升机制。支持有条件的市县开展碳汇+绿色金融试点,做大做强碳汇抵押贷款,推进地方特色险种开发和政策性保险全覆盖,探索省级财政贴息补偿和再保险制度。

本文作者:罗琼,中共天津市委党校生态文明教研部

本文系天津市"新时代青年学者论坛"(2023)优秀论文,发表于《行政管理改革》2023 年第 11 期。

城市群空间场域下的新型城镇化发展：
历史逻辑与现实路径

李　磊　马小彧　马韶君　郑依琳　胡　楠

[摘要]城市群是当前我国新型城镇化发展的主要空间场域。面对新发展格局，需要厘清城市空间体系与城镇化发展的历史逻辑关联，破除现阶段新型城镇化的现实矛盾，从而推动新型城镇化高质量发展。本文以马克思主义空间发展观为理论基础，从我国城市空间体系的分工和形成入手，总结"以人为核心""以城市群为主体形态"的新型城镇化的三个发展阶段，阐明发展过程中人、城、乡、环境四个空间主体间的结构性矛盾，并基于"创新、协调、绿色、开放、共享"的新发展理念视角提出破解矛盾的现实路径。

[关键词]城市群；新型城镇化；马克思主义城市空间发展观；新发展理念

基金项目：国家自然科学基金面上项目（72174139、71874120）、教育部人文社科青年项目（23YJC630259）、教育部国际中文教育研究课题（23YH39D）。

作者简介：李磊，天津大学管理与经济学部副院长，教授、博士生导师。马小彧，天津大学管理与经济学部博士生。马韶君，天津大学国际教育学院讲师。郑依琳，天津商业大学公共管理学院讲师。胡楠，北京市市场监督管理局科员。

一、引言

城镇化的发展直接影响中国经济的高质量发展和空间经济的增长效能，尤其是在构建以国内大循环为主体、国内国际双循环相互促进的新发展格局中，新型城镇化更是成为推动内需的"挖掘机"和"加速器"。2021 年是"十四五"开局之年，也是继《国家新型城镇化规划（2014—2020 年）》后，开启城镇化发展新阶段的重要节点。《2021 年新型城镇化和城乡融合发展重点任务》强调要"立足新发展阶段、贯彻新发展理念、构建新发展格局，统筹发展和安全，深入实施以人为核心的新型城镇化战略"。新型城镇化之"新"，既包括以人为本的新发展思想，也包括"以城市群为主体形态""以县城为重要载体"的新城镇化发展空间格局。

城镇化是农村生产要素向城镇发生的集聚和转换。当生产要素集聚到一定规模开始向周围区域扩散，由此围绕中心城市产生若干联系紧密的中小城市，共同构成当前我国城镇化的主体形态——城市群。中国用几十年追赶西方三四百年的城镇化发展，不可避免地出现诸多问题，如社会、经济、空间的二元分垒导致的"城—乡"矛盾、城市中弱势群体缺乏归属感造成的"人—城"矛盾、不科学发展导致人与生态环境和生存环境之间双重的"人—境"矛盾等。在城市群新发展视域下，城镇化发展既要补偏救弊，解决发展过程中的诸多难题，还要探索多元空间主体并存的协同发展路径。这不仅是拉动内循环的客观需求，也是促进经济社会长足发展的重要历史任务。

本文基于马克思主义城市空间发展观，刻画我国城镇化发展阶段特征与城市空间结构演变的历史逻辑，解构新型城镇化进程中的主体"人—城—乡—环境"的矛盾关系，提出城市群空间场域下中国新型城镇化发展的现实路径。

二、我国城镇化发展阶段特征与城市空间结构发展的历史逻辑

（一）以城振工：空间异化与二元结构

新中国成立初期，我国借鉴苏联的"计划主导型城镇化"，调拨全国资源，推动国家重工业领域建设。该阶段，由于将工业化发展程度作为现代化经济发展的唯一标尺，城市发展从属于国家工业化战略，很大程度上忽略了城市和农村之间的合理社会分工问题，城市异化为资本逐利的空间表征。

城市和农村被计划经济体制分割开，成为服务工业化的次要因素。首先，农村无偿向城市调拨土地、粮食等生产资料，牺牲农业支持重工业发展，造成"输血式贫困"；其次，二元户籍制度导致劳动力壁垒，尤其是农业劳动力的流动被严格限制，加剧了城乡分垒的二元结构；最后，生产要素集聚与生产力供给不足的矛盾加剧了城乡分立，客观上抑制了城市体系的形成。

虽然这一阶段新中国在城镇化发展道路上遭遇挫折，但也为改革开放后城镇化的迅速发展准备了物质条件和人力资源。马克思曾指出："只有在工农业发展水平不足的阶段，会呈现出乡村农业人口分散和城市工业人口集中的状态，这种状态阻碍一切进步的发展"，要"让人口在全国平均分布，将工农业结合起来逐步消灭城乡差别"。因此，改革开放后，我国积极参与国际社会分工，资本和商品的作用被重新审视，推动了城镇化的快速发展。

（二）以资振城：空间生产与高速发展

改革开放使我国迅速走向了社会经济的转型期。此阶段，"阶级和阶级对立要彻底消灭；通过旧分工的消除、变换工种，让人人享有福利，城乡逐步融合，社会全体成员的才能得到全面发展"成为政策共识。计划经济与社会主义市场经济转轨，城乡关系和城乡分工转而根据市场经济规律来发展，地方政

府和市场成为我国城镇化快速发展的"二元动力推手"。

1980 年邓小平从沿海到内地、由"点"到"面"的非均衡区域发展战略,城市空间发展观的中国化视野,使得城市规模、空间得到极大拓展。1984 年,中央一号文件鼓励农民将资金集中起来兴办开发性事业企业,乡镇企业"自下而上"成为改革开放初期带动地区城镇化的助推器。"离土不离乡、进厂不进城"的"农村工业化潮流"弱化了原有的二元格局,初步形成了产业分工和专业化,为城市群形成和加速城镇化发展奠定了物质和精神基础。1988 年修正后的《土地管理法》明确"国有土地有偿使用制度",土地成为中国城镇化高速发展的动力之源。之后数年,住房土地制度改革推动了生产要素在特定场域集聚,城市空间体系开始向恩格斯描述的"村镇—小城市—大城市"空间演化。2006 年,"十一五"规划纲要首次提出"城市群"概念,标志着我国城镇化发展中单一城市生产要素的集聚效应开始达到拐点,空间形态正由"单体式"城市过渡到"群体式"城市,城镇化在城市群的空间场域下开始高速发展。

然而,由于只重视城市空间的扩张而忽略了空间中人的生存处境,城市群中出现了"化地不化人""环中心城市贫困带"等发展不平衡的问题。资本在转型时期的过度积累也导致我国虽然还在城市群形成阶段,就在社会公平正义、文化、生态等多方面"城市病"高发。

(三)以人兴城:空间共享与人文关怀

2013 年中央城镇工作会议首次提出 "要推进以人为核心的新型城镇化",第二年印发的《国家新型城镇化规划(2014—2020 年)》强调要"努力走出一条以人为本、四化同步、优化布局、生态文明、文化传承的中国特色新型城镇化道路"。将城镇化落脚在构建人民宜居的城市空间发展形态之中,实现了新型城镇化的宏观格局搭建和内涵扩展,标志着我国城镇化开始高质量发展的新阶段。

在宏观格局上,2015—2019 年间, 共有 10 个国家级城市群发展规划陆续得到批复,初步形成"两横三纵"的城镇化战略格局。但我国各个城市群目前发展仍不同步,粤港澳大湾区、长三角等逐渐成长为全球性城市群,但中西部及东北部城市群空间层次不够清晰,产业集聚效应不明显。党的十九大报告中指出:"要以城市群为主体构建大中城市和小城镇协调发展的城镇格局",提出城市群一体化发展的构想,打造"以网带面"的城区域城镇化协同发展网络。

在微观内涵上,新型城镇化发展目标被赋予以人为本的复合型内涵。习近平总书记提出,"要坚持以人民为中心的发展思想,坚持人民城市为人民",这是对《德意志意识形态》中"每个人的自由发展是一切人的自由发展的条件"的中国化解读。在经历了快速城镇化扩张的当代中国背景下,面对资本驱动的城市空间发展所引发的社会矛盾,以人为本的中国新型城镇化战略对资本主义城市化道路构成了现实超越,但也面对着全球性城市问题的挑战。

三、城市群空间场域下新型城镇化的矛盾丛

(一)城市群中新型城镇化的"城—乡"矛盾

城市群对核心城市的政策倾斜使得资本、技术在大城市中逐利性集聚,导致青壮年农村劳动力抛耕弃荒,进城务工。由此导致部分传统村落破败、消亡,留守人群规模庞大等社会性矛盾。在经济结构上,乡村经济在城市群中相对孤立和分散,存在空间资源配置和利益分配不均的结构性矛盾。图1展示了1978年改革开放以来我国城乡二元结构指数[①]变动的倒"U"形轨迹,我国城镇化发展的二元结构呈现先扩大、后缩小的变动趋势。

---

① 城乡二元结构指数=城市劳动生产率/农村劳动生产率。数据来源:中华人民共和国统计局编:《中国统计年鉴2020》,中国统计出版社,2020年。

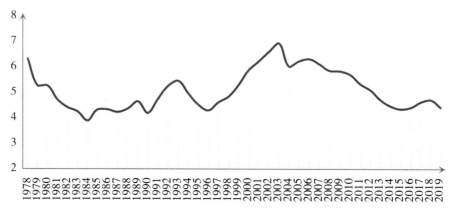

图 1　我国历年城乡二元结构指数（1978 年—2019 年）

"以人兴城"的空间共享阶段，城市群中城乡空间关系快速变动，形成了以大中城市为核心、乡村地区为纽带的空间结构。当城市的主体作用不彰，虹吸效应明显，乡村在城乡关系中地位相当弱势，轮廓模糊虚化，纽带作用消解，以城市群为主体形态的城镇化运动中则不仅有城乡历史固有的社会性矛盾和经济结构性矛盾的存在，其空间极化矛盾将更为突出。

（二）新阶段城市群新型城镇化的"人—城"矛盾

发展的最终落点是人，城市空间的资本积累与人民生活空间需求存在紧张矛盾。城市是人民的空间，但由于阶层分异、上升渠道闭塞等问题的存在，城镇化进程中权利主体与空间载体之间的矛盾依旧紧张。

改革开放后，我国农村剩余劳动力可以自由流动到城市，但仍然只能以生产者、劳动者的身份参与城市建设。户籍制度使得"城中农民"与"城中市民"在受教育水平、社会交往等方面存在显著差异。在城市群空间中该问题尤为突出，城镇化快速发展导致乡土文化消逝，使得部分新生代农民工有着乡村隔离感与城市排斥感并存的双重身份矛盾。城市文明的繁荣背后隐藏的是情感缺失和心理孤独的边缘化群体，当空间享有权利不足和正义缺失形成"伪城市"，亟需呼唤"人的正义"，如若被资本的尺度所掣肘，那么忽视人文关怀的城市空间终将沦为"物的牢笼"。

(三)新阶段城市群新型城镇化的"人—境"矛盾

资本振城阶段,空间扩张以剥削自然资源为代价,这使城市发展以非理性的生产能力不断攫取资源,忽视了生态系统的负荷能力,造成人与生态环境和生存环境之间逐渐尖锐的矛盾。

工业化纵深提高了产业发展质量,但城市群的污染综合治理能力发展不平衡,工业污染不断向城市外围转嫁,一些城郊接合部变成了生活垃圾和工业废弃物的堆积地,形成"污染避难所"。一些不具备人口聚集条件的县城被过度建设,农林矿产等自然资源被粗放式开采,环境整治的区域不均衡状态亟需解决。联防联控机制不完善也导致单个城市的污染扩散,成为城市群空间中的环境矛盾,如京津冀城市群的雾霾污染、长三角城市群的水污染等屡闻不鲜。

人口爆炸式增长竞争了有限的城市空间,进而导致公共服务承载力危机、城市空间浪费、人口集聚低效等问题,构成了人境冲突。在城市群视域下,外围生态空间的衰败必然会导致城市本身的发展失去生产要素的支撑,大城市本身生存环境的惰性治理也必然会造成对周边空间的剥夺。由此循环往复的城镇化发展是不可持续的、不正义的,也是必须改变的。

(四)新阶段城市群新型城镇化的"城—城"矛盾

随着交通工具的变化,旧的生产中心衰落,新的生产中心兴起。在此背景下,列斐伏尔指出:"资本主义根据其要求(经济的、政治的、文化的等)在一定城市上分裂出郊区、周边地区、城外地区之后,城市同时变成了决策的重心和利益的源地",形成"中心—外围"的城市群弹性空间。

然而,由于现行合作机制的不完善,各地方政府出于对市场开放风险的厌恶而选择对本地市场进行保护,因而导致城市群内部地区出现集体行动困境,周边城市对中心城市功能纾解积弱,资源配置不均。例如成渝双城经济圈中重庆主城区和成都市辖区常住人口均远高于其周边次级城市,造成"双核独大、圈层断裂"的利益失衡矛盾。不同城市间的公共服务水平差距显著,也造成城市群体系中城镇化的协同发展动力不足。此外,部分城市群内部地理区位相邻、资源禀赋相似、投资环境匀质化导致城际间的产业协同矛盾。例如中三角城市群三个地区主导产业互相交叉,长株潭地区与武汉城市圈相同的主导产业高达 9 个,当城市群中缺乏统一有效的区际分工时,由此产生的恶性竞争博弈不利于城市群的协调发展,发挥不出区域产业集聚推动城镇化发展的优势。

同时,部分中心城市、极核城市行政等级观念严重,城市群内各级主体缺乏合作意识。或将周边次级城市视为资源补给区和垃圾处理厂,或互相视对方为竞争对手而非合作伙伴,以邻为壑、画地为牢,跳进了地方保护主义的封闭怪圈。

四、城市群空间场域下新型城镇化发展的路径择定

新发展格局下,"两新一重"战略让我国新型城镇化建设站在时代拐点上迎来前所未有的机遇和挑战。"创新、协调、绿色、开放、共享"的新发展理念是习近平总书记在社会主义价值目标下结合中国现实问题做出的科学判断和谨慎构思,彰显了马克思主义的时代活力和理论深度,为新时代在城市群空间场域下推进中国特色城镇化高质量发展提供了理论支撑和行动指南。

(一)以"协调发展"为标尺,破题"城—乡"之矛盾

从系统论来讲,城市与农村是两个开放的耗散结构系统。在城市群空间场域中,城乡生产要素单向流动问题得到基本解决,但两者的协作仍存在经济、空间、社会等方面诸多问题。基于此,城乡二元结构问题需要在经济上促

进城乡生产要素合理流动,吸引高知识人才回乡发展,实现以城带乡的反哺效应;空间上要协调城乡产业结构,大力发展城郊地带县城的特色文旅产业,吸引高技术人才回流,构成城镇化发展新经济场,改善空间极化现象;社会保障方面要从农村教育、医疗卫生、关爱"三留守"人群等方面完善政策、健全体系,化解农村社会矛盾。

乡村是城市的发源地,乡土文化是城市文明的引路灯,乡村振兴不只要保障经济上要素的平等交换和空间上的统筹发展,更要呼唤民族的文化自觉和地方认同。农为邦本,本固邦宁,城市群中的城市和乡村只有优化分工、协调发展,才能以城乡融合推动城镇化发展。

(二)以"开放关怀"为导向,破题"人—城"之矛盾

城市由人创造,以人为本的"人",既包括有城市户籍的"城里人"和新进入城市的农民工,也包括目前在农村就业和生活的广大农民。当前我国社会阶层多样性与差异性依然存在,在城市群的空间中要以开放的姿态和关怀的态度使城镇化发展更有"人情味"。要想使城市真正成为人民的城市,最关键的一步就是要尽快让福利与户籍脱钩,加快城市群中同城户籍制度的放开。中央、地方和市场三方要协同解决城市中常住人口的就业、教育、医疗等公共服务支出问题,有序推进农村转移人口市民化;同时要尊重每一个人对空间的分配和享用权利,增加对包括流动摊贩、乞讨人员等在内的众多弱势贫困群体的空间倾斜和政策帮扶以及人性化管理。正如刘易斯·芒福德(Lewis Mumford)所言:"城市是一个爱的器官,城市最好的经济模式应是关怀人和陶冶人。"

同时城市中农民工群体的心理健康和职业成长问题也不容忽视,要通过加强职业技能、提升社会地位、和谐人际交往等方式加强外来人口对居住地的情感归属和市民身份认同,从伦理层面解决人与城市之间的矛盾。社区是城市群中的主要交往阵地,要在社区中营造各类人群的和谐交往氛围,定期

关注农民工群体及其子女的精神心理状态,了解需求并解决需求,帮助其树立健康乐观的生活观,增加城市建设参与感、自豪感;同时针对外来人员受教育程度不高、职业发展空间小的问题,授人以鱼不如授人以渔,应以高职院校为突破口,联合工厂开展对农民工免费的职业技能培训;同时要加强农民工工资保障,完善农民工职业技术评定规则,让人们于城市空间"诗意地栖居"。

(三)以"绿色集约"为初心,破题"人—境"之矛盾

近年来,城镇化发展的重点由量变转移为质变,"绿水青山就是金山银山"提醒着我们决不能再走高消耗高污染的粗放型发展道路。随着移动互联网的建设和轨道交通的发达,城市群的出现重塑了经济活动区域,在工业时代作辅助功能的城郊县城被重新定义,传统工农业时代的发展范式逐渐开始变革。因此要走以大城市群为导向、中小型城市和县城功能互补调和的集约型城镇化道路。要注重对土地尤其是耕地资源的保护,科学规划、稳妥推进;建设高效便捷的智慧城市,推进新一代信息技术与城镇社区建设、治理和服务的有机结合,提高城市运转效率和敏捷性,改善人口膨胀引发的公共服务承载力危机等城市病;加强城市群区域环境联防联控机制建设,必要时给予经济激励和政策支持。

要注意市场和政府的"双推动"作用,既要发挥市场在形成人流、物流、资金流、信息流方面的促进性作用,也要发挥政府在生态环境监督治理等方面的宏观调控作用。更要重视生态文明理念在城镇化建设中的价值引领作用,将绿色作为城镇化发展的底色,使空间中各利益群体都具有对生态问题和城市管理的主体意识,形成环境竞优的整体趋势,回归发展的最初本心——人,共同构建人与自然、人与社会的大和谐。

(四)以"共享合作"为基点,破题"城—城"之矛盾

在城市群中,无论是大城市、中等城市还是县城,都不能各自为政,而是

应当在共享的空间中寻求平衡。因此,发展或大城市或小城镇的单一规模策略都不是城镇化高质量发展的正确之道。要使京津冀、长三角为代表的大城市群充分发挥其集聚效应和辐射功能,同时发展珠三角、成渝双城经济圈为代表的中等都市圈,发挥其上连大城市、下连县城的承上启下功能。发掘卫星县城和小城市中诸如生态旅游业、养老服务业、新能源产业等特色产业,与"恒星城市群"形成互补的辐射网络。

同时城市群中的各级政府要转变理念,将合作作为群体治理的价值导向,要认识到整体的利益应超越单个产业单个城市的利益成为组织的最高价值。构建互联互通的政策机制,强化经济增长的空间溢出效应,形成跨区域的稳定的资金链。同时倡导政府部门与公民和第三方主体多元协商参与城市治理,发挥 1+1>2 的协同效应(见图 2)。

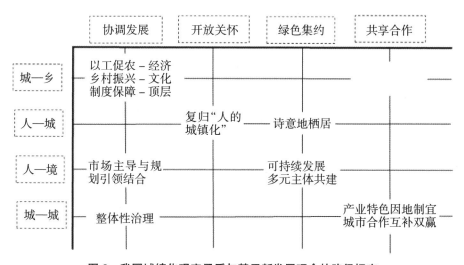

图 2　我国城镇化现实矛盾与基于新发展理念的路径择定

(五)以"开拓创新"为驱动中轴,谋求新型城镇化高质量发展道路

创新是发展的第一动力,新型城镇化高质量发展的创新不仅是政策创新、理论创新、技术创新,更是思想创新、文化创新、治理创新。

发展思想不能"老而僵",要"活且新"。新阶段城镇化发展不能沿用老思路、老办法。在城市群空间中,新型城镇化必须破除体制机制顽疾,敢于推陈出新,探索中实践思想、创新中完善思想。敢于改革,大胆试验,抓住新时代新机遇,发展新经济新产业,在双循环格局下迸发出有中国特色的社会主义新型城镇化思想火花。

文化建设不能"冷而散",要"暖且合"。城乡作为个人生存的地理空间,是精神文化最好的记忆媒介。居民将有关于空间的感知和记忆杂糅,形成各自的空间文化意象。因此,城市群中的文化建设尤为重要,既要将历史的符号整合进现代生活,也要创新丰富人们的现实精神。尤其在以人民为核心的建设理念之中,更应思考新文化新城市如何体现温暖的人文关怀和深层的精神向度,使人民群众在城镇化发展中增强归属感,坚定文化自信。

现代治理不能"独而霸",要"智且善"。在新发展格局下,治理已不单是城市治理或乡村治理的单一概念,而是一个空间上整体治理的诉求。在这样的新语境中就要重新定义中心城市及各基层政府的职能,顶层设计再也无法"一言堂",要增强空间智治水平,以数字赋能现代治理,增强空间"免疫力",不仅要打造韧性城市,更要打造韧性乡村乃至韧性空间。同时要以人民群众的利益为根本坐标,做到既智治且善治。推动广大人民共同治理、共同建设、共同享有的新型城镇化在城市群场域中高质量发展。

参考文献:

1.白孝忠、孟子贻:《中三角城市群产业同构性评价及协同发展分析》,《商业经济研究》,2018 年第 7 期。

2.曹莉莉、林滨:《马克思恩格斯空间正义理论视域下中国城乡融合问题研究》,《理论导刊》,2020 年第 8 期。

3.国家发展和改革委:《2021 年新型城镇化和城乡融合发展重点任务》的通知 发改规划〔2021〕493 号,《自然资源通讯》2021 年第 8 期。

4.胡博成、朱忆天:《从空间生产到空间共享:新中国 70 年城镇化发展道路的嬗变逻辑》,《西北农林科技大学学报》(社会科学版),2019 年第 4 期。

5.胡荣涛:《新时代推进我国城市群发展的理论逻辑与实践进路》,《新疆社会科学》,2019 年第 5 期。

6.Lefebvre H . The Production of Space,Blackwell, 1991。

7.李磊、顾辰影、郑依琳:《城市群公共服务供给如何创新?——善治视域下的协同路径探析》,《江苏行政学院学报》,2018 年第 6 期。

8.[美]刘易斯·芒福德:《城市发展史——起源、演变和前景》,中国建筑工业出版社,2004 年。

9.Merrifield A. Metromarxism:A Marxist Tale of the City. Routledge, 2002。

10.乔艺波:《改革开放以来中国城镇化的演进历程、特征与方向——基于人口、经济与制度视角》,《城市规划》,2020 年第 1 期。

11.屈婷:《马克思的城乡分工理论与中国的城市化道路》,南开大学,2012 年。

12.习近平:《决胜全面建成小康社会 夺取新时代中国特色社会主义伟大胜利——在中国共产党第十九次全国代表大会上的报告》,《党建》,2017 年第 11 期。

13.谢欣然:《从"资本逻辑"走向"人本逻辑"——当代城市空间生产的伦理演变及其中国实践》,《人文杂志》,2021 年第 1 期。

14.易淼:《新时代区域经济布局的政治经济学分析——基于马克思主义城市分工理论的视角》,《经济纵横》,2021 年第 4 期。

15.中共中央文献研究室:《十八大以来重要文献选编(下)》,中央文献出版社,2018 年。

16.严金明、郭栋林、夏方舟:《中国共产党百年土地制度变迁的"历史逻辑、理论逻辑和实践逻辑"》,《管理世界》,2021 年第 7 期。

《中国共产党章程(修正案)》关于社会主义初级阶段部分"现代化"内容的学理内涵

鲁敬诚

[摘要]党的二十大修改了《中国共产党章程》,通过了《中国共产党章程(修正案)》,在社会主义初级阶段部分增写了"以中国式现代化全面推进中华民族伟大复兴"的内容,完善了党章中"现代化"的表达。"现代化"表达在《中国共产党章程(修正案)》中存在着一个长期的发展过程,这个发展过程的党章起点可以追溯到党的七大通过的《中国共产党党章》上,经过不断探索,党的十二大通过的《中国共产党章程》形成了"现代化"的集中表达,党的二十大通过的《中国共产党章程(修正案)》则标志着党章中"现代化"表达的新完善。《中国共产党章程(修正案)》关于社会主义初级阶段部分的"现代化"表达不断完善是由中国式现代化要坚持中国共产党的领导、"现代化"表达是党规国法的耦合点、"现代化"事业需要多方参与的独特地位决定的。推动"现代化"表达在党章中不断完善,有利于实现"现代化"概念的复归,体现"现代化"概

基金项目:国家社科基金重大项目"全面贯彻新时代党的组织路线研究"(21ZDAD1)。
作者简介:鲁敬诚,华东师范大学马克思主义学院博士研究生。

念的中国特色,明确现代化的发展进路。

[**关键词**]《中国共产党章程(修正案)》;现代化;学理内涵

"总纲"部分是党章修改背景以及期望达到目标的集中表达。党的十二大制定改革开放新时期的《中国共产党章程》以来,历次党的全国代表大会都在"总纲+章节"的结构基础上对党章进行修改。

一、《中国共产党章程(修正案)》关于社会主义初级阶段部分"现代化"表达的发展历程

自党的二大通过党史上首部党章以来,历次党的全国代表大会都对党章进行不同程度的完善。这一过程以党的七大《中国共产党党章》为起点,党的十二大《中国共产党章程》为重要节点,党的二十大《中国共产党章程(修正案)》为新的发展起点,逐渐形成了"现代化"党章表达的中国特色。

(一)"现代化"表达写入《中国共产党章程(修正案)》的起点

党的七大《中国共产党党章》的"总纲"部分提出了中国共产党"在目前阶段"和"在将来阶段"的任务,实际上提出了实现"现代化"的先决条件和伟大目标。毛泽东在《论联合政府》中将这个目标概括为"工业化",指出中国工人阶级的斗争是为了建立新民主主义的国家,也是中国的工业化和农业近代化。①新中国的成立标志着"建立新民主主义的国家"目标的基本实现,中国共产党人开始探索如何在一个一穷二白的国家,运用"具有自己特别的具体的社会主义建设的形式和方法"②,建设社会主义并走向现代化。1954年,周恩来在第一届全国人民代表大会上提出了以"强大的现代化的工业、现代化的

---

① 《毛泽东选集》(第三卷),人民出版社,1991年,第1081页。
② 《毛泽东文集》(第八卷),人民出版社,1999年,第116页。

农业、现代化的交通运输业和现代化的国防"①为主要内容的"四个现代化"的目标。党的八大通过的《中国共产党章程》是党在全国范围内执政后制定的第一部党章,其内容回应了第一届全国人大提出的现阶段任务,比较完善地阐述了新中国成立之初党对现代化的理解,就是要在比较短的时间内实现国家的工业化,"有系统、有步骤地进行国民经济的技术改造",并重申了"四个现代化"的目标。②这一时期党章中的"现代化"表达,与"工业化"具有类似的规定性,在认识上显然是不够全面的。"现代化"表达无论是在党章中还是在实践中,都未能得到很好的发展。

(二)"现代化"表达在《中国共产党章程(修正案)》中发展的节点

党的十二大通过的《中国共产党章程》是改革开放后制定的第一部党章,也是此后历次党章修正案的基础文本。这部党章的部分内容与其后几部党章修正案相比,在形式上存在着一定的差异性,在内容上表现出一定的继承性。一方面,党的十二大党章的相关内容以"历史陈述+主要矛盾+现阶段总任务"的形式,通过三段内容表现出来;党的十三大通过的《中国共产党章程(修正案)》基本上沿袭了这一格式;党的十四大及之后的《中国共产党章程(修正案)》不再将现阶段总任务单列成段,并逐渐整合了历史陈述的内容,通过一段"社会主义初级阶段"部分表达出来。另一方面,党的十二大党章表现出的继承性是一种承上启下的特点,即上承党的八大《中国共产党章程》的有关内容③,下启党的十三大《中国共产党章程(修正案)》及其后历次党章修正案"社会主义初级阶段"部分的具体内容。尽管党的十三大党章修正案才正式提出

---

① 《中华人民共和国第一届全国人民代表大会第一次会议文件》,人民出版社,1955 年,第 58 页。

② 《中共中央文件选集》(一九四九年十月——一九六六年五月)(第 24 册),人民出版社,2013 年,第 224 页。

③ 中国共产党的任务,就是有计划地发展国民经济,尽可能迅速地实现国家工业化,有系统、有步骤地进行国民经济的技术改造,使中国具有强大的现代化的工业、现代化的农业、现代化的交通运输业和现代化的国防。

"社会主义初级阶段"概念,但党的十二大党章总纲实质上是"社会主义初级阶段"这一总结性话语提出的前提条件和具体表现:没有中国共产党领导的新民主主义革命的胜利和社会主义改造,我国就不能进入社会主义初级阶段,更不能发展社会主义的政治经济和文化。"实现工业、农业、国防和科学技术现代化"向"实现社会主义现代化"论述的转变是党的十二大党章发展至党的十四大党章修正案的另一重要内容。工业、农业、国防和科技毕竟属于比较具体的领域,党的十四大党章用"社会主义现代化"代替"工业、农业、国防和科学技术现代化"内容,在覆盖范围上更加系统,在"社会主义初级阶段"部分的发展历程中认识更加深化。

(三)"现代化"表达在《中国共产党章程(修正案)》中发展的新起点

党的十四大通过的《中国共产党章程(修正案)》实现了"社会主义初级阶段"部分历史陈述与党的任务的整合。从党的十五大党章修正案开始,"社会主义初级阶段"部分的表达逐渐形成了由"阶段阐释—矛盾分析—任务明确—推进生产力的具体路径—检验标准—战略目标"几方面组成的固定结构。至党的二十大,本部分内容的变化主要集中在把握社会发展的基础上对相关内容的不断丰富和完善。党的二十大《中国共产党章程(修正案)》"阶段阐释"部分的"以中国式现代化全面推进中华民族伟大复兴"表达,是对我国的社会主义建设具体路径的丰富与总结。这一表述是"在新中国成立特别是改革开放以来长期探索和实践基础上,经过十八大以来在理论和实践上的创新突破"而来的,[1]丰富了党章中"有中国特色的社会主义道路"的具体内容,进一步明确了要建设社会主义,就要依靠中国式现代化。以党的七大《中国共产党党章》为"现代化"党章表达的起点,党的二十大《中国共产党章程(修正案)》增写"中国式现代化"的内容,标志着中国共产党人对现代化内涵的把握

---

① 习近平:《高举中国特色社会主义伟大旗帜　为全面建设社会主义现代化国家而团结奋斗——在中国共产党第二十次全国代表大会上的报告》,人民出版社,2022年,第22页。

完成了从"工业化"向"全面建设社会主义现代化"的不断深入；以党的十二大《中国共产党章程》为"现代化"表达的节点，党的二十大《中国共产党章程（修正案）》增写"中国式现代化"的内容，标志着中国共产党人对现代化动力转型的探索完成，即从"革命斗争""社会主义改造"[①]向"中国式现代化"演变。"现代化"表达在党章中不断完善，体现了中国共产党人对发展阶段的深刻把握，体现了中国共产党人对推进现代化动力的深入认知，体现了现代化深度、广度的极大拓展与提升。

二、《中国共产党章程（修正案）》关于社会主义初级阶段部分"现代化"表达的独特地位

党的二十大通过的《中国共产党章程（修正案）》提出了"以中国式现代化全面推进中华民族伟大复兴"，进一步完善了"现代化"的党章表达。"现代化"之所以在党章中不断完善、所占比重越来越高，与中国式现代化最本质的特征是中国共产党的领导、现代化同党规国法的耦合关系、现代化事业需要多方参与有着密切联系。

（一）"中国式现代化，是中国共产党领导的社会主义现代化"

党的二十大报告在"新时代新征程中国共产党的使命任务"部分中提出了中国共产党从现在起，中心任务就是"全面建成社会主义现代化强国""以中国式现代化全面推进中华民族伟大复兴"，并指出了中国共产党的领导是"中国式现代化的本质要求"。[②]《中国共产党章程（修正案）》随后公布，在社会主义初级阶段论述部分增写了 "以中国式现代化全面推进中华民族伟大复

---

① 《中国共产党章程》，人民出版社，1992 年，第 2 页。

② 习近平：《高举中国特色社会主义伟大旗帜　为全面建设社会主义现代化国家而团结奋斗——在中国共产党第二十次全国代表大会上的报告》，人民出版社，2022 年，第 23 页。

兴"的内容。党的二十大报告的内容实际上解释说明了《中国共产党章程(修正案)》的内容,有利于理解"以中国式现代化全面推进中华民族伟大复兴"这一高度凝练的表达,中国式现代化的本质特征就是中国共产党的领导,因而党章修正案中明确提出"中国式现代化"的表达实际上在党章文本中建构起了党的领导与现代化的联系,阐释了党章修正案写入"现代化"表达的原因。从党章修正案的文本出发,"以中国式现代化全面推进中华民族伟大复兴"的表达使从"我国正处于并将长期处于社会主义初级阶段"到"走中国特色社会主义道路"部分的表述更加完善。从中国式现代化的实践出发,修改党章的原则之一就是"只修改那些必须改的、在党内已经形成共识的内容,努力使修改后的党章充分体现马克思主义中国化时代化最新成果"①。也就是说,中国共产党领导的社会主义现代化建设取得了显著的成就已经成为党内外的一条共识。邓小平在20世纪70年代末提出了"中国式的四个现代化"概念,并向英中文化协会执行委员会代表团解释:"现在我们的技术水平还是你们五十年代的水平。如果20世纪末能达到你们七十年代的水平,那就很了不起。"②经过改革开放四十多年的不懈奋斗,中国的现代化建设取得了巨大的成就,社会发生了巨大的变革。中国共产党领导我国发展取得历史性成就、发生根本性变革,对于我们全面推进社会主义现代化强国建设具有根本性意义,也是"现代化"在党章修正案中不断完善的根本原因。

(二)"现代化"表达是党规国法的耦合点

中国式现代化是中国共产党领导下的现代化,这是"现代化"表达在党章中不断完善的根本原因。党规与国法的耦合关系是"现代化"表达在党章中不断完善的重要原因。中国特色社会主义法治体系是中国共产党领导下的符合中国国情的法治体系,包括以宪法为核心的中国特色社会主义法律体系和以

---

① 《中国共产党第二十次全国代表大会文件汇编》,人民出版社,2022年,第118页。
② 《邓小平年谱(1975—1997)》(上卷),中央文献出版社,2004年,第496页。

党章为核心的党内法规体系。"现代化"的目标对于建立两者之间的联系起到了重要作用。围绕着实现"现代化"的目标,国家法律和党内法规都有许多论述,从内容来看,这些论述大都是对特定对象提出要求,表明了期望他们达到的理想状态,实现了这种理想状态也就基本达到了现代化的要求。从形式来看,党内法规体系与国家法律体系存在着一定的对应关系,这种对应关系在不少法律和党规中都表现得相当明显。"现代化"表达串联起来的法规主要是党的领导法规,这类法规"规范和保障党对各方面工作实施领导"。从国家法律和党内法规的耦合互动关系来看,由于宪法修订有其自身规律,党的二十大党章修正案所增写的"现代化"最新内容尚未体现在宪法当中。2018 年通过的《中华人民共和国宪法》提出国家的根本任务就是"沿着中国特色社会主义道路,集中力量进行社会主义现代化建设"[①]。在经济现代化方面,《中国共产党农村工作条例》与《中华人民共和国乡村振兴促进法》存在互动关系;在政治制度化方面,《中国共产党纪律检查委员会工作条例》与《中华人民共和国监察法》存在互动关系。好的政策和举措离不开广大党员干部的积极性、执行力。[②]干部队伍是落实推进现代化措施的主体,党的领导要通过党的执政体现出来。这是"现代化"耦合党规国法的另一表征。

(三)"现代化"事业是需要多方参与的复杂命题

要建设社会主义现代化国家,就必须坚持各方面协调发展。从方法论的角度看,毛泽东将"统筹兼顾、适当安排"作为正确处理人民内部矛盾问题的重要举措。邓小平认为要实现现代化的任务,就要做到各方面综合平衡,"不能单打一"[③]。习近平在对"十四五"规划进行说明时提出全面建设社会主义现

---

① 《中华人民共和国宪法》,人民出版社,2018 年,第 4 页。

② 习近平:《论把握新发展阶段、贯彻新发展理念、构建新发展格局》,中央文献出版社,2021年,第 53 页。

③ 《邓小平同志论坚持四项基本原则反对资产阶级自由化》,人民出版社,1989 年,第 30 页。

代化国家新征程,必须从系统观念出发加以谋划和解决,全面协调推动各领域工作和社会主义现代化建设。①这明确了我们要全面建设社会主义现代化国家,推进社会主义初级阶段,必须要坚持系统观念。党的二十大提出"坚决维护党中央权威和集中统一领导,把党的领导落实到党和国家事业各领域各方面各环节"②。一方面,全面建设社会主义现代化国家,充分发挥各方力量要求我们必须发挥党总揽全局、协调各方的核心作用,习近平曾将党的集中统一领导形容为"众星拱月",将党中央比作国家治理大棋局里的"帅",坚持党的领导才能实现"车马炮各展其长,一盘棋大局分明",才能调动一切积极力量为社会主义现代化建设服务。另一方面,全面建设社会主义现代化国家,着力防范各类重大风险要求我们必须坚决维护党中央权威和集中统一领导,现代化建设的每一步都不是轻而易举的,必定会面临这样那样的风险挑战,甚至遇到难以想象的惊涛骇浪。只有把党的领导贯彻和体现在改革发展稳定、内政外交国防、治党治国治军等各个领域,我国的社会主义现代化建设才会朝着正确方向不断前进。《中国共产党章程(修正案)》在"社会主义初级阶段"部分不断完善"现代化"的表达,充分发挥了党章这一党的根本大法的作用,对于最大程度集聚各方力量投身现代化建设具有重要意义。

三、《中国共产党章程(修正案)》关于社会主义初级阶段部分"现代化"表达完善的意义

《中国共产党章程(修正案)》社会主义初级阶段部分有关"现代化"的论述不断完善,实现了"现代化"概念的复归。《中国共产党章程(修正案)》中明

---

① 习近平:《论把握新发展阶段、贯彻新发展理念、构建新发展格局》,中央文献出版社,2021 年,第 425 页。

② 习近平:《高举中国特色社会主义伟大旗帜　为全面建设社会主义现代化国家而团结奋斗——在中国共产党第二十次全国代表大会上的报告》,人民出版社,2022 年,第 26 页。

确了"中国式现代化"是推进现代化的路径遵循,是制度现代化的重要表征,也是全体党员必须要遵守、为之努力的目标。

(一)《中国共产党章程(修正案)》的"现代化"表达实现了"现代化"概念的复归

《中国共产党章程(修正案)》中不断完善的"现代化"概念是中国共产党人对"现代化"认识的复归。这种回归是在原有基础上的前进。从《中国共产党章程(修正案)》的具体论述来看,"现代化"表达以改革开放以来党领导现代化的伟大变革为实践出发点,以"现代化"的概念演进为理论出发点,至党的二十大《中国共产党章程(修正案)》提出"中国式现代化"概念,"现代化"概念的复归基本完成。具体来看,这一过程蕴含着现代化概念的再出场、"中国式现代化"概念的发展以及现代化的本质回归三个要素。其一,20 世纪 90 年代,依托着中国政治经济的巨大变革,现代性话语再次被提出并引发学界热议。[1]党的二十大报告提出了"中国式现代化"作为实现党的中心任务的重要路径,并写入《中国共产党章程(修正案)》,理所当然地也就受到了学界更多的关注,标志着"现代化"概念在"现代性"概念引入 30 年后,重新成了当前的中心议题,恰好契合了党的十四大到党的二十大两部《中国共产党章程(修正案)》间隔的时间。其二,"现代化"概念在中西方语境中都较为常见,有学者指出,作为世界历史进程的现代化,存在着通过科技带动和市场经济推进促成全球市场经济体系、形成现代政制、塑造全球趋同的社会生活方式等显著特征。[2]中国式现代化既有各国现代化的共同特征,又有基于自己国情的中国特色。[3]其三,

---

① 曾军:《从"一种现代性"到"两种现代性"——对 20 世纪 90 年代以来中国文学研究中的"现代性"话语的反思》,《西北师大学报》(社会科学版),2004 年第 6 期。

② 任剑涛:《在现代化史脉络中理解 "中国式现代化"》,《西华师范大学学报》(哲学社会科学版),2023 年第 1 期。

③ 习近平:《高举中国特色社会主义伟大旗帜 为全面建设社会主义现代化国家而团结奋斗——在中国共产党第二十次全国代表大会上的报告》,人民出版社,2022 年,第 22 页。

我们推动现代化的根本目的就是满足最广大人民的根本需要。这是中国共产党人推动现代化建设的动力,实现了"现代化"向本质的复归。

(二)《中国共产党章程(修正案)》的"现代化"表达体现了"现代化"的中国特色

一方面是"现代化"的维度,党的二十大《中国共产党章程(修正案)》在"社会主义初级阶段"部分进一步丰富了"现代化"的有关内容。以党章的形式明确提出"现代化"尤其是"中国式现代化"的政治命题,不仅为各级党组织和广大党员提供了可以为之奋斗的目标,也在形式上构成了制度化、法治化的显著表征。"社会主义法治国家建设深入推进,全面依法治国总体格局基本形成。"①这是中国式现代化结构中"法治化"部分的实践表达。党章修正案"社会主义初级阶段"部分提出了"中国式现代化"的有关内容,是对制度化、法治化的贯彻落实,也明确了推进中国式现代化的必要条件。另一方面是"中国式"的维度,有学者对主要发达国家的现代化模式进行研究并将它们的现代化道路分为九种类型②,其中有共性也有个性。党的二十大报告明确提出了中国共产党在中国式现代化过程中的领导地位,这是实现社会主义现代化的根本保障,也是中国式现代化不同于其他国家现代化的根本特征。主要发达国家的政党章程中几乎都没有政党引领国家现代化的相关论述③,当然,资产阶级政党的目的是为了执掌政权,这是解释上述现象的一个重要原因。从无产阶级政党来看,苏联共产党党章中存在党领导苏联人民为达到"共产主义胜利"而

---

① 习近平:《高举中国特色社会主义伟大旗帜 为全面建设社会主义现代化国家而团结奋斗——在中国共产党第二十次全国代表大会上的报告》,人民出版社,2022年,第10页。

② 黄民兴、马超:《论中国式现代化的世界历史意义》,《西北大学学报》(哲学社会科学版),2023年第1期。

③ 经查阅俞可平、陈家刚主编的《世界主要政党规章制度文献》系列书目,发现主要发达国家政党(如美国民主党、共和党)党章党规中没有明显的政党引领现代化的表述。

斗争的论述①,但苏共党章结构不稳定、思想延续性较弱②,导致党章中很少有连续性的、可执行的"现代化"表达。与这些大党、老党相比,《中国共产党章程(修正案)》不断完善"现代化"表达突出了中国特色,凸显了"中国式"的维度。"现代化"和"中国式"两个维度最终统一于推进中国式现代化的伟大实践。《中国共产党章程(修正案)》不断完善"现代化"的表达标志着中国共产党在推进中国式现代化的进程中对制度化、法治化的认识逐步清晰,对法治"固根本、稳预期、利长远"的保障作用感受不断深化,法治是中国式现代化的重要目标、重要保障,集中体现了中国特色。③

(三)《中国共产党章程(修正案)》的"现代化"表达明确了现代化的发展进路

修改党章有利于深入学习贯彻党的创新理论,贯彻党的全会精神,推进党和国家事业发展。④党章修正案关于社会主义初级阶段部分以清单的形式向全党内外公布了"现代化"的概念,使全党全国各族人民对这一概念的内涵结构都有所了解。不断完善的《中国共产党章程(修正案)》实质上起到了"清单"的作用。面对"现代化"建设这个涉及经济政治文化社会方方面面的复杂命题,《中国共产党章程(修正案)》关于社会主义初级阶段部分的"现代化"表达提出了推进现代化要依靠中国式现代化,并指出了我国社会的主要矛盾、根本任务、社会主义基本经济制度、发展的检验标准等建设社会主义现代化国家的关键步骤。将实现现代化的关键步骤文本化,实质上向全党明确了推

① 中共中央党校党建教研室:《苏联共产党章程汇编》,求实出版社,1982 年,第 201 页。
② 鲁敬诚:《从共产国际"基因"到中国特色——基于中苏两党章程文本的比较研究》,《新东方》,2022 年第 2 期。
③ 姚建龙:《中国式现代化进程中的法治:功能与定位》,《政治与法律》,2023 年第 1 期。
④ 中国共产党第二十次全国代表大会秘书处负责人就党的二十大通过的《中国共产党章程(修正案)》答新华社记者问[EB/OL].共产党员网,https://www.12371.cn/2022/10/26/ARTI166679354822312 9.shtml,2022-10-26.

进现代化建设应当注意的关键节点,避免了各级党组织和广大党员在投身社会主义现代化国家建设的伟大实践中无所适从,保障了社会主义现代化国家的建设效率。从分工的角度看,现代化的宏大命题需要各个领域的广泛参与,全面推进中华民族伟大复兴目标的宏伟性、任务的艰巨性、形势的复杂性都要求我们持续团结奋斗。①同时,明确的任务清单有利于各级党组织和广大党员充分发挥主观能动性,"提高他们主动参与和表达意见的积极性"②,不断完善"现代化"的表达,使其"始终确保安全、正确和稳定"③,响应了党的二十大报告提出的"团结带领全国各族人民全面建成社会主义现代化强国"④的号召。《中国共产党章程(修正案)》中关于社会主义初级阶段部分不断完善的"现代化"表达有着"规划治党"的色彩,现代化事业是着眼长远和大局的事业,必须按照规划有步骤地进行。恩格斯在《反杜林论》中就提出了依靠"一个统一的大的计划协调地配置自己的生产力",才能消灭"不断重新产生的现代工业的矛盾"。⑤中国共产党在革命年代和新中国成立后都贯彻了按规划办事的想法,在革命年代,毛泽东预判抗日战争将分为三个阶段,并指出"最后胜利又将是属于中国的"⑥。新中国成立后,中国共产党将制定和实施计划作为推进社会主义建设的重要方式方法,在实践上实现了从"开天辟地"到"翻天覆地"的社会变革,在理论上实现了从"马克思主义中国化的第一次历史性飞跃"到"马克思主义中国化新的飞跃"。习近平认为用中长期规划指导经济社

---

① 丁薛祥:《为全面推进中华民族伟大复兴而团结奋斗》,《人民日报》,2022年11月2日。

② [美]阿图·葛文德:《清单革命》,王佳艺译,北京联合出版公司,2018年,第126页。

③ [美]阿图·葛文德:《清单革命》,王佳艺译,北京联合出版公司,2018年,第157页。

④ 习近平:《高举中国特色社会主义伟大旗帜 为全面建设社会主义现代化国家而团结奋斗——在中国共产党第二十次全国代表大会上的报告》,人民出版社,2022年,第21页。

⑤ 恩格斯:《反杜林论》,人民出版社,2015年,第319页。

⑥ 《建党以来重要文献选编(一九二一——一九四九)》(第十五册),中央文献出版社,2011年,第402页。

会发展是党治国理政的重要方式。[①]党章修正案在理论和实践推进的过程中不断完善,"现代化"党章表达的形式不断充实,内涵不断丰富,为各级党组织和广大党员提供了行为遵循。有学者形容中国共产党的"两个一百年"计划像"一条缓缓流动的溪流",指明了发展的方向,中国共产党则像"溪流上的小船"不断前行,通过制定一个个五年计划,保证自己行稳致远。这是中国共产党区别于其他国家政党的重要特征。[②]中国共产党依靠规划取得了伟大胜利,也必然依靠规划进一步推进社会主义现代化国家建设。

四、结语

《中国共产党章程(修正案)》关于社会主义初级阶段部分不断完善"现代化"的表达,是现代化的独特地位决定的,对于现代化进一步的发展具有路径参考价值。全面建设社会主义现代化国家,从大历史观出发,充分认识"现代化"写入《中国共产党章程(修正案)》的比较优势,充分认识中国共产党自觉推进"现代化"表达不断完善的重要意义。全面建设社会主义现代化国家,从现代化的独特地位出发,坚持中国共产党的领导这个本质特征,充分发挥现代化对于党规国法的耦合作用,坚持系统观念,调动一切积极因素为社会主义现代化建设团结奋斗,不断推进中华民族伟大复兴的历史进程。

---

① 习近平:《论把握新发展阶段、贯彻新发展理念、构建新发展格局》,中央文献出版社,2021年,第 370 页。

② 奈斯比特:《世界上哪个政党提出过 100 年计划?唯有中国共产党》,《环球时报》,2018 年 1 月 24 日。

讲好天津故事 服务"一带一路"高质量发展

——深度推进天津高水平教育对外开放

综合改革建设研究

孙　悦

[摘要]高等教育高水平对外开放是教育强国建设的重要内容,是我国高等教育实现高质量发展的必由之路。通过调查研究、案例比较评估,对比分析天津、上海、广东三地教育对外开放建设状况、政策措施及实施成果,并结合个案,依据中国高等教育国际化发展状况调查报告数据分别就津、沪、粤高校中全国前15名院校中外合作办学水平、来华留学生教育、国际交流人才培养等核心指标进行具体统计分析比较,客观探讨天津同上海、广东教育对外开放建设差异化策略。而后通过对天津多所高校进行抽样调查,探究其教育对外开放的发展现状、桎梏瓶颈,提出"一带一路"视阈下天津高水平教育对外开放深度建设的改革实践路径及对策。研究发现:上海表现良好,天津蒸蒸日上,广东渐入佳境。同时存在问题:开放意识与文化语言冲突摩擦;师资、语言

基金项目:天津市教育工作重点调研课题"'双一流'视阈下天津教育国际化综合改革试验区深度建设研究——制约因素及对策"(JYDY-20192022)。

作者简介:孙悦,天津外国语大学滨海外事学院副教授。

服务短缺,难以满足发展需要;课程体系、教材、文化建设亟待完善;区域学科间存在壁垒。在"一带一路"高质量发展背景下,可从意识更新与格局提升、体系构建与品牌塑造、合作共享与话语影响、文明互鉴与城市故事、"一带一路"高质量与"鲁班工坊"建设、区域国别特色与本土文化自信等方面为天津高等教育综合改革、高水平教育对外开放提质增效可持续发展提供参考。

[**关键词**]"一带一路"高质量发展;天津高水平教育对外开放;比较研究;问卷调查及现状;综合改革建设

一、研究问题与回顾

我国高度重视教育对外开放。习近平总书记指出,推进教育现代化,要坚持对外开放不动摇,加强同世界各国的互容、互鉴、互通。人类命运共同体意识下,做好高水平教育对外开放承载着国家战略任务,是深度服务"一带一路"高质量发展国家战略的必然选择。同时,基于自贸区建设背景,推进高水平教育对外开放是服务自贸区建设的工作重点,具有举足轻重的现实意义。

(一)研究的缘起

中共中央办公厅、国务院印发《关于做好新时期教育对外开放工作的若干意见》[①],加速做强中国教育,我国教育对外开放已上升到国家发展战略。国务院印发的《中国(天津)自由贸易试验区总体方案》中明确提出"推动教育部、天津市共建教育国际化综合改革试验区,支持引进境外优质教育资源,开展合作办学"[②]。近年来,教育部与部分省市开展合作,同地方政府等签署共建

---

① 中共中央办公厅、国务院办公厅:《关于做好新时期教育对外开放工作的若干意见》,新华网,http://www.xinhuanet.com/politics/2016-04/29/c_1118775049.htm。

② 国务院办公厅:《中国(天津)自由贸易试验区总体方案的通知》,中国政府网,http://www.gov.cn/gongbao/content/2015/content_2856600.htm。

教育国际化框架协议,开创教育对外开放新格局,稳步推进《中国教育现代化2035》新型战略目标的实现。同时,还先后与18个省(区、市)分批签署了共建"一带一路"教育行动备忘录①,与116个国家签署共建"一带一路"谅解备忘录。"高水平教育对外开放"延续了教育部关于高等教育国际化的理念,具有划时代意义。

(二)落实《关于做好新时期教育对外开放工作的若干意见》,服务自贸区建设,助力天津区域经济发展

高水平教育对外开放是对城市形象和国际知名度的提升,是新型城市竞争力的具体体现,成为展现城市文化形象综合软实力的平台。《关于做好新时期教育对外开放工作的若干意见》中明确指出要建设全国重要国际教育交流中心城市。②天津作为北方对外开放重镇,承载着京津冀协同发展、自贸区建设、"一带一路"建设等重大任务。③天津高校在境外17个国家成功建设了18个鲁班工坊,实现了共建"一带一路"国家技术技能人才培养的本地化。此外,天津自贸区作为北方首个自贸区,通过教育"走出去",能够很好地输出城市特色文化,长期培育知华、友华、爱华人士,打造国际化品牌,不断扩大教育国际影响力,服务区域经济发展,切实推进天津教育对外开放高水平高质量发展。

---

① 教育部:《全面推进共建"一带一路"教育行动 教育部与四省市签署〈推进共建"一带一路"教育行动国际合作备忘录〉》,中华人民共和国教育部官网,http://www.moe.gov.cn/jyb_xwfb/gzdt_gzdt/moe_1485720190212020190219_37019.html。

② 中共中央办公厅、国务院办公厅:《关于做好新时期教育对外开放工作的若干意见》,新华网,http://www.xinhuanet.com/politics/2016-04/29/c_1118775049.htm。

③ 冯雷鸣:《有底蕴有动力,天津加速培育建设国际消费中心城市》,北方网,http://news.enorth.com.cn/system/2022/06/28/052835110.shtml。

二、天津市同上海市、广东省教育对外开放的比较研究

(一)总体情况对比

据《2022 全国重点城市教育对外开放指数报告》,选取北京、天津、上海、广州、成都、南京、重庆、西安、厦门、长沙 10 座样本城市的高等教育对外开放程度指数进行对照比较。教育对外开放指数主要由政策与环境及教育开放程度两部分组成,其中城市 GDP 与其教育对外开放程度存在一定关联。结果如图 1 所示。

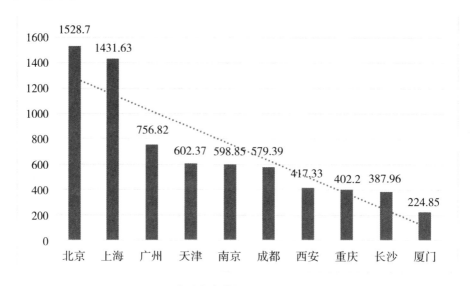

图 1 10 座城市高等教育对外开放程度指数

1.天津:环境利好,优势明显。2021 年天津市教委出台《天津市教育现代化"十四五"规划》①指出,促进教育合作与开放多项措施,加快"一带一路"教育共建,提升中外合作办学水平。到 2025 年,京津冀教育协同发展取得新成果,可见天津教育对外开放政策方面的大力支持。高等国际教育在读人数较

---

① 天津市教育委员会、天津市发展和改革委员会:《天津市教育现代化"十四五"规划》,天津市教育委员会官网,https://jy.tj.gov.cn/ZWGK_52172/zcwj/sjwwj/202108/t20210819_5539309.html。

多,中外合作办学良好,共有15个高等教育中外合作办学项目。来华留学办学项目较多,涉及天津多所高校。

2.上海:教育对外开放程度较强,政策支持略显不足。上海处于国内领先水平,中外合作办学受欢迎。国际化学校数量多,来华留学与出海办学双管齐下,符合"一带一路"高质量建设,也有利于我国与海外教育的双向交流。政策指数稍显薄弱,截至2021年上海关于教育对外开放的明确政策只有一项,即虹口区"彩虹计划"。

3.广东省(广州):政策高度支持,有国际教育前景。2019年至今广州相继出台《广州市创建教育国际化窗口学校实施方案(试行)》《广州市教育事业发展"十四五"规划》[①]以及《广州市教育对外开放"十四五"规划》[②]等政策,为广州国际教育发展和教育对外开放水平提升注入强大动力。

(二)津、沪、粤三地教育对外开放政策对比——政策词云图分析

将津、沪、粤三地相关政策文本导入词云中进行词频分析,政策主要内容涉及教育对外开放、国际教育交流与合作、中外办学、留学生工作等,如图2所示。国际交流、对外开放、合作办学、创新发展、境外留学、一带一路、联合研发、国际学术等成为高频关键词汇,反映了三地高等教育对外开放的基本目标内容。

---

① 广州市人民政府办公厅:《广州市教育事业发展"十四五"规划》,https://www.gz.gov.cn/zt/jjsswgh/kxbz/content/post_7870275.html。

② 广州市教育局:《广州市教育对外开放"十四五"规划》,http://jyj.gz.gov.cn/gk/zfxxgkml/qt/ghjh/content/post_8034682.html。

图 2　津、沪、粤三地政策词云图

(三)津、沪、粤三地评估与比较的核心指标

根据调查结果统计及相关政策,将三地案例比较的核心指标大致归纳为中外合作办学水平、来华留学生教育、国际交流人才培养三方面。在"来华留学生数量"指标方面,据教育部《来华留学统计》数据,其中京津冀的天津约占总数的 4.8%;长三角的上海约占总数 6.9%;粤港澳的广东约占总数 4.5%,8所香港高校拥有来港就读留学生 6301 人,澳门 10 所高校接纳赴澳就读留学生 1234 人,如图 3 所示。

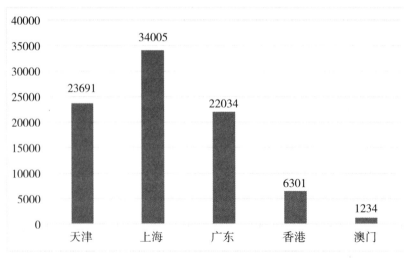

图 3　津、沪、粤三地来华留学生数量

　　中外合作办学是高等教育高水平对外开放的重要载体,主要包含中外合作办学项目和办学机构两个部分。[①]截至 2021 年,京津冀共有办学项目 144 个,办学机构 18 所;长三角共有办学项目 268 个,办学机构 44 所;粤港澳(广东省)共有办学项目 24 个,办学机构 11 所,如图 4 所示。

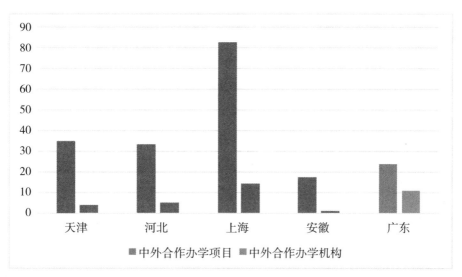

■中外合作办学项目　■中外合作办学机构

图 4　津、沪、粤三地中外合作办学机构与办学项目

　　教育科研对外开放方面主要包含合作研究人员国际化、开设国际合作联合实验室、举办国际学术会议三个指标。[②]2019 年我国高等学校共派遣接受国内外专家学者 90462 人次,其中京津冀约占 13.5%、长三角约占 29.6%、粤港澳(广东省)约占 5%。教育部联合高校共开设国际合作联合实验室 24 个,京津冀占比为 12.5%、长三角 16.7%、粤港澳(广东省)约为 8.3%。2019 年我国高校作为主办方共举行国际学术会议 2250 次,京津冀约占 14.1%、长三角占 32.9%、粤港澳(广东省)约占 9.1%,如表 1 所示。

---

　　① 卓泽林:《高等教育赋能区域发展战略的现状、挑战与对策——以京津冀、长三角、粤港澳大湾区为例》,《教育发展研究》,2021 年第 21 期。

　　② 卓泽林:《高等教育赋能区域发展战略的现状、挑战与对策——以京津冀、长三角、粤港澳大湾区为例》,《教育发展研究》,2021 年第 21 期。

表 1 三大区域科研国际化数据

地域	合作研究人数	国际合作联合实验室	国际学术会议主办次数
京津冀	12218	3	318
长三角	26802	4	741
粤港澳	4516	2	204
全国	90462	24	2250

（四）津、沪、粤三地部分高校个案分析

为使研究更为深入，笔者通过个案分析法，依据《中国高等教育国际化发展状况调查本科院校报告》[1]数据，选取津、沪、粤三地高校中全国前十五名上榜院校个体数据进行统计分析，内容主要涉及高等教育对外开放交流程度等，如表 2 所示。

表 2 引入外籍教师、境外专业教师、国际认证专业、教师在国际组织等任职数量

高校名称	所辖省市	专业分类	引入外籍教师	引入境外专业教师	国际认证专业/教师在国际组织等任职
天津大学 / 南开大学	天津	综合类	102	109	7/92
上海大学	上海	综合类	263	213	—
同济大学	上海	综合类	153	133	—
上海交通大学	上海	综合类	105	123	—
上海理工大学	上海	理工类	105	—	14
上外 / 华东师大	上海	语言类师范类	98	116	96
北师大—香港浸会大学联合国际学院	广东	综合类	106	129	22
中山大学	广东	综合类	—	112	6
深圳大学	广东	综合类	96	91	6
广东外语外贸大学	广东	语言类	100	—	6

---

① 中国教育国际交流协会：《中国高等教育国际化发展状况调查本科院校报告》，中国教育国际交流协会官网，http://www.ceaie.edu.cn。

依照专业划分,所涉及上榜院校综合类 8 所,语言类 2 所,师范类、理工类院校各 1 所。在经过国外或国际认证组织认证的专业数量方面上榜的院校按照地域划分,来自天津 2 所,上海 2 所,广东省 3 所。其中北京师范大学——香港浸会大学联合国际学院为国际认证专业数量最多的高校,共计 22 个专业。专业教师在国际组织和学术协会担任职务数量最多的高校是华东师大和天津大学,分别为 96 人和 92 人。津、沪、粤三地在引入外籍专任教师人数和引入境外专业类专任教师人数方面,按照区域划分,天津高校 2 所、上海高校 3 所、广东省高校 1 所。引入外籍专任教师人数最多的高校为上海大学 263 人;引入境外专业类专任教师人数最多的高校也为上海大学 213 人。由此,各地高校在对外开放国际化交流领域的重视及关注程度可见一斑。

表 3　教师出访海外来访、国际联合研发机构

高校名称	所辖省市	专业分类	教师出访海外来访人次/海外国际联合研发机构
天津大学 / 南开大学	天津	综合类	1260/122/26
同济大学	上海	综合类	2546/357/40
华东师范大学	上海	师范类	1815/20
上海交通大学	上海	综合类	3061
中山大学	广东	综合类	2247
深圳大学	广东	综合类	—
华南理工大学	广东	理工类	91/13

如表 3 中,三地在专任教师短期出访人次、海外学者来访人次、与海外国际联合研发机构数量方面上榜的高校中天津大学和华东师范大学两次上榜。上海交大专任教师短期出访人次最多为 3061 人次;同济大学海外学者来访人次与海外国际联合研发机构数量均为最多,分别为 357 人次和 40 个。在提高我国教育国际影响力方面,各地数据虽高低不等,但均有所欠缺。此外,部属院校出现频率远高于地方院校,一方面表明部属高校品牌效应其国际化重

视程度,另一方面也显示学科发展及专业建设对高等教育对外开放、拓展国际合作交流、扩大国际影响力的重要作用,专业特色亦是吸引海外资源的重要因素之一。同时也期待政府能够加大对于地方高校的扶持与倾斜。

表 4 全外语授课专业及课程数量、校级领导接待海外来访团组数量

高校名称	所辖省市	专业分类	海外来访团组/全外语授课课程及专业
天津医科大学	天津	医药类	/110
天津中医药大学	天津	医药类	300/
南开大学	天津	综合类	122/
上海大学	上海	综合类	155/
上海外国语大学	上海	语言类	/1184
同济大学	上海	综合类	/498
北师大—香港浸会大学联合国际学院	广东	综合类	/483

表 4 中,按专业分类,在全外语授课专业及课程数量和校领导接待海外来访团组数量方面上榜的院校共 7 所。其中全外语授课专业数量最多的是天津医科大学 110 个;全外语授课课程数量最多的是上海外国语大学,拥有 1184 门课程;在领导接待海外来访团组数量方面上榜数量最多的是天津中医药大学共计 300 个,此次天津高校两次荣登榜首。同时,津、沪、粤三地中全外语授课专业数最多、课程数最多的高校均为专业类地方性院校,再次证明了专业建设在高校教育对外开放进程中的重要作用。

由上述数据可知,总体而言在评估与比较的核心指标方面,长三角(上海)表现良好,京津冀(天津)蒸蒸日上,粤港澳(广东省)渐入佳境。通过以上政策对比和数据比较,认为各地区在教育对外开放综合建设方面成效明显,成果显著。通过对比找到差距,高校需要结合自身实际进行本土化发展,借鉴三地具体做法和经验,探索具有城市特色的高等教育对外开放高水平国际化发展之路。

三、研究设计与方法:"一带一路"视阈下天津高校高水平教育对外开放现状调查

(一)调查的实施及问卷设计

该调查在天津高校中进行,调查对象为在校大学生,调查范围覆盖文史科与理工科专业方向,受访者所占比例分别为 48.92% 和 51.08%。在查阅大量文献基础上根据高校在校生具体实践制定问卷,共收取有效调查问卷 1668份,采用不记名方式。调查问卷主要涉及对外开放办学理念思路、课程体系与人才师资、学生国际化参与程度、科研国际对外开放水平、国际交流合作平台、校园国际环境氛围、专项经费支持投入、纵深发展瓶颈障碍等维度。因字数有限未能一一详细列举展开。

(二)调查结果统计分析

当被问及"您对学校对外开放国际化程度感觉如何?"时,41.37%的受访者选择"一般",6.83%的受访者选择了"不大满意",而有 4.68%的学生对此持非常不满意态度。这反映出学生对校园国际文化和国际开放氛围的需求以及对教育对外开放的认可,但当前状况仍无法满足大多数学生需求,需要进一步加以解决提升,如图 5 所示。

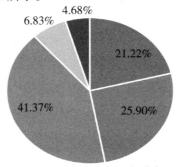

图 5 对所在院校教育对外开放国际化程度的态度

由图 6 可看出,在回答"您所在院校对外交流活动项目情况如何"时,学生对此兴趣不高,热度不足,选择"基本没有,不固定举行"的比例达 18.35%,仅有 37.77% 的学生选择"有固定交换项目,项目丰富",反映出学生的国际化开放意识不强,国际视野和国际信息仍有待提升,可发展的空间较大。

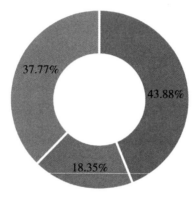

■ 有固定交流项目,项目较少,无法满足学生交换要求
■ 基本没有,不固定举行
■ 有固定交换项目,项目丰富

图 6　所在院校对外交流活动项目情况

如图 7、图 8 所示,在被调研者中,认为所在院校对外开放教育国际化工作取得的较好成效主要包括学校品牌创建、特色课程建设、特色教师培养、学生国际交流等;而对外开放教育国际化进程中的最大障碍则是资金经费支持、关注重视不够、缺乏专业指导课程资源、缺少国际化战略、缺少监管机制、项目活动吸引力不足等问题。因此,高校开展高水平教育对外开放建设应着力解决上述问题,且势在必行。

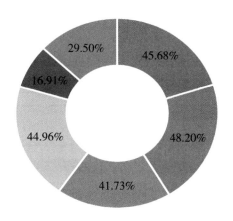

学校品牌创建　■ 特色课程建设　■ 特色教师培养

学生国际交流　■ 效果不明显　■ 说不清楚

图 7　所在院校对外开放教育国际化工作取得的主要成效

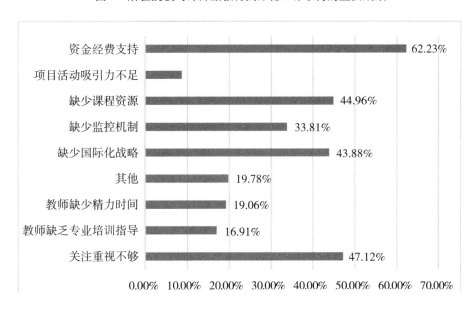

图 8　所在院校对外开放教育国际化进程中的最大障碍

表5　服务"一带一路"鲁班工坊建设的情况

所在院校教育对外开放国际化是否考虑服务"一带一路"鲁班工坊产教融合建设？	百分比例
考虑过,非常好,课程建设过程有企业共同参与,培养学生实习实践	9.71%
有想法,企业未参与课程建设,但给予学生实习实践机会	13.31%
未考虑过,本校未涉及鲁班工坊产教融合校企共建	76.98%
所在院校教育对外开放与鲁班工坊师资建设情况	百分比例
A.较好,部分老师拥有双语教学能力,受过海外专业培训	6.12%
B.一般,国际化师资队伍尚在建设中	28.42%
C.不太清楚	65.47%
所在院校教育对外开放与鲁班工坊教学资源开发情况	百分比例
A.较好,有正式出版及校本教材、微课教学资源	9.35%
B.一般,教材尚在编辑和开发中	32.01%
C.不太清楚	58.63%

在表5中可见,提升师资国际化水平,丰富国际化教学资源,树立开放意识和理念仍是亟待完善和提升建设的重要方面。

四、"一带一路"高质量发展背景下天津高校高水平教育对外开放深度建设的桎梏与瓶颈

（一）开放意识与文化语言的冲突摩擦

高水平教育对外开放涉及的人数众多,不同的国家、地区,不同的文化背景,不同的语言文化习俗观念价值观为沟通交流带来了不畅,特别是在教学

过程中,容易产生误解和误读。另外,开放观念的淡薄与理念意识的淡化使一些学校把教育对外开放简单归结为对外国文化的学习了解,实践教育中也仅停留在国际了解层面,缺乏双向互动意识。在教育对外开放中还要牢记自身本土价值,勿忘本民族传统文化价值理念与文化认同。这是践行高水平对外开放的前提和基础。

(二)师资、语言服务短缺难以满足发展需要

就师资队伍而言,目前难以充分满足高水平对外开放快速发展需要,特别是具有较强专业技能和外语能力的教师更为短缺,这可能将成为制约高水平教育对外开放和"一带一路"高质量发展的重要瓶颈。另外,语言人才受各种因素的影响,培养的语种较少。除英、日、俄等个别通用语种外,非洲、东南亚、美洲和欧洲的大多数语种仅在个别高校开设,非通用语种教育及语言服务资源短缺。在"一带一路"高质量发展、国家对外形象塑造、人类命运共同体构建过程中,大量精通语言的人才不可或缺。现有的培养体量难以满足快速发展的需求,语言服务短缺某种程度上已成为教育对外开放国际化进程的阻碍。

(三)课程体系、教材、文化建设亟待完善

课程体系和教材建设是培养高水平对外开放人才的核心之一。从现实情况看,随着"一带一路"高质量纵深发展,现有优质教学资源国际化程度较低,很难随社会发展实际需求同步更新,存在一定滞后性。可教学、可学习且适合多国需要的教学资源仍需要大力开发。另外应着力完善"教学评"一体化的课程体系,对教育对外开放的运行管理、教学质量等情况进行科学完整性评估,推动教学成果转化交流。此外,校园文化国际氛围的单一模式也制约着高校对外开放国际化与多样文化国际融合交流。

（四）各区域学科间需求不同存在壁垒

据调查显示，不同院校、不同专业对国际化教育的需求具有较大差异，存在区域和学校壁垒。就天津而言，教育国际化资源高度集中在区域中心北京，京津冀三地在教育国际化合作方面机制不够完善，区域教育国际化合作发展不均衡。这需要不断探索适合不同院校、不同学科、不同需求的国际化教育理论与实践模式来解决高水平教育对外开放进程中的实际困难。

五、讲好天津故事，"一带一路"视阈下深度推进天津高水平教育对外开放综合改革实践路径及对策

（一）宏观维度：政策引领与区域体制机制构建

政府层面，要加强高水平教育对外开放的政策引领和区域推动。加强顶层设计，强化统筹规划，充分发挥自身优势，横向联合，为高校学生和教师搭建桥梁和平台，提供政策保障支持。与北京市、河北省构建京津冀教育国际化协同发展机制，打造区域教育对外开放特色，深度推进"一带一路"高质量发展下天津高水平教育对外开放建设。推行双向留学，完善外国留学生服务体系政策等。充分加大天津城市特色化发展，避免同质化，高质量加快"鲁班工坊"海外布局及国际化品牌建设。

（二）微观维度：高校高水平教育对外开放的全面探索

1. 教育理念创新维度：先行先试，以利好政策带动开放办学；打破区域和学校壁垒，实现教育国际化资源互补互惠互利；完善现有办学体制和培养体系。加强组织领导，制定高质量发展战略和发展规划，形成长效工作运行机制。制定较为完备的规章制度和评估机制，定期修订完善，确保规范落实。

2.高校实践改革维度:

(1)提高教育质量的核心在于课程和师资,需要利用优质资源,开发专题性对外开放教育课程,加强国际教育。在课程、教材和人才培养方面进行深度合作,参与国际认证和评估体系,提升人才培养质量。同时加强汉语言学等其他课程建设,打造专精深对外开放国际品牌课程,吸引留学生来津深造。

(2)鼓励培养选派懂理论、会实践、通语言的高水平对外开放师资力量,特别是"一带一路"沿线国家语言交流能力。鼓励优秀教师赴境外研修访学,打造高端国际学术交流平台,鼓励支持教师参与国际学术交流。在科研探索中参与国际化科研学术组织和团队,提升国际话语权,增强学术国际影响力。

(3)打造多元校园文化,利用天津特有近现代历史资源,营造多元文化氛围。充分发挥文化墙、外语窗口、民族文化走廊、世界文化之角的巨大潜能,打造新型校园文化。学生可在课外开展国际文化主题交流实践,利用网络开设虚拟教室,建立世界交流平台。充分利用媒体网络,实现资源共享,培养全球公民国际化素养。

3.社会服务提升维度:提高教育对外开放国际化的经济社会效益,服务天津自贸区建设;扩大中华文化和汉语言传播,大力实施教育"走出去";立足天津,特别关注"一带一路"沿线国家,突出本土优势,讲好天津故事,打造魅力津城名片;推进世界一流的"留学天津"国际化教育品牌及境外服务,扩大影响力,助力"一带一路"高质量内涵式发展。

同时讲好天津鲁班工坊和参与"一带一路"建设的故事。天津在落实"一带一路"高质量建设中作出了首创,鲁班工坊已成为国际品牌名片。在教育对外开放高质量发展过程中,需要做好"一带一路""鲁班工坊"试点的经验推广,营造良好开放舆论氛围。把"鲁班工坊"的建设理念、中国贡献和世界意义讲清楚,充分展现中国文明大国、东方大国、负责任有担当的大国形象。在推动中华文化与世界文化"和美与共"中展示天津智慧、天津经验和天津作为,综合深度推进天津高水平对外开放高质量可持续发展行稳致远。

4.课堂实践维度的教学与革新:强化课程思政和民族文化传统教育。正确定位民族与世界、本土与国际的关系,坚持文化自信。注重语言教学研究,课堂教学与学科渗透。习近平总书记在全国教育大会上明确指出,高校人才培养的目标即要培养具有家国情怀、跨文化能力、全球竞争力以及世界担当的综合性人才。深入开展国别区域性研究,精准服务"一带一路"高质量发展,努力树立学生世界责任和全球担当。

参考文献:

1.习近平:《全国教育大会上讲话〈坚决破除制约教育事业发展的体制机制障碍〉》,中国政府网,http://www.gov.cn/xinwen/2018-09/10/content_5320835.htm。

2.中共中央办公厅、国务院办公厅:《关于做好新时期教育对外开放工作的若干意见》,新华网,http://www.xinhuanet.com/politics/2016-04/29/c_1118775049.htm。

3.国务院办公厅:《中国(天津)自由贸易试验区总体方案的通知》,中国政府网,http://www.gov.cn/gongbao/content/2015/content_2856600.htm。

4.教育部:《全面推进共建"一带一路"教育行动 教育部与四省市签署〈推进共建"一带一路"教育行动国际合作备忘录〉》,中华人民共和国教育部官网,http://www.moe.gov.cn/jyb_xwfb/gzdt_gzdt/moe_1485/201902/t20190219_37019.html。

5.冯雷鸣:《有底蕴有动力,天津加速培育建设国际消费中心城市》,北方网,http://news.enorth.com.cn/system/2022/06/28/052835110.shtml。

6.天津市教育委员会、天津市发展和改革委员会:《天津市教育现代化"十四五"规划》,天津市教育委员会官网,https://jy.tj.gov.cn/ZWGK_52172/zcwj/sjwwj/202108/t20210819_5539309.html。

7.广州市人民政府办公厅:《广州市教育事业发展"十四五"规划》,https://www.gz.gov.cn/zt/jjsswgh/kxbz/content/post_7870275.html。

8.广州市教育局:《广州市教育对外开放"十四五"规划》,http://jyj.gz.gov.cn/gk/zfxxgkml/qt/ghjh/content/post_8034682.html。

9.卓泽林:《高等教育赋能区域发展战略的现状、挑战与对策——以京津冀、长三角、粤港澳大湾区为例》,《教育发展研究》,2021年第21期。

10.中国教育国际交流协会:《中国高等教育国际化发展状况调查本科院校报告》,中国教育国际交流协会官网,http://www.ceaie.edu.cn。

11.习近平:《习近平全国教育大会上发表重要讲话》,中国政府网,http://www.gov.cn/govweb/premier/2018-09/10/content_5320835.htm。

12.曹晔:《天津海外"鲁班工坊"建设调研报告》,《职教论坛》,2019年第6期。

13.共建"长三角教育综合改革试验区"课题组:《推动长三角教育综合改革 实现区域教育联动发展》,《教育发展研究》,2012年第5期。

14.蒋凯:《在新发展格局中推进高水平高等教育对外开放》,《教育发展研究》,2021年第23期。

15.林金辉:《中外合作办学发展报告》,厦门大学出版社,2016年。

16.刘锦:《推进高水平教育开放 建设高质量教育体系》,《世界教育信息》,2022年第1期。

17.石刚:《做好故事外宣 打造美丽天津》,《对外传播》,2020年第2期。

18.文雯、王嵩迪、常伶颖:《作为国家战略的高等教育国际化:一项多国比较研究》,《复旦教育论坛》,2023年第1期。

天津市社会科学界学术年会篇

天津市社会科学界学术年会文明交流互鉴专场暨"传统与变革：中欧文明交流互鉴"国际学术研讨会会议综述

2023 年 9 月 9 日，由天津市社会科学界联合会、天津市教育委员会主办，天津师范大学欧洲文明研究院、历史文化学院承办的"传统与变革：中欧文明交流互鉴"国际学术研讨会在天津召开。来自中国社会科学院、东北师范大学、南开大学、吉林大学、北京师范大学、华东师范大学、华南师范大学、西南大学、天津社会科学院、天津师范大学等科研院所和高校，以及日本、塞尔维亚等国的近百位中外学者参加了此次学术会议。

会议开幕式由天津师范大学副校长秦龙教授主持。天津师范大学党委副书记、校长钟英华教授，天津师范大学资深教授、校学术委员会副主任、国务院学位委员会第七届世界史学科评议组召集人侯建新教授，天津市社会科学界联合会党组书记、专职副主席王立文教授先后致辞。在开幕式上，天津市教育委员会科学技术与研究生工作处（市学位办）处长苏丹宣读了优秀论文获奖者名单。本次会议共收到投稿 155 篇，经过论文查重、专家匿名评审和市社科联、市教委审批，最终遴选出 35 篇优秀论文。

会议学术研讨环节分为大会主题报告和分组讨论两个阶段进行。大会主题报告由天津师范大学社会科学处副处长尚海涛教授主持，共有 10 位著名学者作了精彩发言。

东北师范大学原副校长、国务院学位委员会第八届世界史学科评议组召集人韩东育教授在发言中指出，文明交往需要讨论内化还是外化、利益关系还是价值关系等问题。中西方都有自己的原生文化，两种文明要像毛细血管一样对接好，对接后会产生第三种文明或第三种传统，这个过程重要但会很漫长。人类命运共同体或人类文明新形态一定既不是你的也不是我的，但既有你也有我，所有的人在这个口号或者标识下面都能找到自己，如此才是人类命运共同体。

南开大学资深教授、中国明史学会学术委员会主席南炳文先生，梳理了明末以来中西方文明交往的脉络，指出两次鸦片战争的惨败告诫我们，必须时刻不忘了解世界武器技术的最新变化，使互相交流的成效达到最理想；新中国成立后，一方面研制出威力强大的原子武器等，一方面积极与外部合作发展，或独立发展探月等航天事业，使中国日益成为军事强国、航天大国，使人类关于武器和航天征服自然的能力空前提高。因此，国与国之间文明交流是重要的，可以取长补短，但同时要重视自我努力。

中国社会科学院宗教研究所原党委书记、副所长赵文洪研究员以"什么是中华优秀传统文化"为题发言，指出优秀中华传统文化标准是有利于中华民族、中国人生存和发展的中华传统文化。中华优秀传统文化包含许多有利于生存的价值观或者集体性格特征，如仁爱、民本、爱国、正直、勇武、贵和、包容等；也包含许多有利于发展的集体性格特征，如理性、进取和勤劳。中国是一个世俗化国家，中国的社会目标不是宗教的来世，应该更多地选择有利于当今和未来生存和发展的中华传统文化。

南开大学讲席教授、国务院学位委员会世界史学科原评议组成员陈志强先生围绕公元 863 年拜占庭向大摩拉维亚公国派遣康斯坦丁等进行传教活动的事件，指出康斯坦丁不光传教而且创造了西里尔文字系统，成为今天所有斯拉夫语言的源头,而接受传教的保加利亚等将自己的历史和信仰纳入东正教世界,直到今天影响仍在。文明交流具有阶段性,军事、政治冲突是比较直接的、短期的阶段;文明交往为第二阶段。不仅中国古代历史如此,巴尔干地区也是这样。

南开大学杰出教授、天津市历史学会会长、国务院学位委员会中国史学科原评议组成员王先明先生发言主题为"中国早期现代化路向选择的文化反思——聚焦于《经世文编》演进脉络的一个思考"。指出聚焦《经世文编》演进脉络大体可以勾勒整个中国近代以来现代化发展一条相对完整的主线。王先明先生结合《经世文编》目录框架和具体内容的变化,重点讨论了"转向:求西学以图自强""通变:旧学不足以经世""中国文化向何处去"三个问题,指出民国时期文化取向上出现的重大转变,十足地构成了五四新文化的一个前提,也铺就了20世纪30年代中国本位文化建设论证的基石。

南开大学杰出教授、国务院学位委员会世界史学科评议组成员赵学功先生以《英国与东亚冷战问题》为主题发言。指出英国在整个亚洲的冷战中,对于约束遏制美国扩大起过积极作用,如朝鲜战争中,英国虽是参战国,但与美国政策还是有所不同,如反对扩大战争、主张通过谈判解决问题等。英国奉行较为灵活的限制政策,谋求通过政治途径来解决东亚的一些问题,极力敦促美国改变对华政策。但是这种作用具有局限性,英国对美国的过分依赖,使其在东亚冷战中的作用是非常有限的。

南开大学杰出教授、历史学院院长余新忠先生以《"鼠疫"概念形成及其知识史意义》为题作了发言。指出"鼠疫"不是一个中国传统的名词,而是晚近随着新医学传入后本土文人提出来的一个概念。"鼠疫"名称真正利用要到1895年以后,需要回到历史语境中去理解"鼠疫"概念的形成。认为"鼠疫"概念的出现无意中洞开了一个新天地,有助于此后人类更好地理解和研究鼠疫、狂犬病、猴痘、疯牛病等人畜共患病的机制,也有利于思考人和传染病如何更好地和谐共存。

北京师范大学历史学院副院长刘林海教授以《比较视角下西方的正统问题》为题谈西方历史的正统问题。指出文明互鉴强调相互交流、相互吸收,20世纪以来我们习惯于从西方视角来看中国,实际也需要从中国视角看西方的历史,而正统问题正是一条重要的线索。西方正统问题可分为争夺罗马皇帝头衔的法统之争和教会与世俗政权之间的道统之争。从东西法统来看,争夺从公元 800 年法兰克的国王查理曼加冕成为"罗马人的皇帝"开始,此后公元871 年路易二世和 968 年奥托一世时又有过两次较大的交锋。

中国社会科学院《世界历史》副主编、编辑部主任徐再荣研究员作了《世界史学术刊物建设与世界史学科发展关系》的发言。指出学术刊物建设与学科建设是相辅相成的,学术刊物发展助力学科发展,学科发展也有利于学术刊物质量的提高。世界史学术集刊近年的发展具有注重研究方法、研究视野的创新,注重跨学科的方法、跨国跨区域、全球史研究;研究主题多样化、多样性,特别是关注国际前沿;强调中国史与世界史的融合发展;注重国际学者的学术内化等新特点。但是,整体上目前世界史学术刊物的发展与世界史作为一级学科的体量不相匹配,一定程度上制约了世界史的发展。

中国社会科学院世界历史研究所"一带一路"史研究室主任孟庆龙研究员的发言主题是《世界历史视阈下的"一带一路"和人类命运共同体》。孟先生认为"一带一路"是世界历史范畴的一个概念,"一带一路"倡议的世界性在世界历史上前所未有;"一带一路"的项目、"一带一路"的倡议和人类命运共同体是世界历史点、线、面的关系。当今世界网络化迅速发展,不同地区和群体之间的相互影响是历史的大势,人类命运共同体就是要包括所有地区和群体的网络,而"一带一路"就是构建这个网络的最有效途径。

分组讨论围绕"不同文明之间的交流与互鉴""中华文明的演进和中华优秀传统文化""欧洲文明和区域国别史""文明互鉴视野下天津地方史或区域史""共建'一带一路'推动构建人类命运共同体"等研究议题开展,华东师范大学历史学系邓峰教授、中国社会科学院史学理论研究中心主任吴英研究员、吉林大学历史研究院副院长马卫东教授担任主持,共有 46 位学者发表了高见。现场讨论热烈,学术氛围浓厚,多个研究领域、多种学科各抒己见、交流观点、碰撞思想,为与会人员呈现了一场精彩纷呈的学术盛宴。

会议闭幕式由天津市社会科学界联合会科研工作部周进部长主持。天津师范大学历史文化学院党委副书记、院长张乃和教授作了大会总结发言。研讨会后,与会专家学者乘车前往天津师范大学欧洲文明研究院、历史文化学院进行实地考察和交流指导。本场学术年会学者代表来源广泛,议题丰富,视角多元,为传承中华优秀传统文化,推进文化自信自强搭建了良好的学术交流平台和学术成果展示平台,是一次理论与实践紧密结合、凸显思想性和专业性的学术盛会。

本文作者:张玉兴,天津师范大学历史文化学院教授

从同类电影作品看中华武术精神在国外的传播与认知（观点摘要）

中华文明，源远流长。中华武术根植于华夏大地，是中华优秀传统文化的瑰宝，更是国际上中国国家形象的生动展示。中华武术精神是中华民族之魂，是中华优秀传统精神的重要组成部分，是中华文明精神标识的重要符号，几十年来在国外得到广泛传播和高度认同。新时代背景下进一步弘扬中华武术精神，对于加快构建中国话语体系、推动中华文化走向世界有着重大而深远的意义。本文选取《叶问》《少林寺》《霍元甲》《精武门》等 10 部最受外国人喜欢的国产武术电影，面向欧洲、亚洲、非洲等六个国家受众，采用问卷调查法和访谈法探究中华武术精神在国外的传播与认知。调查结论表明，外国观众高度认同中华武术鲜明的标识性文化特征，高度认同中华武术修身养性的基本功能，高度认同"崇武尚德"的中华武术核心价值。最后，文章从构建横向协同纵向联动的传播体系、挖掘价值相近文化共通的意义空间、创新活动体验竞赛表演的传播形式、培养武艺高超武德高尚的专业人才等方面提出了推动中华武术精神对外传播的四个创新性路径。

本文作者：赵雅文、张鑫月，天津师范大学国际教育交流学院

数据跨境政策比较研究：基于全球政治外交的视角（观点摘要）

数字外交效能的提升既有利于传统外交向数字外交转型，又能使我国在全球化进程中紧跟时代步伐。而政治外交的概念，局限于政治传播的范畴，以突出其与包括经济外交、文化外交在内的其他外交关注的明显不同。

从传统外交到数字外交的转型离不开数据跨境流动的助力，但各行为体关于数据跨境标准和理念的差异，是有效数字政治外交的一大障碍。一方面，不同行为体对数据跨境的重视程度影响着各行为体数字政治外交的偏好。另一方面，全球尚未形成统一的数据跨境流动标准，这加深了数字政治外交的复杂程度，因而对外交政策的适配性提出了更高的要求。此外，各国家和地区在国际地位和网络技术上存在的差距，加大了平等数字政治外交的难度。美国以经济价值为核心，力争将本国的数据管辖权合法延伸至域外，以使数据跨境流动的效益最大化；欧盟主张以人权为基础，坚持以数据权利为重，"属地原则为主，属人原则为辅"；中国则坚持以"数据本地化存储"为主的核心原则，在加强国内数据安全保护的基础上，积极发展国际合作；俄罗斯以提升自身网络安全技术能力为重点，致力于从根本上抵御来自境外的风险。

对美欧中俄数据跨境政策的比较，为完善我国的数据跨境政策机制加深了认知基础。推动数字政治外交发展,我国可将官方社交媒体平台作为我国的"外交资产"并给予特殊保护,保持外交信息流通的一致性,不断完善数据跨境流动的政策及相关技术的综合体系建设。

本文作者:高冉,南开大学新闻与传播学院

侨民视角下的近代天津
德国学校教育研究（观点摘要）

近代以来,德国侨民的多样需求以及德国教育改革的影响,塑造了一个充满希望和进步的教育画卷,展示了教育对于个体和社会的深远影响。这样的背景下,德国侨民学校应运而生。德国侨民学校经历了多次战争和政治动荡的考验,但在各种挑战下仍然坚持教育使命。其发展特点包括初期外籍学生的多样性、战争时期的困境与调整,以及稳定和扩张的阶段。侨民学校的课程设置主要与德国本土基础教育阶段保持一致,受到时代与"租界"环境等影响,做出了一些倾向性调整,主要包括文化融合与多元课程、邻校交流与标准化、教学自主性以及鼓励创意活动。由于学生的国籍血统、家庭背景以及自身性格、所处年代等各有不同,在侨民学校中的体验也大相径庭。学校举办的各类活动,如圣诞晚会、体育比赛等,不仅在培养学生的社交能力和自信心方面发挥了作用,同时也促进了社区的凝聚力和文化传承。德国侨民学校注重现代科学知识的传授,强调学生能力的全面培养,以及体育、创意和实用科目的教育,为近代天津提高办学水平和质量提供了范例。侨民学校的存在也将侨民历史与教育活动紧密交织,留下了丰富而珍贵的城市记忆。

本文作者:唐倩、姜雨晨,天津社会科学发展研究中心

中华优秀传统文化耦合涵养师德的三维向度（观点摘要）

　　习近平总书记提出加强师德师风建设要"坚持教书和育人相统一,坚持言传和身教相统一,坚持潜心问道和社会关注相统一,坚持学术自由和学术规范相统一"。与中华传统文化紧密结合的师德建设是提升教师素质的重要载体,推动中华优秀传统文化耦合涵养师德,对于帮助教师提升素质,确立立德重教的价值取向,具有独特价值和优势。

　　一是理论向度:中华优秀传统文化与涵养师德的内在契合性。具体体现在:"教之以事而喻诸德"的信念观;"其身正,不令而行;其身不正,虽令不从"的教育观;"学贵力行、躬行践履"的知行合一观;"文以行为本,在先诚其中"的学问观。

　　二是价值向度:中华优秀传统文化与涵养师德的历史积淀性。具体体现在:传承"教之以事而喻诸德"的价值取向,坚定教师理想信念;践行"上所施,下所效和养子使作善"的教育观,落实立德树人根本任务;发展"学贵力行、躬行践履"知行合一观,学以致用、学用相长;秉承"君子之学"的学问观,不断增强学识素养和守正创新。

　　三是实践向度:中华优秀传统文化涵养师德的方向路径。具体体现在:推动中华优秀传统文化创造性转化和创新性发展;在学校师德教育中丰富传统文化内涵;创新传播形式,讲好传统师德故事。

本文作者:秦浩,天津师范大学党委组织部

西方影响下近代天津的城市现代性

——城市空间与市民社会(观点摘要)

第二次鸦片战争后天津被迫开埠,西方列强在此划定"租界",带来了现代城市的建设体系和管理制度,首先在"租界区"进行试验,至 1900—1902 年都统衙门管理期间,老城区也开始了现代化改造,袁世凯任直隶总督时期进一步巩固了这些成果,天津整体城市化进程飞速发展。近代天津的城市现代性是西方国家通过战争破坏其主权与领土完整,将资本主义生产方式强行输出到这片土地而产生的。当西方现代城市建设理念输出到世界其他地方时,不可避免地与当地社会文化融合并做出因地制宜的调整,呈现出一种模仿与创新杂糅的表现形式,这便是近代天津的城市现代性最显著的特点。本文从城市空间和市民社会两个维度来探讨近代天津城市现代化进程中所呈现出的城市现代性。在城市空间上,天津成为西方国家的试验场,管理者在引入现代化城市建设的同时也带来了殖民主义文化。与此同时市民社会经历了从华洋阻隔到共融的过程,当西方势力逐步退场,社会的主要矛盾也由殖民主义带来的华洋矛盾逐渐向资本主义式的阶级矛盾转变。近代天津的历史造就了天津开放包容、兼收并蓄的城市文化,而在彻底去殖民化的今天,这些历史遗留下来的曾富有殖民色彩的城市建筑、公共空间、社会文化等也成了新时代中西文化交流的契机与桥梁,有助于双方更辩证地看待这段历史。

本文作者: 姜雨晨、刘悦,天津社会科学发展研究中心

中欧应对气候变化制度体系的政治分析

——以碳排放权市场交易为例(观点摘要)

欧盟碳排放交易体系是以政治手段和市场原则应对全球气候变化的制度创新,在该体系三个阶段的运行和政策调整中,虽因最初设计缺陷经历了不小的波折,但数据和事实证明,欧盟碳排放交易体系是帮助经济高效地推动减排的有效工具。

虽然中欧之间政治制度、政策体系、经济发展水平、基础条件、民众认知等方面有诸多不同,但中国在坚持独立自主的原则推动碳排放权市场交易制度的进程中,仍然可以通过借鉴欧盟的做法来完善自身。中国设定碳排放降低目标,与国家发展的中长期规划并轨;加强制度政策体系的完善,明确各项支撑保障;推行地方试点工作,建立全国碳排放交易市场。中国的实践表明,从参与到引领应对气候变化全球治理变革的意愿是先决动因;政策协调和执行能力是推动碳排放权市场交易落实的基础要求;成熟的统一市场和精准的数据统计分析是持续推进碳排放市场交易的必要条件;市场机制和利益平衡是促使碳排放市场交易长远发展的决定因素。

中国推进碳排放权市场交易制度,不仅源于保持经济发展和实质性节能减排这一现实矛盾所带来的挑战,更突出体现在以新发展理念引领高质量发展的自主选择、深刻变革。这一创新的制度体系并非对欧盟的亦步亦趋,而是基于国情、立足实际,探索兼顾发展与环境的市场化减排实践。同时,中国的实践经验又可以为广大发展中国家未来在实现减排目标、应对气候变化问题时提供有益的借鉴。

本文作者:张奕,天津中医药大学马克思主义学院

《习近平谈治国理政》对中意文明交流互鉴的推动（观点摘要）

文明交流互鉴是文化交往和国际传播的主要内容，"翻译中国"是文明交流互鉴的有效途径，典籍外译是文明交流互鉴的重要方式。《习近平谈治国理政》的对外翻译是国际社会了解当代中国和中国共产党最重要、最直接的文献，是对外传播中华文化的典型代表，是人类文明互动、交融的直接推动力。

2016 年，《习近平谈治国理政》意译本第一卷在意大利正式出版发行，被意大利出版界人士誉为"21 世纪最有影响力的书"。2018 年，《习近平谈治国理政》获得了意大利帕维斯（Il Premio Pavese）国际作品奖。该书"在中国和欧洲之间架起一座沟通和互利共赢合作的桥梁""不同社会制度、不同发展阶段的国家，都可以从中获得关于自身发展与世界进步的启迪"。

该书在人类共同关注的问题上，为文明交流找到了结合点；在共同价值观的基础上，为交流互鉴找到了突破口；其多样、平等、包容的文明观最大程度上赢得了意大利读者群，影响了新受众。《习近平谈治国理政》在意大利的翻译和出版对文明交流互鉴理论在世界范围内的传播做出了贡献，具有重要的理论价值和实践价值。

本文作者：职莉莉，天津外国语大学欧洲语言学院

西方科技与近代天津交通变革（观点摘要）

自 20 世纪城墙被毁，天津迎来了近代转型，西方移植而来的新式交通在天津落地生根，对天津的路政制度与城市规划都产生了深远影响。近代第一个市政工程机构——工程局仿照"租界"筑路办法，重视城市道路的修筑与维护，引进了新的路基材料和蒸汽压路机等修路机械，学习铺设材料的混合比例与规范，实现了从黄土、碎石、条石到沥青道路的升级，改善了路面状况，提高了施工效率。在各国"租界"道路规划及袁世凯河北新区建设的基础之上，天津路网逐步拆修、拓宽，为之后的城市道路规划打下了基础。环城马路修好后，中比合作在天津铺设电车轨道。自日本传入的黄包车与比利时电车相互竞争，使天津从步行系统发展成为具有近代公共交通的城市。电车不仅将行人带至城厢内外，商业也随之扩展。海河东西两岸及天津城与"租界"的交通连接使天津城市空间范围增大，商业区逐渐凝聚在电车轨道附近，同时住宅区、工业区等城市区域功能划分也更加清晰分明。天津作为海上门户、土洋货物的聚集地，修建铁路势在必行。或借贷外国资金，或聘用外国工程师而修建成的唐胥铁路及京奉铁路打通了天津与内陆腹地的通道，带动了铁路沿线地区的经济繁荣，同时也将天津的近代文明带至更遥远的中国内陆。近代交通变革使天津成为不可或缺的、连接内外的交通枢纽,也悄无声息地影响着并塑造了天津的城市格局、城市生活方式、市民观念等,使近代天津的物质、精神、甚至于制度文明一度处于领先地位。

本文作者:牌梦迪、唐倩,天津社会科学发展研究中心

国际碳排放权交易与中国出口绿色转型：促进还是抑制（观点摘要）

　　国际碳排放权交易体系作为主要的环境政策工具，涵盖了全球约23%的温室气体排放，并影响着全球贸易的发展格局。基于拓展的贸易引力模型和交叠双重差分模型等系列实证检验后发现，各国（地区）碳排放权交易市场的建立显著抑制了中国企业高污染产品的出口，同时促进了中国企业绿色产品的出口。相对于发展中国家，欧美等发达国家碳排放权交易市场的建立对中国清洁技术产品的进口需求显著增加，进而有利于促进中国企业出口的绿色转型。相对于欧盟的碳排放权交易市场，我国2021年开始启动的全国碳排放权交易市场在规模、价格和覆盖行业范围上均需要进一步拓展，不断完善碳交易规则以加速国内高碳产业的低碳转型，增强国内高排放企业的减排意愿和降碳决心。随着国际碳排放权交易体系覆盖范围的不断扩大，全球日益增长的绿色需求成为中国企业出口绿色转型的重要外部促进因素；同时国内碳排放权交易市场的建立成为中国企业出口绿色转型的重要内部驱动因素。应通过"内驱外促"不断扩大中国企业绿色产品的出口规模，提升企业绿色全要素生产率，进而促进企业出口的绿色转型。

本文作者：王文治、任曷凯、李菁，天津师范大学经济学院

丝路视阈下的安息帝国同中国汉朝的经济文化互动探微(观点摘要)

古代中国与波斯同为亚洲大陆两大重要的文明体系,在很长的一段历史时期内,两者都曾有着紧密的联系和频繁的交往。两大文明借助陆上及海上丝绸之路建立了密切而友好的互动关系。由于诸多历史因素影响,近代以来两者间的联系似乎不及古代。近几十年来,作为两大文明后继者的中国与伊朗间的联系虽取得了长足的发展,但仍有待进一步加强。通过中外多方史料考察及考古实物相互补证发现,公元前 3 世纪中叶至公元 3 世纪中叶中国与波斯两大文明在以鸵鸟、幻术、狮雀、葡萄、石榴、苜蓿、桃杏为代表的风物,以制铁、丝织、钱币、锁甲为代表经济技术的等方面存在着极其密切的经济文化互动。而在上述经济文化互动背后,两大文明对彼此的了解也在不断加深,从历史地理方面极大地丰富了两大文明对对方文明乃至对其他外在文明的世界观认知。公元 2 世纪末 3 世纪初,中国汉朝同安息帝国几乎同时陷入内部纷乱而国势日衰,两大文明之间的交流互鉴也深受影响。这一研究从不同层面尝试揭开这段尘封已久的中外交流史话,为"一带一路"建设提供历史思考与借鉴。

本文作者:曹炀,天津师范大学欧洲文明研究院

中西文明互鉴视域下
的近代中国西餐文化（观点摘要）

近代中国对西餐的引入、传播和融合是一个复杂而多元的过程。随着近代中国与西方的交往日益频繁，西餐文化逐渐传入中国，并与"文明"和"时尚"建立了联系，成为都市日常生活中"现代性"变迁的一部分。清末以降，上海、天津、北京等地的西餐馆，既吸收了传统社会丰厚的文化元素，又融入了西方现代生活和社交方式，成为文人知识分子日常的聚会场所和联结纽带，也为新知识群体身份认同、权力交换以及中西新旧多元文化交流提供了全新的社会交往空间。西餐在近代中国社会变迁中经历了从"奢侈品"到"大众化"，从"西方文化冲击"到"本土化融合"的转变。近代中国西餐文化是通过中西文明互鉴的过程逐渐形成和发展起来的，它既受到了西方饮食文化的影响，又融入了中国传统饮食文化的元素，从而形成了独具中国特色的西餐文化，同时也使人们重新审视中国传统文化特色与民族认同。这一过程鉴证了中国文化的多元性、包容性、现代性和独特性。近代中国西餐文化是中国社会变革和现代化进程的缩影，展示了中西文明互鉴的丰富多样性，促进了不同文化之间的尊重、理解，在交流互鉴中释放文化自信的时代张力。

本文作者: 尹斯洋，天津商业大学马克思主义学院

"一带一路"背景下天津非遗文化传播路径研究(观点摘要)

　　"一带一路"建设的提出给天津非物质文化遗产的传承与发展带来了崭新的契机。在此背景下,天津非遗文化的传播对于加强政治合作与共识,促进区域稳定繁荣,助力当地经济增长以及促进文化多样性具有重要意义。然而,随着社会的发展,"一带一路"背景下天津非遗文化传播面临着诸多现实困境。正是民族文化差异明显、现代技术应用不足、传播渠道狭窄、传承人缺失等原因,使得天津非遗文化未能得到充分保护和传承,并由此影响了其在"一带一路"背景下国际传播的深度和广度。基于前期的文献研究和实地考察,本文深入探讨了该背景下天津非遗文化的传播路径, 提出创新非遗现代语言,构建跨文化传播语境;紧跟国家政策导向,展现非遗"双创"新容貌;重视对接现代需求,构建非遗活态传承人才体系;紧抓"一带一路"机遇,实现文化与经济双赢局面等策略,让天津非遗文化能够在"一带一路"建设中扮演更加重要的角色,提升其国际话语权,为世界文化的繁荣与进步做出积极贡献。

本文作者:纪向宏、夏宇滋,天津科技大学艺术设计学院

折中主义与文化选择

——中欧文化互鉴中的天津近代艺术研究(观点摘要)

作为北方的漕运与商贸中心,天津成为近代中国最早接触欧洲现代文化的城市之一。自 1860 年被迫开埠通商以来,欧洲先进科技和现代文化思想对天津的军事、工业、文化、艺术乃至社会生活的方方面面均产生了深远影响。但是,这一时期的中西交流处于严重的不平衡状态,天津的城市转型并不是建立在工业革命与科技创新的基础之上,而是在世界资本主义狂潮的压力之下被动实现的。所以,天津在吸纳欧洲现代文化的同时,"传统文化的某些质素,还盘根错节地横亘在现代化风貌的底层"。这就导致天津近代艺术呈现出明显的折中主义倾向:一方面,欧洲现代主义展览在津频繁展出,新式学堂纷纷开设西画课程,中国第一座公立美术馆——天津市立美术馆建立,李叔同、严智开、刘啸岩等具有代表性的西画家脱颖而出;另一方面,张兆祥、刘奎龄、陆文郁、刘继卣等艺术家则是在中国传统绘画的基础上,广泛而大胆地采用明艳厚重的西画颜料和西方写实技法,形成了中体西用式的"津派"绘画。综观中国近代艺术史,这种中西杂糅的折中主义风格构成了天津绘画与京派和海派的显著区别。在面对欧洲现代文化所带来的全新的视觉经验时,天津艺术更多地体现为对传统文化和本土文化的坚守与留恋,它不仅是历史转型时期城市文化的表征,更体现为一种对待外来文化的复杂态度。

本文作者:杨冰莹,天津美术学院艺术与人文学院

他者视野下的中世纪英格兰 农民身份问题研究（观点摘要）

在研究农民称谓时,描述中世纪英格兰农民的一些常见术语,如维兰、茅舍农、公簿持有农、契约租地农和自由持有农,都是一种他称,而并非农民群体内部相互之间的一种称谓。所以,站在"他者"的视角,可以深刻揭示农民群体内部的差异以及与领主之间的差异,进而揭示农民身份建构的核心。从"他者"的视角来看,中世纪英格兰农民身份的建构经历了一个持续演变的过程。这一建构是在他者与我者的互动与比较中逐渐形成的。在11—13世纪的研究中,农民身份主要以法律为划分标准,存在本质性的差异。领主与农民之间的关系成为界定农民身份的核心。到了14—16世纪,农民身份发生转变。这一转变的主要条件是领主改变了土地的经营方式以及农民行动本身的要求。在此基础上,以经济为基础划分农民身份的方式逐渐凸显出来。在整个转变的过程中,以土地保有制为核心的农民身份在法律上的差异性也逐渐消失,农民身份划分的标准也就由法律标准转向了经济标准。这一转变的过程既体现了"他者"对农民身份的建构,也从侧面反映了中世纪晚期英格兰社会的历史变迁。因此,从"他者"的视角来深入剖析和研究农民身份的演变过程,将有助于我们更全面、更深入地理解英国中世纪晚期的社会变迁。

本文作者:左朝阳,天津师范大学欧洲文明研究院

文明碰撞下的医疗实践

——十字军东征中军事修会医院的建立与发展
（观点摘要）

从 11 世纪末到 13 世纪末，在罗马教廷的策动和支持下，西欧封建领主对地中海东岸地区发动了持续的军事扩张战争，史称"十字军东征"。在此过程中，西欧基督教文明、拜占庭文明和阿拉伯伊斯兰文明之间进行了密切的交流互动与激烈的碰撞交融。十字军东征不仅在东西方关系史上产生了深刻的影响，也为后世留下了丰厚的历史遗产。在十字军东征中所出现的一系列军事修会组织，则被认为是"除城堡之外，十字军东征中留下的最永久遗产"。东地中海沿岸十字军控制区内先后成立的很多军事修会，最初是由民间力量成立的"医院"，其后成为从事医疗慈善活动的独立"修会"，再后进一步成为具有军事职能的"军事修会"。这些军事修会通过持续而广泛地兴办、经营医院的方式，向东地中海沿岸的本土居民、西欧移民与朝圣者以及十字军成员提供医疗救助。十字军东征中的军事修会医院，不仅是文明碰撞与交融的产物，而且在改善东地中海沿岸居民健康状况的同时也在医院的统一管理、战场救治与医疗跨国合作等方面为后世提供了有益借鉴。有些军事修会组织在十字军东征结束后一直发展延续到今天,作为公益性组织在世界范围内开展着跨国医疗慈善活动。

本文作者:闫文龙,天津师范大学欧洲文明研究院

十九世纪中叶英国园艺家罗伯特·福钧来华茶业考察述论（观点摘要）

　　罗伯特·福钧（Robert Fortune，1812—1880）为英国著名的园艺家、探险家，他受英国皇家园艺协会与东印度公司等差遣，在鸦片战争之后数次来华，通过乔装打扮的方式潜入内地展开茶叶相关考察，由此对中国茶业有了较为深入的认识。福钧不仅系统掌握了中国主要茶区的经济地理状况，包括主要产地的位置、产地的地形地貌、产地的开发状况等，而且观察了外销之前茶叶在内地的运输方式与运输线路，即如何从产区以水陆结合的方式辗转运输到上海与广州等港口，还详细记录了茶叶贸易在内地的具体操作以及茶叶作为外销商品的成本结构，对茶工的收入状况亦给以相当关注。福钧是第一个深入中国内地展开茶业考察的英国人，其考察工作收获颇丰，一定程度上为东印度公司在印度殖民地发展英国自己的茶叶种植与茶叶制作提供了可资借鉴的经验，有助于印度茶业在十九世纪后期的崛起，与之相应的是，中国茶叶在国际市场上日渐陷入困境。福钧的来华茶业考察，折射了"知识就是力量"在帝国时代的深刻政治内涵。

　　本文作者:刘章才,天津师范大学欧洲文明研究院

主权的史前史:中世纪晚期英格兰的立法与王权(观点摘要)

中世纪晚期英格兰的立法权散落于整个社会,任何群体与个人都没有完全的立法权。立法的来源大致可分为三类:统治者的命令与禁止,对司法判决的澄清与定义以及议会请愿。王权与各个群体均希望在立法中用包含自身主张的制定法来约束各方;王权虽时有优势,却不能独占鳌头。因此,唯有博弈与妥协才能使得立法在中世纪晚期顺畅进行。在议会立法这个共同的平台上,王权与议会内各群体不断碰撞、相互了解、相互塑造,正是通过这种长期的立法合作,他们之间才能初步建立起稳定的信任,继而这种信任使得民族或王国共同体的内涵更加坚实、细腻;也正是在立法的进程中,王权逐渐学会了如何将自身的利益与民族或王国共同体的利益结合起来,学会了怎样去代表共同体背后若隐若现的"主权"。立法为王权从私法性质的关系转变为公法性质的关系起到了重要作用,简言之,即王权公共性的提升。这是中世纪晚期的立法对国家政治权力现代化以及近代主权的诞生所做出的独特贡献。

本文作者:周宏超,天津师范大学欧洲文明研究院

"一带一路"视域下职业技术教师
跨文化能力模型建构
——一项基于扎根理论的探索性研究（观点摘要）

当前，"一带一路"倡议在我国职业教育领域呈现强劲的发展势头，然而对于此背景下职业技术教师的跨文化能力研究尚显欠缺。本研究以"一带一路"视角聚焦职业技术教师群体，运用扎根理论深入挖掘其跨文化能力结构。经深入访谈分析，发掘出"人类命运共同体""跨文化适应力""跨文化冲突解决力""跨文化反思力"以及"跨文化教与学的能力"5 个主范畴，进而构建了"钻石结构"模型。该模型底层的三角形基座包括"跨文化适应力""跨文化冲突解决力"和"跨文化反思力"三个主要范畴，它们相互交织，形成了坚实而稳定的基础，为钻石结构提供了有力支撑。"人类命运共同体"位于钻石结构中心，引领着其他主范畴的发展方向，确保了跨文化能力体系的内在一致性和价值连贯性。位于"钻石结构"顶点的"跨文化教与学的能力"具有深刻的涵义，它与基座、中心互连，代表了跨文化能力体系的整合，将基础、中心和实践紧密融合，实现了从理论到实际的有效过渡。该模型为"一带一路"视域下职业技术教师跨文化能力的发展提供了有力的理论指导和实践参考。

本文作者：付安莉，天津职业技术师范大学外国语学院

来华欧洲人视角下的中国形象（观点摘要）

　　来华欧洲人所留下的一手文献从一个独特的视角记录了中国的社会百态，也反映出他们对中国形象的认知形成。自 17 世纪以来，欧洲人就对中国手工艺品的造型、纹饰一见倾心，对手工技艺更是兴趣盎然，直到 20 世纪，欧洲人仍然对中国工匠称赞不已，其中虽对中国绘画技法有所质疑，但最终两种艺术形式在碰撞中相知相融，形成了兼具两者优点的新艺术。同时，诸多欧洲人以陌生而又钦佩的目光观察了中国的礼节仪式，他们还从缠足习俗的艰难废除中敏锐地观察到中国妇女自我意识的觉醒。在中医药学繁荣时期，"望闻问切"的治疗方法，以及熟悉草药性能、善于其调养身体的行为也深深印入西方人心中。但随着西方医学实践的进步，西方对中医药学的质疑之声渐起。如今中国实力不断增强，已塑造出可信可为的国家客观形象，但仍不可忽视西方媒体、著作与国外公众对中国形象塑造的重要性。基于这些早期来华欧洲人留下的珍贵史料，可从微观视角分析西方世界对中国形象的认知过程，找寻中华文化在传播中令西方人称赞的地方，如铸就卓越的工匠精神，谦逊的中国传统礼仪文化，赓续中华文脉；同时探寻令西方人发生偏见的因由，或是打破产生误解的信息壁垒,或是舍弃仍有残留的文化糟粕,打造出中国可亲可敬的国外公众认知形象。

本文作者:刘悦、牌梦迪,天津社会科学发展研究中心

《史记·三代世表二题》（观点摘要）

　　《史记》十表与此前表格类文本的重要区别很可能在于十表具备精心设计的"表头"。表格类文本虽然在商代甲骨文中就已出现，但直到战国中晚期才出现带有"表头"的表格。从传世本《史记》十表的形式看，各表"表头"之有无，不同版本所见的情况并不一致，但经笔者考证，《史记》十表的早期形态均具备"横行表头"，部分表格还具备"纵列表头"。太史公之所以将该类文本命名为"表"，应该是考虑到"表"字包含的"标志""起首""徽帜"等义项，这些义项都与"表头"的功能密切相关。

　　古人所言《三代世表》"旁行邪上"，指的是在分行书写、阅读的整体趋势下，相对于行与行之间的上下关系，同一行内诸短列中的文字虽然也采取"直下"的书写和阅读顺序，但相邻两列之间的关系则属于自右向左的"旁行"，《三代世表》同"属"内相邻两格间子、父身份转换时则可产生"邪上"的提行效果。受此启发，可对今本《三代世表》"黄帝"至"帝禹"部分的简册形态进行复原。不过"旁行邪上"的格式只适合强调血统关系的诸"属"部分，不适合强调宗统关系的"帝王世国号"及十一国诸侯世系部分。

本文作者：鲁鑫，天津师范大学历史文化学院

中朝关系视域下的明与朝鲜协力靖倭事件考析（观点摘要）

15 世纪初期,倭寇活动成为东亚地区海域秩序的重要隐患,对朝鲜半岛及中国沿海居民造成了极大的伤害。为解决困扰明朝与朝鲜安全的倭寇问题,1419 年 6 月 15 日,明成祖永乐帝发动战役,取得打击倭寇的"望海埚(今属辽宁大连市金州区)大捷",朝鲜则在上王太宗的部署下于当年 6 月 19 日"己亥(中国农历年)东征"中重创倭寇。在这两次战役中,朝鲜与明朝相互配合,朝鲜方面为明朝提供有关倭寇活动的情报信息,明朝发挥"不在场的在场者"影响力,事先警告日本,由此共同达到靖倭的效果,从而使中朝宗藩关系得到进一步巩固与发展,也使东亚地区步入"倭寇大体停止了活动"的时期。

在明朝与朝鲜协力抗击倭寇的过程中,两国之所以互为奥援、配合默契,在于两国执政者亲睦关系的达成。明成祖与朝鲜太宗王二者早在各自称帝、称王前即开始密切接触,执政后更是以友好互信为基础,融洽相处,彼此成全,堪称"模范"君臣。成祖与太宗王二人的个人"亲睦",推动了两国和平友好地处理倭寇等各种问题,也对东亚地区政治秩序的稳定起到了巨大的推动作用。对这一问题的研究,有助于揭示明前期中朝关系嬗变之实态。

本文作者:王臻,天津师范大学欧洲文明研究院

论《史记》的"繁复"书写（观点摘要）

　　自从司马迁创造纪传体的史书编撰体例之后，历代学者指摘其烦琐、重复之弊屡不绝书。批评者始自荀悦，中经刘知幾、孙甫等，至四库馆臣而有"一事而复见数篇，宾主莫辨"之论，批评之声遂臻于极致。此类议论或过于轻率。经细察，《史记》因编撰体例为纪传体的原因，确有可能存在烦琐、重复之书写，如《高祖本纪》与《项羽本纪》《吕太后本纪》与《孝文本纪》等，但同一史事均从该篇传主的角度书写，非但没有真正的烦琐与重复，反而呈现出记事详略不同、蕴含感情多样、内容情节互补的书写格局，有利于对史事的全方位理解。总的来看，《史记》如此书写，是在有意识地化解纪传体这种编撰体例带来的弊端，尽可能地避免同一史事在不同篇章中的完全重复。但更重要的是，这种书写体现了明显的偏传主倾向，即同一史事总是从传主的角度去书写，且各篇中关于该史事的内容无法彼此调换，分别有利于塑造该篇传主的形象，在一定程度上解决了纪传体的"繁复"之弊，体现了细致而精密的史学编撰卓识。

本文作者：石洪波，天津师范大学历史文化学院

传统与现代的融通:英国国家公园的土地产权(观点摘要)

英国于 1951 年指定了首批国家公园,迄今共设有 15 处国家公园。英国国家公园有别于世界其他地区国家公园的方面有三:其一,其原生土地的稀缺性。由于缺少处于自然状态的土地,英国只能将国家公园设在开阔的乡村地区。其二,土地权属的私有性。国家公园土地占有关系中国有比重微乎其微。其三,土地功能的多元性。其功能兼具生产性和社会性,融自然保护、公众休闲、社会生产等于一体。英国国家公园土地所有权的落实,是中世纪后期以来英国土地确权立法与实践自然而然的结果。英国政府通过一系列立法,延续了传统的私人产权,将新生的国家公园成功嫁接在土地制度传统之上,有效平衡了国家公园用地的私有性和共用性、自然属性和经济属性之间的关系,实现了不同主体权利的兼容。英国国家公园土地产权体现了传统与现代的融通,将其置于近代以来乃至中世纪以来的长时段脉络中和更加整体的框架中,有助于准确认知其内在逻辑和独特机制。

本文作者:张夫妮,天津师范大学欧洲文明研究院

浅论中日德工匠文化形成及比较
(观点摘要)

中国古代工匠文化在先秦时期墨家思想基础上,经历官营及民营手工业的共同发展,逐渐形成精益求精、专注、敬业、创新等精神。

德国工匠文化是孕育于中世纪手工业行会之中。宗教改革运动后,路德在翻译《圣经》的过程中,将"calling"(职业;使命感)一词替换为德语"beruf"(天职),此后教徒们所从事的职业都是上帝的安排,认真对待自身所从事的工作即是履行上帝的旨意,将工匠精神提高到精神信仰的高度。工业革命后,德国在政府主导下建立标准化组织,规范生产。

日本工匠精神(職人気質)的源头与唐代物质文明的东传联系密切,对器物有着独特崇拜,并形成"座"等行业组织,匠人社会地位提高。明治维新后,日本通过"殖产兴业"政策快速实现了工业立国,政府大力保护和发展传统技艺及高经济价值的手工业项目,为工匠文化的保护提供了重要支撑。

中日德工匠文化发展的共性包括:师徒制及手工业行会的发展建立、与宗教(思想流派)相联结、满足统治阶级物质需求。同时,中日德工匠文化发展的差异包括:国家政策不同、传统文化对匠人的态度不同、近代工业化发展路径不同。

本文作者:季禾子,天津师范大学历史文化学院

近代天津城市供水系统的现代化转型及影响（观点摘要）

　　天津与水的关系极其密切。早有学者论述了津城在经济、政治、文化和社会生活等诸多方面与水产生的关系，并深度探讨了河流带来的自然灾害、河道整理以及由之产生的社会救济等问题。近年来天津的城市供水状况逐渐受到学者关注，一些与公共卫生领域相关的研究也揭示出水源与疾病及城市环境卫生的关系。不过，尽管天津的水相关研究层出不穷，学界对其他城市区域的同类问题考察亦有突出成绩，但迄今为止从城市供水角度出发对城市发展与自然水源之间支持与限制双向关系的梳理和分析尚付阙如。

　　时至今日，城市已经成为中国大多数人口居住的区域，而城市发展与周边自然的关系体现出的生态-社会互动，关系到更多人的生存福祉，尤其值得深入讨论。水是环境史研究不可忽视的话题，而天津曲折的供水历程恰好为观察城市发展对自然资源限度的突破改造及适应提供了一个窗口。故此本文尝试通过梳理天津城市供水受"租界"影响开始的现代化变迁，探寻城市的水源问题、解决办法和影响，从而更好地理解人与自然间错综复杂的互动关系及变化。

一、传统城市的饮水危机

作为唯一有明确建城记录的传统中国城市，天津的城墙极富标志性意义。然而即便在明清时期，坐落于海河三岔河口西南侧台地、由四面城墙围绕的城区也远算不上城市最繁华的区域。天津的商贸活动和人口分布早已突破了城墙的限制，形成以城外三岔河口沿线为中心向上下游辐射的状态，相对而言，第二次鸦片战争期间，僧格林沁为防御外敌大致遵循以海河为轴线向外扩展原则仓促修建的壕墙，才真正囊括了津门主要人口和经济区域。天津呈现的城市格局虽然与水运交通枢纽地位和漕运经济发展直接相关，但也同样受到了维持基本生活的水源供应条件的影响。

与今日天津面对的资源型缺水问题相比，早期天津城市面对的却是典型的结构性缺水问题。在城市被水包围的同时，城中居民的饮水却面临着极大困难。与大部分以井水为主要水源的城市不同，天津滨海临河地势低平，导致地下水含盐量高，口感苦涩难咽。清末城内本就稀少的饮水井也逐渐废弃，康熙年间仅存的几眼明代食井大多荒废。河水水量虽多，水质却参差不齐。海河上游的主要支流如北运河、永定河、大清河、子牙河和南运河等，均因流经区域下垫面不同而水质各有差异，只有天津老城北门外的南运河水质最佳。由于城内无井，居民每日要出城取水，从北门去往南运河的人流终日不绝，据《天津县志》记载，"居民万户皆仰给郭外，昏暮之求，远者十里，近者亦不下一二里，数百年来习为固然矣"。在运水困难、水源稀缺、净化费力等原因共同影响下，天津城内逐渐发展出了专供饮水的售水业。

二、"租界"与天津的新水源开发

1860 年开埠后，天津出现了"租界"以及随之而来的各项市政新措施，城市发展由此进入新阶段,然而水源和供水仍然保持着原有的状态。在刚刚开辟的"租界"中,西方殖民者最初采用中国人的服务系统维持基本用水需求,由于与华人在文化和生活中的摩擦随着频繁的交流而逐渐增加,外国人眼中华人居住区的文明尚未开化,他们对中国人卫生状况的成见也逐渐发展成明显的怀疑和冲突。因卫生观衍生的矛盾随着 19 世纪全球流行疫情的出现而进一步加剧,"租界"内形成一种对华人的公然歧视,一度出现过较为严格的华洋隔离,而以疾病和卫生为名的人员管理措施也逐渐收紧。

为实现严格的卫生管理切断与华人区域的联系并不容易,尤其是这种隔离将直接导致"租界"断水而更难实行。19 世纪"英租界"将如何获得清洁水源作为主要目标,围绕找寻新水源提出了诸多想法。但总体看来,此时要改善"租界"供水、增加水源地摆脱人力供水系统,只能在技术和方法上寻求突破。首先出现的是在空间上突破天津固有水源地限制的设想。新型交通方式为异地运水缓解天津的饮水危机带来了希望。尤其是从唐山运水的方案在 1896 年天津大旱期间讨论最为热烈,有人甚至为此设计了一套详尽的运水方案,但很快便因耗费不菲而被束之高阁。另一种提议是在城市空间范围内向地下拓展,寻找新的地下水源,而这种想法出现的背景是近代钻井技术在全球范围的应用。"英租界"深井开凿方案因此推迟,直到地方疫情加剧后才开始动工。1925 年第一眼深井顺利开凿成功后,井口数量逐渐增加并很快在随后的数十年中成为"英租界"的主要水源。

三、城市供水形式改变及影响

改变水源的另一种尝试,是对现有水源状况加以改造。针对现有河水污浊、含有微生物过多等水质不良问题,曾有人提出用蒸馏法处理河水,然而这种处理方法成本过高不适于大宗供水,较为经济的选择是建造一座可以集中净化水源的现代化水厂。自来水厂可以用沉淀和过滤手段统一去除河水中的杂质和微菌,兼以集中供水和管道运输避免中途污染,从而弥补河水的水质缺陷并保障区域供水。

新的供水方式建成后城市范围逐渐扩大,人口也大幅增加,但也在无形中增加了总用水量,尤其是急剧发展的工业生产对水源供应也提出了新的苛刻要求并促生了新的问题。工业化供水固定的取水口虽能将最佳水源供全市共享,也可能让不良水源直接送往全城,造成更大范围的恶劣影响。现代化的管道在大洪水淹没城市,供水与排污管水源接触可能造成水质污染时,也会面临停摆风险。现代供水设施只是增加了供水能力,并不能转化或增加区域自然水资源,在自然水源不足和水质出现问题时同样束手无策。

四、小结

天津城市供水的发展史中亦可看到城市获取并维持水源方式的变化,尤其是从控制到节约保护水源的技术应用转变。近代以来科学技术通常扮演着人类改造自然帮手的角色,并被认为是人类"控制自然"的主导力量,然而人无法独立于自然之外,科技的价值也不是自然控制,过度改造自然同样会带来严峻的环境问题。

马克思、恩格斯便批判过"近代以来自然科学技术与资本主义结合导致人与自然破坏"的现象,但他们同样认为科学技术并非环境问题出现的根本原因。近代天津以西方现代技术解决水源问题的过程中的问题,说明解决城市资源与环境问题除技术手段外亦需考量生态要素和持续发展需求,体现出城市发展过程中,技术手段与资源平衡关系等重要价值。

本文作者:曹牧,天津师范大学历史文化学院

本文系天津市社会科学界学术年会文明交流互鉴专场优秀论文,拟在中国人民大学清史研究所主办《新史学》集刊等18卷发表。

中国北方铜鍑与东周社会变革的草原要素

戴　玥

[摘要]东周时期是中国北方铜鍑的流行期,也是欧亚大陆东部社会结构剧烈变革的时代。这一变革是中原农耕社会与草原游牧社会相互作用的结果。以往的研究倾向于讨论铜鍑在中国北方和欧亚草原之间的传播,忽略了铜鍑形制演变背后有关东周社会变革的信息。中国北方最早的草原铜鍑出现在两周之际的陕西关中和河北北部。此后,以关中、晋陕高原、晋南盆地为代表的中原社会在春秋中期受到草原游牧人群的影响,采用中原的铸造技术对草原铜鍑进行全面改造,人们不仅增加了中原样式的纹饰,还缩小了原本器身的大小,并最终将改造后的铜鍑加入祭祀祖先时使用的器物组合中。这一系列行为的目的是要将中原社会中的"戎狄"人群纳入拟制的血缘关系中,进而维持中原社会秩序的稳定。

[关键词]中国北方;东周时期;铜鍑;草原;礼制秩序

基金项目:国家社会科学基金项目(青年项目)"欧亚草原东部早期游牧社会的复杂化进程研究"(项目号 20CKG009)、天津市高等学校人文社会科学研究项目"新疆地区早期游牧遗存的调查与研究"(项目号 2019SK005)。

作者简介:戴玥,天津师范大学历史文化学院讲师。

青铜鍑是欧亚草原早期游牧文化的典型代表，主要流行于斯基泰–匈奴时期，分布在黑海北岸、咸海沿岸、南西伯利亚和我国的北方。黑海北岸、南西伯利亚的铜鍑耳部呈圆环形，顶部有蘑菇形凸起（图一∶1-2），咸海地区的铜鍑有斜直的附耳（图一∶3），年代略晚的匈奴铜鍑的耳部为方环形（图一∶4），而中国北方铜鍑的耳部呈半圆环形。中国北方的铜鍑在欧亚草原中带有较强的地域特征[1]，对作为独立地理单元的中国北方进行讨论将具有深刻的文化意义。

以往郭物先生根据耳部将铜鍑分为三型，指出青铜鍑源自我国北方，后经新疆向北、向西传播至草原西部[2]。滕铭予则指出耳部不宜作为划分类型的标准，也不能简单地认为草原西部的铜鍑是中国北方铜鍑传播的结果[3]。高滨秀指出我国北方的铜鍑皆由最早的圈足鍑发展而来，并逐步形成具有我国北方特色的特殊形制。[4]也有学者认识到在我国北方地区秦式鍑和小型铜鍑的存在，[5]认为这些特殊形制的铜鍑是随着秦国的东进而向东传播的。[6]然而，在以往的研究中，铜鍑所表现出的我国北方的具体情况还不是特别清楚，由此对中国北方的人群关系的探讨也不是特别充分。所以，本文有意从铜鍑的特征、类型这些微观层面出发，依托对我国北方铜鍑的时空框架的厘清，讨论铜

---

① 冯恩学：《中国境内的北方系东区青铜釜研究》，吉林大学考古学系编：《青果集——吉林大学考古专业成立二十周年考古论文集》，知识出版社，1993 年，第 318-328 页；高滨秀：《西周東周時代における中国北辺の文化》，古代オリエント博物館编：《文明学原論 江上波夫先生米寿記念論集》，山川出版社，1995 年，第 339-357 页；高滨秀：《鍑—什器か祭器か》，草原考古研究会编：《ユーラシアの大草原を掘る—草原考古学への道標—》，勉誠出版，2019 年，第 181-193 页。

② 郭物：《青铜鍑在欧亚大陆的初传》，《欧亚学刊》第 1 辑，1999 年，第 122-150 页。

③ 滕铭予：《中国北方地区两周时期铜鍑的再探讨——兼论秦文化中所见铜鍑》，《边疆考古研究》，第 1 辑，2002 年，第 34-54 页。

④ 高滨秀：《中国の鍑》，《草原考古通信》第 4 号，1994 年，第 2-9 页；高滨秀：《中国の鍑》，草原考古研究会编：《鍑の研究—ユーラシア草原の祭器·什器》，雄山阁，2011 年，第 9-93 页。

⑤ 李朝远：《新见秦式青铜鍑研究》，《文物》，2004 年第 1 期；高西省、叶四虎：《论梁带村新发现春秋时期青铜鍑形器》，《中国历史文物》2010 年第 6 期。

⑥ 滕铭予：《中国北方地区两周时期铜鍑的再探讨——兼论秦文化中所见铜鍑》，《边疆考古研究》，第 1 辑，2002 年，第 34-54 页；李朝远：《新见秦式青铜鍑研究》，《文物》，2004 年第 1 期。

镀是如何在中国北方发生形制的变化及空间的扩散,进而还原形制变化背后的中原与草原人群之间的互动。

图一　欧亚草原的铜镀

（1.草原东部铜镀 2.草原西部铜镀 3.草原中部铜镀 4.匈奴铜镀）

一、铜镀的类型及其年代

（一）类型的设定

本文将铜镀的高度、耳部、足部的剖面形状及腹部的平面形状作为划分类型的标准。首先,按器高可将铜镀划分为两类,器高小于 14 厘米的铜镀属于小型铜镀,器高大于 14 厘米的铜镀为大型铜镀(图二)。其次,按照耳部的剖面和腹部的平面对大、小型铜镀分别进行"类型"的划分,再在"类型"的内部按足部的剖面划分"亚型",最后根据腹部和足部剖面形状的变化设定"式"的变化。

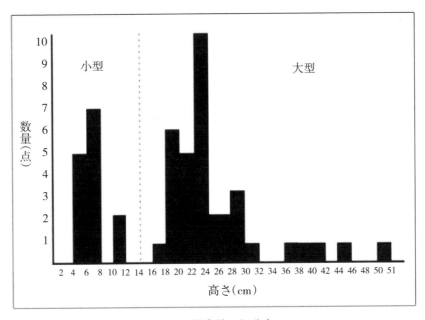

图二　器高的区间分布

表一整理有大、小型铜鍑分别拥有不同耳部、腹部特征的个体数量。

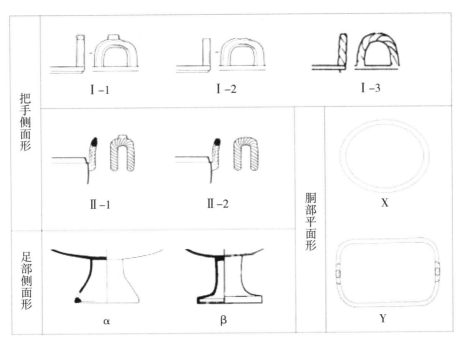

图三　划分铜鍑类型的标准

表一　划分标准间的关联

大型:耳部侧面开关 X 腹部平面形状					
	Ⅰ-1	Ⅰ-2	Ⅰ-3	Ⅱ-1	Ⅱ-2
X	10	7	7		1
Y	6			4	

小型:耳部侧面开关 X 腹部平面形状					
	Ⅰ-1	Ⅰ-2	Ⅰ-3	Ⅱ-1	Ⅱ-2
X	1	10			
Y					

表二　"亚型"的划分

类型 X 足部侧面开关					
	A	B	C	D	E
α	13	6	7		6
β	4			5	5

根据此表,也即根据器高及耳部、腹部的形状(图三),将器高大于 14cm 的大型铜錞分为四种类型,立耳有小凸的 Ⅰ-1 和没有小凸的 Ⅰ-2、腹部圆形(X)的铜錞是 A 型,立耳有小凸的 Ⅰ-1、腹部方形(Y)的铜錞是 B 型,立耳绞丝纹的 Ⅰ-3、腹部圆形(X)的铜錞是 C 型,附耳有小凸的 Ⅱ-1 和没有小凸的 Ⅱ-2、腹部圆形(X)和方形(Y)的铜錞是 D 型,E 型是器高小于 14cm 的小型铜錞。具体分类方案如下:

A 型:器高大于 14 厘米,耳部为半圆环状立耳,圆环顶或有一小突,圆形腹部。按照足部可将 A 型划分为 a、b 亚型。

a 型:斜坡状圈足。按照腹部和圈足可划分为 3 式。

Ⅰ式:腹部较深,直腹,圈足呈斜坡状,较小,多素面,上腹部有一凸棱(图四:1、2)。

Ⅱ式:腹部变浅,直腹略鼓,圈足变大,多数素面(图四:3、4)。

Ⅲ式:上腹内收,鼓腹,圈足外撇,素面(图四:5)。

b 型:高阶状圈足,上腹内收,鼓腹,整体呈扁腹状,素面或上腹部有一凸棱(图四:6)。

B 型:器高大于 14 厘米,耳部为半圆环状立耳,圆环顶有一小突,方圆形腹部平视较浅且宽扁,斜坡状圈足,稍向内收(图五:2)。

C 型:器高大于 14 厘米,半圆环形绞丝纹立耳,圆形腹部,平视呈较深的斜直腹,斜坡状圈足。腹部中间有一宽棱将其分为上、下两部分,上部饰窃曲纹,下部饰环带纹或鳞纹(图四:7、8)。

D 型:器高大于 14 厘米,直立半圆环形绞丝附耳,圆环顶有一小突,方圆形腹,平视为浅扁腹,上部装饰蟠螭纹。高阶状圈足。有盖,子母口承接器盖,盖上有四个环状绞丝钮,盖身饰蟠螭纹(图五:3)。也有附耳没有小突,且俯视腹部为圆形的铜錞(图五:4)。

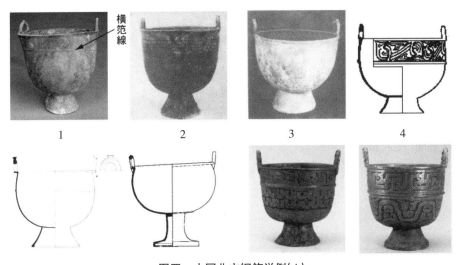

图四 中国北方铜錞举例(1)

1.上石河 M35 2.西安郊外 3.甘峪 4.东社 5.上郭 76M1:3 6.玉皇庙 M250:1 7.上海博物馆 8.上海博物馆

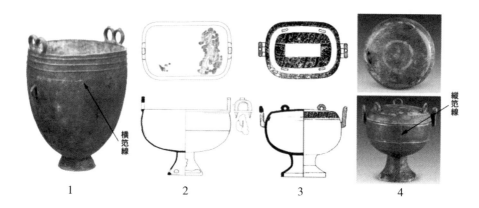

图五　中国北方铜鍑举例(2)

1.阿尔赞 2 号大塚　2.史家河 M14:2　3.塔岗梁 M3:2　4.瓦窑坡 M22:9

E 型:器高小于 14 厘米,耳部为半圆环状立耳,除陕西韩城梁带村的一件铜鍑耳部带有小突外,其余铜鍑的耳部均没有小突,圆形腹部。按照足部可将 E 型分为 a、b 两亚型(表二)。

a 型:高阶状圈足,直腹略鼓,按照腹部和圈足的不同可划分为 2 式。

Ⅰ式:腹部较深,圈足较矮,除梁带村一铜鍑的腹部带有夔龙纹外,其余皆素面(图六:1)。

Ⅱ式:腹部变浅,圈足变高,素面(图六:2)。

b 型:斜坡状圈足,球形腹,素面(图六:3)。

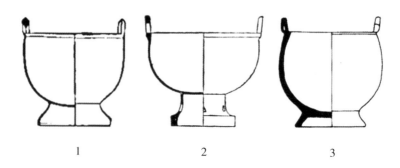

图六　中国北方铜鍑举例(3)

1.程村 M2:120　2.赵卿墓 M251:46　3.徐阳 M20:13

　　(二)中国北方铜鍑的年代

　　铜鍑在墓葬中与某些器物存在一定的共存,通过这些共存可以将各式铜鍑放在相应的年代位置。河南上石河 M35 中 Aa I 式铜鍑与 1 件铜鼎共存,该件铜鼎矮粗的蹄足造型符合春秋早期的形制特点(图七:1),所以 Aa I 式铜鍑的流行年代大致相当于两周之际至春秋早期。Aa I ~ Ⅲ 式铜鍑分别在上石河、宝鸡甘峪、闻喜上郭村与铜戈共存。这些共存铜戈的援锋皆为三角形,援、胡过渡弧线逐渐平滑,援部愈发短粗(图八:1-3),林巳奈夫认为它们的年代分别对应春秋早、中、晚三期。①Ab 型铜鍑在甘子堡(M8)、玉皇庙(M250)与几件春秋中期的铜戈共存(图八:4),在山西临猗程村(M2)Ea I 式铜鍑与 1 件春秋中期铜戈同出(图八:5)。这些铜戈为三角形援锋,援与胡过渡平缓,表明 Ab 型、Ea I 式铜鍑的年代为春秋中期。晋国赵卿墓(M251)中与 Ea Ⅱ 式铜鍑同出铜戈的援锋并非三角形,援、胡过渡更加平缓(图八:6),带有战国早期铜戈形制特征。类似的铜戈还在洛阳徐阳村(M20)与 Eb 型铜鍑共存(图八:7)。所以推测 Ea Ⅱ 式和 Eb 型铜鍑的年代为战国早期。

　　黄陵史家河(M14)中 B 型铜鍑与 1 件喇叭形口的秦式陶罐共存。根据滕铭予对秦文化陶器的分期,②可以推断这件陶罐的年代为春秋晚期。塔岗梁(M3)的墓葬中铜盖豆、单耳壶等与 D 型铜鍑同出。盖豆带有圆形捉手和较矮的喇叭形圈足(图七:3),这与长子东周墓(M7)的铜豆相同(图七:4)。③长子东周墓 M7 的年代为战国早期④,表明 D 型铜鍑也可能流行于战国早期。C 型铜鍑的上腹部常饰有窃曲纹,下腹部装饰波带纹,甘肃礼县圆顶山(98LDM2)的铜鼎(图七:2)与 C 型铜鍑所饰纹饰一致,该座墓葬的年代被认为是春秋中

---

①　林巳奈夫:《中國殷周時代の武器》,京都大学人文科学研究所,1972 年,第49–78页。

②　滕铭予:《秦文化:从封国到帝国的考古学观察》,学苑出版社,2002 年,第28–46页。

③　山西省考古研究所:《山西长子县东周墓》,《考古学报》,1984 年第 4 期。

④　朱凤瀚:《古代中国青铜器》,南开大学出版社,1995 年,第 982–990 页。

期①,所以推测 C 型铜鍑的年代也大体位于春秋中期。结合以上的分析,将各类型的铜鍑放置在对应的年代位置上(图九)。

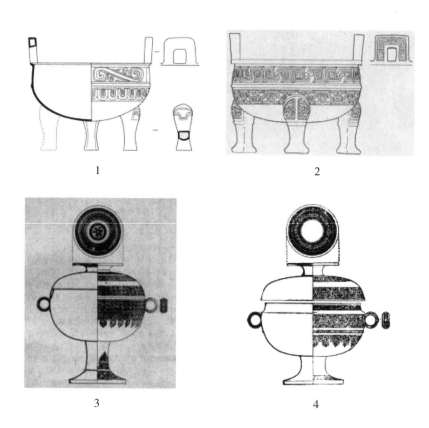

图七　中国北方铜鍑的共存器物
1.上石河 M35　2.圆顶山 98LDM2　3.塔岗梁 M3　4.长子 M7

① 甘肃省文物考古研究所、礼县博物馆:《甘肃礼县圆顶山 98LDM2、2000LDM4 春秋秦墓》,《文物》,2005 年第 2 期。祝中熹:《试论礼县圆顶山秦墓的时代与性质》,《考古与文物》,2008 年第 1 期。

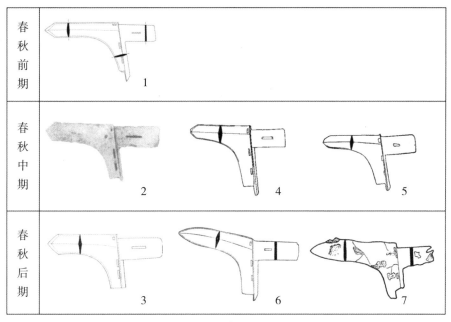

图八　作为共存器物的铜戈

1.上石河 M35　2.甘峪　3.上郭 76M1　4.玉皇庙 M250　5.程村 M2　6.赵卿墓　7.徐阳 M20

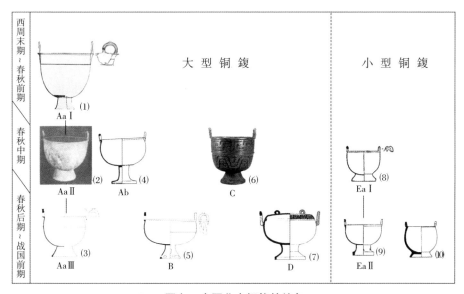

图九　中国北方铜鍑的编年

1.内蒙古采集　2.甘峪　3.上郭 76M1:3　4.玉皇庙 M250:1　5.史家河 M14:2　6.上海博物馆
7.塔岗梁 M3:2　8.程村

二、中国北方铜鍑的演变

Aa 型铜鍑最早出现在关中、燕山等地。它们在窖藏中与锛、凿等草原工具、武器同出,少与中原青铜容器共存(表三)。Ab 型虽在河北中部与双耳壶、提梁壶等伴出,但也没有构成成套的器物组合,多数的 Ab 型还是在河北北部与工具、武器同出。B 型多流行于陕西,尤以关中、陕北为多。陕西黄陵史家河墓地曾出有 B 型铜鍑,带有鲜明的"戎人"特征。[①]

春秋中期以来,受到 A 型的影响,陕西关中和晋南盆地分别衍生出 C 型和 E 型(图七:2),春秋晚期又在晋陕高原衍生出 D 型(图七:3)。其中,C 型多属传世品,不是很清楚组合情况,但器身加饰典型的中原纹饰。D 型在山西原平、浑源、隰县等地,反复与鼎、盖豆等中原青铜容器共存(表三)。E 型是 A 型的小型化变形,这一过程先在春秋中期的晋南盆地完成,春秋战国之际分别向东、向北扩散至伊洛、冀中。无论晋南盆地还是伊洛地区,E 型都在墓葬中与中原青铜容器放在一起,其中在临猗程村 M2 中 E 型与铜鼎、鉴等共存,在洛阳徐阳墓地与铜鼎、簋等共存(表三)。

中国北方的铜鍑铸造存在草原和中原两种技法,铜鍑腹部的横向范线是草原铸造法的特征,纵向范线是中原铸造法的特征。上石河 M35 的 Aa I 式铜鍑、史家河 M14 的 B 型铜鍑可以观察到腹部的横向范线(图四:1)。图瓦的阿尔赞 2 号大冢 5 号墓的铜鍑也存在横向范线(图五:1),说明中国北方的 A、B 两型铜鍑和南西伯利亚都采用了相同的草原技术铸造。[②]C 型、D 型则不同,上海博物馆藏 C 型铜鍑(图四:8)、山西隰县瓦窑坡 D 型铜鍑(图五:4)的腹部有纵向范线,它们使用不同于草原的中原技法铸造。

---

① 孙周勇、孙战伟、邵晶:《黄陵史家河战国墓地相关问题探讨》,《考古与文物》,2015 年第 3 期。

② 荒友里子、畠山祯、高滨秀、三船温尚:《南シベリアの青铜鍑の铸造技术に関する调查と実验》,《アジア铸造技术史 FUSUS》第 4 号,2012 年,第 1—28 页。

表三　铜镈共存遗物一览表

编号	地域	器物编号	类型	遗迹	工具				武器				中原系青铜容器								乐器		其他	文献
					镞/凿	刀	斧	锥	戈	剑	镞	矛	鼎	甗	鬲	簋	豆	壶	铜盘	盘/匜	钟	磬		
1	北京	西拨子村	Aa1	窖藏	○	○	○	○	○														鼎(残)	北京市文物管理处 1979
2	陕西	王家村	Aa1	窖藏						○														庞文龙·崔枝英 1989
3	河南	上石河 M35	Aa1	墓葬	○				○				○										铃	三门峡市文物考古研究所等 2019
4	甘肃	甘峪	Aa2	墓葬		○			○															高次若·王桂枝 1977
5	山西	上郭村 76M1:3	Aa3	墓葬					○	○														山西省考古研究所 1994
6	河北	甘子堡 M8:1	Ab	墓葬				○	○	○	○													贺勇·刘建中 1993
7	河北	李家庄	Ab	墓葬	○	○	○			○													鼎盖	河北省文化局工作队 1963
8	北京	玉皇庙 M250:1	Ab	墓葬	○	○	○	○	○	○	○						○						罍	北京市文物研究所 2007
9	陕西	史家河 M6:3	B	墓葬	○	○			○														陶罐	陕西省考古研究所等 2015
10	陕西	史家河 M14:2	B	墓葬																			陶罐	陕西省考古研究所等 2015
11	山西	塔岗梁 M3:2	D	墓葬													○	○	○					山西忻州地区文物管理处 1986
12	山西	李峪村 M3:3	D	墓葬						○					○			○		○				山西省考古研究所 1983
13	天津	瓦盆窑 M22:9	D	墓葬									○					○					敦	山西大学历史文化学院等 2020
14	山西	程村 M2:115/120	Ea1	墓葬	○								○		○	○	○	○		○	○	○	敦·鉴	赵慧民·李白勤·李春喜 1991
15	山西	上马村 M13:59	Ea1	墓葬	○		○		○	○	○		○		○	○	○	○		○	○	○	箦·鉴	山西省文物管理委员会侯马工作站 1963
16	山西	赵卿墓 M251:46	Ea2	墓葬					○	○	○	○	○	○	○	○	○	○		○	○	○	箦·鉴·豑等	山西省考古研究所等 2004
17	河北	中伢村 M2:6	Ea2	墓葬			○						○		○	○	○	○		○				河北省文物研究所 1985
18	河北	北城子 M2	Eb	墓葬									○					○		○			瓿	郑绍宗 1991
19	山西	上马 M2008:45	Eb	墓葬	○		○		○			○	○		○		○	○		○	○		敦	山西省考古研究所 1994

所以,铜鍑最早出现在以关中和燕山为主的农牧过渡地带,春秋中期以后随着铜鍑在农牧交界地带的扩散,中原社会随即着手对其外形进行改造,于是在关中地区、晋陕高原、晋南盆地形成不同的铜鍑类型,并进入中原社会的随葬组合中。

三、东周社会变革中的草原要素

中原社会对草原铜鍑的改造发生在春秋中期,这可能与此时中原社会发生系统性结构变化有关。中原地区的青铜器形制、纹饰、组合在春秋中期发生剧烈变化,组合中出现敦、盖豆而不再采用盖瓦文簋,纹饰中出现蟠螭纹而不再使用重环纹、窃曲纹,整体上摆脱了西周中晚期以来的传统。[1]这一系列的变化反映在社会层面被罗泰(Lothar von Falkenhausen)称为"春秋中期礼仪的再编"[2],他指出在这一时期中原社会不断地向外扩张,中原的人群按照祖先祭祀的礼制原则重新编排组织非中原地区的人口,进而将周边地区编入中原的社会秩序中去[3]。

作为农牧交织地带的中国北方,南方的中原农耕社会与北方的草原游牧社会基于不同的生业形态而相互接触[4]。春秋中期以来,短剑、鹤嘴斧等草原铜器突然出现在我国北方[5],说明此时游牧人群向我国北方移动的趋势日益增强。同时,随着铁农具的普及、牛耕的推广,大量的荒地被开垦,中国社会农耕人群的活动范围进一步扩大,催生了中原社会北部的国家向北扩充的趋

① 朱凤瀚:《古代中国青铜器》,南开大学出版社,1995 年,第 866-881 页。
② [美]罗泰著,吴长青、张莉等译:《宗子维城——从考古材料的角度看公元 1000 至前 250 年的中国社会》,上海古籍出版社,2017 年,第 315-438 页。
③ [美]罗泰著,吴长青、张莉等译:《宗子维城——从考古材料的角度看公元 1000 至前 250 年的中国社会》,上海古籍出版社,2017 年,第 269-314 页。
④ 宫本一夫:《東アジア青銅器時代の研究》,雄山阁,2020 年,第 201-204 页。
⑤ 杨建华、邵会秋、潘玲:《欧亚草原东部的金属之路:丝绸之路与匈奴联盟的孕育过程》,上海古籍出版社,2016 年,第 402-444 页。

势。作为这一现象的证据是文献中有关晋、秦等国与戎狄战事记载的增多。这些记载从另一侧面说明北方异族(戎、狄)与中原人群在我国北方产生了更加强烈的互动压迫,促使中原社会产生将北方人群更加急速编入自身社会秩序的需求。不过基于中原与草原环境和经济形态的根本性差异,中原社会未能一直向北方完全推及以容器为主的青铜组合及其基于血缘的祖先祭祀制度,于是退而求其次,对包括青铜鍑在内的草原器物进行改造,并适时将其添列到祭祀祖先时使用的器物组合中。这样或许能够使北方异族更加容易地接受中原制度,进而将其编入中原的礼制秩序。因此中原社会之所以选择接受草原的铜鍑,不仅是重视与北方文化的关系[①],更是因为中原社会希望更加容易地将生活在中国北方地区的草原异族人群编入自身的礼制秩序,以便维护整个社会系统的稳定。

综上,我国北方的铜鍑在春秋战国时期的传播和演变很好地诠释了中原社会和草原社会的互动过程。两周之际最早的铜鍑出现在我国的北方地区,随后在草原和中原人群的移动中,中原社会由于自身社会组织的调整,产生将生活在我国北方的异族人群编入中原社会的动力,于是关中、晋南等地的中原社会对铜鍑进行多次改造,并将其添列在祭祀祖先的器物组合中。铜鍑最终融入中原社会,而中原社会的礼制秩序也在一次次的改造和融合中得到延续。

参考文献:

1.北京市文物管理处:《北京市延庆县西拨子村窖藏铜器》,《考古》,1979年第3期。

2.北京市文物研究所:《军都山墓地——玉皇庙》,文物出版社,2007年。

---

① 滕铭予、王春斌:《东周时期三晋地区的北方文化因素》,《边疆考古研究》,第10辑,科学出版社,2011年,第108-139页。

3.冯恩学:《中国境内的北方系东区青铜釜研究》,吉林大学考古学系编:《青果集——吉林大学考古专业成立二十周年考古论文集》,知识出版社,1993 年。

4.甘肃省文物考古研究所、礼县博物馆:《甘肃礼县圆顶山 98LDM2、2000LDM4 春秋秦墓》,《文物》,2005 年第 2 期。

5.高次若、王桂枝:《宝鸡县甘峪发现一座春秋早期墓葬》,《考古》,1977 年第 5 期。

6.高西省、叶四虎:《论梁带村新发现春秋时期青铜鍑形器》,《中国历史文物》,2010 年第 6 期。

7.郭物:《青铜鍑在欧亚大陆的初传》,《欧亚学刊》,第 1 辑,1999 年。

8.河北省文化局工作队:《行唐李家庄发现战国铜器》,《文物》,1963 年第 4 期。

9.河北省文物研究所:《河北新乐中同村发现战国墓》,《文物》,1985 年第 6 期。

10.河北省文物研究所、中国社会科学院考古研究所、石家庄市文物研究所、行唐县文物保护管理所:《河北行唐县故郡东周遗址》,《考古》,2018 年第 7 期。

11.贺勇、刘建中:《河北怀来甘子堡发现的春秋墓群》,《文物春秋》,1993 年第 2 期。

12.李朝远:《新见秦式青铜鍑研究》,《文物》,2004 年第 1 期。

13.刘莉:《铜婵考》,《考古与文物》,1987 年第 3 期。

14.卢桂兰:《榆林地区收藏的部分匈奴文物》,《文博》,1988 年第 6 期。

15.[美]罗泰著,吴长青、张莉等译:《宗子维城——从考古材料的角度看公元 1000 至前 250 年的中国社会》,上海古籍出版社,2017 年。

16.姬乃军:《延安地区文管会收藏的匈奴文物》,《文博》,1989 年第 4 期。

17.庞文龙、崔枚英:《岐山王家村出土青铜器》,《文博》,1989 年第 1 期。

18.三门峡市文物考古研究所、义马市文物保护管理所:《河南义马上石河春秋墓发掘简报》,《中原文物》,2019年第4期。

19.陕西省雍城考古队:《一九八二年凤翔雍城秦汉遗址调查简报》,《考古与文物》,1984年第2期。

20.陕西省考古研究院、延安市文物研究所等:《陕西黄陵县史家河墓地发掘简报》,《考古与文物》,2015年第3期。

21.山西大学历史文化学院、山西省考古研究院、临汾市博物馆、隰县文物旅游局:《山西隰县瓦窑坡墓地的五座铜器墓》,《中国国家博物馆馆刊》,2020年第10期。

22.山西省考古研究所:《山西浑源县李峪村东周墓》,《考古》,1983年第8期。

23.山西省考古研究所:《山西长子县东周墓》,《考古学报》,1984年第4期。

24.山西省考古研究所:《1976年闻喜上郭村周代墓葬清理记》,《三晋考古(第一辑)》,山西人民出版社,1994年。

25.山西省考古研究所、太原市文物管理委员会:《太原晋国赵卿墓》,文物出版社,1996年。

26.山西省文物管理委员会侯马工作站:《山西侯马上马村东周墓葬》,《考古》,1963年第5期。

27.山西忻州地区文物管理处:《原平县刘庄塔岗梁东周墓》,《文物》,1986年第11期。

28.孙周勇、孙战伟、邵晶:《黄陵史家河战国墓地相关问题探讨》,《考古与文物》,2015年第3期。

29.滕铭予:《中国北方地区两周时期铜鍑的再探讨——兼论秦文化中所见铜鍑》,《边疆考古研究》,第1辑,2002年。

30.滕铭予:《秦文化:从封国到帝国的考古学观察》,学苑出版社,2002

年。

31.滕铭予、王春斌:《东周时期三晋地区的北方文化因素》,《边疆考古研究》,第 10 辑,科学出版社,2011 年。

32.王长启:《西安市文管会藏鄂尔多斯式青铜器及其特征》,《考古与文物》,1991 年第 4 期。

33.忻州地区文物管理处、原平市博物馆:《山西原平刘庄塔岗梁东周墓第二次清理简报》,《文物季刊》,1998 年第 1 期。

34.杨建华、邵会秋、潘玲:《欧亚草原东部的金属之路:丝绸之路与匈奴联盟的孕育过程》,上海古籍出版社,2016 年。

35.伊克昭盟文物工作站:《内蒙古准格尔宝亥社发现青铜器》,《文物》,1987 年第 12 期。

36.张童心:《梁带村里发现的微型青铜器》,《大众考古》,2014 年第 9 期。

37.赵丛苍:《凤翔出土一批春秋战国文物》,《考古与文物》,1991 年第 2 期。

38.赵慧民、李百勤、李春喜:《山西临猗县程村两座东周墓》,《考古》,1991 年第 11 期。

39.郑州大学文物考古研究院、洛阳市文物考古研究院:《河南伊川徐阳东周墓地西区 2013–2015 年发掘》,《考古学报》,2020 年第 4 期。

40.郑绍宗:《唐县南伏城及北城子出土周代青铜器》,《文物春秋》,1991 年第 1 期。

41.朱凤瀚:《古代中国青铜器》,南开大学出版社,1995 年。

42.祝中熹:《试论礼县圆顶山秦墓的时代与性质》,《考古与文物》,2008 年第 1 期。

43.高滨秀:《中国の鍑》,《草原考古通信》,第 4 号,1994 年。

44.高滨秀:《中国の鍑》,草原考古研究会编:《鍑の研究-ユーラシア草原の祭器・什器》,雄山阁,2011 年。

45.高滨秀:《鍑–什器か祭器か》,草原考古研究会编:《ユーラシアの大草原を掘る―草原考古学への道標―》,勉诚出版,2019年。

46.宫本一夫:《東アジア青銅器時代の研究》,雄山阁,2020年。

47.荒友里子、畠山禎、髙濱秀、三船温尚:《南シベリアの青銅鍑の鋳造技術に関する調査と実験》,《アジア鋳造技術史 FUSUS》第4号,2012年。

48.江上波夫、水野清一:《东方考古学丛刊乙第一册:内蒙古长城地带》,东亚考古学会,1935年。

49.林巳奈夫:《中國殷周時代の武器》,京都大学人文科学研究所,1972年。

边疆城址实证中华民族共同体格局的形成

郝园林　冯馨瑶

[摘要]中国边疆城址考古研究历史悠久,底蕴深厚,成果丰硕,近年更是取得了诸多重大的成果。边疆众多城址的考古发现实证了中华民族共同体的形成经历了三个阶段:形成时期、加速发展及壮大巩固。形成时期指秦汉以前,边疆各民族开始了交流交往交融的历史格局,是为初步阶段。加速发展指秦汉至宋元时期,各民族共同体格局不断深化。壮大巩固指明清时期,中华民族共同体格局进一步夯实。

[关键词]边疆;城址;中华民族;共同体意识

在考古学的诸多研究领域中,城址的重要性与价值无疑相当重要。作为过去文明的见证,城址承载着丰富的历史信息,深刻地反映了古代社会的政治、经济和文化面貌。其中,中国边疆城址更是考古学领域引人瞩目的研究对

基金项目:国家社科基金青年项目"新疆清代城址设制的考古调查与综合研究"(19CKG018)、国家民委民族研究重点课题项目"各民族交往交流交融重要文物文献保护利用现状研究:以古代边疆城址为中心"(2022-GMA-015)。

作者简介:郝园林,天津师范大学历史文化学院副教授。

象之一。这些分布于边疆省、自治区的城址,不仅在规模和形态上呈现出多样性,更因其深刻的内涵而引发学界较大的关注。城址作为考古学的焦点,会牵涉到诸多重要课题,如文明的起源、农业革命、国家的形成,以及交通和文化的交融。在这一广阔而多样的研究领域中,边疆城址以其独特的历史背景和复杂的文化交汇,显得尤为引人深思。

中国边疆城址的价值不仅仅在于其历史时代的广泛覆盖,更在于其与中华民族共同体形成过程紧密交织的历史脉络。边疆城址的建设往往源于军事防御或定居需求,为边疆地区的各个民族提供了社会和政治活动的平台。习近平总书记指出:"自古以来,中原和边疆人民就是你来我往、频繁互动。"城址不仅见证了各民族在军事、政治、经济、文化和宗教等方面的活动,更映照出不同文明之间的交往关系,尤其是农耕文明与游牧文明的碰撞与融合。多层次的历史城市遗存,呈现了中国各民族相互交融、相互借鉴的重要历史实践,成为研究中华民族共同体形成过程的珍贵线索。

边疆城址研究在我国考古研究中历来占有极为重要的地位。早到清朝后期,徐松、何秉勋、郝永刚、曹廷杰等便开始对庭州、统万城、楼兰及金上京诸城进行实地考察和认定,成为中国古代考古调查和研究的肇始。斯文·赫定、斯坦因、亨廷顿、橘瑞超、大谷光瑞、科兹洛夫、波兹德耶夫等对楼兰、精绝(尼雅)、西州(高昌)、交河、庭州、黑水城、元上都及应昌路等城址的考察也成为中国现代考古学诞生的重要背景。黄文弼、袁复礼随西北科学考察团调查西域诸城,北京大学马衡率燕下都考古团调查燕下都遗址,国外的闵宣化(牟里)、多尔马乔夫等对辽上京、中京及金上京的考察。日人池内宏、三宅俊成、鸟山喜一、原田淑人等也对高句丽、渤海诸城做了调查和发掘。可以说,在中国考古学的发轫及初步阶段,边疆城址便进入中外考古学家的视野,当时许多重大考古发现都与边疆城址有关。因此,边疆考古一开始就刺激了国人的民族主义情节,深刻地影响了此后百年多中国考古学的发展。

近年来,随着"边疆考古"和"城市考古"成为考古学研究的重要分支,边疆城市考古的相关成果也大量涌现。考古工作者在 1988—2000 年对三星堆遗址范围内的土埂进行了数次发掘,确认了东城墙、西城墙、南城墙、三星堆城墙、月亮湾城墙,但尚未出版发掘报告。[①]2014—2015 年对马屁股城墙的发掘,确认了三星堆城圈的北城墙。[②]近年又持续对城内祭祀坑展开发掘,成果显著。从 2016 年开始,国家文物局启动了十三五期间首批"考古中国"重大研究项目,其中就包括"河套地区聚落与社会研究",由此开展了一系列的区域性考古调查与主动性考古发掘工作,取得了诸多重大成果。[③]本文基于这些最新发现,深入探讨边疆城址所反映的中华民族共同体形成及壮大过程,以期有助于我们更加深刻地理解中华民族共同体的深刻内涵,以及多民族共同建设的历史背景和现实意义。

一、中华民族共同体格局的形成时期

新石器时代,距今约 1 万至 4000 年左右,这一时期定居聚落开始大批量出现。从距今 6000 年开始,长江流域出现了属于大溪文化的城头山遗址,为中国考古目前所见最早之城址。进入龙山时代(距今约 4600 至 4000 年)后,城址开始涌现。主要分布于黄河中下游、长江流域两湖平原地区、四川盆地和内蒙古中南部及周边地区,已发现总数约 50 多座。作为北方边疆的内蒙古中南部及周边城址特点鲜明,军事色彩明显,多用以防御,反映这一时期不同民族之间的征战交往。以后城咀城址为代表的龙山阶段石城已经初步具备了酋邦社会的功能,以石峁遗址为代表的青铜时代初期城址,已经具备了早期国家的雏形。这一时期石城的建设可能是族群之间冲突的结果,也有部分原因

---

① 孙华:《三星堆遗址与三星堆文化》,《文史知识》,2017 年 6 月。

② 雷雨等:《四川广汉市三星堆遗址马屁股城墙发掘简报》,《四川文物》,2017 年第 5 期。

③ 河套地区聚落与社会研究内蒙古自治区课题组:《"考古中国—河套地区聚落与社会研究"内蒙古区的工作与展望》,《草原文物》,2020 年第 2 期。

大概是气候波动、生态系统恶化和人口压力所致。

综合来看,内蒙古中南部及周边城址保存相对较好。相关调查、勘探与发掘在古城发现后便一直在进行,取得了一定的成果。近些年随着"考古中国"重大项目的推进,目前取得了一系列重要突破,由此建立了年代学分期标尺,判断了城址功能与族属。内蒙古中南部石城就典型地反映了中国复杂社会的形成过程。通过四个分期,我们可以还原出中华文明早期历史的发展脉络。在庙底沟二期至龙山早期阶段,聚落体系均呈现出低整合度的状态,未形成分层级的聚落体系,聚落间的关系是互不隶属的。此时石城在聚落群中的地位未凸显出来,其性质类似氏族部落,受宗教或者军事首领的领导。聚落外部的冲突频发,使得聚落需要有人领导,这样使权力开始集中在个人手中,地位与财富的不平等开始逐步扩大,社会开始向着复杂化的道路发展。到龙山中、晚期,原始、均衡的社会结构被打破,开始出现复杂化程度更高的分层级聚落模式,各区都形成了小范围的分层级聚落群。而在这些聚落群中,石城呈现出异军突起的状态,成为中心聚落,其规模在聚落群中首屈一指。此时的社会已从之前的部落或部落联盟转变为酋邦社会,聚落群就是由几个部落联合形成的酋邦,其中中心聚落的首领是受大众认可的更高阶层的首领。

龙山晚期至青铜时代初期,内蒙古中南部石城不仅是小范围聚落群的中心聚落,还成了区域性的中心聚落,而石峁更是成为整个北方地区的统治中心。此时的聚落系统是一个多层级的聚落体系,社会层级结构由最高统治中心——石峁,地方统治中心——碧村、后城咀,以及再次一级的普通聚落共同构成。整个北方地区以石峁为统治中心,具有大范围的控制能力,集行政、经济、军事甚至宗教职能于一体。北方地区在此时已具备早期国家的雏形,社会复杂化程度达到了前所未有的高度。如果说庙底沟文化对应的是黄帝族群,那么进入青铜时代以后的石峁类型人群可能对应北狄族群,与《国语》《山海经》中记载的北狄、犬戎等均为黄帝后裔一致。而石峁以前以石城聚落为特征的北方地区考古学文化只能称为北方族群。

进入夏商周时期,即距今约 4000 年至 2000 年(约公元前 2070 年至公元前 221 年)。这一时期为中国的青铜时代,上承新石器时代,下启铁器时代。这一时期,大型城址普遍出现,如偃师商城、郑州商城、殷墟遗址等。这些城址规模宏大,布局复杂,功能齐全,且都带有大型宫殿建筑,这些是史前城址所无法比拟的。这一时期的边疆城址也有诸多重大发现。

这一时期边疆城址主要集中在内蒙古东部以及四川盆地,与新石器时代分布大体相似。内蒙古东部是以三座店石城、大甸子城址为代表的夏家店下层文化石城,四川盆地则是以三星堆城址为典型。三座店石城内外双城的双生聚落结构或许能说明这一时期夏家店下层文化社会内部阶级分化加剧,对深入进行夏家店下层文化所处的社会发展阶段、辽西地区早期王朝的出现以及中国文明起源等研究,提供了较为翔实的考古实证资料。还有如二道井子遗址出现了城壕,预示着早期城市的萌芽。夏家店下层文化挖壕筑墙的技术传播,印证了距今三千五百年前夏家店下层文化与河套地区龙山时代、中原二里头文化之间的互动与联系。[1]

三星堆古城是我国西南地区持续时间最长的先秦聚落和城邑,也是已知的长江上游地区规模最大的青铜时代古遗址。以三星堆遗址为代表的三星堆文化是四川盆地最早的青铜文化,在中国青铜时代考古中具有重要的地位和作用。根据已有研究基本可知,三星堆文化是由多方面因素逐步汇集发展起来的,而长江中游古文化的多次影响,可能就是其中一个非常重要的方面。城市因而形成南、北上下城区,东、西并列双城的城市结构。三星堆古城的规划思想和文化传统,对以后古蜀国的都城,乃至秦汉帝国的都城规划都有很大的影响。[2]这一时期形成了"以炎黄华夏为凝聚核心、'五方之民'共天下的交融格局"。

---

① 郭治中、郭丽:《三座店石城遗址与夏家店下层文化若干问题之我见》,《草原文物》,2014 年第 1 期。

② 孙华:《三星堆遗址与三星堆文化》,《文史知识》,2017 年 6 月。

二、中华民族共同体格局的加速发展

进入秦汉后,随着"丝绸之路"的开通,中华大地上各民族的交流交往交融空前加强。分布于边疆地区路网沿线的一系列地方政权的都城,各地的高等级中心城镇和各类聚落遗址,成为中国历史上中原农耕文明、草原游牧文明、西域绿洲文明之间交流、冲突、兼容、融合的舞台。其他边疆类城址沿用时间较长,各类遗存丰富,城址之间有内在的动态联系,具有多样丰富的地理环境,在建筑设计、住居方式、宗教信仰、城市文化、商品贸易、民族交流等方面揭示了各民族价值观的相互影响,反映了中华多元一体文明格局形成过程中所经历的若干重要历史阶段与突出的多元文化特性,揭示了各民族交流交往交融的历史主流。

秦汉时期,中国历史进入大一统中央集权阶段,统一了文字和货币。地域文化的差异也进一步缩小,民族融合的趋势也进而明显加强。边疆地区的族属文化也逐渐被统一和同化为汉文化,这在各地城址中也得到了直接体现。

这一时期,中央王朝为加强对北方及西北地区的控制,施行大规模的移民屯垦政策,在边疆设置和营建了许多城市、边堡、障城等行政管理机构与军事防御设施。这些边疆城址多选址于交通冲要之处,正如晁错所言之"要害之处,通川之道,调立城邑,毋下千家"①。根据文献和考古调查可知,西域最早的屯田据点轮台、渠黎,都在交通大道上。河西的金城、武威、张掖、酒泉、敦煌,也是置于要害之处,通川之道。朔方、五原、云中、渔阳、上谷,亦是如此。东南、西南边疆也同样修筑起大小不同的城镇。这些城镇的兴建,起到了保卫边疆,组织生产,促进各地交流的作用,而且传之后世,影响深远。新疆奇台石城子遗址的考古发现,有力证明了其就是《后汉书》所载的"疏勒城",印证了两汉

---

① 班固:《汉书》卷四十九,中华书局,1962年,第2286页。

时期中央王朝对包括新疆地区在内的广大西域地区实施有效治理和管辖的历史事实。①

魏晋南北朝时期,中国大多数时间是南北分裂、东西纷战的状态。这一时期也是民族融合的重要阶段。北方匈奴、鲜卑、羯、氐、羌等融入了中原文化,特别是鲜卑民族更是入主中原建立政权,推动了边疆少数民族的汉化。而各族在边疆兴建的一系列城址,也加速了少数民族之间的交流、交往与交融。交河故城见证了我国古代西域史前人类史,古代车师、高昌等文明史,见证了西汉王朝统一西域、设置西域都护府的非凡历程,见证了唐朝设置安西都护府管理西域、持续开展文化商贸交流的国家治理智慧,展现了丝绸之路沿线城市商贸文化、建筑技术、民族文化、宗教文化等的传播、交流与融汇。可以说,古老的交河城对于新疆地区的文明历史、对于造福东西方人民的绿洲丝绸之路的持续运行、对于我国统一的多民族国家的巩固和发展,都起过十分重要的推进作用。

汉唐时期诸多边疆城址除城市遗迹本身外, 城内还出土了大量文物、简牍文书等,结合历史文献和行旅游记,我们对欧亚大陆上的人类文明与文化交流史有了更为深入和丰富的认识。比如,边疆城市如交河故城、高昌故城揭示了以丝绸为大宗贸易的洲际商贸传统(如绢马互市)以及粟特人在丝绸之路上独特的经商传统。边疆城址出土的各类珍贵考古资料,为我国边疆与中原广泛的文明与文化交流内容、包括东西方之间物种、习俗、艺术、科学、技术等交流传统提供了实质性的佐证, 揭示出各民族交流交往交融活动对社会、政治、经济、文化等诸多方面所产生的广泛而深刻的影响。

进入秦汉后,随着"丝绸之路"的开通,中华大地上各民族的交流交往交融空前加强。分布于边疆地区路网沿线的一系列地方政权的都城,各地的高等级中心城镇和各类聚落遗址,成为中国历史上中原农耕文明、草原游牧文

---

① 田小红:《新疆奇台县石城子遗址 2019 年的发掘》,《考古》,2022 年第 8 期。

明、西域绿洲文明之间交流、冲突、兼容、融合的舞台。其他边疆类城址沿用时间较长,各类遗存丰富,城址之间有内在的动态联系,具有多样丰富的地理环境,在建筑设计、住居方式、宗教信仰、城市文化、商品贸易、民族交流等方面揭示了各民族价值观的相互影响,反映了中华多元一体文明格局形成过程中所经历的若干重要历史阶段与突出的多元文化特性,揭示了各民族交流交往交融的历史主流。

进入宋辽金元后,广大边疆少数民族纷纷建立政权。而其所设之都城,便是其建功立业,为中华文明多元一体格局所做重大贡献之直接见证。这些边疆都城以及地方性城址,为我国边疆地区诸多业已消失或发展演变的古代民族及其文明,甚至为延续至今的华夏文明都提供了特殊的见证。对这些城址的考古发掘,有助于学界开展这一时期重点地区中华文化综合研究,从多角度阐释不同地域文化、民族文化、宗教文化始终扎根中华文明沃土这一历史主题。

宋辽金时期,中国社会面貌发生了较大变化,史称"唐宋变革"。国内外贸易繁荣,科学技术发达,文化面貌焕然一新。此时的城市规划也与前代有所不同。这些除集中体现在都城外,也表现在边疆各城址中。这一时期还有一大特点便是边疆各少数民族纷纷建立政权,营建都城。因而这一时期边疆城址的分布范围广大,环形分布于东北、内蒙古、新疆、甘青等地,包括辽上京、辽中京,金上京、渤海国上京等。这一时期的城址为少数族群所建,但是形制上或为双城,或城外有较大范围的关城,是多民族共同生活交融的场所。

元朝和辽金时期一样,在吸收汉制的同时,对政权下的多民族地区采用不同的管理制度,呈现出多元一体的文化面貌。明朝则主要继承和发扬了唐宋儒家传统。这一时期元廷在北疆修筑了都城、路、府、州、县城,明朝沿长城修筑了大量的卫所城,这些城在形态上有一致性,近年的工作也取得了较大的成果。元上都作为元朝的龙兴之地,在蒙元政权从蒙古汗国转化为大元帝国的过程中起到了重要的作用,在元朝两都制中占有特殊的地位。因此,元上都是蒙古族掌握政权之后建立的第一座真正意义上的帝国都城,是与大都并列的北控大漠、南屏燕蓟,连接欧亚大陆各国的重要枢纽,见证了波澜壮阔的元朝历史与中华民族共同体的加速发展。[①]

三、中华民族多元一体格局的壮大巩固

明清时期中央王朝在边疆地区营建了大批驻防城,这一时期研究的重点在中央王朝对边疆地区的统辖及影响。这类城址的分布与中央王朝的势力辐射范围紧密相关,以明代沿长城的卫所城、清代北疆的驻防城为代表,具体如万全右卫城,伊犁九城等。这些城址形制统一,规格严明,体现了大一统王朝对边地筑城模式的影响。在中国疆域形成的历史进程中,不仅汉民族做出了贡献,周边民族亦有较大功劳,边疆城址便是见证。边疆城址也巩固了中华民族的边疆。

清代是古代边疆城址发展的终篇,也是集大成的时期。清廷平定新疆后,为巩固统治,在新疆设立了伊犁将军。在伊犁将军的主导下,清廷开始在此实行筑城、移民、屯田等措施。清廷所设立城址,广泛分布于南北疆等各地,规模形态不一,内涵丰富,可反映清朝中叶以来,新疆地区军事、政治、经济、文化和宗教等多方面内容,具有重要的学术价值和现实价值。新疆清代城址作为各族人民生活和活动的主要场所,在清廷团结各族人民、稳定新疆形势的过程中发挥了重要作用。

新疆清代城址多为清廷入主新疆后择生地所建,所谓平地起城,也有个别城址是沿用了前代城垣。新疆清代城址是各民族人民共同的劳动成果,例如,西天山的伊犁九城、东天山的迪化城等,多为汉族的绿营兵所建,而伊犁河南岸的牛录城,为锡伯族人民自己所建,天山南路的"南八城"等城址,则多

---

① 魏坚:《元上都》,中国大百科全书出版社,2008 年。

为满、汉、维吾尔族军民共同所建。新疆城址内部由于所聚居主要民族的差异,也呈现出各自独特的建筑风格。如宁远城聚居回人,城中央设有清真寺,该寺现仍在使用,同时,城中的钟鼓楼也带有鲜明的伊斯兰风格的装饰。再如惠远城、巩宁城,作为"满城",其内部的兵营衙署体现出鲜明的满族八旗特征。这些建筑特点都体现出多元的民族特征。①

新疆清代驻防城尽管具有多民族的特征,但总体来看,其形制特征比较统一,大多为方形,内部为十字街结构,城中有钟鼓楼。这是明清时期中原内外城址的主要特征,体现了大一统王朝下的规范性。同时,城址在规模、形制上有一定的等级性,体现出了封建帝制时代下较为严格的规制。尽管为不同民族所建,但这些城址都采用了夯筑模式,都设置有城门、瓮城、马面、角台等,这些都是鲜明的中原筑城风格,体现了汉式建筑风格在边疆民族中的流播和演变,间接反映了新疆各民族对于中原建筑技术和文化的认同。对于地方区域来说,我们通过考古调查可知,伊犁九城作为清代伊犁多民族驻防体系的核心,在形制上体现出统一性、等级性、联合性,空间上表现出"双核心"的布局模式,惠远城与惠宁城形成掎角之势,二者均不能失守。其他类型的城址,如卡伦、锡伯营牛录城堡,在形制、布局上也均有自己的特点。伊犁筑城规划理念主要受到中原筑城模式的影响,也融合了各民族自身特色。官兵配以武器装备,这保证了各族官兵的战斗力。②

清代伊犁驻防体系是各民族有机结合所形成的共同体,其总体驻防战略是多民族移驻,但考虑到各民族的生活生产习俗,各民族驻防不同地区,具有明确的分工。各族空间布局特征表现出既有中心坐镇之威,也有周边拱卫之势,既可区分轻重,亦能兼顾各地。各民族均最大限度地保留了原有的生计模式,八旗制度也以不同具体形式被用来作为组织各族的民政体制,从而兼顾农牧业生产与日常军事训练,使得各部族均保持了较高的战斗力。各族百姓

① 郝园林:《新疆清代城址的调查与研究》,《中国文物报》,2020 年 4 月 17 日。

② 郝园林:《"式样图"所见"伊犁九城"形态与布局》,《故宫博物院院刊》,2021 年第 7 期。

既在空间上相对独立,以满族为主体的同时,在谷地内外交往交流交融,互为一体,形成了区域性的民族共同体。考古研究所揭示的伊犁纳入清朝版图后两百多年的这一历史事实,证明伊犁多民族军事驻防体系确实有效地稳固了新疆局势,维护了国家统一,稳固了边疆局势,进一步巩固了中国的版图基础。在此过程中,各民族间形成了相互认同、相互融合的历史传承。[1]

城址的设置作为清廷的重要举措,在稳定新疆治理的过程中起到了重要作用。城址是一个具有多种功能的聚合体,新疆清代城址始建时具有鲜明的政治军事功能,其内驻扎有官兵,以维持城市及其周边的安定,军事防御属性较为突出。往后,随着政治形势趋于稳定,城址作为人类聚居活动的场所和舞台,不同的生产者在此交易,不同民族在此融合,城市成为提高生活水平、增进互相理解、消弭民族误解的重要途径。比如清廷所建的宁远城及迪化城,开始时都是军事防御性城址,军事特点鲜明。其后,随着贸易的发展,人口的不断增多,两座城址的商业不断发展,逐渐形成现在的伊宁市与乌鲁木齐市,成为现如今地区的核心,各民族活动的舞台。边疆城址由此鲜明地展现了中华文化兼收并蓄的包容特性。

结　语

自 1921 年中国现代考古学诞生以来,百年的边疆考古实践取得了许多重大的成果,各类新发现层出不穷,包括城址、墓葬、石窟寺、窑址、居址、烽燧等遗址类型,引起了举世关注。其中,城址是古代人类生活的主要空间,其规模宏大,现象复杂,是最能集中反映人类生存状态的遗存。新疆城址的考古发掘显示,城内遗存现象丰富,是各种人类活动所形成的结果,它往往反映了上

---

[1]　郝园林:《考古学视野下清代伊犁多民族军事驻防体系的构建》,《中华民族共同体研究》,2023 年第 2 期。

百年甚至上千年人类历史的活动。边疆城址充分起到了"延伸了历史轴线,增强了历史信度,丰富了历史内涵,活化了历史场景"的作用,进而在增强我国各民族文化认同,坚定文化自信,在构建中华民族历史、阐释中华民族多元一体格局、铸牢中华民族共同体意识方面起到了积极作用。

深化文明互鉴 助力国际传播

——大学生外语数字叙事能力现状及提升

于姗姗 张 航

[摘要]外语数字叙事即以短视频等数字作品用外语讲述故事。作为融媒时代信息传播的重要方式,外语数字叙事对于深化中外文明互鉴,增强国家文化软实力至关重要。鉴于此,本文对高校大学生外语数字叙事能力现状进行调查,结果表明当前大学生外语数字叙事实践过程中还存在话语能力薄弱、跨文化意识不强、数字媒介素养有待提高等问题。在"讲好中国故事"视域下,高校外语教学应进一步强化大学生语言产出能力,提升其跨文化意识、数字媒介素养,创新外语数字叙事实践,以不断增强大学生外语数字叙事能力,优化外语数字叙事效果,服务国家战略发展。

[关键词]讲好中国故事;大学生;外语数字叙事能力;提升路径

融媒时代,以"指尖传播"为主导的非国家叙事逐步崛起(王佳炜,2022),

基金项目:第十一批"中国外语教育基金"项目"新一代信息技术赋能的高校外语智慧学习研究"(项目编号:ZGWYJYJJ11A179)。

作者简介:于姗姗,天津财经大学珠江学院讲师;张航,天津财经大学珠江学院教授。

高校大学生作为文化全球化背景下成长起来的高素质群体,是中国文化国际传播过程中不可忽视的重要力量。外语数字叙事,即以短视频等数字作品用外语讲述中国故事。增强大学生外语数字叙事意识和能力,优化外语数字叙事效果,对逐步构建具有中国特色的话语体系和叙事体系,提高国家文化软实力意义重大。鉴于此,本文立足大学生外语数字叙事能力现状,尝试探索"讲好中国故事"视域下大学生外语数字叙事能力提升路径,"以适应中国外语教育从了解外国到传播中国的功能转变"(何宁、王守仁,2021),更好地服务新形势下我国国际传播力建设。

一、研究设计

1. 研究问题

本文试图回答以下两个问题:

大学生外语数字叙事能力现状如何?

大学生外语数字叙事能力与跨文化传播实践之间的相关性如何?

2. 研究工具

基于研究目标,本文采用自评问卷作为研究工具,自评是指学生对自身习得的知识和技能进行客观评价,此种评价方式在外语教学领域应用广泛(Little,2005)。

本文借鉴国内外文献编制了《大学生外语数字叙事能力自评量表》,后经专家咨询、讨论,就题项内容和问卷具体表述进行修改。最终问卷分为两部分,第一部分为基本信息,包括学生性别、年级、专业、跨文化交流与传播经历等。第二部分为大学生外语数字叙事能力量表,包括话语能力、跨文化意识、数字媒介素养三个维度。量表各题项具体内容主要参考《中国大学生外语数字化叙事能力框架》《中国英语能力等级量表》《中国大学生跨文化交际能力自测量表》《中国外语(国际)新闻传播人才跨文化能力量表》及《大学生新媒介素养自测量表》(杨华,2021;教育部、国家语委,2018;孟兰娟等,2020;陈世华、黄鑫,2019)等进行编制。采用李克特五分量表形式,其中 1 分为非常不符合,5 分为非常符合。

量表包含的三个维度及其内涵分别为:①话语能力,指用外语讲述中国故事过程中所具备的话语表达和叙述技巧,具体包括语言组构能力、语用能力和社会语言能力;②跨文化意识,指学习者作为中国的身份表达、人类命运共同体建构者所具备的跨文化叙述意识,具体包括自我文化认知、文化差异意识、批判性文化意识;③数字媒介素养,指在外语数字故事创作过程中,个体基于各类新媒介获取、分析信息,以及利用数字技术制作、传播外语数字故事的能力,具体包括对数字媒介的基本认识、寻求真相能力、信息分析能力、数字媒介利用能力及使用技能、数字媒介解读等。

3. 数据收集

本文采用问卷网进行网络施策,对来自天津 3 所高校的非英语专业大学生进行调查,共收集问卷 300 份。剔除无效问卷后,得到有效问卷 282 份,问卷有效率为 94%。在数据收集的基础上, 本书采用 SPSS 25.0 进行数据统计和分析,检验量表信度、效度。

二、研究结果及讨论

1. 量表的信效度分析

对量表的评价主要包括信度和效度检测。信度检测一般以组合信度克朗巴哈系数(Cronbach's α 系数)作为主要评判标准。当 α 高于 0.6,即表示该问卷信度较为理想。由表 1 可知, 本文中总量表 α 为 0.912, 三个维度 α 在 0.785 ~ 0.93 之间均高于额定值,表明问卷内部一致性较好,整体信度较高(见表 1)。

表1　量表信度分析

量表	维度	项数	子维度 Cronbach α 系数	维度 Cronbach α 系数
话语能力	语言组构能力	4	0.839	0.93
	语用能力	4	0.800	
	社会语言能力	4	0.81	
跨文化意识	文化差异认识	4	0.854	0.799
	自我文化意识	4	0.818	
	批判性文化意识	4	0.847	
数字媒介素养	基本认识	4	0.818	0.785
	寻求真相	3	0.824	
	分析能力	3	0.788	
	数字媒介技能	3	0.788	
	利用能力	3	0.790	
	数字媒介解读	3	0.755	

2. 效度分析

探索性因子分析一般用于检验量表结构效度,当 KMO 大于 0.7 时,可以认为满足进行因子分析的条件;当所有特征值大于 1 的公因子的累计方差解释率大于 60%,则可以认为问卷数据具有较好的结构效度。通过因子分析发现,话语能力、跨文化意识及数字媒介素养三个维度 KMO 检验统计量分别为 0.967、0.813、0.748,说明变量之间的相关性较强,适合做因子分析,Bartlett 的球形度检验 P 均小于 0.001,说明变量之间存在相关性。通过因子分析来看,话语能力维度共提取 1 个因子,可以解释变量的 56.7%;跨文化意识维度共提取 4 个因子,可以解释变量的 69.5%;数字媒介素养维度共提取 6 个因子,可以解释变量的 69.5%。整体问卷结构效度良好(见表 2)。

表 2　KMO 和 Bartlett 的检验

	维度	KMO 值	近似卡方	df	p
Bartlett 球形度检验	话语能力	0.967	1802.431	66	0.000
	跨文化意识	0.813	1738.821	105	0.000
	数字媒介素养	0.748	2090.546	190	0.000

3. "讲好中国故事"视域下大学生外语数字叙事能力现状

大学生外语数字叙事能力自评结果如表 3 所示,从中可以看出大学生对其的外语数字叙事能力评价总体处于中等水平, 每一维度平均得分在 2.73~3.02 之间,换算成百分制为 54.6~60.4 分,提升空间较大。

表 3　量表各维度描述性统计

	维度	样本量	平均值	标准差	偏度	峰度
话语能力	语言组构能力	282	3.015	0.960	−0.208	−0.973
	语用能力	282	3.013	0.847	−0.151	−0.9
	社会语言能力	282	2.984	0.871	−0.215	−0.85
跨文化意识	自我文化意识	282	2.826	0.832	0.025	−0.723
	文化差异意识	282	2.832	0.956	−0.029	−0.958
	批判性文化意识	282	2.819	0.994	0.135	−0.938
数字媒介素养	基本认识	282	2.953	0.885	−0.076	−0.879
	寻求真相	282	2.730	0.898	0.114	−0.785
	分析能力	282	2.902	0.943	−0.05	−0.909
	新媒介技能	282	2.902	0.958	0.033	−0.879
	利用能力	282	2.876	0.977	0.082	−0.944
	新媒介解读	282	2.970	0.909	−0.151	−0.819

话语能力方面,总体样本平均分为3.0,换算成百分制为60分,表明大学生对于自身外语数字叙事过程中所需话语能力评价不高。具体题项上,虽然学生整体在语言组构能力,即运用恰当语法、篇章知识及策略进行叙事等题项上得分相对较高,但对于外语数字叙事过程中所需的语用能力(结合不同语境,讲述、评价、传递故事内容和意义)和社会语言学能力(基于虚拟受众和数字环境采用恰当的语体、语言、修辞的能力)等题项普遍得分较低,说明学生虽然在长期的英语学习过程中被动学习了大量接受性知识的,但这些知识无法自动转化为语言运用能力,且受制于课时设置及语言环境,大部分学生用外语进行多元文化交流机会不多,中国文化外语表达储备较少,语言产出实践不足,无法满足用外语讲述中国故事的国际传播需要。

跨文化意识方面,总体样本平均分为2.83,换算成百分制为56.6分,表明大学生在外语数字叙事能力建构过程中跨文化意识提升空间较大。具体来说,本文中大学生整体的文化差异认识自评得分相对较高,其次为自我文化认知和批判性文化意识。文化差异认识得分相对较高,表明大学生能够意识到本土和受众文化的差异性,利用已有知识对本土文化进行阐释和说明的同时,能够根据受众文化适当调整讲故事的方法和策略。自我文化认知和批判性文化意识得分相对较低,表明大学生在用外语讲述中国故事时,对中国故事所具有的多面性和整体性认识不足,对所讲述的故事能够以清晰、统一的标准进行评价,并在此基础上根据受众的可接受度对评价标准进行适当调整的能力还有待提升。

数字媒介素养方面,总体样本的平均分为2.89,换算成百分制为57.8分,表明大部分学生具备一定的数字媒介素养,但整体分值不高,且个体之间差距较大。具体项目上,大部分学生在数字媒体解读、基本认识等题项上得分较高,其次为分析能力、数字媒介技能,利用能力和寻求真相的能力得分相对较低。从认知层面上来说,大学生对数字媒介的本质、基本特性和传播优势具有一定的了解和正确的判断,但对来自数字媒体各类信息的选择和判断能力不够突出,且缺乏利用数字媒介主动进行信息传播的意识;面对数字媒体上各类公共事件进行发声和在信息洪流中探究真相的能力不足。总体来说,大多数学生对数字媒介的信息接收和利用呈现泛娱乐化的特征,利用数字媒介追踪国际时事、分析判断信息真伪,特别是在智能传播环境下主动、高效、有针对性地制作数字故事,通过技术手段提升数字叙事效果,进而促进外语数字故事有效传播的意识和能力不足。

4. 大学生外语数字叙事能力与跨文化传播实践的相关性

为了进一步探究大学生外语数字叙事能力与其跨文化传播实践的相关性,本文利用方差及独立样本 T 进行统计分析,结果表明跨文化传播实践与学习者语言能力、跨文化能力和数字媒体素养均呈现相关性($p<0.05$),学习者参与跨文化传播实践的类型和次数越多(如国际传播力短视频大赛、媒体相关行业实习、参与国际会议及交流等),其话语能力、跨文化意识和数字媒介素养自评得分也相对越高。表明组织大学生参与各类跨文化交流、校内外产学实践活动对增强大学生外语数字叙事的能力、创新传播路径具有重要意义和作用。

三、"讲好中国故事"视域下大学生外语数字叙事能力提升路径探索

热奈特(1990)将叙事分为"所指""能指"和"叙述",即故事、话语和叙述方式,其中故事指用叙述话语陈述的真实或虚构的事件,话语指讲述一个或多个事件的口头或书面话语,叙述方式则指讲述故事所产生的叙述行为,三者共同决定叙事作品的意义。外语数字叙事作为叙事的现代化形式之一,除具备"故事"和"话语"两个基本要素以外,叙述方式和传播途径与传统叙事有所区别,叙事能力的构成也与经典叙事能力有所差异。基于此,本文尝试在讲好中国视域下探索大学生外语数字叙事能力提升路径,以期为今后相关研究

和教学提供有益参考。

1. 强化语言产出技能 夯实外语数字叙事"话语"能力

外语数字叙事作为数字叙事的本土化尝试,叙述者的外语话语能力需依照外语学习者相关的产出能力进行构建(杨华,2021)。根据以上调查可知,大学生对自身的话语能力总体评价不高,特别是外语讲述中国故事过程中所需的语用能力、社会语言学能力不够自信。这与大学外语教学普遍存在"重输入、轻输出",强调语言和技能传授,忽视教学对象差异性和学习需求分析、语言产出实践不足等问题密切相关。

"语言是国际传播中使用的主要工具,语言文字功底决定着国际传播成功的基础。"(文秋芳,2022:20)培养大学生用外语讲好中国故事,首先要过语言关。外语数字叙事的语言风格介于书面语和口语表达之间,是一种即兴演讲式的叙述,对于大学生的口语、写作、翻译等语言产出能力要求较高。因此,在实际教学中可结合课程教学目标和内容,创新教学方法、变革传统外语教学模式,将中国文化输入与外语产出技能训练紧密相连、统筹联动。如基于文秋芳教授及其团队构建的产出导向法(POA)教学理论,课堂中以"学习"为中心,创设多样讲述中国故事情境和语言产出任务,设计如"中国精神"主题演讲、中国传统文化知识竞赛、地方特色文化短视频制作、我写当代中国、分享中国文学经典等教学活动,以产出任务激发学习动机,以输入性学习为支架促进产出任务完成,以师生共评有效评价产出结果,形成"驱动""促成""评价"语言学习闭环,将语言技能训练、中国文化知识补充和外语运用能力培养有机融为一体,培养大学生用准确、生动、简洁和得体的语言来分享中国大学生的所见、所闻、所思、所想,为用外语"讲好中国故事",提高外语数字叙事效能奠定坚实的语言基础。

2. 增强跨文化意识 融通外语数字叙事"故事"内容

文化认同是塑造民族和国家形象的基础和重要变量。根据人类学家爱德华·T.霍尔(Edward T. Hall)的高低语境文化框架,语义和语境彼此密不可分。

在高语境（high-context）文化中，大多数信息或存在于社会文化及物质环境中，或内化于交际者人心，这些信息极少被符号化或被明显表达。语言的作用相对较少，交流者对微妙的环境提示较为敏感。与之相反，低语境（low-context）交流中大量的信息被赋予了明确的代码，只有少量信息蕴含于隐性的环境之中。中国文化本质上属于语义复杂、语境庞大的高语境文化，在向以美国、英国为代表的低语境文化传播中国故事过程中，极易遇到传播者和受传者语境文化不对等、信息传播不对称造成理解和认知层面的偏差等问题，不易被低语境国家所接受和认同（叶泽坤、罗兰，2022）。因此，用外语讲好中国故事，话语能力是基础，如何"讲好"是关键。

习近平总书记强调，"要增强国际传播的亲和力"。在内容为王的国际传播时代，需要叙述者在充分了解中国文化的基础上，基于受传群体文化传统、价值观念、思维方式、生活习惯上的差异，"把具有特殊性、个性化的中国价值、中国故事转化为具有普遍性的全人类共同价值的故事形式，才能彰显中国故事的世界意义"（郝宇青、陆迪民，2022）。因此，高校外语教育应将中国文化充分融入课堂教学，帮助学生把握中华文化精髓，深化其对中国传统文化故事、红色革命文化故事、社会主义先进文化故事的理解，改善文化失语，坚定文化自信；引导学生领略世界灿烂文明的同时，理性面对中西文化差异所带来的碰撞和冲突，努力提升文化批判意识和思辨能力；了解数字叙事传播规律，能够基于受传者视角，选择恰当的叙事策略，具体、形象、深入地阐释中国道路和中国智慧，用符合目的语文化的思维和表达方式开展跨文化传播等。"使学生在掌握外语表达和母语文化基础上，融合文化认知、形成新的跨文化身份"（吕丽盼、俞理明，2021），在多元文化交流语境下增强大学生外语数字叙事的"故事性"和"普适性"，助力我国突围文明话语困境、寻找文化之间的可通约性，不断提升中华优秀文化的影响力、感召力，推动中华文化走向世界。

3. 提升数字媒介素养 改善外语数字叙事"叙述"效果

外语数字叙事主要包含七大要素,分别为故事主题、故事的戏剧性、情感表达、旁白解说、声效视效、各类元素的精心编排、整体节奏把握。相比于传统叙事方式,数字叙事借助可视化手段和背景音乐、旁白的渲染,能够更直观、更迅速、更具有感染力地将故事意义传递给受众。如风靡全球的"李子柒"系列短视频,镜头、拍摄方式与剪辑手法等图像符号的运用,同期声、背景音乐等声音符号的使用,文字解说、字幕等文字符号的配合,共同构成了"自然、亲情、乡情合一"的古风中国意象,成为引起全球观众共情和喜爱的中国文化符号(俞晓霞、葛心乐,2022)。因此,要改善中国故事的"叙述"效果,提高故事的可看性、互动性、可接受性,叙述者的数字媒介素养值得关注。

目前大学生对于数字媒介的使用具有娱乐化倾向,对于数字媒介的信息获取、技术利用能力还有待加强。因此,高校外语教学应进一步推进数字媒体技术与课程体系的深度融合,打造线上线下智慧学习环境,推进混合式教学、数字叙事教学、项目式教学等"信息技术+"教与学模式,结合课程内容有针对性地培养和拓展学生数字媒介素养和创新能力,如立足教学目标设置学习任务,帮助学生主动利用数字媒介进行信息的检索、对比、反思和批判,培养学生对于数字媒介的利用能力和对信息的整合能力;根据国内外不同媒体对同一事件、现象的报道,从语言层面、传播方式和意图等角度综合分析,引导学生从多方面搜集信息还原事实真相,提升学生对于信息的批判意识和思辨能力;充分发挥人工智能、大数据、移动互联、虚拟仿真等新一代信息技术对教学手段的赋能作用,增强学生对新一代信息技术的使用技能和实践应用能力等,以潜移默化提升大学生数字媒介素养,改善外语数字叙事的呈现方式、优化传播效果。

4. 创新实践路径 促进外语数字叙事作品多维传播

根据以上研究可知,大学生外语数字叙事能力还与跨文化交流与传播经历密切相关。丰富的跨文化传播实践能够在一定程度上增进大学生外语数字叙事的创作热情、提高作品质量、创新传播模式。因此,在重视外语数字叙事所需话语能力、跨文化意识和数字媒介素养培养的同时,还应积极推进大学生参与中国故事跨文化传播,丰富外语数字叙事的实践路径。

一是基于社交媒体的短视频传播实践。短视频已成为 5G 时代除图文和语音之外社交媒体的第三语言(李建飞、蒙胜军,2021)。与官方数字叙事不同,大学生的外语数字叙事作品可突破传统叙事的官方背景、制度化、组织化等特征,基于日常生活挖掘中国文化的公共价值,全方位塑造多维、立体、可爱、可敬的中国形象,以开放、互动的形式与世界共创更具亲和力的可沟通话语体系(王佳炜,2022)。如北京冬奥会期间的谷爱凌、苏翊鸣,不仅在各自领域展示了新生代青年的精神和力量,其在社交媒体分享北京训练日常、中国美食、冰墩墩吉祥物等短视频也得到了世界人民的喜爱,实现中国文化的"破圈"传播。二是基于国际传播能力赛事和国际交流活动的线下外语数字叙事实践。如"讲好中国故事"创意传播大赛、"全国读报与国际传播能力大赛"、"外研社·国才杯"国际传播力短视频大赛等,借助各大赛平台,以赛促学,以赛促实践,以赛促传播,提高大学生参与外语数字叙事创作的积极性,扩大大学生外语叙事作品的影响力。此外,还可通过鼓励学生参与国际大学生节、大学生国际论坛、大学生国际学术研讨会等国际交流活动,培养大学生全球意识,加强其在各领域跨文化交流能力、学术传播能力,在国际舞台以数字叙事形式分享中国故事,贡献中国智慧。三是基于产学合作的传播项目实践。如开展与主流媒体机构、企事业单位的校企合作项目,共建"中国文化国际传播实践基地",使高校师生能够参与"一带一路文化传播""中国非遗文化传播"等外语数字叙事的一线内容生产、融媒体作品制作,推进产学合作朝着制度化、规范化、体系化方向发展,助力大学生外语数字叙事实践的路径创新及能力发展。

结　语

党的二十大报告指出,新时代十年的奋进中,要进一步加强国际传播能力建设,全面提升国际传播效能,推动中华文化更好地走向世界。外语数字叙事作为新技术环境下中国文化国际传播的新尝试,为超越文明隔阂、促进文明互鉴、重构中国故事国际传播观念和实践体系注入了新的活力。大学生作为中国新时代青年代表,是推动社会进步、经济发展、科技创新、人文交流的核心组成部分。讲好中国故事,推进中国文化的国际传播,拓展大学生的外语数字叙事意识和能力意义深远。基于此,高校外语教育应进一步突出大学生外语产出能力培养,增强其跨文化意识、数字媒介素养,鼓励大学生积极参与线上线下、校园内外、产学结合等多维度的外语数字叙事实践,助力青年学子用外语讲好中国故事,在多元文化交流中彰显"四个自信",促进我国国际话语权体系中青年国际话语权,在建设社会主义文化强国及推动中华民族伟大复兴过程中彰显青年力量。

参考文献:

1.Little D, The Common European Framework and the European Language Portfolio: Involving learners and their judgements in the assessment process, Language Testing, No.3, 2005, p. 321-336.

2.陈世华、黄鑫:《大学生新媒介素养的状况与缺憾——基于南昌某高校的调查》,《教育学术月刊》,2019 年第 12 期。

3.郝宇青、陆迪民:《加强国际传播能力建设的路径与方向》,《人民论坛》,2022 年第 10 期。

4.何宁、王守仁:《高校外语专业学生外语运用能力的培养》,《外语教学》,

2021 年第 1 期。

    5.教育部、国家语言文字工作委员会:《中国英语能力等级量表》,中华人民共和国中央人民政府网,2018 年,http://www.moe.gov.cn/jyb_sjzl/ziliao/A19/201807/t20180725_343689.html。

    6.李建飞、蒙胜军:《全媒体时代的中国形象跨文化传播——以短视频输出为例》,《人民论坛·学术前沿》,2021 年第 24 期。

    7.吕丽盼、俞理明:《双向文化教学——论外语教学跨文化交际能力培养》,《中国外语》,2021 年第 4 期。

    8.孟兰娟、唐惠润:《中国外语(国际)新闻传播人才跨文化能力量表构建的实证研究》,《外语教育研究前沿》,2020 年第 2 期。

    9.［法］热拉尔·热奈特:《叙事话语 新叙事话语》,王文融译,中国社会科学出版社,2010 年。

    10. 王佳炜:《中华文化国际传播能力建设的"转文化"创新路径》,《青年记者》,2022 年第 18 期。

    11.文秋芳:《国际传播能力、国家话语能力和国家语言能力——兼述国际传播人才培养"双轮驱动"策略》,《河北大学学报》(哲学社会科学版),2022 年第 3 期。

    12.杨华:《大学生外语数字化叙事能力的理论与实践研究:课程思政的新探索》,《外语教育研究前沿》,2021 年第 4 期。

    13.叶泽坤、罗兰:《努力讲好中国故事 提升国际传播能力》,《传媒》,2022 年第 13 期。

    14.俞晓霞、葛心乐:《"中国影像"的审美化生成——李子柒短视频艺术批评》,《文艺论坛》,2022 年第 3 期。

"一带一路"倡议国际传播效能提升的天津角色:基于中外媒体报道的实证分析

周培源　王卓然

[摘要]"一带一路"倡议开启了国际传播的 3.0 时代,城市作为重要的传播媒介,需要从战略传播的高度重新审视其角色与功能。文章以天津作为独特的城市样本,追溯了过去十年间中外英文媒体关于天津与"一带一路"发展共计 1945 篇新闻报道, 从传播现状的整体性描述分析到微观与宏观层面的语汇和主题分析,发现天津呈现典型的"做得好、说得少"的特征,在政策、设施、贸易、金融方面扎实推进、做出贡献,但在文化传播方面有待突围。未来可依托城市传播的客观规律,凝练城市特色,实现城市形象与国家形象的共振,进一步提升"一带一路"倡议的国际传播效能。

[关键词]"一带一路"倡议;国际传播;城市传播;主题建模分析

新时代正临百年未有之大变局,和平、环境和可持续发展问题引发了全

基金项目:天津市哲学社会科学规划青年项目"基于语料库的天津城市形象实证分析及其国际传播策略研究"(TJXCQN22-001)。
作者简介:周培源,南开大学新闻与传播学院讲师;王卓然,南开大学新闻与传播学院学生。

球范围内的冲突与矛盾。在当今全球化的时代背景下,不同文明之间的交流和互动变得更加频繁,但西方文化霸权主义愈演愈烈,并逐步生成媒介化社会背景,世界范围内对文化平等交流的愿景应运而生。中国共产党由此倡导和谐共存的文明交流互鉴观,文明互鉴理念正在成为当前我国国际传播观念的核心构成和时代表达。

文明互鉴的国际传播观念是基于中华文明特质而形成,正如习近平总书记在文化传承发展座谈会上指出:"中华文明具有突出的包容性,从根本上决定了中华民族交往交流交融的历史取向,决定了中国各宗教信仰多元并存的和谐格局,决定了中华文化对世界文明兼收并蓄的开放胸怀。"[1]党的二十大报告指出:"加强国际传播能力建设,全面提升国际传播效能,形成同我国综合国力和国际地位相匹配的国际话语权。深化文明交流互鉴,推动中华文化更好走向世界。"[2]

2013 年,习近平总书记创造性地提出"一带一路"重大倡议。倡议从夯基垒台、立柱架梁到落地生根、全球呼应,截至 2023 年 1 月 6 日,我国已经同151 个国家和 32 个国际组织签署 200 余份共建"一带一路"合作文件。十年来,成绩斐然,硕果累累。"一带一路"倡议彰显了以构建人类命运共同体为旨归的中国理念,以文明交流互鉴创造人类文明新形态的东方智慧。

---

[1]　新华社:《习近平在文化传承发展座谈会上强调担负起新的文化使命,努力建设中华民族现代文明》,2023 年 6 月 2 日。

[2]　共产党员网:《习近平在中共中央政治局第三十次集体学习时强调加强和改进国际传播工作展示真实立体全面的中国》,2021 年 6 月 1 日,https://www.12371.cn/2021/06/01/ARTI162253113372555 36.shtml

一、文献综述与问题提出

从学理研究的角度看,"一带一路"倡议"开启了国际传播的 3.0 时代"。[①]从国际传播视角出发,研究认为"一带一路"的可持续传播是我国国家形象建构的重要载体[②],有助于协同推进中国价值观国际传播的多维创新[③],同时也有研究探索了中华文化国际传播与影响力的现状与提升路径[④]。另一方面,作为国家战略传播的重要主体之一,重点城市在"一带一路"倡议的传播中扮演了特殊角色。研究者提出了一种基于国家、城市、企业的中国形象国际传播赋能结构与模式[⑤],另有研究基于物质性的视角,辨识形成"城市中的传播""传播中的城市"和"作为媒介的城市"三种研究路径[⑥],学界也形成了"城市传播"的重要研究领域[⑦],挖掘城市在国际传播中的潜能。

聚焦"一带一路"国际传播的研究,现有的很多研究结果实际上结论重叠、甚至相互抵触。[⑧]在实证研究方面,除了大型民意调查外[⑨],以往研究多集中在媒体报道的文本上,实现方法以内容分析、框架分析为主。近年来随着计

① 王义桅:《理解"一带一路"的三个维度》,《光明日报》,2017 年 3 月 4 日。

② 周培源、姜洁冰、戴立为:《"一带一路"议题与国家品牌的可持续传播:基于 LDA 主题模型的实证研究》,《新媒体公共传播》,2021 年第 2 期。

③ 陈伟军:《"一带一路"背景下中国价值观的国际传播路径》,《学术界》,2018 年第 5 期。

④ 金苗:《中华文化国际传播与影响力提升路径——基于"一带一路"合作国家新闻报道的数据分析》,《南京社会科学》,2023 年第 1 期。

⑤ 戴永红、付乐:《基于国家、城市、企业的中国形象国际传播赋能结构与模式》,《深圳大学学报》(人文社会科学版),2022 年第 4 期。

⑥ 胡翼青、张婧妍:《作为媒介的城市:城市传播研究的第三种范式——基于物质性的视角》,《福建师范大学学报》(哲学社会科学版),2021 年第 6 期。

⑦ 郭旭东:《城市传播研究的起源:理论回溯、发展历程与概念界定》,《新闻界》,2022 年第 11 期。

⑧ 周培源、姜洁冰、戴立为:《"一带一路"议题与国家品牌的可持续传播:基于 LDA 主题模型的实证研究》,《新媒体公共传播》,2021 年第 2 期。

⑨ 典型的相关调查有:教育部大数据与国家传播战略实验室发布的《寰球民意指数》(系列调查,每年推出);中国外文局推出的《中国国家形象全球调查报告》等。

算社会科学研究方法的普及与推广,相关理念也被引入新闻传播领域,比如有研究者基于国际媒体的文本挖掘方法,针对"一带一路"倡议的海外传播与议程设置开展研究[①];通过大数据的扎根研究,挖掘后疫情时代国际主流英文媒体提及"一带一路"热门报道的新闻框架[②];还有研究者借助大数据文本分析的方法考察了海外英文媒体对"一带一路"议题报道的情感倾向。[③]

基于以上回顾,本文将采取实证研究的路径,一是通过对中外媒体关于天津与"一带一路"的相关报道的描述性分析,呈现天津城市在"一带一路"对外传播中的基本概况;二是通过数据挖掘方法,重点从主题建模分析的角度,窥探天津在"一带一路"传播中的核心优势议题与传播短板,借此回答天津在"一带一路"倡议中扮演的角色与功能,试图对提升国际传播效能提出对策建议。

二、天津与"一带一路"倡议的国际传播态势

本文通过道琼斯 Factiva 数据库,以（"one belt one road" or "belt and road"）and atleast2 Tianjin[④]为搜索规则,准确匹配全文,语种锁定为英文,同时排除相同、相似报道,移除股价、个人公告等数据。搜索时间确定为 2013 年 5 月 1 日至 2023 年 4 月 30 日,共计十年,返回全部数据为 1945 条。

---

① 李倩倩、李瑛、刘怡君:《"一带一路"倡议海外传播分析——基于对主要国际媒体的文本挖掘方法》,《情报杂志》,2019 年第 3 期。

② 钟新、金圣钧:《疫情背景下国际主流英文媒体"一带一路"热门报道框架——基于大数据的扎根研究》,《新闻与传播评论》,2022 年第 5 期。

③ 李晓霞、宣长春:《海外英文媒体"一带一路"新闻报道情感倾向研究》,《新闻大学》,2022 年第 6 期。

④ 其中,"atleast2 Tianjin"指新闻报道至少两次提到天津,排除部分新闻仅是提及天津一词,以提升数据质量。

（一）新闻报道走势的历时性分析

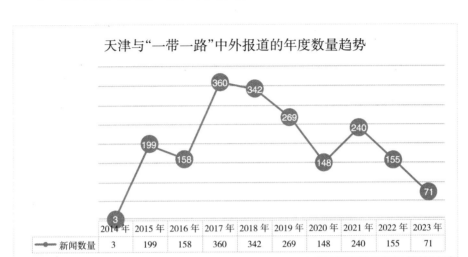

图1 中外报道的年度数量走势图

2017 年我国召开了第一届"一带一路"国际合作高峰论坛,天津与"一带一路"的相关报道也在这一年达到峰值,且热度持续了近 3 年。2020 年,受新冠疫情影响,新闻报道数量跌至历年低谷,近几年也在低位徘徊。由于 2023年仅统计前 4 个月数据,预计整年数量将突破 200。

图2 "一带一路"倡议的谷歌趋势图

对比图 1 新闻报道走势与图 2 谷歌趋势图,我们发现,2017 年的谷歌趋势峰值和天津与"一带一路"报道热度契合,但在 2019 年的谷歌趋势峰值及其后续几个次峰值,天津与"一带一路"的全球传播可见度相对走弱,需要持续强化国际传播。

(二)新闻报道的来源分析

挖掘的 1945 篇英文报道中,共有近 200 家媒体源,其中报道超过 5 篇的共有 49 家。报道天津与"一带一路"频次较高的媒体列表如下:

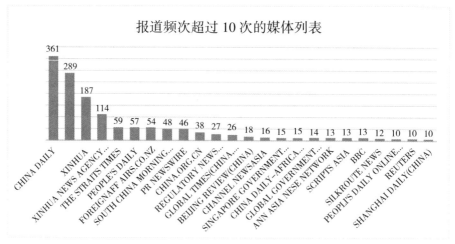

图 3 报道频次超过 10 次的媒体列表

除了《中国日报》、新华社、《人民日报》、中新社、《环球时报》《北京周报》等国内主要媒体组织外,关注天津与"一带一路"的境外媒体组织分布也较为广泛,包括新加坡《海峡时报》《外交事务杂志》、美通社、BBC、路透社等。从媒体来源和国家分布看,除了国内(包括香港地区,如《南华早报》)主流媒体的高度关注,境外媒体以欧美发达国家和周边国家(如新加坡)为主,第三世界国家的媒体报道虽也散见各国,但相对关注度不高。

（三）新闻报道关注的行业分布

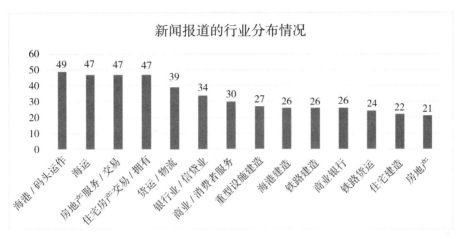

图4　新闻报道的行业分布情况

相关报道行业分布较为集中，频次大于10次的行业报道总和占据了全部新闻报道的三分之一。仅从中外媒体比较关注的行业看，媒体更关注天津的海港货运议题、房地产议题、基建议题、银行信贷议题等。图4显示，除了头部行业外，整体行业覆盖较为广泛，如关注能源行业的报道共有18篇、航空业相关报道共14篇、生命科学及相关领域的10篇，这也反映了近年来天津在能源、生物医药和航空制造等领域的新情况、新优势。

（四）新闻报道提及的国家／地区分布

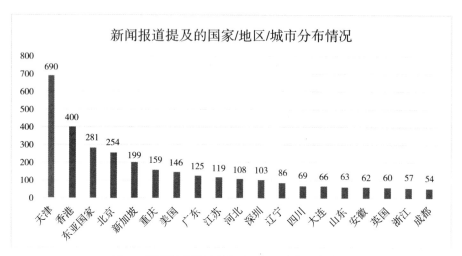

图 5　新闻报道提及的国家/地区/城市分布情况

　　城市作为中介,既有地理上的连接关系,更具有社会意义上的关联性。城市是人类活动的中心,承载着人们的社会、文化和经济交流需求。从城市传播的视角出发,城市国际形象管理是中国城市走向世界的必然选择[①],因而也必须关注特定城市在国际新闻传播中的再现与传播。如图 5 所示,"一带一路"相关新闻报道除了大量提及天津外,还包括香港、北京、重庆、广东等地;此外,东亚国家提及频次较高,新加坡、美国、英国均超过 50 次,其中新加坡以近 200 次的提及位居前五。整体上看,天津还与巴基斯坦、阿富汗、俄罗斯等境外国家/地区存在较高的新闻报道关联性。

---

　　① 　刘昊、谢思怡:《浸润、涵化、认同:自媒体视域下城市国际形象的渗透式传播》,《当代传播》,2022 年第 6 期。

三、天津与"一带一路"倡议的新闻报道主题建模分析

为了更好感知天津在"一带一路"倡议的新闻报道中扮演的角色、传播的现状、未来提升传播效能的可能路径,本部分对 1945 篇新闻报道全文展开数据分析,将从微观的词频分析与宏观的主题分析两个层面展开。

(一)新闻报道的微观分析

在计算社会科学思潮的影响下,新闻与传播领域的不少研究也开始采用包括自然语言处理在内的多种方法展开,"词频分析"就是最简单、最典型的分析手段,不少研究者也开始论证在人文社会科学研究中采用高频字词计量分析法的有效性。[①]另有研究者指出,通过统计文本使用词频的情况,不仅可以了解社会历史的变化,还可以捕捉到一些不易察觉的信息。[②]高频名词和形容词列表如下:

---

① [日]村田忠禧:《人文社会科学研究中高频字词计量分析法的有效性——以中共党代会政治报告为例》,《河南师范大学学报》(哲学社会科学版),2006 年第 2 期。

② 刘明、王世昌:《语料库辅助的汽车广告话语与社会变迁研究》,《西安外国语大学学报》,2015年第 1 期。

表 1　新闻报道的高频名词

序号	高频名词	中文翻译	频数
1	RMB	人民币	35798
2	company	公司	34015
3	group	集团	33938
4	China	中国	29527
5	year	年	22740
6	development	发展	21410
7	HK	香港	17619
8	management	管理	16197
9	business	商业	15005
10	period	期间	13296
11	income	收入	13295
12	tax	税	11506
13	investment	投资	10999
14	profit	利润	10993
15	share	股份	10642
16	revenue	收入	9695
17	increase	增长	9206
18	market	市场	8619
19	interest	利息	8550
20	bank	银行	8457
21	cash	现金	8135
22	equity	股本	7941
23	construction	建设	7631
24	information	信息	7588
25	capital	资本	7544

表 2　新闻报道的高频形容词

序号	高频形容词	中文翻译	频数
1	financial	金融的	22111
2	total	总的	15555
3	limited	有限制的	9391
4	international	国际的	8185
5	chinese	中国的	7474
6	consolidated	统计的	7067
7	due	到期的	6477
8	economic	经济的	6304
9	current	当前的	6194
10	corporate	公司的	5885
11	annual	年度的	5588
12	national	国家的	5333
13	general	普遍的	5326
14	related	相关的	5231
15	foreign	外国的	5141
16	continued	继续的	4747
17	environmental	环境的	4713
18	major	主要的	4496
19	atributable	可归属的	4428
20	global	全球的	4088
21	social	社会的	3988
22	significant	重要的	3683
23	ordinary	普通的	3476
24	industrial	工业的	3398
25	domestic	国内的	3307

从微观词汇的分析上看,结合名词和形容词的高频词,借用本体论的思想进行分析,如表1所示,名词较好地反映了中外媒体报道天津在"一带一路"倡议中的角色,聚焦在基础设施建设、经济贸易往来、资金资本营收等方面,其中也会涉及政策与管理等问题。对应"一带一路"的"五通"即政策沟通、设施联通、贸易畅通、资金融通、民心相通来看,前"四通"天津较为显著,但在"民心相通"的层面有待提升。

从表2形容词的角度看,借用价值论的观点进一步分析,能够进一步佐证上述结论,同时我们可以大体认定天津在设施联通、贸易畅通、资金融通等方面受到的关注较多、评价积极,从某种程度上看,天津在推进"一带一路"高质量发展与高水平对外开放中稳步推进,以看得见的实干精神践行倡议,属于典型的"做得多、说得少",因此未来需要在进一步实干基础上强化对外传播,实现"做得多、说得好"。

(二)新闻报道的宏观分析

本部分对中外媒体报道文本的主题建模,通过 Python 语言,采用隐含狄利克雷分布(Latent Dirichlet Allocation,LDA)主题建模方法,自动地从1945篇新闻报道中发现潜在主题。经数据清洗后,在主题参数设定时,根据已有经验并多次迭代,输出主题开展分析。

表3 新闻报道的 LDA 主题列表

主题	主题关键词
Topic 1	China Tianjin trade year new said percent development investment road
Topic 2	China Chinese said also Singapore development new Tianjin economic Beijing
Topic 3	group RMB HK million company year December approximately financial period
Topic 4	party people China Chinese must development new political system national
Topic 5	China development new management air energy system company year quality

从表 3 主题建模的结果看,本次生成的五大主题包括了"天津贸易投资主题""周边国家与经济发展主题""中国发展模式与发展制度""国家货币财政发展态势主题""能源与环境新发展理念议题"等。从主题建模的分析结果看,天津在"一带一路"对外传播中,很好地囊括了政策、设施、贸易、经济等话题,呈现多元相通、多处开花的局面,但在文化与民心相通方面,还有待挖掘新的突破路径,进一步强化我国国际传播效能。

詹姆斯·罗尔(James Lull)在《媒介、传播、文化:一个全球性的途径》中提出:"传播效果除了功能主义传统之外,还要考虑大众性和社会性。"[①]随着中国进入全球传播体系的进程快速推进,提升国际传播效能的过程中所遇到的一大问题首先是大众性与社会性的,即构建国家自身认同体系以及民族认同的问题。建构中国特色的以人民为中心的话语体系是讲好中国故事、提升我国国际传播效能的基础,而达成这一目标的前提是利用中华文化建构有内容、有体系、有主体的中国叙事。因此,建构植根于中华文化的中国国际传播体系才是提升我国国际传播效能的关键。回顾我国以往的国际传播,主要立足于国家视角,以主流媒体为载体,以相对宏观的中国叙事为主要内容。而伴随互联网技术的飞速发展,在"人人皆可发声"的自媒体时代,以城市传播为纽带的国际传播新态势迎来了全新机遇。媒体产品中塑造的城市品牌、城市形象正成为当前展示中国形象的窗口。

天津在响应"一带一路"建设的实践活动中奠定了坚实的物质基础,在经济、贸易、能源等方面做出了卓越贡献,新闻报道也集中在该层面进行宣传。而事实上,天津在文化传播与民心互通层面也做着不容忽视的努力。例如2016 年 3 月,天津渤海职业技术学院和泰国大城技术学院共同创建了中国在海外设立的首个高等职业教育合作典范"鲁班工坊"教育理念,EPIP 工程

---

① [美]詹姆斯·罗尔:《媒介、传播、文化:一个全球性的途径》,董洪川译,商务印书馆,2012 年,第 127~133 页。

实践创新项目的新型教学模式。[①]天津以鲁班的"大国工匠"形象为依托,在泰国、印度、印尼等国家相继设立"鲁班工坊",通过学历教育和职业培训的形式,让天津的优秀职业技术及职业文化走出国门,帮助他国培养出符合当地经济发展需求的专业技术性人才。但盘点中外新闻报道,发现相关报道有着一定程度的缺失。

四、结论与讨论

本文通过数据库,回溯了十年来天津在配合国家重大战略高质量推进"一带一路"与高水平对外开放过程中的客观报道,针对中外1945篇新闻报道开展了系统分析,并从传播现状的层面进行描述性分析,同时从报道主题层面对未来更好提升"一带一路"国际传播效能提供对策建议。

分析结果显示,从新闻报道的数量与媒体来源层面看,天津在推进"一带一路"高质量发展与高水平对外开放方面受到了国内外媒体的广泛关注。其中,一百余家境外媒体的系列报道客观展示了天津在"一带一路"建设的落地、推进与传播过程中扮演的重要角色。境外媒体组织既有路透社、英国广播公司在内的欧美重要媒体组织,也有"一带一路"共建国家、合作国家的本土媒体组织,真正体现了"大合唱""美美与共"的共同价值和音。

从报道的行业分布与报道主题上看,我们能够看到天津作为"一带一路"倡议重要参与城市所扮演的综合性角色。通过微观的词汇分析与主题建模分析,从整体而言,对于政策、设施、贸易、金融等议题,天津稳步推进、毫不含糊,在城市文化的凝练与传播方面,则有待形成城市特色,是下一阶段突围的重点。

我们认为,传统的城市国际传播过度关注城市发展的外在形态,如经济

---

① 徐文:《"一带一路"背景下高职院校合作与交流现状——以天津"鲁班工坊"为例》,《天津职业院校联合学报》,2021年8月25日。

发展态势、贸易融通情况、城市硬件建设等,面向未来的城市国际传播应注重突出城市内在的文化气质与价值内核,以独特的城市文化、敦厚的城市文明产生持续的吸引力与好感度。中国形态各异、特色鲜明的城市传播恰恰构成了丰富、立体、多元、可爱的中国形象国际传播的基础,发挥每个城市独特的文化气质和多元价值理念,挖掘城市的文化灵魂,讲好城市的文明故事,这是"一带一路"文化做媒、民心相通的应有之义。故此,城市的文化不仅包含历史传统和民俗风情,也包含现代生活方式、职业文化与创新理念等价值内核,它们反映了城市的发展方向和发展理念,更是吸引全球公众、收获赞美与认同的重要因素。

最后,从现实世界运行的客观规律出发,我们认为一个国家、城市、组织的形象建构需要建立在一定的物质性基础之上。从新闻报道的反馈看,中外媒体报道的客观文本和数据显示,十年来天津在配合国家重大战略、推进"一带一路"高质量可持续发展中做出了扎实的贡献,建立起了强有力的物质性支撑基础,积累了可持续性发展的丰富经验。以文化交流先行带动民心相通,必将为文化大繁荣大发展。[①]从"五通"的评价标准看,下一步天津应当转变"做多说少"的思路,转向"做得多、说得好",在文化与文明的传播中找寻"天津特色",进一步凝练城市特色、形成城市文化、推进城市传播,以城市为媒介,探索实现城市形象与国家形象的共振。

参考文献:

1.《习近平在文化传承发展座谈会上强调担负起新的文化使命,努力建设中华民族现代文明》,中共中央党校(国家行政学院),https://www.ccps.gov.

---

① 蔡祥军:《人类命运共同体背景下中国传统文化国际传播的路径研究——以"一带一路"国家〈论语〉译介工程项目为例》,《济南大学学报》(社会科学版),2023 年 3 月 16 日。

cn/xtt/202306/t20230602_158178.shtml？eqid=eb12d9150023e6e400000004647c11be

2.程曼丽:《中国对外传播的历史回顾与展望(2009—2017年)》,《新闻与写作》2017年第8期。

3.《习近平在中共中央政治局第三十次集体学习时强调加强和改进国际传播工作 展示真实立体全面的中国》,共产党员网,https://www.12371.cn/2021/06/01/ARTI1622531133725536.shtml

4.王义桅:《理解"一带一路"的三个维度》,《光明日报》,2017年3月4日。

5.周培源、姜洁冰、戴立为:《"一带一路"议题与国家品牌的可持续传播:基于LDA主题模型的实证研究》,《新媒体公共传播》,2021年第2期。

6.陈伟军:《"一带一路"背景下中国价值观的国际传播路径》,《学术界》,2018年第5期。

7.金苗:《中华文化国际传播与影响力提升路径——基于"一带一路"合作国家新闻报道的数据分析》,《南京社会科学》,2023年第1期。

8.戴永红、付乐:《基于国家、城市、企业的中国形象国际传播赋能结构与模式》,《深圳大学学报》(人文社会科学版),2022年第4期。

9.胡翼青、张婧妍:《作为媒介的城市:城市传播研究的第三种范式——基于物质性的视角》,《福建师范大学学报》(哲学社会科学版),2021年第6期。

10.郭旭东:《城市传播研究的起源:理论回溯、发展历程与概念界定》,《新闻界》,2022年第11期。

11.李倩倩、李瑛、刘怡君:《"一带一路"倡议海外传播分析——基于对主要国际媒体的文本挖掘方法》,《情报杂志》,2019年第3期。

12.钟新、金圣钧:《疫情背景下国际主流英文媒体"一带一路"热门报道框架——基于大数据的扎根研究》,《新闻与传播评论》,2022年第5期。

13.李晓霞、宣长春:《海外英文媒体"一带一路"新闻报道情感倾向研究》,《新闻大学》,2022年第6期。

14.刘昊、谢思怡：《浸润、涵化、认同：自媒体视域下城市国际形象的渗透式传播》，《当代传播》，2022 年第 6 期。

15.［日］村田忠禧：《人文社会科学研究中高频字词计量分析法的有效性——以中共党代会政治报告为例》，《河南师范大学学报》（哲学社会科学版），2006 年第 2 期。

16.刘明、王世昌：《语料库辅助的汽车广告话语与社会变迁研究》，《西安外国语大学学报》，2015 年第 1 期。

17.金苗、自国天然、纪娇娇：《意义探索与意图查核——"一带一路"倡议五年来西方主流媒体报道 LDA 主题模型分析》，《新闻大学》，2019 年第 5 期。

18.［美］詹姆斯·罗尔：《媒介、传播、文化：一个全球性的途径》，董洪川译，商务印书馆，2012 年，第 127–133 页。

19.徐文：《"一带一路"背景下高职院校合作与交流现状——以天津"鲁班工坊"为例》，《天津职业院校联合学报》，2021 年第 8 期。

20.蔡祥军：《人类命运共同体背景下中国传统文化国际传播的路径研究——以"一带一路"国家〈论语〉译介工程项目为例》，《济南大学学报》（社会科学版），2023 年第 3 期。

百年未有之大变局下的中芬文明交流互鉴历史研究

王　烁

[摘要]芬兰是最早承认新中国并建交的西方国家之一,也是首个同中国签署政府间贸易协定的西方国家。中芬文明交流互鉴经历了三个阶段:中华人民共和国成立前的早期中芬文明交流互鉴、新中国成立初期的繁荣曲折和改革开放后的拓展深化、以及21世纪以来构建的中芬新型人文交流。在历经七十多年风雨历程后,中国和芬兰两国尊重彼此的发展道路,妥善处理相互间分歧,两国关系愈发成熟,这在疫情期间也得到了充分的体现。中芬始终本着相互尊重、平等相待、求同存异的精神,维护好两国关系的政治根基。不论世界局势如何、双方国内政治如何变化,两国人文交流持续不断、细水长流。双方在经济发展、创新驱动发展、绿色协调发展、北极事务、冬奥会筹备等领域加强合作,促进互联互通。在当今百年大变局下,一个成熟稳健的中芬文化外交关系具有承前启后的特殊意义,符合两国人民的共同利益和期待。

基金项目:2023年国际中文教育研究课题"中文教育在芬兰高等教育体系内的发展现状及特征研究"(23YH70C)。

作者简介:王烁,天津外国语大学欧洲语言文化学院芬兰语专业负责人,副教授。

[**关键词**]百年大变局;文明交流互鉴;中芬关系;文化外交

芬兰是北欧重要国家，也是最早与新中国建立外交关系的西方国家之一,中芬文明交流互鉴的发展有效促进了两国政治经济合作的加强。面对当今世界百年未有之大变局和中欧关系发展的新形势,面对"一带一路"倡议的深入推进和中国对外开放的不断扩大,具体考察中芬文明交流互鉴发展历史进程变得十分重要,这不仅有助于丰富拓展文化外交理论研究和中小国家外交影响分析,对于促进中芬之间、中国与北欧国家之间的文化交流与合作,深化双边关系也具有重要的现实价值。中国和芬兰两国文明交流互鉴发展的基本历程大体可以分为三个阶段:中华人民共和国成立前的起步与发展,新中国成立初期的繁荣与曲折、改革开放后的拓展与深化,以及 21 世纪以来新型文化外交的构建。但就目前状况看,我国学术界对中国与北欧国家之间双边关系发展、北欧国家历史背景与文化特点等基础研究整体上还比较薄弱。特别是由于地理和历史原因,国内对于北欧的研究多集中在瑞典和丹麦,对于芬兰的研究较少。

一、早期中芬文明交流互鉴的起步与发展

中芬早期文明交流互鉴历史可以追溯到 18 世纪 30 年代,虽然中芬之间仅有俄罗斯一个国家,但广袤寒冷的西伯利亚使得两国交往十分困难,这一时期中芬文化外交主要存在以下四种形式:

第一,以海路航行为载体的初期交往。当时瑞典东印度贸易公司从哥德堡经海路与中国进行贸易往来。这些商船大部分是去中国南方的广州,船上有来自芬兰的船员。去广州的芬兰人中最知名的是牧师伊斯雷尔·雷尼尔斯

（Israel Reinius）的儿子们小伊斯雷尔·雷尼尔斯（IsraelReinius）①和赫尔曼·雷尼尔斯（HermanReinius）。他们乘坐阿道夫·弗雷德里克王储号船只离开瑞典城市哥德堡，并在广州停留半年时间。小伊斯雷尔在航行过程中一直保持记日记的习惯，他对中国人的生活习俗、宗教信仰、商业贸易做了详细的记录。在对他日记进行整理后，小伊斯雷尔1749年向当时的图尔库学院（Turun akatemia）②提交了硕士论文《旅华笔记》（Anmärkningar samlade under en resa till Canton i China）③。这本瑞典语论文虽然只有47页，但是第一本在芬兰出版的有关中国的论著，丰富了芬兰人对中国的想象。

另外一位来自瓦萨（Vaasa）的芬兰人彼得·约翰·布雷德（Peter Johan Bladh，1746—1816）先后五次访问中国，在广州逗留④。他于1766年赴广州的贸易公司工作，18年后作为一名成功商人回到芬兰故乡纳勒皮奥（Närpiö）。布雷德将他在中国的经历和思考用瑞典语写成报告，提交给斯德哥尔摩科学协会，被选为瑞典王室科技学术成员。这两篇报告并未广泛在芬兰民间流传，而仅仅在上层瑞典语学术圈中传播。但他出版的中欧贸易作品使他在当地小有名气。1878年⑤第二版《有关中国》（Kiinalaisista）在芬兰出版，书中介绍了中国地理、风俗人情等相关内容⑥。

19世纪末20世纪初，芬兰努力争取自身的独立和发展。此前在沙俄统治芬兰的一百多年中，中芬之间的联系并没有太多。当时只有两条海上路线

---

① 伊斯雷尔·雷尼尔斯（Israel Reinius，1729—1797），1746年2月13日乘船离开瑞典港口城市哥德堡，1747年6月13日到达广州，停留半年后于1748年1月5日返航，旅途中由于恶劣天气在毛里求斯停留很长时间。1748年6月27日他们回到哥德堡，9月21日回到位于芬兰西部的沿海故乡。

② 图尔库学院是芬兰的第一所高等学府，成立于1640年。成立初期主要使用瑞典语言培养瑞典学生。芬兰众多知名人物都曾在这里学习，对于芬兰民族文学发展和芬兰语诗歌创作起到了非常重要的作用。

③ Arto Mansala, *Asema-paikkana Peking*（《派驻北京》），Latvia: Livonia Print, 2020, p. 17.

④ 五次时间分别为1766—1768年、1768—1770年、1772—1773年、1774—1775年和1777—1784年。

⑤ 1878年此书已经是第二版，第一版时间尚未考据出结果。

⑥ 李颖：《芬兰的中国文化翻译研究》，北京外国语大学，2013年博士研究生毕业论文，第18页。

可以从芬兰到达中国，一个是通过好望角的旧海洋路线，另一个是 1869 年开通的苏伊士运河路线。19 世纪末情况有所改善，那时中国的周边地区开始有铁路通行。起初没有多少中国人去过芬兰，第一个中国官方代表团于 1866 年到达赫尔辛基访问，之后又途经哥本哈根、斯德哥尔摩最终到达圣彼得堡。在当地组织的晚宴中，赫尔辛基居民第一次有机会近距离观察中国客人。《有关中国》详细报道了此次访问。中国代表团团长被描述为"令人敬畏的老官员和孔雀般的骑士，留着灰色的胡子与胡须"。芬兰记者形容中国来访官员行为举止令人愉悦，英语和法语口语基本流利。该杂志对"天国"代表的印象是积极的，报道结尾说："我们希望芬兰和中国之间已经建立的良好关系可以持续下去。"①

第二，芬兰传教士推动的文化交往。芬兰来华传教士与北欧其他国家传教士合作联系广泛。虽然在 19 世纪末，芬兰汉学家休高·隆德（Hugo Lund）在柏林大学学习中文，1899 年来到上海和北京求学。但因为义和团运动导致其学业中断，学习资料也全部丢失，所以 1902 年他回到芬兰后就停止了汉语学习。之后几十年里芬兰来华传教士是唯一掌握中文的芬兰人。由于对中国人思维方式和哲学的兴趣，20 世纪 20 年代左右，一些中国典籍被芬兰传教士翻译成芬兰语在芬兰出版，这是中国传统文化首次在芬兰传播。比如第一本用芬兰语写作的中国儒家文化典籍介绍——《大学：儒家世界观导读》（Suuri Oppi: Johdatus Kunfutselaiseen Elämänkatsomukseen），1921 年由卡勒·柯和宁（Kalle Korhonen）翻译出版。1950 年，传教士王为义（Toivo Koskikallio）从中文翻译的《道德经》由芬兰 WSOY 出版公司发行，书名为《老子——神秘之道》（Lao-tse, salaisuuksien tie）。这是《道德经》在芬兰翻译出版的第二个版本。② 这些著作不仅向芬兰传播了中国的文化和哲学思想，同时也是非常好的芬兰文学作品。现在很多芬兰人学习中国哲学，使用的教材还是王为义翻译的版

---

① Arto Mansala, *Asema-paikkana Peking*（《派驻北京》），Latvia: Livonia Print, 2020, p. 18.
② 李颖：《芬兰的中国文化翻译研究》，北京外国语大学，2013 年博士研究生毕业论文，第 53 页。

本。①中国哲学在芬兰的传播途径与在欧洲正好相反,欧洲是先儒后道,而在芬兰是先道后儒。②虽然当时欧洲其他主要语种对中国典籍的翻译已经发展了很长一段时间,但是对于芬兰来说仅是刚刚起步。③

第三,中芬早期文学交流。芬兰文学作品汉译版早在新中国成立之前就已翻译出版发行。鲁迅注重对其他民族文学的译介工作,对具有独特艺术特征的芬兰文学十分喜爱。1909 年,鲁迅与周作人合译的《域外小说集》出版,里面收有周作人根据罗伯特·尼斯贝特·倍因(Robert Nisbet Bain)④的英译本《木片集》翻译出的芬兰作家尤哈尼·阿霍(Juhani Aho)的小说《先驱者》。20 世纪 20 年代初,鲁迅又转译了芬兰作家桑特里·亚勒吉阿(Santeri Alkio)的小说《父亲在亚美利加》(Isä Amerikassa)和明娜·康特(Minna Canth)的小说《疯姑娘》(Hullu tyttö)⑤。这些作品让中国民众第一次接触到北欧芬兰文学。

这一时期芬兰传教士的文学作品也在中芬交流中发挥了重要影响。芬兰在华有两个重要的传教组织,一个是芬兰播道会,一个是基督教信义会芬兰差会。1902 年,由基督教信义会芬兰差会派遣的汉纳斯·苏博伦(Hannes Sjoblom)作为第一个来华传教士到达湖南北部,1907 年出版报告合集《中国和芬兰的传教工作》。湖南的传教活动一直没有中断,从 1901 年到 1953 年总共有 88 位传教士来华传教。⑥芬兰传教士出版了几十份旅行游记和各种传教报告,正是通过这些,芬兰人才开始了解当时中国的真实样貌。

---

① 李雪涛、李颖:《芬兰汉学的历史与现状——高歌、李雪涛、李颖谈芬兰汉学及其他》,《国际汉学》,2014 年第 1 期。

② 中国古典文化的第一本芬兰语译本是派嘉·尔瓦斯特(Pekka Ervast, 1875—1934)从英文翻译的《道德经》,1907 年发表于报纸《内心》(Omatunto)。

③ 李雪涛、李颖:《芬兰汉学的历史与现状——高歌、李雪涛、李颖谈芬兰汉学及其他》,《国际汉学》,2014 年第 1 期。

④ 罗伯特·尼斯贝特·倍因(Robert Nisbet Bain, 1854—1909),英国翻译家。他翻译了大量芬兰民间故事和神话。鲁迅先生对于芬兰文学的喜爱,与倍因先生的作用密不可分。

⑤ 李坚怀:《新版〈鲁迅全集〉芬兰作家注释补正两则》,《上海鲁迅研究》,2013 年第 1 期。

⑥ 李颖:《传教士与中芬文化交流》,《北京行政学院学报》,2014 年第 6 期。

第四,著名人士的文化活动。1906 年到 1908 年之间,后来成为芬兰第六任总统的马达汉(Carl Gustaf Mannerheim)[①]沿途经过中国西北和中部对中国进行了为期两年的考察。马达汉收集了手稿、古董和民族物品,以及复制的铭文和岩画,他使用"芬兰——乌戈尔学会"和"安特尔收藏品委员会"提供的资金在中国购买实物和瓷器,大多数物品现在成为赫尔辛基文化博物馆的收藏。必须指出,这些文物遗落海外对于中国是一种损失。但是这些新奇的藏品让芬兰人通过最直接的方式感性地接触中国,促进了芬兰对于东亚与中国的研究。马达汉的日记对中国做了详细真实的记录,虽然出版较晚,但严谨细致、充满趣味、内容丰富。他本身的影响力提升了其作品在芬兰的知名度,有些人甚至认为他是芬兰汉学的创始人。[②]

19 世纪末 20 世纪初,除了马达汉和来华传教士以外,一部分芬兰的探险家和"寻根"学者被中国的少数民族地区和语言所吸引,经俄罗斯等地到达南疆、蒙古地区进行考察。古斯塔夫·约翰·兰司铁(Gustaf John Ramstedt)[③]就是其中最著名的芬兰人。兰司铁是语言学大师,在芬兰开创了蒙古学的先河,1906 年起执教于赫尔辛基大学,1917 年成为该大学阿尔泰语言学特约教授。芬兰建国后,兰司铁成为芬兰驻中华民国第一任公使,代表芬兰与中国建立了外交关系。[④]

20 世纪初,纸张和纤维素已经成为从芬兰到中国的重要出口商品,一部分芬兰人为了进行贸易来到中国。除了商人之外,第一个芬兰游客也于 30 年代来到中国。但是当时的日本军事侵略几乎断绝了双方的外交关系。之后的中国内战和第二次世界大战使中芬两国之间的关系中断了很多年,直到

[①] 卡尔·古斯塔夫·曼纳海姆(1867—1951),全名为 Carl Gustaf Emil Mannerheim,简称 C. G. E. Mannerheim,中文名字为马达汉。

[②] 李颖:《芬兰的中国文化翻译研究》,北京外国语大学,2013 年第 21 页。

[③] 古斯塔夫·约翰·兰司铁(Gustaf John Ramstedt,1873—1950),芬兰探险家、语言学家和外交官,阿尔泰语研究的奠基人。

[④] Arto Mansala, *Asema-paikkana Peking*(《派驻北京》), Latvia: Livonia Print, 2020, p. 19.

1949年新中国成立。

二、中华人民共和国成立后中芬文明交流互鉴的与时并进

1949年10月1日中华人民共和国成立。1950年1月6日,出于香港等在华实际利益考虑,英国在西方国家中率先承认新中国。北欧四国紧随其后,挪威(1月7日)、丹麦(1月9日)、芬兰(1月13日)和瑞典(1月14日)先后对新中国予以承认,成为最早承认新中国的西方国家之一。当时的芬兰并不发达,不像丹麦和瑞典一样在远东拥有较完善的外交体系。在外事人员储备上芬兰在远东地区只有一个使节,没有驻华代表,所以大部分关于新中国的信息都从瑞典得来。当时的芬兰总理卡尔·奥古斯特·法格霍姆(Karl-August Fagerholm)决定承认新中国之时就与中国正式建交,但芬兰外交部却没有及时落实。几个月后,芬兰政府获悉瑞典和丹麦已于1950年5月先后与新中国建交,而芬兰却毫无动静。当时的芬兰总统尤霍·库斯蒂·巴锡基维(Juho Kusti Paasikivi)为此严厉地批评了芬兰外交部的失责。①所以直到1950年6月,中国外交部才接到瑞典驻华使馆的通知,告知芬兰在华事务可由该馆代理。中国外交部即通过我驻苏联使馆向芬方进行核实。9月中旬,芬兰驻苏联公使约见中国驻苏公使曾涌泉,表示芬兰政府希望尽快与新中国建交并派出使节。10月28日芬兰正式与中国建交。

1951年春,两国互派使节。中国驻芬兰公使由当时中国驻瑞典大使兼驻丹麦公使耿飚兼任。耿飚于1951年3月31日从瑞典到达芬兰,向芬兰总统巴锡基维递交国书。芬兰驻华公使由芬兰在远东地区的唯一使节、驻印度公使雨果·瓦尔万尼(Hugo Valvanne,1894—1961)兼任。按照当时的国际惯例,

---

① Annika Heikinheimo,Suomi-neito ja Idän Jätti Käyvät Tanssiin – Kiinan Kansantasavallan ja Suomen Välinen Kulttuurivaihto 1950- ja 1960- Luvuilla (《芬兰姑娘与东方巨人共舞——1950年代和1960年代中华人民共和国与芬兰之间的文化交流》),Helsinki: Yliopistopaino, 2016, pp. 11–12.

除瑞典外的其他北欧国家,对外只相互交换公使级外交代表,1954 年 9 月 11 日两国正式升格为大使级别。除此之外,中芬之间较早地建立了贸易关系:1952 年 9 月 21 日,中国、苏联和芬兰签署了第一份三方协定;1953 年 6 月 5 日,芬兰作为第一个资本主义国家与中国签署了《中芬政府间双边贸易和支付协定》。①中芬关系经历了新中国建立初期的繁荣与曲折,以及 1978 年底改革开放后的拓展深化。但不论当时世界局势、双方国内政治如何变化,两国关系从未中断,稳定发展。

从 20 世纪 50 年代开始,中芬两国间文化交流不断增加。1951 年芬兰成立芬中协会②,并于同年举办了"新中国图片展",而芬兰的艺术展览也在中国多地举办。1952 年中国代表团首次参加赫尔辛基奥运会。1953 年第一个芬兰文化代表团受中国人民对外文化协会(后更名为"中国人民对外友好协会")的邀请访问中国,成为芬兰文化界与中国的首次接触。1956 年《中国文字与图像》(Kiina Sanoin ja Kuvin)杂志由芬中协会出版创刊,并且延续至今,成为芬兰唯一定期出版有关中国和中国文化的出版物。

20 世纪六七十年代,中芬文化外交继续在体育、音乐、医学、建筑和文学等领域进行,虽然与 50 年代的繁荣无法相比,但从未中断。其间仍有芬兰艺术家访华,例如芬兰作家艾沃·图提艾宁(Arvo Turtiainen)、海维·汉麦来宁(Helvi Hämäläinen),以及作曲家赛博·努米(Seppo Nummi),等等。③与很多西方国家不同,芬兰人对来自中国的文化已经由最初的好奇和接受逐渐发展为喜爱和欣赏。1973 年两国签署了政府文化交流计划,官方项目从此开始在中

---

① Sari Havren, "Meillä ei ole Ikuisia Ystäviä eikä Ikuisia Vihollisia. Ikuisia ovat Meidän Omat E-tumme": Suomen Suhteet Kiinan Kansantasavaltaan 1949—1989(《"我们没有永远的朋友,也没有永久的敌人。只有永远的利益":芬中关系 1949—1989》), Helsinki: Yliopistopaino, 2009, pp. 24—61.

② 芬中协会自成立以来,一直作为中芬文化交流计划的芬方执行机构。21 世纪前,芬中协会主办或参与主办了几乎所有重要的中芬文化外交活动,并对活动内容的选择安排提出建议和指导意见,在中芬文化外交方面发挥了至关重要的作用。

③ Veli Rosenberg, Miten Käy Kulttuurivaihdon?(《怎样进行人文交流?》), Kiina Sanoin ja Kuvin(《中国文字与图像》)No. 2, 2008.

芬文化外交中发挥主导作用。

改革开放后,中国和芬兰双边高层互访增多,中国政府领导人实现中芬建交后的首次访芬。1979 年,耿飚副总理率中国政府代表团正式访问芬兰。①1980 年 5 月中芬两国签订官方文化合作交流计划（Kiinan ja Suomen Kult-tuurivaihto Ohjelma）,涉及文化和艺术的交流、语言教学、奖学金申请、科学合作、媒体合作、体育与青年组织之间的合作等问题,为两国表演者和艺术展览创造机会,成为两国文化项目的执行计划。1984 年 1 月,两国外交部部长签署了《中芬文化协定》(Kiinan ja Suomen Välinen Kulttuuri Vaihtosopimus),文化交流提高到国家间协议的水平,成为两国文化交流的指导性文件。在此推动下,中芬文明交流互鉴进入新的阶段。

三、21 世纪以来中芬文明交流互鉴的构建

21 世纪以来,中芬双边关系进入快车道,文明交流互鉴取得丰硕成果。这一时期,中芬文化外交行为体多元化趋势显著增强,除芬中协会及其举办的相关文化交往活动之外,两国地方政府、文化机构、艺术团体、高校乃至个人都成为文化交流的重要载体。在此背景下,常态化的文化艺术节、地方友好城市关系、高校教育人文交流机制、博物馆馆际交流展览、民间艺术演出比赛等大量涌现。

在政府支持方面,中芬两国元首两年内首次实现互访。2017 年 4 月习近平主席对芬兰进行国事访问,两国共同发表《中华人民共和国和芬兰共和国关于建立和推进面向未来的新型合作伙伴关系的联合声明》。2019 年 1 月芬兰总统绍利·尼尼斯托(Sauli Niinisto)访华,两国领导人制定《关于推进中芬面向未来的新型合作伙伴关系的联合工作计划(2019-2023)》,完成对中欧全

---

① 《中国同芬兰关系》,外交部网站,https://www.fmprc.gov.cn/web/gjhdq_676201/gj_676203/oz_678770/1206_679210/sbgx_679214/。

面战略伙伴关系和《中欧合作 2020 战略规划》的补充。除经贸、投资、环保等传统合作领域外，两国元首提出要特别加强人文交流合作。1973 年中国和芬兰签署非正式的政府文化交流计划，1980 年至 2009 年每两至三年签订两国文化交流执行计划，2010 年签署《中芬文化交流合作备忘录（Kiinan ja Suomen Yhteistyö Pöytäkirja）》，2019 年确立为"中芬冬季运动年"并签署《中芬关于文化和文化旅游合作的谅解备忘录》，为两国加强文化和旅游领域的交流合作提供方向。在两国政府的支持下，双方文化领域合作广泛，特别是以北京冬奥会为契机的冬季运动合作，中芬冬季运动年中双方共举办活动 62 项，涵盖冬奥合作、群众体育、体育产业、体育文化、体育科研、体育医学、体育教育等众多领域。芬兰成为中国第四届国际冬季运动博览会主宾国。除此之外，两国对接发展战略，"一带一路"倡议缩短了亚洲与欧洲的距离，推动亚欧大陆互联互通。这为推进两国民心相通，实现高水平互信合作、互利共赢开启了新途径。

在学术交流方面，赫尔辛基大学于 1973 年成立东亚和阿尔泰研究所，并开始派驻中国教师教授中文，1974 年研究所升格为亚非研究所。1987 年，赫尔辛基大学确立东亚语言和文化教授职位，并开设东亚研究专业，可授予汉学本科、硕士、博士研究生专业学位。[1]相比其他国家而言，芬兰的专业汉学研究建立较晚。目前芬兰对中国的汉学研究主要集中在阿尔泰研究。[2]赫尔辛基大学中国学研究系对中国甘肃、内蒙古、新疆、东北三省、青海也做了相关学术研究。

1995 年，14 所北欧高校和中国复旦大学共同发起成立复旦大学北欧中心。在过去的 26 年里，北欧中心的规模不断壮大，现在该中心成员包括来自丹麦、芬兰、挪威、瑞典和冰岛 5 个北欧国家的 27 所大学和研究机构。该中心

---

① ［芬]高歌：《芬兰的汉语教育》，李颖译，《国际汉语教育》，2009 年第 3 期。
② 李雪涛、李颖：《芬兰汉学的历史与现状——高歌、李雪涛、李颖谈芬兰汉学及其他》，《国际汉学》，2014 年第 1 期。

致力于为中国与北欧的学者学生建立学术交流平台,通过每年举办学术研讨会、教学活动、课程培训、学生学者交换交流、国际学术会议等形式开展合作。北欧中心现已成为中国与北欧学术交流的一个重要平台,大大加强了中国高校(特别是复旦大学)和北欧学校之间的沟通交流。

进入 21 世纪,中芬教育领域合作更加广泛。2000 年,中国社科院、赫尔辛基大学地区和文化研究所及亚非专业一起合作研究马达汉的旅华日记,出版发行一系列研究成果。2001 年,中国教育部与芬兰教育与文化部签署中芬高中教育合作协议,芬兰瑞素(Ressu)中学与北京大学附属中学和中国人民大学附属中学建立密切合作关系。①2002 年,北京外国语大学成为全国第一所开设芬兰语本科专业的大学。2006 年,两国教育部签署互认高等教育学位证书的谅解备忘录。2007 年,北京外国语大学芬兰研究中心和赫尔辛基孔子学院成立。2008 年,芬兰建立芬汉双语学校。2013 年,芬兰坦佩雷成立北欧首家广播孔子课堂。2014 年,北欧研究中心在北京外国语大学成立。2017 年天津外国语大学开设芬兰语本科专业,并成立芬兰研究中心。②2018 年北京外国语大学开设芬兰语言文学硕士专业。③同年中国和芬兰高校(南京工程学院与奥卢大学)的首个"4+0"模式双学位合作办学项目开始招生。2019 年,《中芬人才培养计划》项目启动会在北京举行,来自西安科技大学等 15 所中国院校校领导参加,并与中教国际教育交流中心签署了《"中芬人才培养计划"合作协议书》。同年,首届"中芬人才培养计划"项目校长论坛在芬兰哈格哈利亚应用科技大学举办,有来自中国 13 所应用型本科高校和芬兰 16 所应用科技

---

① [芬]高歌:《芬兰的汉语教育》,李颖译,《国际汉语教育》,2009 年第 3 期。

② 王烁:《非通用语专业课程思政教学模式的探索与实践——以"芬兰文化"课程为例》,《天津师范大学学报》(社会科学版),2022 年第 6 期。

③ 芬兰教育与文化部给予北京外国语大学和天津外国语大学芬兰语专业外籍教师支持,通过全额资助和经费补贴的形式,派遣芬兰国籍教师、访问学者和助教到中国进行芬兰语教学与实践。同时,两所大学与多所芬兰综合大学(如赫尔辛基大学、坦佩雷大学等)签署校际合作协议,芬兰语专业学生大三或研究生期间可免学费赴芬兰大学留学交换。

大学的校长参加。2019 年底河北工业大学与芬兰拉彭兰塔理工大学及拉赫蒂应用科技大学签约共建"河北工业大学芬兰校区"。

近些年来,两国互换留学生数量不断增加。2009 年 11 月两国签署《中华人民共和国教育部与芬兰共和国教育科学部关于建立战略对话机制的谅解备忘录》,建立中芬教育部之间一年一度的实质性对话,加强中芬教育机构、研究资助机构和该领域其他参与方的战略伙伴关系,寻找建立和加强中国各省份和芬兰参与方间的合作途径。中国科学院与芬兰大学联盟之间制定了以签署谅解备忘录为目标的路线图,加强芬兰大学校长会议和中科院的战略伙伴关系,加强两国科研和科研培训合作。中国社会科学院与芬兰大学联盟开展试点项目,在双方共同关心的领域建立伙伴关系,进行年度对话。2015 年两国教育部部长签署《加强教育全领域合作的合作备忘录》。同年,北京师范大学与芬兰赫尔辛基大学签署《中芬联合学习创新研究院合作备忘录》《北京师范大学与赫尔辛基大学校级合作协议》。中国高校由北京师范大学作为牵头单位,芬兰高校由赫尔辛基大学作为牵头单位,两国高校、企业共同联手落实"中芬学习乐园"计划。2017 年,北京师范大学、中芬联合学习创新研究院与芬兰赫尔辛基大学签署了《共同建立芬兰科学教育中国中心合作协议》。[①]通过研究人员、从业人员和企业间合作,发展和加强创新机构,推动关于学习创新、教育技术及人工智能在教育中应用的联合研究和发展项目。同时发展中国和芬兰大学(包括芬兰应用科技大学)之间联合学位或双学位项目;发展基础教育、职业教育、高等教育教师的在职培训项目。截至 2023 年,中国教育部予以资格认定的中芬合作办学单位就有 16 家。[②]高校间的学术合作进一步促进中芬两国教育领域的互联互通及双方文化在彼此国家的传播。

在文化活动方面,中芬共同举办多场艺术节和文化节活动,在语言推广

---

① 柴葳:《芬兰科学教育中国中心落户北京师范大学》,《中国教育报》,2017 年 10 月 13 日。

② 《中外合作办学机构与项目名单》,中外合作办学监管工作信息平台,https://www.crs.jsj.edu.cn/aproval/orglists。

和影视合作方面也取得快速发展,不仅两国文化外交发展态势呈高频状和双向式,同时文化交流内容重点突出且种类丰富。随着上海世博会的成功举办,中国已逐渐成为芬兰文化产品出口的目的地。①芬兰积极参加中国举办的国际活动,如上海世博会、深圳大运会、中国国际进口博览会、夏季冬季奥运会等。中国也成为芬兰举行的第 48 届赫尔辛基艺术节主宾国,并将大熊猫"华豹"和"金宝宝"送往芬兰。除在芬兰已成品牌项目的"中国春节庙会""中秋文化节"之外,在一些代表性年份与活动中也展现出中芬文化外交的蓬勃发展,比如 2010 年(中芬建交 60 周年)、2017 年(芬兰百年独立)、2019 年(中芬冬季运动年)、2020 年(中芬建交 70 周年),等等。

当今世界正面临百年未有之大变局,全球化进程空前深入又面临巨大阻力。在世界经济失速、制度失效、治理失灵,全球性挑战相互交织、不断升级的背景下,中华民族更需要在与世界其他文明的交流互鉴中坚定自己的信心,取长补短、洋为中用,塑造负责任的大国人文形象。随着"一带一路"倡议的深入推进,中国与欧盟国家往来愈加密切,双方关系变得日益重要。两国间经济贸易的交流必然伴随着文化的沟通和互识。要实现经济、文化双收益,真正赢得国际社会的尊重与理解,就需要在知识和理论上提供智力支持。中国和芬兰都秉持绿色、创新和可持续发展理念,对于北极治理问题的关注也日益增强。两国表现出强烈的合作意愿,继续深化两国合作成为百年大变局下的客观要求。同时,推动中国与芬兰的外交关系发展,有利于推进中国与北欧次区域合作,有利于深化中欧全面战略伙伴关系。对中芬关系而言,当前的国际环境尤其受乌克兰战争影响,并不利于文化外交的开展。然而,文化外交的理念与初衷即是平等相待、互谅互让、协商合作,中芬在百年未有之大变局下更应该深化交流合作。这就要求我们丰富中芬文化外交的战略内涵,夯实中芬文化外交的经济基础和民意基础,改善对芬兰的文化传播方式,加强文化品牌

---

① 王烁:《上海世博会芬兰世博外交效果影响的评估分析》,《理论与现代化》,2015 年第 2 期。

建设,不断开辟新路径,促进中芬文化交流与合作,积极打造人类命运共同体,推动全球走向更加美好的明天。

参考文献:

1.柴葳:《芬兰科学教育中国中心落户北京师范大学》,《中国教育报》,2017 年 10 月 13 日。

2.李坚怀:《新版〈鲁迅全集〉芬兰作家注释补正两则》,《上海鲁迅研究》,2013 年第 1 期。

3.李雪涛、李颖:《芬兰汉学的历史与现状——高歌、李雪涛、李颖谈芬兰汉学及其他》,《国际汉学》,2014 年第 1 期。

4.李颖:《传教士与中芬文化交流》,《北京行政学院学报》,2014 年第 6 期。

5.李颖:《芬兰的中国文化翻译研究》,北京外国语大学,2013 年博士研究生毕业论文。

6.王烁:《非通用语专业课程思政教学模式的探索与实践——以"芬兰文化"课程为例》,《天津师范大学学报》(社会科学版),2022 年第 6 期。

7.王烁:《上海世博会芬兰世博外交效果影响的评估分析》,《理论与现代化》,2015 年第 2 期。

8.[芬]高歌:《芬兰的汉语教育》,李颖译,《国际汉语教育》,2009 年第 3 期。

9.《中国同芬兰关系》,外交部网站,https://www.fmprc.gov.cn/web/gjhdq_676201/gj_676203/oz_678770/1206_679210/sbgx_679214/。

10.《中外合作办学机构与项目名单》,中外合作办学监管工作信息平台,https://www.crs.jsj.edu.cn/aproval/orglists。

11.Havren, Sari, "Meillä ei ole Ikuisia Ystäviä eikä Ikuisia Vihollisia. Ikuisia ovat Meidän Omat Etumme": Suomen Suhteet Kiinan Kansantasavaltaan

1949-1989(《"我们没有永远的朋友,也没有永久的敌人。只有永远的利益":芬中关系 1949-1989》),Helsinki:Yliopistopaino,2009.

12.Heikinheimo,Annika,Suomi-neito ja Idän Jätti Käyvät Tanssiin – Kiinan Kansantasavallan ja Suomen Välinen Kulttuurivaihto 1950- ja 1960- Luvuilla(《芬兰姑娘与东方巨人共舞——1950 年代和 1960 年代中华人民共和国与芬兰之间的文化交流》),Helsinki:Yliopistopaino,2016.

13.Mansala,Arto,Asema-paikkana Peking(《派驻北京》),Latvia:Livonia Print,2020.

14.Rosenberg,Veli,Miten Käy Kulttuurivaihdon?(《怎样进行人文交流》),Kiina Sanoin ja Kuvin(《中国文字与图像》),No.2,2008.

文明的窗口：海港天津与普利茅斯之比较

纪妍彦　黄　荣

[摘要]任何文明都不是孤立存在的,必然通过相对固定的窗口与外界维持常态的联系。中国的海港天津、英国的海港普利茅斯,都是近现代作为本文明与外部世界相交往的主要窗口之一。本文拟对两者进行比较和对照。

[关键词]文明;海港;天津;普利茅斯

一、特殊地理位置使两个海港成为本文明的对外窗口

（一）天津的地理位置和历史沿革

早在新石器时代,天津地区已有先民进行渔猎耕牧活动。战国后属燕地。金朝设"直沽寨"。元代设海津镇。明代朱棣赐直沽渡跸处名天津,意为"天子的渡口";设天津卫,意即京城的拱卫。1860 年《北京条约》客观上迫使天津成为外部文明进入中国的窗口,英国开始在天津设立租界。1900 年八国联军从

基金项目:国家社会科学基金重大项目"世界历史上主要文明之间的比较、互动与互鉴研究"(项目编号:22&ZD249)。

作者简介:纪妍彦,天津师范大学欧洲文明研究院博士生、讲师。黄荣,英国普利茅斯大学商学院副教授。

天津登陆,《辛丑条约》后列强在天津争设"租界"。天津成了外来因素渗入中国最多的城市之一,成了中西文化的碰撞之地。

天津地理位置之特殊,还在于其拥有宽阔的腹地。北京的政治文化延伸到天津这个末梢终端。北、西、南的物质文化和传统文化也源源不断汇集到这里。作为"九河下梢",天津海河汇聚众多河流,形成"千淀归墟,百川赴壑"的冲积平原,也因靠海和运河进行南北漕运而形成漕运文化。天津北靠燕山,东临渤海,降水量少,蒸发量高,土壤多为盐碱地,不利于农业,而沿海有利于渔盐业发展。这样的自然环境迫使天津发展更多地面向大海。

近现代天津具有特殊的政治地位。1928 年设特别市。是中国最早收回"租界"的城市之一。1945 年抗战胜利后,天津最后两个"租界"也正式收回。新中国成立后,1967 年最终确立了中央直辖市的地位。自 1900 至 1978 年,天津一直是中国北方最大的工商业城市。今日天津是中国北方最大的港口,与世界上 100 多个国家有商贸往来。

总之,天津的窗口地位有这样五个特点:一是作为京城拱卫,具有明确的北京门户功能、保卫北京责任,同时也坚守着源自北京的政治文化;二是临海港口,通过海上商路与外界交通便利,是与外部文明交往的窗口;三是九河下梢,天津海港辐射北方,腹地广阔,有利于作为货物集散地进行对外商贸;四是南北咽喉,是中国东北与华东地区之间的交通枢纽,有利于吸收来自全国的经济文化精华;五是文化汇聚地,因地理和历史因素,天津至少汇聚了中华传统文化、政治文化、漕运文化、西方文化等四种类型。因此,其作为文明窗口的角色尤为突出。

(二)普利茅斯的地理位置与历史沿革

普利茅斯是英国的海港城市,位于英格兰西南海岸,有普利河等三条河流汇聚入海,形成了一个天然良港,面向英吉利海峡。其地理位置具有战略重要性,它扼英吉利海峡之西口,是阻挡外部军队侵入海峡的第一道关口;更可从这里起航通过海洋到达世界各地。从陆地位置来说,普利茅斯地处英格兰西南部德文郡西南方,紧邻康沃尔郡,比较偏僻。从东北方向的郡府埃克塞特,须绕过石漠地带达特漠尔,才能到达普利茅斯。这一特殊位置,使普利茅斯常常成为英国航海活动的集结地和起航地。

普利茅斯的历史可溯源至 3000 多年前。铁器时代(前 800 年后)成为渔港,也曾与腓尼基人进行过锡贸易。罗马不列颠时期成为贸易地点。盎格鲁-萨克森时代,普利河边形成了萨屯港口,这是中世纪普利茅斯的核心区。有记载的最早的船货出港时间是 1211 年。[①]1254 年,作为普利茅斯三个起源地之一的普林普顿获得英国国王所赐的城市特许状。15 世纪初,普利茅斯成为英国上交关税最多的 15 个主要港口城市之一。[②]1439 年,普利茅斯三镇合并,成为英国获得议会特许状的第一城,也获得了沿用至今的这个名称。其时该城外贸主要是从法国加斯科尼地区进口红酒。[③]百年战争期间,普利茅斯与英国沿海及波罗的海和北欧的贸易增多,修筑了要塞以防止法国侵略。在接下来的几个世纪里,普利茅斯因航海和探险活动而著称,也是重要的贸易港口。1690 年,普利茅斯西边的皇家码头启用,花了 100 年时间建成,曾是英国最大的码头。

二战期间,普利茅斯遭到了比较大的破坏,曾三次遭轰炸。战后重建中,普利茅斯成为英国第一个拥有商业步行街的城市。其街道布局和建筑式样基本上是 1950 年代奠定的。[④]又是军港即海军基地。货港与法国和西班牙有较多联系。

---

① Ash Mashhadi, "The History of Plymouth", https://inplymouth.com/plymouth-tourism-guide/ plymouth-history/, 2023 年 7 月 18 日访问。

② D. M. Palliser ed., The Cambridge Urban History of Britain, Vol.1, 600–1540, Cambridge University Press, 2008, p.472.

③ D. M. Palliser ed., The Cambridge Urban History of Britain, Vol.1, 600–1540, p.602.

④ Ash Mashhadi, "The History of Plymouth", https://inplymouth.com/plymouth-tourism-guide/ plymouth-history/, 2023 年 7 月 18 日访问。

就城市发展来说,普利茅斯城 1254 年获特许状,1439 年合并,16 世纪初有 3500 居民,1642 年为 7000 人。1801 年 16000 人,1901 年 10.8 万人,2001年 24.1 人,2014 年 259175 人。①1600 年,普利茅斯跻身于英国前九名城市之列。1670 年炉灶税征收中,普利茅斯位于英国前三十名之列。1801 年,普利茅斯位列全国第七城。②现代普利茅斯是英国南部第三大城市。

虽然普利茅斯出现居民点较早,但它具有城市的法律地位实际上与天津建城时间差不多,它在英国的影响力也不到 500 年。因此无论其海港位置的特殊性,还是历史时间段,普利茅斯与天津均有可比性。

二、天津是"引进"外来文明的窗口

(一)西方列强对天津的侵略及西方文化"涌入"天津

列宁曾说:"资本主义如果不经常扩大其统治范围, 如果不开发新的地方,并把非资本主义国家卷入世界经济漩涡之中,它就不能生存和发展。"③天津作为靠近北京的海港,成为近代西方列强觊觎的首要目标。1858 年第二次鸦片战争中,英法联军占领大沽口炮台,军舰驶入海河,兵抵天津城下。在侵略者威逼下,清王朝分别与英法俄美签订《天津条约》。1900 年义和团运动爆发,八国联军攻占天津,随后攻入北京。次年《辛丑条约》规定天津周围二十里内不得驻扎中国军队,天津的城墙和大沽口炮台被拆除,天津沦为半殖民地半封建的城市。

开埠伊始,外国人眼中的天津是"最肮脏最骚乱也是最繁忙的城市之一"④。

---

① Antony M. Knights etl., "Plymouth — A World Harbour through the ages", Regional Studies in Marine Science, 8(2016), pp.297–298.

② Peter Clark ed., The Cambridge Urban History of Britain, Vol.2, 1540–1840, Cambridge University Press, 2008, pp.70–73.

③ 《列宁选集》(第二卷),人民出版社,1972 年,第 512 页。

④ [英]雷穆森:《天津——插图本史纲》,许逸凡、赵地译,《天津历史资料》,1964 年,第 68 页。

天津开埠后,西方建筑在天津逐步展现,形成了"租界"城市的独特面貌。各"租界"地均伴海河,然道路系统、城区规划、建筑风格、公共设施等却互不相干,而是浓缩了各国文化、建筑技术和规划手法,堪称"万国建筑博物馆"。

随着西方侨民的迁入,西式生活方式也传入天津,潜移默化地改造着天津。其特点之一是"国际性"。"租界"侨民人数虽少,但国籍众多。英国作为西方"霸主",其天津租界享有治外法权。另一个特点是"宗教性"。天津开埠后,各国教会纷纷进入,开办教会、礼拜堂。到 1897 年,美国的教会美以美会在天津城乡有 11 处礼拜堂,三个医院及药房,有神学院、中学、小学。开埠后天津已随处可见西方宗教的痕迹。①侨民带给天津生活最重要的改变是所谓"开民智"。1886 年,英国人德璀琳创办天津第一份报纸《中国时报》。该报被誉为"远东地区最好的报纸"②。19 世纪 30 年代,天津有中、英、法、美、苏、日等国的通讯社近 30 家,发行报纸 30 余种,总发行量超过 29 万份,本地发行 18.7 万份。③

天津负有"拱卫京畿"责任,开埠后,清王朝"师夷长技",在天津建立军火工厂,发展采煤业、现代交通系统和通信系统。始建于 1866 年的天津机械局是全国第二大兵工厂。"天津机械局完成建造后,将成为世界上最大最好的火药厂,能以最新式机器制造最新式的火药。"④1872 年"轮船招商局"成立,天津出现中国人自己经营的近代运输系统。1888 年津唐铁路通车,铁路以天津为中心向周边辐射。同时,电报、电话、邮政业务在天津悄然兴起,将天津与世界联系在一起。1874 年,大沽驳船公司成立,天津开始形成贸易港口特色。20世纪初,天津成为北方最大的港口、新式工业基地、近代交通和通讯的枢纽、拱卫首都的军事基地。

---

① [英]雷穆森著:《天津——插图本史纲》,许逸凡、赵地译,《天津历史资料》,1964,第 184 页。
② [英]雷穆森著:《天津——插图本史纲》,许逸凡、赵地译,《天津历史资料》,1964,第 184 页。
③ 于树香:《外国人在天津所办报刊考略》,《天津师范大学学报》,2002 年第 3 期。
④ 《中国近代工业史资料》第一辑(上),第 363 页。

（二）外来文化与天津传统文化的冲突与融汇

1.天津外来文化的多样化

到 20 世纪二三十年代，多元的外来文化在天津已发展了半个世纪，一方面与传统文化互相冲击、渗透，另一方面与传统文化相互融合，呈现出文化多样化发展的景象。中国的话剧最先出现于天津。早期"租界"侨民为了自娱，组织了天津业余剧团，演出戏剧或哑剧。文学方面，随着天津报业蓬勃发展，报载小说风行一时。以宣传推广文化和普及社会教育为职能的图书馆、博物馆、美术馆也随侨民来到天津。天津相继建立了市立图书馆、美术馆、民众教育馆，还有 7 所通俗图书馆、10 所民众阅读书报所。[1]音乐方面，以管弦乐为代表的西洋音乐随侨民来到天津，一些世界著名音乐家也来津教学或演出。电影方面，1928 年元旦，有声电影在"英租界"首次放映[2]；随后大量国产影片出现，天津电影业进入大发展时期。1926 年，天津的电影院只有 6 家；1934 年，全市电影院已增至 21 家。"租界"的跳舞、打球和赛马等外来娱乐方式，也在天津流行。

2.天津传统文化的多样性

（1）漕运文化。随着清代漕运的发展，商人阶层尤其是盐商异军突起，使天津体现了浓郁的漕运文化特色。杨柳青年画、"泥人张"彩塑、砖刻、木雕、剪纸等特色文化，亦是表现天津漕运生活的精湛技艺。

（2）京畿文化。京畿文化主要指消闲娱乐的文化。清代中叶，茶馆、戏院、饭庄林立于天津街巷。相声、评戏、琴书、时调、中幡、杂技等亦在天津大有发展，天津成为北方曲艺中心。

（3）淮军文化。明初天津建城之时人口来源广泛，其中来自苏皖者占 1/10。[3]1870 年，李鸿章任直隶总督兼北洋大臣，同来的 6 万淮军最终定居天

---

① 罗澍伟：《近代天津城市史》，中国社会科学出版社，1993 年，第 61 页。

② 《我在平安电影院二十年的经历》，《天津文史资料选辑》，第 32 辑。

③ 罗澍伟：《近代天津城市史》，中国社会科学出版社，1993 年，第 70 页。

津,繁衍后代,从而形成天津的淮军文化。

3.外来文化与传统文化在天津的冲突

天津是近代中国北方最早接受西方近代文化的窗口,但这种文化是伴随着侵略而来的,势必造成民众对于西方文化的一种逆反排斥心理;加之文化本身的异质性,最终形成了外来文化与传统文化的冲突。这种文化冲突体现在城市居民的开放意识、价值观念、风俗习惯方面。

4.引进外来文化的客观效果

尽管外国传教士和侨民带着不同目的来到天津,但其传教、办学、办报、出版等活动传播着西方文化。西方文化与天津传统文化相互冲击、渗透、融合,促进了近代天津城市的繁荣,形成了天津多层次化的文化特色。在社会上层,寓居"租界"的官僚、军阀、耆老们对文化的投资大都是为了消闲娱乐,很少关注新闻、出版等方面。而下层民众更愿参与大众娱乐、通俗文化,以及社会普及教育;社会中间阶层如编辑、记者、教师、律师、医生等,则醉心于吟诗唱和、耕读生活,他们推动教育、出版走向了黄金发展期。

三、普利茅斯是英国文明"走出去"的窗口

在英国普利茅斯大街上,到处都刷着"普利茅斯—发现之城"(Plymouth, city of Discovery)的标语,原因在于英国历史上与外部世界互动的许多事件和人物与普利茅斯有关。因此最近五百年普利茅斯的历史,是其作为英国文明"走出去"窗口的历史,至少有六大事件或人物具有历史意义或世界性意义。

1.16 世纪英国海军的基地和出发地

从普利茅斯出发的跨大西洋贸易于 1528 年由威廉·霍金斯发起。其子约翰·霍金斯作为英国第一个奴隶贸易商而臭名昭著,他在 1562 到 1569 年间,将西非奴隶运送到西印度群岛和南美殖民地。他也是击败西班牙无敌舰队的英国海军舰队的建造师和副帅。1588 年,德雷克率领这支海军舰队从普利河

口出发,击败了西班牙无敌舰队。据说德雷克在普利茅斯海岸高地玩了阵木球后才出发。德雷克也是成功进行环球航行的第一个英国人。今天普利茅斯城区树有德雷克雕像,市内主要购物中心冠以"德雷克环圈"。

2.17世纪初期英国清教徒乘"五月花号"船赴北美的出发地

1606年,"普利茅斯公司"获英王特许状,获得在北美建立殖民地的特权。1620年,一批在英国受到迫害的清教徒从陆路秘密来到普利茅斯,乘"五月花号"船从普利茅斯出发,前往新世界。11月21日,这些清教徒移民在船上签署《五月花号公约》,决定上岸后建立按多数人意志管理的自治政府,遵守该政府法令,维护公共利益。这一公约成为美式民主体制的法律基石之一。这些清教徒移民在北美新英格兰上岸后,将上岸的居留地命名为普利茅斯石。"五月花号"作为一个历史象征,是英国普利茅斯的地标性名称。

3.英国著名航海家库克三次航海探险的起航地

詹姆斯·库克三次从普利茅斯出发,到南太平洋进行了航海活动。1768年8月19日是第一次,库克的"努力号"航船驶离普利茅斯,在近三年的航行中,去了澳大利亚东部,发现了新西兰等地,于1771年7月12日回到英国。1772年7月12日,他又从普利茅斯出发,开始了第二次航行,其间三次闯入南极圈,经复活节岛、塔希提岛等,发现新喀里多尼亚岛,1775年7月29日回到英国。1776年7月14日,他第三次从普利茅斯出发,进入南太平洋后又往北航行到白令海峡一带,南航时又发现了夏威夷岛等,但在与土著打斗中被杀死,没有再回到英国。[①]

4.英国伟大的生物学家达尔文首次进行美洲科学考察的出发地

1831年,24岁的达尔文在普利茅斯呆了两个月等待天气变好,12月27日参加小猎犬号科学考察船,从这里出发向南美洲太平洋的加拉帕戈斯群岛航行。航行主要目的是绘制南美洲的海岸线地图,同时收集世界各地科学标

---

① 丁笃本:《世界之发现:人类五千年探险旅游的历史》,湖南师范大学出版社,1997年,第274~281页。

本。五年的航行,达尔文大部分时间用于观察自然,收集样本。虽然在普利茅斯的那段时间被达尔文称为"我所花的最可怜的时间"①,但他的科学征程就是从普利茅斯起步的。

5.20 世纪英国南极探险家司各特的故乡和探险出发地

罗伯特·司各特或许是 20 世纪最有名的普利茅斯人②,海军军官。他于 1901 年 8 月率领一支队伍奔赴南极,在那里进行三年的科学考察和探险活动,发现了罗斯岛、爱德华七世半岛,越过了南纬 82 度线,发现了南极最高峰马克姆峰。1910 年 6 月 1 日,司各特再次率领科考队登上"新地号"探险船离开英国向南极进发,并与挪威探险家阿蒙森展开了竞争,1911 年再登罗斯岛,1912 年 1 月 17 日到达南极点,不过比阿蒙森晚了 34 天。③司各特后来失踪了。

6.世界首次单人帆船环球航行的出发地和终点

1967 年 5 月 28 日,法兰西斯·奇切斯特成功地完成了单人帆船环球航行,回到了终点普利茅斯。④在医生告知他只有三周生命的七年后,奇切斯特于 1966 年 8 月 27 日从普利茅斯出发,开始了历时九个月、长达 28500 英里的单人帆船环球航行。返回普利茅斯时受到隆重欢迎。女王伊丽莎白二世授予他爵士称号,首相威尔逊赞誉这次壮举为"具有历史意义的航行"。

普利茅斯的这些事件和创举,对近现代世界产生了重大影响。一方面铸就了它作为英国文明"走出去"窗口的重要地位;另一方面也代表着人类文明探索未知世界的不屈不挠精神和艰辛而闪光的历程。

---

① Antony M. Knights etl., "Plymouth — A World Harbour through the ages", p.298.

② Ash Mashhadi, "The History of Plymouth", https://inplymouth.com/plymouth-tourism-guide/ plymouth-history/, 2023 年 7 月 18 日访问。

③ 丁笃本:《世界之发现:人类五千年探险旅游的历史》,湖南师范大学出版社,1997 年,第 331–337 页。

④ Ash Mashhadi, "The History of Plymouth", https://inplymouth.com/plymouth-tourism-guide/ plymouth-history/, 2023 年 7 月 18 日访问。

四、当代天津与普利茅斯如何展示文明"窗口"形象

（一）天津作为"引进来"窗口的当代展示

时过境迁,久经磨难的中华民族已实现了从站起来、富起来到强起来的历史性飞跃。立足新时代,那些曾经屈辱的历史、繁荣的文化和忙碌的市井生活都成了宝贵资源。2019年,习近平总书记在天津视察时曾指出,"要爱惜城市历史文化遗产,在保护中发展,在发展中保护",为天津历史文化名城保护指明了方向。

利用历史资源,突出天津作为文明"引进"的窗口,是天津发展观光旅游的主要抓手。文化是旅游的灵魂。作为近代外部文明"引进来"的窗口,当代天津旅游事业抓住作为"万国建筑博物馆"特点,既突出了域外风情物质文化,又体现了近代中国对外来事物的包容和接受的海纳之心。近代中国愿意接受外来先进文化,今天中国更加自信,乐于展示中国人对外来先进文化的欣赏。打造五大道文化体验区,维护意式风情区,是对西方建筑文化的欣赏与接受,也体现了天津中西文化融洽并存的新风貌。这是天津作为文明"引进来"窗口的独有魅力。

天津对各种历史建筑的保存,体现了中华文明对外来文明的包容性,认可世界文明的多元性。如三岔河口是漕运天津段的重要街区。这里保留着代表传统文化的大悲禅院,代表漕运妈祖文化的天后宫,也有写进中国近代史课本的望海楼,三座建筑成品字形分置于海河两岸,布局虽不甚协调,但彰显着中华文明对外来文明的包容性。将记录殖民屈辱史的小洋楼、北疆博物院完好地保存下来,将洋务运动的机械制造局、1920年代的裕大纱厂、宝成纱厂以创意园形式重新走进大众视野,都呈现了天津作为文明"窗口"的文化多元性。

作为中国北方对外开放的码头,近代天津在"引进"外来文化的同时,也

刺激了自身的"向外看"意识,进而促使经济文化努力"走出去"的趋向。杨柳青艺人朱连奎,早在19世纪20年代就去美国马戏团表演中国戏法,其高超的演技轰动欧美。今天的天津通过举办国际智能大会、夏季达沃斯论坛等平台提升对外传播能力,努力讲好中国故事、天津故事,向世界展示开放大气、充满活力、独具魅力的天津形象和中国形象。

(二)普利茅斯作为"走出去"窗口的当代展示

当今普利茅斯着力展现自己是"发现之城"(a city of discovery)。早在19世纪,普利茅斯就有西部都市之称,强调其海外贸易和交通的重要性。面对陆路,它也以"百旅中心"(The centre of a hundred tours)著称,是欣赏海湾、达特穆尔国家公园和康沃尔美景的起点地。20世纪以来,它被宣传为英帝国历史的象征,被叫成"全世界40个普利茅斯之母"或"西方的历史之城",这就是将它与德雷克、五月花号联系起来。[①]战后普利茅斯焕然一新,它又被称为"愉快度假中心""西部度假中心",海水浴、游艇和帆船运动等成为主要休闲项目,颇有点历史搭台、旅游(产业)唱戏的意味。

普利茅斯又被定位为"不列颠海洋之城",其《游客规划》(2011)这样描绘其前景:"至2020年,普利茅斯将是英国头等航海城市……它的独特性体现在其自然禀赋和它500年来作为探险起航之地的历史,同时,普利茅斯将继续朝着世界领先的航海城市前进,将它的文化经历提供给寻觅真相和特色的来访者。"[②]2020年普利茅斯纪念"五月花号"起航400周年的活动,吸引了更多的外国游客特别是美国东部的游客。

普利茅斯突出自己作为海洋城市的形象宣传,自认为突出了西方文明体

---

① Daniel Barrera Fernández, Kevin Meethan, "The Relationship of City Branding and Tourist Promotion: The Case of Plymouth(UK) and Malaga(Spain)", Athens Journal of Tourism, Vol. 1(2014), Issue 3, p.220.

② Daniel Barrera Fernández, Kevin Meethan, "The Relationship of City Branding and Tourist Promotion: The Case of Plymouth(UK) and Malaga(Spain)", p.221.

现的自由、发现、容忍和进取精神,激进思想、革新等。①而实际上,普利茅斯的旅游宣介重点突出自身的地方性和世界性:普利茅斯是一座发现之城,是英国的海洋城市。这既非英国性亦非西方性,并非从西方文明整体或英国文明整体出发,并没有代表英国文明或西方文明的担当,只是将自己看成英国文明中的一个点,而且完全站在普利茅斯这个点的立场上,强调自身在英国的独特性和唯一性。这种对地方利益的注重,是西方文明分权观念的重要表现。

总之,两个海港代表了不同类型的文明"窗口"形象。普利茅斯作为自身文明"走出去"窗口,反映了英国文明在内的西方文明外向的开拓性和扩张性,反映了其强烈的世界意识,反映了英国文明对世界的优越感,也反映了英国在内的西方引领世界走向现代文明的贡献。当然,西方文明也不能沉浸于往日的辉煌,而是要用新的眼光来迎接世界的不断变化。而天津作为中华文明的一个代表,尤其是近代中国"引进"外来文明的代表,在展示中华文明之风采的时候,也推介"引进"外来文化后所形成的多元文化。之所以敢于将近代西方的进入和中国遭受的屈辱展示给游人,一是为铭记历史;二是反映了历史上和今天的中华文明之包容性;三是体现了今天中国人民的无比自信,以及面向世界、铸炼人类文明共同体的前瞻性眼光。

---

① Daniel Barrera Fernández, Kevin Meethan, "The Relationship of City Branding and Tourist Promotion: The Case of Plymouth (UK) and Malaga (Spain)", pp.223–224.

文明互鉴论中的中华传统文化智慧

刘学斌

[摘要]文明互鉴论既符合马克思主义的基本原理,又蕴含着丰富的中华传统文化智慧。文明互鉴论首先承认多元共存的必要性和正当性,传统文化文化中,"同则不继"揭示了单一性是脆弱的,多样性才有活力,"万物并育"强调各种事物可以并行不悖地生长发育。文明互鉴论重视文明之间的相连相通,传统文化则通过人类的共同本性和同处天地之间构建人、人群、文化之间的相连相通。文明互鉴论注重文明间的和谐相处、共同发展,传统文化重视以和的方式实现社会关系的和谐,如强调换位思考、视人如己的忠恕精神,有利于减少矛盾和冲突的自我约束与相互礼让,在应对国家、文化间的竞争上,则主张修明内政、自我提升。

[关键词]文明互鉴;中华优秀传统文化;文化智慧

文明互鉴论是中国共产党在世界、时代、历史深刻演变的重要关节点上,在深入分析、把握两个大局的基础上提出的关于中国、世界、人类的发展和前

基金项目:国家社科基金后期资助一般项目"宋代治国思想研究"(项目编号:20FZZB010)。

作者简介:刘学斌,天津师范大学政治与行政学院副教授。

途命运的重要主张和理论论述。从思想文化的角度看,文明互鉴论既体现了马克思主义的立场、观点、方法,也深深植根于中国文化和历史传统,可以说是马克思主义基本原理同中国具体实际、同中华优秀传统文化相结合的重要成果之一。对此,学界已有所探讨。如陈徽①、范鹏和李新潮的相关研究②。这些无疑值得高度肯定,但相对于文明互鉴论的重要理论价值和丰富内涵,以及与中华传统文化的密切联系,仍然是不够的。本文拟就文明互鉴论中所蕴含的中华优秀传统文化智慧③做一简要探讨,希望能够对相关研究有所裨益。

一、中华传统文化认可多元共存的文化智慧

(一)看到并承认文明的多样性是文明互鉴论的第一要义

文明互鉴首先意味着认为有不止一个文明。只有文明的数量多于一个才存在着互鉴或不互鉴的问题。笼统而言,文明与野蛮相对,描述的是主体的正面、积极、进步的状态。文明通常与民族、种族、地域、国家相联系。这意味着文明存在于一定的实体中或附着在一定的实体上,同时,文明也具有边界。但文明的边界与国家的边界相比,通常是柔性的、模糊的。这增加了理解和把握文明的难度。就事实而言,除了整体性的人类文明以外,人类内部还存在着众多文明。"文明所具有的普遍性品格为文明的互鉴或相互影响提供了可能,文明的特殊性蕴含多样性和差异性,它使不同文明之间的比较、借鉴成为必要。"④各个文明彼此相异又各具特色,构成了一个文明的体系。从而也产生了文明间的关系,以及认识和应对文明间关系的思想观念和行为。"在全球化与文

---

① 陈徽:《公羊"异内外"说与文明互鉴》,《中南大学学报》(社会科学版),2023年第3期。
② 范鹏、李新潮:《文明互鉴论的中国文化立场》,《甘肃社会科学》,2020年第3期。
③ 文化智慧比一般的思想观念和文化观念要更为深刻,是思想文化中蕴含和展现的睿智、通透、风度、惯习。文化智慧与具体的事务联系较弱、较远,因而更具有超越时空的价值和创新转化的潜力。另外,文化智慧既是高度凝练又是相融相通的,还可以延展、扩散、迁移。
④ 杨国荣:《文明互鉴及其意义》,《伦理学研究》,2022年第6期。

化、文明关系上，存在着世界多元文化与西方文化中心主义、文化的普遍性与特殊性、文化、文明的多元论与一元论、'西方文化中心论'与'反中心论'的激烈冲突。"①文明互鉴则是一种崭新的方案。但无论是主张互鉴还是有其他主张，其前提都是存在多个文明。从历史看，人类历史上确实存在着多个文明，尽管其中的一些文明已经消失。同时，在每个历史阶段，也同时存在多个文明，当今世界同样如此。而且在未来，只要国家、民族、种族等的差别仍然存在，也应该是多种文明共存的状态。联合国《世界文化多样性宣言》也高度肯定文明多样性的意义："文化多样性是交流、革新和创作的源泉，对人类来讲就像生物多样性对维持生物平衡那样必不可少。从这个意义上讲，文化多样性是人类的共同遗产，应当从当代人和子孙后代的利益考虑予以承认和肯定。"②可以说，事实上人类社会是多文明共存的。但是人们的观念和理论未必与事实一致。面对多文明共存的事实，观念和理论上可能持否定态度，认为多文明共存是不应该的、不可能的，或者认为某些文明是不正当的，或者认为多文明共存是偶然的、暂时的。只有发现多文明共存的事实并承认多文明共存的合理性、正当性，才会主张文明互鉴。当代中国能够提出并阐述文明互鉴，除了有当前社会、政治、文化等方面的原因，也与中国传统文化长期积累形成的文化智慧有关。

（二）中华传统文化中对多元共存的肯认

中国历史上一直是一个多民族的大国，疆域广大，统一程度高，同时内部在地域、习俗、人群等方面又存在着较明显的差异。因此，中国在历史上一直是一个既多元又一体的存在。③与之相对应，在思想文化上，中华文化也是既

---

① 贺金瑞：《全球化与交往实践》，中国广播电视出版社，2002 年，第 196 页。
② 《世界文化多样性宣言》，载范俊军编译：《联合国教科文组织关于保护语言与文化多样性文件汇编》，民族出版社，2006 年，第 99~100 页。
③ 多元一体包括多个方面或角度。其中，从民族视角看，中华民族也是多元一体结构。关于中华民族的多元一体，具体可参见费孝通：《中华民族多元一体格局（修订本）》，中央民族大学出版社，1999 年。

具有统一风貌,也具有复杂构成,既以儒家思想和文化为主干,也有许多其他思想文化流派。因此,中华传统文化也是多元一体的。这些表明,中国古人处于多文化的环境中,有认知和处理多文化关系的经验。当然,中国历史上的多文化状况和当代世界格局中多文明共存的状况存在很大差别,但其间也存在着相似性、相关性。另外,多文化或多文明的共存本质上是多样和多元的共存。因此,应对多元、多样性而不直接涉及多文化、多文明的认知同样是有意义的。

同则不继是中国传统文化中关于多元共存的一个重要观点。"夫和实生物,同则不继。以他平他谓之和,故能丰长而物归之;若以同裨同,尽乃弃矣。"①同,指的是单一性。同则不继,就是认为单一性难以长久存在、维持。这是对单一的否认。单一性意味着事物之间没有差别,虽然看起来有多种事物,实际上却是只有一种事物。这种情况下,世界是同质的、单调的,不仅难以产生新的事物,甚至很难存在下去。因此,单一性不仅是不合理的,也是不正当的。与此相反,和,指事物既彼此不同,又关系和谐的状态。这不仅使世界丰富多彩,也有利于新事物的产生。和意味着不仅认识到事物的多样性,还承认这种多样性是合理的、有价值的。在和、同之间,中华传统文化明显推崇和,否定同。因此,和同观念是对多元、多样性的肯认。

万物并育道并行也是中华传统文化对多元并存的一种理解和认可。"万物并育而不相害,道并行而不相悖,小德川流,大德敦化,此天地之所以为大也。"②认为世界上存在着各种各样、多种多样的事物,而且每一种事物都有自己的道。各种事物都可以自然生长发育,不互相危害伤害,事物各自特有的道也可以共同存在、运行,不互相干扰、冲突。这表明中国古人一方面看到了世界的多元构成,另一方面承认世界多元构成的事实,并进而将之与神圣的天地和道相联系,赋予世界多元并存的正当性、合理性。由此,世界上各种事物

---

① 《国语·郑语》。

② 《中庸》。

的并存不仅是一种客观事实,也是一种符合正义和价值的观念存在。在其思维逻辑中,世界上存在多种事物而非一种事物,事物之间存在着各种差异,各有不同,对此应该采取的态度是接受多种事物的共同存在,接受事物之间的差异性,容许各种事物按其自身特点自然发展、运行,而不是否定事物的多元存在和事物之间的差异性,更不是违背事物自身的特性,强行消除事物的多样存在及事物之间的差异性。因此,万物并育、道并行是事实、价值、对策的统一。这种观念主要阐明了天地对万物的抚育,体现了天地的神圣、伟大和仁慈。同时,也体现了对多样性、多元存在的承认和认可。这种观念来自古人对自然、宇宙的观察和思维把握,进而发展为一种有普遍适用性和解释力的文化观念和思维方式。当然也可以用于解释、论证文化和文明的多元共存。

二、中华传统文化认可多元相连相通的文化智慧

(一)文明互鉴论重视文明之间的相连相通

文明互鉴论不仅推崇多文明的共存,而且强调文明之间的相互联系和相互连通。即彼此之间的联系和共同性使文明之间的交流、沟通、互动成为可能。这样,多元文明的共存不是一种机械共存,而是一种有机共存。同时,多元文明也可以连接、汇聚成为人类文明。文明互鉴论这种立场观点与中国的另一些立场观点如全人类共同价值、人类命运共同体互相联系、互相支撑。全人类共同价值表明全人类存在价值上的共识。人类内部也存在不同的人和人群之分,不同的人和人群不仅存在具体情境、样态存在区别,在价值观念、价值取向上也具有自己的特殊性,从而呈现为价值的多元存在。不同价值之间不仅存在差异,而且可能存在矛盾和冲突。全人类共同价值的观念不否认人类内部在价值上的差异和冲突,而是强调不同的人和人群作为人类在价值上存在着共同点、共识。价值上的共同点和共识存在于不同的主体,如个人、群体、民族、国家之间,当然也存在于文明之间。因此,价值上的共同点和共识是文

明之间相连相通的重要方面。人类命运共同体观念则强调了人类命运与共。即人们之间虽然存在着不同，但都属于人类。作为人类，人们之间无法分离，最终形成人类整体，拥有共同的命运。人类命运共同体表明人与人之间命运与共，如果以文明作为基本单位的话，文明之间也是命运与共，文明也构成一个整体的人类文明。因此，命运也是文明之间相互联系、相互联通的重要方面。

(二)中华传统文化关于多元相连相通的文化智慧

中华文化有明确的关于人类、文化共同性的观念。中国古人很早就认识到了人和人同属一类，人和自然界的其他事物不同。这是人的一种类主体意识。"水火有气而无生，草木有生而无知，禽兽有知而无义，人有气、有生、有知，亦且有义，故最为天下贵也。"①人们通过观察、比较人与人之间的相同性和共通性，也发现了人与其他事物之间的差异性。古人认为人类与其他事物有质的不同，并且高于其他事物。这种不同就是人有文化。人具有生命，因而不同于其他没有生命的事物。与其他生物相比，人具有其他生物所没有的、更高级的东西，即具有社会性、文化性。"力不若牛，走不若马，而牛马为用，何也？曰：人能群，彼不能群也。人何以能群？曰：分。分何以能行？曰：义。"②文化使人类不同于其他事物并高于其他事物。文化使人类成为自己，使所有人成为一类。同时这也意味着人和人之间是相互连接的，而不是孤立的，人和人之间具有共同性和共同纽带，可以相通。而人类内部的各种文明、文化，都是人创造的，人拥有的。各种文化、文明之间虽然有差异、差别，但都属于人类的文化和文明。因此，同属于人类文明和文化的各个文明和文化，可以相互连接、相互连通。这种类主体意识有助于生成、理解文明互鉴的观点。此外，中华传统文化中对人类内在统一性和人之间差异的认识也有助于认识和理解文明互鉴。古人认为人和动物之间的差别客观存在，但同时这种差别又非常微

---

① 《荀子·王制》。
② 《荀子·王制》。

小。"人之所以异于禽兽者几希。"①正是这种微小的差别区分了人类和动物,使人类成其为人类。这种微小的差别,实际指的是道德。人具有道德性,所以人是人。动物不具有道德性,所以不是人。这样,道德性就是人类的共同本质。道德性使人和人相通,人和人相连,形成人类。道德性贯穿整个人类社会。同时,人类之中具体的人之间也存在着差异和差别,但这属于人类内部的差别,是人的基础上的差别。"麒麟之于走兽,凤凰之于飞鸟,泰山之于丘垤,河海之于行潦,类也。圣人之于民,亦类也。"②按照这种思维,人类文明虽然多种多样,但这种差别是人类内部的差别,是人类文明内部的差别,同时都有其道德基础。因此,不同的文化和文明之间是相连相通的。

中华文化有包容人类的天下观念。文明初期,中国人对宇宙、世界、天地、自然的认识是朦胧的、模糊的。他们认为天圆地方,并认为天高高在上覆盖整个世界,地则在下承载整个世界。人则处于天地之间。天地之间就是人类的整个世界,即天下。当时人们并没有民族、国家的概念,而认为天地间的人类构成一个整体。对天地而言,人和人、人群和人群之间没有本质差别。如此,人和人之间自然是相连相通的。后来,中国人认识到了不同国家、民族的存在,但仍然持有天下观念,天下同样包括了人类的各种文明和文化、各个民族和国家。各种文明和文化也依然被认为是可以相连相通的。在文化上,天下不仅是一个空间概念,更带有人类世界、人类文明、人类共同体的意涵。这也有助于认识和理解各文明之间的相连相通。此外,传统文化中关于道的理解也具有启发意义。在传统文化中,道通常被认为是世界背后的共同原因和法则。人类和人类社会可以归源为道,道也约束着人类和人类社会。不同人和人群各自的道虽然有所区别,但本质上都源于统一的道,是道的具体体现。"天命之谓性,率性之谓道。"③因此,道可以说是人类社会的共同准则。在道的基础上,不

---

① 《孟子·离娄下》。
② 《孟子·公孙丑上》。
③ 《中庸》。

同人群及其文化和文明自然也是相互联系、相互联通的。

三、中华传统文化主张多元和谐相处、共同发展的文化智慧

（一）文明互鉴论注重文明之间和谐相处、共同发展

文明互鉴论不仅认可多种文明的共存，认为不同文明紧密相关存在着统一性，更认为文明之间应该沟通、交流、互相学习、共同发展。这是一种彰显美好价值和愿景，反映人类共同需求的观念。同时，也是一种珍贵的观念。在人类历史上，不同文明和文化之间存在许多交流，也有不少互相学习和借鉴，同时，不同文明和文化之间的矛盾和冲突也很多。在思想文化观念上，既有主张不同文化文明之间交流学习的观点，也有许多其他观点，如主张扩张和征服其他文明的观点。而主张不同文化文明之间沟通交流互相学习的观点不仅有利于各个文明和人类文明的发展，也具有正义性和正当性。文明互鉴论是对文明之间霸道、欺凌、矛盾、冲突现象的批评，也是对人类发展新方向的引领。文明互鉴论对文明之间交流、学习的倡导，不仅有现实的动因，也有文化传统方面的基因。

（二）中华传统文化促进关系和谐、良性竞争的文化智慧

中华传统文化非常重视关系，认为世界充满了各种关系，侧重从关系的角度去理解世界。重要的关系如天人关系、身心关系、人我关系、凡圣关系、家国关系、父子关系、夫妻关系等。在中国传统思想文化中，人是关系中的人，并在关系中扮演着各自的角色，承担相应的责任。个人无法脱离关系，需要适应关系，维护关系，在关系中求得生存和发展，社会也无法脱离关系，需要维护关系的稳定。因此，中国传统文化中对关系和关系处理的讨论较多。其中的主流观念是调和关系。一方面不能否定关系、不能使关系破裂、也不需要创造新关系，另一方面关系不能紧张、不能充满矛盾和冲突。即关系要稳定也要和

谐。这是试图在关系中寻找平衡。而关系的稳定与和谐,一靠礼,二靠和。礼作为一种社会规范,对各个社会成员和主要伦理关系都作出了规定。礼就成为处理社会关系的准则。依礼而行就能使社会关系稳定。而和的精神则可以防止社会的矛盾和冲突。和要靠忠恕之道。"己欲立而立人,己欲达而达人。"①"己所不欲,勿施于人。"②自己好也要让别人好,自己不喜欢的也不要强加给别人。即把自己和他人当作同样的人,同等对待,秉持善意处理和他人的关系。这实际上是要求人们换位思考,理解别人,待人如待己。认为这样可以实现关系的和谐。这种观念体现了非常强的和的精神。在其中,和既是目的也是方式。人们通过和的方式寻求和的结果。这种精神反对损人利己,反对把自己的意志强加给他人,反对使用极端和暴力的方式处理关系,反对激化矛盾和冲突。这些显然都有利于关系的稳定和谐。中国传统文化中,许多关于和的论述是在人际关系中展开的,但是和的精神不只适用于人际关系,而是具有普遍的、一般的意义,也可以用于处理其他社会关系。在文明间的关系上无疑也是适用的。文明互鉴论对文明间关系的态度与中国传统文化中用于处理关系的和的精神是一致的。

中华传统文化在实现社会关系和谐上,除了倡导主张换位思考、相互理解的忠恕精神,还强调自我约束和相互礼让。自我约束是对自己的主动的限制,主要是限制自己的情感、欲望、利益诉求,也包括主动限制自己的行为,避免不当的举动。如自省③、自讼④。主动约束,实际是把自己的思想和行为限制在一定的标准之下、范围之内。这个标准是社会的、道德的。中国传统文化认为,只有通过自我约束才能实现人的自我提升。因此,自我约束是修身的重要内容。而中国传统文化特别注重修身。自我约束成为一种普遍的文化精神。从

---

① 《论语·雍也》。
② 《论语·颜渊》。
③ 《论语·里仁》。
④ 《论语·公冶长》。

社会关系的角度看,自我约束有利于关系的和谐稳定。因为社会关系中的矛盾和冲突,往往来自人们利益、愿望之间的矛盾和冲突。如果能够通过自我约束限制人的利益、愿望,人们的矛盾冲突就可以减少,或者严重程度降低。而如果社会关系中的每个人都能够自我约束,那么显然更有利于减少矛盾冲突,社会关系也会更加稳定、和谐。此外,礼让,与自我约束高度相关,相辅相成。礼让指在关系中秉持谦让的态度以礼相待。让与争相对。让显然更有利于社会关系的和谐。让是通过让的行动释放善意,在行为目的上更注重关系的和谐。如果各方都能够礼让,就可以形成良性互动。当然,礼让中的让不是无原则的退让,而是以礼为准则的谦让。"让者,礼之主也。"①传统文化中的自我约束和礼让主要来自处理社会伦理关系的思考和实践,但其意义显然不仅限于社会伦理关系。同样,也可以用来认识和处理文明间的关系。每个文明在处理与其他文明的关系时都应当严以律己、宽以待人,而不应当自私自利、苛求他人,同时,都应当相互谦让。如此文明之间才能顺畅交流、和谐共处。因此,自我约束和礼让的传统文化智慧和文明互鉴论也是相通的。

中华传统文化注重自我提升的竞争智慧。中华传统文化应对竞争的主流态度是注重自我提升和运用文化影响力,进而提升竞争优势,获取良好效果,而非损害、阻碍其他竞争者。在国家之间的竞争上,侧重于修明内政、特别是推行德治仁政,而非军事征伐。中国传统文化主要认为国家应以内政为重,内政才是国家兴旺发达的根本。国家内政优良,社会和谐,政治清明,人民生活幸福,国家才具有竞争优势。"王如施仁政于民,省刑罚,薄税敛,深耕易耨;壮者以暇日修其孝悌忠信,入以事其父兄,出以事其长上,可使制梃以挞秦楚之坚甲利兵矣。"②同时,优良的内政也可以转化为国家的文化软实力,可以增强美誉度和对外吸引力,从而使国家在竞争中处于有利地位。"发政施仁,使天下仕者皆欲立于王之朝,耕者皆欲耕于王之野,商贾皆欲藏于王之市,行旅皆

---

① 《左传·襄公二十三年》。

② 《孟子·梁惠王上》。

欲出于王之途,天下之欲疾其君者皆欲赴愬于王。"①这种思想观念也是中国文化传统重视自我修养、重视道德提升的一种体现,对内对外都体现出和的精神。这种观念有利于国家内部问题的处理和国家间关系的和谐,有积极的意义和正面的价值。这种思维同样可以用于处理文明间的关系。文明之间有交流、有合作,也免不了竞争。但竞争应该侧重于内部问题的解决,从而实现能力和实力的提升,影响力的扩大,而非通过损害、伤害其他文明,阻碍其他文明的发展维护自己的利益和地位。同时竞争应该有所约束,不能成为无底线的恶斗。因此。中国传统文化中应对竞争的态度和智慧与文明互鉴论是相通的。

总之,文明互鉴论是对中华优秀传统文化特别是其中丰富的文化智慧的继承和发扬。这使中华传统文化智慧与当代社会需要紧密结合起来,一方面激活了中华优秀传统文化的内在生命力,一方面有助于当代人更好地认识自身,理解社会和时代,回应时代之问、世界之问、人民之问。在理解和践行文明互鉴之时,也有必要追溯其文化渊源。唯此才能领悟其中的丰富智慧和伟大情怀。

---

① 《孟子·梁惠王上》。

从独尊程朱到三教并重：
清代文化政策的调适

张利锁

[摘要]入关之初,清政府即确立了"崇儒重道"的基本文化政策,一直持续到清末。然而,由于社会环境的不同,时代主题的变换,清代文化政策也经历了一个不断调适的过程。清初,面对激烈的满汉民族矛盾及入主中原的需要,清朝统治者"崇儒重道",康熙皇帝更是独尊程朱,最终确立了程朱理学在官方意识形态中的指导地位。随着统治疆域的不断扩大,"以教驭民"成为清廷国家治理的重要策略之一,雍正帝三教并重思想正是适应历史发趋势展的产物。降至乾隆时期,"大一统"局面日益形成,强化文治,增强各族民众文化认同,成为清代的时代主题。清政府通过一系列文化政策的实施,各民族交往、交流、交融,有力地促进了中华民族共同体的形成与发展。

[关键词]清代;康熙帝;雍正帝;文治光昭

基金项目:河北省社会科学规划项目"清初理学思想复兴与直隶社会秩序的重建研究"(项目编号: HB20LS005)

作者简介:张利锁,天津师范大学历史文化学院副教授。

清军入关之初,清政府即确立了"崇儒重道"的基本文化政策,且经历了一个不断调适的过程。对此,学术界已达成了一定共识,部分学者从统治思想角度,认为康熙帝独尊程朱理学、雍正帝儒释道三教并重、乾隆帝强化伦理道德观念,三帝强调的重点、关注的角度有所不同,从而使清代文化政策呈现出不同的时代特征。[①]最高统治者的学术兴趣、性格素养固然对文化政策有重要影响,但是社会环境的不同,时代主题的变换,特别是国家治理的现实需要,对文化政策的影响更具有决定性的影响。正是基于这种认识,本文试从清代国家治理实际需要出发,来探讨清代文化政策的调适。

一、程朱理学官方意识形态地位的确立

清军入关后,一些满洲贵族从本民族利益出发,打着"家法祖制"旗号,力图将自己的文化模式强加给汉人,用自己的思维、行为方式统治中原地区,从而使汉民族产生了"用夷变夏""天崩地解"的强烈文化危机感,以致以顾炎武等为代表的汉族士人视清军入关为"亡天下",进而发出"保天下者,匹夫之贱与有责焉"的大声疾呼。广大汉族民众奋起抗争,在生产方式、生活方式、政治体制、价值观念等根本性的文化深层,形成了两个民族的尖锐对立。

清军入关,并非为了掠夺财富,更不是为了宣泄民族仇恨,而是要夺取全国统治权。清朝统治者深知,单靠满洲自己的力量是不可能实现对全国稳定、有效统治的,而必须依靠数以亿计的汉族民众,特别是其中以士人为核心的精英阶层。正是基于建立和维护全国政治统治的需要,清朝统治者选择并确立何种思想学说作为官方意识形态,以统一思想,维系人心,凝聚社会力量,重建社会秩序,就成为重要而迫切的时代任务。

---

① 参见高翔:《康雍乾三帝统治思想研究》,中国人民大学出版社,1995 年;黄爱平:《清代康雍乾三帝的统治思想与文化选择》,《中国社会科学院研究生院学报》,2001 年第 4 期;朱昌荣:《试论雍正、乾隆二帝的理学思想》,《清史论丛》,2009 年。

清初时期的中国,存在着三种具有较大影响的政治思潮:一是明末清初兴起的经世致用思潮,二是明朝中后期兴起的陆王心学,三是以程朱学说为代表的理学思潮。在这三种思潮中,经世致用思潮因带有反对专制、明辨华夷的激进色彩,且其提倡者多为辟居山林的明朝遗民,不可能被清朝统治者所接受。陆王心学及至明末末流崇尚空谈,空谈误国,深为当时有识之士所痛恨,清朝统治者对此也深有体会。自宋元以来,理学,特别是程朱理学,作为官方意识形态,既有维护封建制度的理论体系,又有强化纲常伦理秩序的种种说教。更为重要的是,清初理学的倡导者有感于明末政治变乱、社会矛盾激化的现实,并不反对清朝的统治,而是直接或间接地与清朝统治相配合,希望尽快结束晚明以来的动乱状态,重建安定和谐的社会秩序。清初理学的这种政治立场,为它扩大社会影响提供了广阔空间,加之一批在朝理学官僚的推动,使其获得正统地位具备了重要条件。

实际上,早在入关之前,清朝统治者已经开始接受汉文化,特别是儒家学说。清军入关后,多尔衮摄政期间,顺治帝就采纳汉官建议,派遣官员祭祀孔子。顺治帝亲政后,一批理学官僚抓住有利时机,纷纷建言皇帝召见儒臣,讲论圣学,潜心治道,励精图治。在理学官僚的不懈努力下,顺治帝高扬起儒学文化传统的大旗,以笼络和统治汉民族,声称:“朕惟帝王敷治,文教是先,臣子致君,经术为本……今天下渐定,朕将兴文教、崇经术,以开太平。”[1]由此可见,顺治帝在学习理学思想、研读儒家经典的同时,又将其上升为治国理政的指导思想,从而确立了以儒治国的政治文化取向。

康熙帝自幼即受到良好的儒学教育,“自五岁即知读书,八龄践祚,辄以《学》《庸》训诂,询之左右,求得大意而后愉快”[2]。康熙六年,康熙帝亲政后,一方面希望借鉴成熟且系统的汉族统治经验,维护和巩固清朝统治;另一方面也希望加强皇权,遏制满洲贵族权力。而作为中国传统文化主体的儒学,正好

---

① 《清世祖实录》卷90,顺治十二年三月壬子,《清实录》第3册,第712页。

② 《康熙起居注》,康熙二十三年十一月初四日,第2册,第1249~1250页。

可以满足这种需要,因此康熙帝欣然接受了理学臣僚的主张。康熙八年四月,康熙帝视太学,行视学礼,宣制称:"圣人之道,如日中天,讲究服膺,用资治理",初步表达了以儒治国的愿望。①

与此同时,担任讲官的理学臣僚的学术宗尚、为学旨趣,也对年轻的康熙皇帝产生了重要影响,像熊赐履毕生"以《六经》为高僧,以四子为宗主"②。这必然将康熙帝对儒学的兴趣,引导至程朱理学的方向上来。而实际上,康熙帝不仅"性理宗濂洛"③,而且认为"二帝三王之治本于道,二帝三王之道本于心,辨析心性之理而羽翼六经,发挥圣道者,莫详于有宋诸儒"④。更为重要的是,康熙帝推崇程朱理学,尤为尊崇朱熹,认为朱熹对于理学"能扩而充之,方为理明道备,后人虽杂出议论,总不能破万古之正理"⑤,"集大成而继千百年绝传之学,开愚蒙而立亿万世一定之规","朱子之道,五百年未有辩论是非,凡有血气皆受其益"⑥。康熙五十一年二月,谕令将朱子"配享太庙",且令由东庑先贤之列"升于大成殿十哲之次,以昭表彰至意",使其成为第十一哲⑦。

与一般理学家不同,最高统治者对理学的认识,往往会成为统治意识,变为治国理政的指导思想,且付诸政治实践,进而产生深远的社会影响。康熙十六年十二月,康熙帝亲制《日讲四书解义序》。在这篇纲领性文献中,康熙帝强调"万世道统之传,即万世治统之所系","道统在是,治统亦在是矣"。⑧明确表示要宣扬儒学,继承道统,以儒治国的意图,"历代贤哲之君,创业守成,莫不尊崇表章,讲明斯道"⑨。康熙帝通过这种方式,正式而明确地宣布清朝将理

---

① 《清圣祖实录》卷 28,康熙八年四月丁丑,《清实录》,第 4 册,第 393 页。
② (清)熊赐履:《经义斋集》序《刘然序》,《清代诗文集汇编》,第 139 册,第 2 页。
③ 《圣祖仁皇帝御制文集》第三集卷 45《诗·静坐读书自喻》,第 339 页。
④ 《圣祖仁皇帝御制文集》初集卷 19《序·性理大全序》,第 184 页。
⑤ 《圣祖仁皇帝御制文集》第四集卷 21《论·理学论》,《钦定四库全书》,第 1299 册,第 1 页。
⑥ 《圣祖仁皇帝御制文集》第四集卷 21《论·朱子全书序》,第 10—12 页。
⑦ 《清圣祖实录》卷 249,康熙五十一年二月丁巳,《清实录》第 6 册,第 466—467 页。
⑧ 《清圣祖实录》卷 70,康熙十六年十二月庚戌,《清实录》第 4 册,第 899 页。
⑨ 《清圣祖实录》卷 70,康熙十六年十二月庚戌,《清实录》第 4 册,第 899 页。

学,特别是程朱理学作为用人行政、治国理政的指导思想,并将儒家理想化的唐虞三代作为清朝社会发展的方向,确立了理学的官方意识形态地位。

二、儒释道"三教并重"思想的形成

清前期中国历史一个非常引人注目的现象,就是国家不断走向统一。单就康雍时期的统一战争而言,先后主要有平定三藩之乱、收复台湾、平定准噶尔部噶尔丹之乱、入藏驱准之战,以及平定西北之乱等。统治疆域的日益扩大,促使统治者不得不对维护和巩固多民族统一国家问题进行深入思考,进而根据现实政治的需要,提出一些既能为大多数民众接受,又能引导社会思想走向的新观念。其中,雍正帝儒释道"三教并重"思想的提出,正是这一时代的产物。

雍正帝于藩邸生活四十余年,研读经史的同时,逐渐接触佛、道二教,"朕居藩邸,留心内典,于性宗之学,实有深悟"[1]。继位后,雍正帝一方面认为儒释道"虽各具治心、治身、治世之道,然各有所专,其各有所长,各有不及处,亦显而易见,实缺一不可"[2],声称"朕向来三教并重,视为一体"[3];另一方面对顺治、康熙以来的"黜异端以崇正学"思想大加阐扬,系统阐述了对儒释道三教的认识:

第一,儒家纲常伦理是区分"异端"与"正学"的基本标准。释、道之所以为"正学",是因为其与"吾儒存心养气之旨不悖,且其教皆主于劝人为善、戒人为恶,亦有补于治化"[4]。因此,不管是僧道斥天主教为异端,还是天主教视僧

---

① 《文献丛编》(第一函)第3辑《清世宗关于佛学之谕旨(二)》,第4页。

② 《文献丛编》(第一函)第3辑《清世宗关于佛学之谕旨(二)》,第5页。

③ 《雍正朝汉文朱批奏折汇编》第1册,《浙江巡抚李馥奏密陈福建近日情形并缴御批折》,雍正元年六月十八日,第525页。

④ (清)刘锦藻:《皇朝续文献通考》卷89《选举考六·宗教》,《续四库全书》,上海古籍出版社,2002年,第817册,第47页。

道为异端,都不是圣人所谓的异端。什么是异端呢?即"非圣之书、不经之典,惊世骇俗,纷纷藉藉,起而为民物之蠹者"①,也就是非圣人劝善去恶之道、有害于世道人心者,即为异端。对异端,一方面要实行教化,只要人心正,自然不被异端所惑,"苟有主持,自然不惑",圣祖"渐民以仁,摩民以义,艺极陈常,煌煌大训,所以为世道人心计者,至深远矣"②;另一方面通过严刑峻法,禁止异端的惑世殄民,"朝廷立法之意,无非禁民为非,导民为善,黜邪崇正,去危就安"③。

第二,儒、释、道等宗教中皆有异端。在雍正帝看来,宗教创设之初,无不以"忠君孝亲,奖善惩恶,戒淫戒杀,明己性、端人品"为本,惟其"末学后人,敷衍支离,而生种种无理悖谬之说,遂成异端",如佛教中宣扬"昧君臣之义,忘父子之亲,弃置伦常,同归寂灭",以及"妄谈祸福,煽惑凡庸,借口空门,潜藏奸宄"者;儒学中"以诗书为弋取功名之具,视科目为广通声气之途",以及"逞其流言邪说,以动人之听闻,工为艳词淫曲以荡人之心志"者,凡此种种,皆为异端。④

第三,宗教之间可以包容互存。天下宗教各有所长,亦各有所短,只有存其长、弃其短,"知其短,而不昧其所长,则彼此可以相安,人人得遂其用,方得圣帝贤王明通公溥之道,而成太和之宇宙"⑤。

由上可见,雍正对宗教有着比较客观、理性的认识,形成了一套基本理论与原则,成为人们的基本共识,使后世子孙有章可循、有案可稽。这主要表现在以下三个方面:

首先,突出强调了儒家纲常伦理,作为辨别"正、邪"的重要标准。凡正常宗教皆应该遵从儒家纲常伦理,否则即为异端邪术。这样,雍正帝就用理学将

---

① 《圣谕广训》,《钦定四库全书》,第 717 册,第 599-600 页。
② 《圣谕广训》,《钦定四库全书》,第 717 册,第 599-600 页。
③ 《圣谕广训》,《钦定四库全书》,第 717 册,第 600 页。
④ 《雍正朝起居注册》第 2 册,雍正五年四月初八日,第 1175 页。
⑤ 《雍正朝起居注册》第 2 册,雍正五年四月初八日,第 1175 页。

宗教与现实政治的需要结合起来:凡有益于维护、巩固清朝统治和皇权的,或有利于社会稳定的,即为正常宗教;凡危及清朝统治和皇权,或不利于社会稳定的,即为异端邪术。

其次,儒、释、道以及天主教等宗教,都有正、邪之分,不可笼统对待。对于正常宗教,理应允许其发展、流布;对于异端及正常宗教中的异端分子,始则教化,使其有所主持,不为所惑,若冥顽不灵,则须严厉禁止。

再次,天下宗教,各有所长,亦各有多短,应该互相包容、共生共长,以成"太和之宇宙"。

正是基于这一认识,雍正帝对不同宗教采取了不同政策,较好地处理了统治内部各族群的宗教信仰问题,以包容的态度吸收了多元的宗教信仰,有力地维系着各族群的向心力,维护和巩固了清朝政权。

雍正帝三教并重的主张,和康熙帝独尊程朱相比,确实是一个巨大转变。意味着清朝统治政策的中心已经由中原地区向边疆地区延伸,不再仅仅强调中原汉民族传统的儒家思想,而是将各民族,特别是边疆少数民族的思想信仰也纳入统治思想中来。落实到具体政策措施上,就是在维护和巩固国家统一过程中,清朝对不同民族地区因地制宜,采取灵活的政策、方针。一方面,坚持维护统一、整齐风俗、保证政令畅通这一底线,只要维护清朝统治,不昧君臣大义,就允许不同民族地区保持各自不同的宗教信仰、风俗习惯。正所谓:"修其教,不易俗;齐其政,不易其宜"(《礼记·王制》)。另一方面,针对不同地区、不同民情、不同的历史传统和宗教信仰,采取不同措施,正如乾隆帝所说:"夫疆域既殊,风土亦异,各国常用之书相沿已久,各从其便,正如五方言语、嗜欲之不同。所谓修其教不易其俗,齐其政不易其宜也。"①

---

① 《御制文余集》卷2,《题和阗玉笔筒诗识语》,《钦定四库全书》,第1301册,第700页。

三、文治光昭：国家文化认同的构建与探索

康乾盛世留给历史最重要的遗产，就是实现国家的统一。从康熙二十年清朝平定三藩之乱，到乾隆二十四年统一新疆，清廷经过三代 70 余年的努力，最终完成了国家统一大业。清朝盛世的到来，对乾隆帝而言，将是一个新的历史时期的开始，如何适应新形势，制定新的统治策略，就成为其必须要面对和解决的新问题。

在乾隆帝看来，升平之世，治理国家最重要的是要推行文教，"自有天地，而人经纬乎其间，士君子之一言一行，国家之制度，文为礼乐刑政，布之为教化，措之为事功，无非文也"①。推行文教，最重要的是要化民成俗，引导人心风俗的走向，"制治未乱，保邦未危者，必以风俗人心为之本，人心正则风俗淳，而朝廷清明，国祚久远，胥由于此"②。总体来看，乾隆时期，推行文教、化民成俗的举措，主要包括如下三个方面：

（一）编纂典籍，传承文明

乾隆时期在编纂、整理典章文献方面取得了辉煌成就。这一时期，在清政府主导下，大量历史文献、典章制度被整理、校勘、刊行。代表性成果有《续通典》《续通志》《续文献通考》《大清一统志》《平定准噶尔方略》等。其中成就最大、影响最深远的当属《四库全书》的编纂。

《四库全书》分编经、史、子、集等四部，内容浩瀚，包罗万千，"卷帙浩博，为亘古所无"③。可以说，《四库全书》是中国数千年传统文化的集大成之作，一直被学者所称赞："会诸家之大成，光稽古之圣治"，"盖自列史艺文经籍志及

---

① 《清高宗实录》卷 298，乾隆十二年九月上庚寅，《清实录》，第 12 册，第 896 页。
② 《清高宗实录》卷 146，乾隆六年七月上辛未，《清实录》，第 10 册，第 1105–1106 页。
③ 《钦定四库全书总目》卷首，《凡例》，中华书局，1997 年，第 31 页。

《七略》《七录》《崇文总目》诸书以来,未有闳博精审若此者"。①《四库全书》的编纂进一步推动了清朝学术的全面发展,时"海内从风,人文炳蔚,学术昌盛,方驾汉、唐",各省督抚纷纷"礼聘儒雅,广修方志,群邑典章,灿然大备"②,清代文教事业至此臻于极盛境界。

(二)"扶植纲常",构建清代伦理价值观

在中国传统社会,统治者推行文教最重要的目的在于转移人心,从价值观念的角度,促使臣民以儒家纲常伦理规范自己的行为,心安理得地做朝廷的"忠臣"与"顺民"。乾隆帝推行文教,注重从弘扬儒家忠义观的角度改变对明清之际历史人物的评价,将评价标准从"顺逆"转变为"忠节"。

清初,出于夺取或巩固政权的需要,统治者以"顺逆"评论是非。凡归顺清朝者辄予以褒扬,忠于明朝的抗清者,则被视为"梗化"。降至乾隆时期,随着清朝统治的全面巩固,清廷评价历史人物的标准发生了根本变化。乾隆帝为扶植纲常,从儒家忠义观的立场出发,一方面对矢志抗清的史可法、刘宗周、黄道周等人予以表彰,认为他们"遭际时艰,临危受命,均足称一代完人,为褒扬所当及",谕令考其事迹,予以谥号,"以昭轸慰"③。在乾隆帝的主持下,清廷对明季殉节诸臣,大力表彰,予以谥典,"或予专谥,或予通谥。士民殉节者亦列入祀典。除靖难死事百余人外,明季共得三千六百五十余人"④。

另一方面,对兼事明清两朝的洪承畴等人多予嘲讽,认为"人臣策名委质,忠于所事,既遇宗社改移,自应抗节捐躯,方无愧在三之义"⑤。在褒扬风节的同时,乾隆帝利用编纂图书的机会,对贰臣"大节有亏"者予以惩戒。对降清的薛所蕴、钱谦益等降清的明朝臣子,又心怀犹豫,甚至有反清言行者,尤其

---

① 参阅徐世昌:《大清畿辅先哲传》卷23,《纪昀传》,北京古籍出版社,1993年,第751页。
② 参阅赵尔巽等撰:《清史稿》卷145,《艺文一》,第15册,中华书局,1977年,第4265页。
③ 《清高宗实录》卷九九六,乾隆四十年十一月癸未,《清实录》,第21册,第316–317页。
④ (清)顾公燮:《丹午笔记·明季殉节诸臣》,江苏古籍出版社,1999年,第112页。
⑤ 《清高宗实录》卷1332,乾隆五十四年六月庚申,《清实录》,第25册,第1225页。

憎恨,斥为贰臣,大加挞伐。乾隆五十四年六月,谕令调整《贰臣传》体例,"以励名节而示来兹"。下令将其列传从《贰臣传》中撤去,"不必立传"。乾隆帝通过对明清之际历史人物评价标准的变化,彰善瘅恶,扶植纲常,强化和扩大人们的忠孝观念,从而维护和巩固了清朝统治基础。

(三)"杜遏邪言",以正人心

如果说编纂典籍、扶植纲常是从正面角度引导人心风俗的走向,那么对异端思想、异端学术的残酷镇压,则是从反面达到统一人心、巩固统治的目的。清前期各朝都不乏文化专制主义政策,屡兴文字狱。乾隆帝继承乃父祖的思想观念,更有过之而无不及。大体来看,乾隆时期,文化专制主义政策主要有两种:一是禁毁图书,二是大兴文字狱。

禁毁对清朝统治不利、甚至有碍的图书,包括禁毁违反儒家纲常伦理的著作,在清前期时有发生。而文字狱之爆发,往往也都伴随着图书的禁毁。乾隆时期,清廷大规模禁毁图书发生在《四库全书》编纂期间。在乾隆帝的严词督责下,各省督抚对查禁图书十分卖力。随之而来的是,一批又一批的"违碍"书籍被发现和销毁。

结　语

"崇儒重道"是清代基本文化政策,理学特别是程朱理学作为官方指导思想的地位,一直持续到清末。然而,由于社会环境的不同、时代主题的变换,以及最高统治者学术兴趣、性格嗜好的差异,清朝统治者因势、因时、因事而为,对文化政策也适时做出调整,以适应客观形势的发展变化。总体来看,清代文化政策的发展变化至少具有以下三个方面的重要特征:

第一,清代文化政策是与社会历史的发展相辅相成的。作为少数民族入主中原的政权,清代文化政策的调整是以客观历史发展的需要为转移的,不是一成不变的。反过来,清代文化政策的制定及相应措施的推行,又推动了清代社会历史的发展。

第二,清代文化政策是以维护和巩固清朝统治为主线的。每一个时代都有特定的方针政策,而方针政策的制定都是为统治阶级的利益服务的,清代文化政策的制定亦是如此。

第三,清代文化政策的发展变化具有明显的包容性。清代"崇儒重道"的文化政策,虽然在不同时期强调的角度和侧重点有所不同,但是对不同思想观念、宗教信仰都表现出较大的包容性。这种政策的包容性为各地区、各民族文化的交往交流交融提供了广阔空间,不仅使中华文化呈现出博大精深、源远流长的特征,而且使中华民族呈现出"多元一体"的格局,奠定了现代中国的重要基础。

中欧文明互鉴视域下的人类命运共同体构建

杨立学

[摘要]欧洲文明的科技理性在促进国家现代化的同时,不可避免地带来了单边主义、文明冲突等现代性危机。人类命运共同体思想尊重文化差异,倡导不同文明互补、互鉴,推动形成一种各国经济共同发展的新型全球化。梳理人类命运共同体思想在欧洲文化疆域的传播状况,分析这一思想在欧洲文明中的深层次解读,为进一步推动人类命运共同体构建澄明切实的接受空间。

[关键词]中欧文明;人类命运共同体;文明疆域;现代性危机;文明互鉴

中华文明与欧洲文明源远流长,经过历史积淀形塑了各自独特的文化模式、价值观念和哲学思想,成就了人类社会发展史上两类重要的文明形态。近代欧洲文明以自身的思想标准和经济模式为框架,在处理国际关系时持一种单边主义、霸权主义策略,从而导致了种种现代性危机。时至今日,应对这种现代性危机的共识还远未达成,文明冲突在一些方面甚至愈演愈烈,严重威

基金项目:天津市教委社会科学重大项目"人类命运共同体思想英译助建对外话语体系研究"(项目编号:2023JWZD50)。
作者简介:杨立学,天津职业技术师范大学外国语学院副院长,教授。

胁世界和平稳定与可持续发展。人类命运共同体思想尊重他者文化,致力于维护世界和平,倡导通过共同发展解决全球性问题,对于应对现代性危机有重要启示。本文解读欧洲文明的内涵,显现现代性危机、文明冲突的根源,分析人类命运共同体思想在欧洲文明疆域的传播与接受,探讨该思想对于解决现代性危机、文明冲突的内在价值。

一、欧洲文明内涵与现代性危机

欧洲文明不是一个地理学概念,并不局限在欧洲,美国、加拿大、澳大利亚虽地处美洲、澳洲,但其主要文明形态均来自英、法等欧洲国家,所以也被史学界视为欧洲文明的疆域。因此,可以说欧洲是"文化意义上的欧洲"①。欧洲文明所孕育的是一个文化疆域,必须共享独特的文明形态,而不是从字面上理解的地理范畴。

欧洲文明主要源于中世纪,"工商业城市、大学、行会和议会"等"对现代社会影响深远的因素"均在中世纪形成。②中世纪日耳曼民族的领主附庸制度产生了欧洲的封建制,让欧洲继罗马帝国灭亡后又一次具有了战斗力,并因此击溃周边民族的入侵,使自身保存了下来。英国《大宪章》运动主张将君主的权利限制在法律之内,由 25 名贵族组成的委员会监督执行,君主征税和其他重要决议需经过这一委员会,欧洲现代议会显现雏形。③

从启蒙运动开始,理性在欧洲文明中扮演着极其重要角色。到了现代社会,形成了理性主义,为了更好地控制外部世界,人将其纳入理性公式,由此科技获得突破性进步,相对论、量子力学、电子信息技术等重大发现相继产生,人对外部世界的改造愈加有效,经济获得了快速发展,资本也因而诞生。

---

① 侯建新:《中世纪与欧洲文明元规则》,《历史研究》,2020 年第 3 期。

② 侯建新:《早期欧洲文明建构及影响》,《历史教学》,2017 年第 17 期。

③ 侯建新:《早期欧洲文明建构及影响》,《历史教学》,2017 年第 17 期。

资本要求不断增殖,且为了这一目的不断扩张,并带着自身的矛盾裹挟着人类的生活。欧洲的现代性危机就根源于这种资本的逻辑,这种理性主义使物质财富的线性增值成为欧洲文明追求的目标,为争夺财富的冲突越来越普遍,小到人与人,大到国与国之间,冲突在欧洲文明社会似乎难以避免。战争是文明冲突的极端表现,两次世界大战均源于欧洲国家对物质财富、领土资源和贸易路线的争夺,体现了对资本增殖的过度追求。战后欧洲文明国家所采取的新自由主义、单边主义、贸易保护主义等资本发展策略均对全球经济社会产生了不良影响。

二、人类命运共同体思想内涵与国际馆藏

(一)思想内涵与对外译传

2013 年 3 月 23 日,习近平总书记在莫斯科国际关系学院演讲时,对外正式讲述了"人类命运共同体"思想,主张"各国应该共同推动建立以合作共赢为核心的新型国际关系,各国人民应该一起来维护世界和平、促进共同发展"[①]。人类命运共同体思想的"根本目的"是"共同发展、共同繁荣";对待他者文明的态度是"平等交流、互学互鉴";处理国际利益的原则为"义利兼顾、互利互惠";构建方法为"共商共建共享";国际间相处原则为"和平共处、天下共宁"[②]。人类命运共同体思想拟通过这些原则建立一种新型国际关系,以和平方式解决国际争端和分歧,凝聚起各国人民的力量,推动全世界共同发展。

习近平总书记在多种场合发表重要讲话,深度阐释人类命运共同体思想的内涵。这些讲话首先在人民日报、外交部网站和新华网等官方媒体发布,之后经过修正编入《习近平谈治国理政》,2018 年出版专集《论坚持推动构建人

---

① 《习近平谈治国理政》,外文出版社,2014 年,第 273 页。
② 滕文生:《东西方文明互学互鉴与构建人类命运共同体(下)》,《世界社会主义研究》,2019 年第 12 期。

类命运共同体》,相关内容被翻译为英、法、德、意、西等 20 多个语种,在国际上广泛传播。其中《习近平谈治国理政》的国际传播最为权威,通过检索该著作在国外的馆藏能有效获得人类命运共同体思想在欧洲文明疆域的传播状况。

(二)国际馆藏国别、语种分布

Worldcat 是"联机计算机图书馆中心"(Online Computer Library Center)推出的在线数据库,目前连接全球 107 个国家的 15637 家图书馆[1],是世界上最大的图书在线联合目录检索平台。

应用这一数据库,对《习近平谈治国理政》英文版(Xi Jinping: The Governance of China)、德文版(Xi Jinping: China Regieren)、法文版(Xi Jinping:La gouvernance de la Chine)、西班牙文版(Xi Jinping:La gobernacioón y administracioón de China)、意大利文版(Xi Jinping: Governare la Cina)、匈牙利文版(Xi Jinping: Kína kormányzásáról)和中文版等 7 个语种版本进行检索,可以明了该著作在欧洲文明疆域的馆藏分布(见表1)。

表1 《习近平谈治国理政》外文版国别、语种馆藏分布[2]

国家	英文版	德文版	法文版	西班牙文版	意大利文版	匈牙利文版	中文版	合计
美国	186	1	2	1	1	1	74	266
澳大利亚	32						12	44
英国	21						7	28
德国	20	22					13	55
加拿大	15		1				8	24
波兰	10							10

[1] 基于"联机计算机图书馆中心"官方网站简介,https://www.oclc.org/zh-Hans/about.html,2021-04-04.

[2] 该表的数据均根据 Worldcat 数据库(https://www.worldcat.org/)的检索情况进行统计获得,2021 年 3 月 23 日。

国家	英文版	德文版	法文版	西班牙文版	意大利文版	匈牙利文版	中文版	合计
新西兰	6						2	8
意大利	3				3			6
丹麦	3						2	5
荷兰	3	1						4
瑞士	3	1			1		1	6
法国	3		16				2	21
比利时	2		1					3
斯洛文尼亚	2							2
爱尔兰	1							1
瑞典	1							1
西班牙				2			1	3
匈牙利						1		1
合计	311	25	20	3	5	2	122	488

国别馆藏反映了该国的关注程度,以上数据显示,英文版依然是人类命运共同体思想国际传播的最重要载体,不仅在英语国家,非英语国家的馆藏量也普遍高于其他语种译版的馆藏量。[①]

英文版共涉及 16 个国家的 311 家图书馆,美国图书馆的馆藏量占欧洲文明疆域国家的 59.8%,其次是澳大利亚、英国、德国、加拿大、波兰和新西兰。相对于 2015 年美国英文版馆藏在世界占比的 69.28% 和 2017 年的 63.06%[②],现在美国占比有所下降,反映了其他国家对英文版的重视,但美国依然具有压倒性优势。

在非英语国家中,德国图书馆表现夺目,其英文版馆藏在非英语国家中

[①] 其本国语译版馆藏量除外。

[②] 2015、2017 年美国英文版馆藏量分别为 106、169 家,国外总量为 153、268 家,数据来源于管永前:《〈习近平谈治国理政〉海外传播效果再探》,《对外传播》,2017 年第 10 期。

排名最高,与 2017 年的 10 家相比增长了一倍①,达到 20 家,占欧洲文明疆域国家的 6.43%,即使与英语国家相比,也超过了加拿大、新西兰、爱尔兰,仅比英国少 1 家,屈居第 4 位。德国的德文版馆藏量占比为 88%,稳居第一,其中文版占比为 10.66%,居第二位。馆藏在一定程度上反映了两国的交往状况,从 2016 年开始,中国一直是德国最大的全球贸易伙伴,经济贸易交往带动了中国研究,促进了人类命运共同体思想的传播与接受。

国外中文版的馆藏量表明,中文版是仅次于英文版的国外收藏文版,中文版的重要性在国外不容小觑。国外中国问题研究专家能够阅读中文或能够与外文对照查阅中文,另外,在这些国家,有不少华裔能够阅读中文。中文版的编辑符合外国的阅读期待,作为人类命运共同体思想对外传播的中文版载体,《习近平谈治国理政》在原有文稿编辑的过程中,加入了大量注释,这对于国外不太熟悉中国政治文化的中文受众而言,是一种有益的关照。

法文版、西班牙文版、意大利文版、匈牙利文版所占比重分别为 4.1%、0.61%、1.02%、0.41%,尤其后三个语种,比重非常低。英语是目前使用最广泛的世界语,但并非所有人都能熟练掌握英文,尤其对于母语、官方语言皆不是英语的国家而言,理解时政话语的英文表述非常困难,如果应用其本土语言译本,往往由于满足阅读期待而产生良好的效果。正如贝克所言,“当地语言翻译能够促进地域性团结”②。在进行对外传播推介时,需要根据人类命运共同体思想在各个语种的影响比重和具体需求投入相应的翻译与传播资源。

(三)收藏图书馆国别、类别分布

根据《习近平谈治国理政》7 个语种版本在欧洲文明疆域的馆藏信息,按

---

① 2017 年的数据来自管永前:《〈习近平谈治国理政〉海外传播效果再探》,《对外传播》,2017 年第 10 期。

② Mona Maker, Translation and Solidarity in the Century with no Future: Prefiguration vs. Aspirational Translation, *Palgrave Communications*, 2020(6):1-10, p.3.

所在国家、图书馆所属类别进行分类整理,可获得收藏图书馆国别、类别分布数据(见表 2)。

表 2 《习近平谈治国理政》收藏图书馆国别、类别分布①

国家	高校图书馆	地区图书馆	机构图书馆	国家图书馆	合证
美国	162	31	3		196
澳大利亚	17	13	3	1	34
英国	18	1	1	1	21
德国	27	2	3	1	33
加拿大	15	1			16
波兰	7	1	1	1	10
新西兰	3	2		1	6
意大利	4			1	5
丹麦	1		1	1	3
荷兰	2		1		3
瑞士	4	2			6
法国	10	1	3	1	15
比利时	1		1		2
斯洛文尼亚		1		1	2
爱尔兰	1				1
瑞典				1	1
西班牙	2			1	3
匈牙利			1		1
合证	274	55	18	11	358

---

① 该表的数据均根据 Worldcat 数据库的检索情况统计获得,2021 年 3 月 23 日。

在合计数据上,表2与表1并不一致,这主要是因为有些不同语种的版本在同一图书馆收藏。如美国明德大学蒙特雷国际研究院(Middlebury Institute of International Studies at Monterey)图书馆拥有英文、德文、法文、西班牙文、匈牙利文和中文版,这六个语种版本在表2中按类型来说只算作1家高校图书馆,而在表1按语种则可算作6个语种馆藏,因此,表2国别数据合计一般小于或等于表1国别数据合计。

图书馆类别方面,高校图书馆占比最高,达到76.54%,说明高校依然是人类命运共同体思想传播的主阵地,尤其是研究型大学。美国关于《习近平谈治国理政》的各语种馆藏,不仅涉及研究型大学、地区图书馆、智库和学术机构,还出现在社区学院、职业院校图书馆,覆盖面极广。机构图书馆涉及国务院、国防部、议会、情报局、军事基地、地方政府和基金会等,这些机构的图书馆藏表明人类命运共同体思想在其制定政策及具体实施中具有重要资料查询功能。国际组织只涉及位于比利时的欧洲议会(The European Parliament),其馆藏有英文版和法文版,表2按所在国别进行数据统计,算作比利时的机构图书馆,欧洲议会是欧洲联盟的立法决策机构,其图书馆对于欧盟制定相关法律具有重要资料价值。

当然这种线上数据库检索,并不能完全反映实际馆藏状况,有些图书馆没有共享给Worldcat数据库,这个数据库虽大但依然不具有穷尽性。从馆藏国别可以看出,以上数据主要选取了欧洲文明疆域的国家,因此数据主要反映这些国家的馆藏状况,但从已存在的数据进行分析,在一定概率上具有参考价值。

三、人类命运共同体思想在欧洲文明疆域的接受

馆藏是反映国际流通的一个指标,但还不能了解具体的理解程度,相关论文、书评和媒体发布是对思想的具体解读,深入反映了该思想的接受状况,

这一部分拟从国际论文、书评和媒体视角分析人类命运共同体思想在欧洲文明疆域的具体接受与影响。

（一）相关论文解读

意大利《二十一世纪马克思》杂志主编安德烈·卡托内（Andrea Catone）从马克思国际主义的视野研究人类命运共同体，认为这一思想"根植于人类历史，经历了漫长的构思，是反复试错的历史过程以及汲取错误教训的结果"①。人类命运共同体强调世界各国人民相互依存、共同发展，是不同文明经过交流、合作、冲突，逐渐形成的国际关系发展经验。在人类历史上，国与国之间的关系经历了多次变化和调整，在不断的试错中人们逐渐认识到，单边主义、霸权主义对所有人都是有害的。二战期间，反法西斯联盟的形成就是一个重要的转折点，表明了不同国家和政治体系能够为了共同的目标和利益团结起来。

安德烈·卡托内指出，人类命运共同体思想所倡导的价值——"和平、发展、公平、正义、民主、自由"是"全人类的共同价值，也是联合国的崇高目标"②。这种价值观跨越了文化、宗教和地理的界限，反映了人类共有的愿望和追求，被广泛接受为维护人类尊严和促进社会进步的基本原则。历史上的贫穷、疾病、战争和冲突等负面经验教训表明，只有在这种基本原则指导下，人类社会才能实现长久的稳定与繁荣。

英国牛津大学罗斯玛丽·富特（Rosemary Foot）教授认为，人类命运共同体思想以"共同发展"为基础，通过"经济发展实现国家强大"，"在追求自己的利益时必须顾及他人的利益，在寻求自己的发展时必须推动共同发展"③。当

---

① ［意］安德烈·卡托内：《人类命运共同体与马克思国际主义》，《世界社会主义》，2018（12）：32–37，第 33 页。

② ［意］安德烈·卡托内：《人类命运共同体与马克思国际主义》，《世界社会主义》，2018（12）：32–37，第 34 页。

③ Rosemary Foot, Amy King, China's world view in the Xi Jinping Era: Where do Japan, Russia and the USA fit? *The British Journal of Politics and International Relations*, 2020（2）：1–18, p.5.

一些国家变得越来越富有,而其他国家却长期处于贫困和落后状态时,可持续发展根本无法实现。这种不平衡会导致全球范围内的不稳定和不公正,进而威胁到国际社会的和平与安全。人类命运共同体思想旨在通过经济合作和共享发展成果,提高生产力,创造就业机会,减少全球贫困和不平等,通过共同发展实现不同国家和地区之间的相互依存和共同繁荣。共同发展强调合作而非竞争,包容而非排他,不仅是一种经济政策的选择,更是一种全球治理的原则,是实现人类命运共同体的基石。

(二)相关书评解读

美国高端智库——卡内基国际和平研究院(Carnegie Endowment for International Peace)资深研究员斯温(Michael D. Swaine)2015 年在美国胡佛研究所(Hoover Institution)期刊《中国领导观察》上发表书评,深入解读《习近平谈治国理政》中关于中国对外政策与对外关系的相关思想。斯温认为基于人类命运共同体的外交政策,是对历史上中国共产党外交政策的继承与发展,提出了很多新理念,"适应了全球快速变化的力量"[1]。斯温将这一外交政策主旨划分为四类,即和平发展、大国关系新模式、邻国外交和多边关系。[2]

其一,和平发展。强调"通过与外部世界维持积极、有益的关系,实现长期和平发展",表现在人类命运共同体思想中多次"庄严承诺'永不称霸,永不扩张',永不以他国为代价寻求利益"[3]。斯温指出,中国和平发展的基础是其核心利益的维护,此核心利益指"主权、安全和发展"[4]。中国致力于通过对话与

---

[1] Michael D. Swaine, Xi Jinping on Chinese Foreign Relations: The Governance of China and Chinese Commentary, *China Leadership Monitor*, 2015(48), p.4.

[2] Michael D. Swaine, Xi Jinping on Chinese Foreign Relations: The Governance of China and Chinese Commentary, *China Leadership Monitor*, 2015(48), pp.4-7.

[3] Michael D. Swaine, Xi Jinping on Chinese Foreign Relations: The Governance of China and Chinese Commentary, *China Leadership Monitor*, 2015(48), p.4.

[4] Michael D. Swaine, Xi Jinping on Chinese Foreign Relations: The Governance of China and Chinese Commentary, *China Leadership Monitor*, 2015(48), p.4.

协商的方式处理国际争端,担负起维护世界和平发展的重任,体现了世界主义大局意识,但中国的核心利益不容侵犯。将核心利益视作推动世界和平发展的基础,体现了一个国家的民族与世界双重担当。

其二,大国关系新模式。斯温指出,人类命运共同体思想所倡导的新型大国关系是"合作、共赢","合作"是实现大国共赢的前提,当前的大国合作既有机遇,又有挑战,前者为"多元和平的国际发展模式持续增长,'国与国之间史无前例地彼此相连,相互依靠'";后者为"区域与全球性困难和挑战持续增长,从金融危机到保护主义,新干涉主义以及传统和非常规的安全威胁,如军备竞赛、恐怖主义和网络安全"[1]。按欧洲政治思想,不同利益的大国之间只有竞争,不可能实现共赢,一方获益,另一方必定受损,这是大国之间冲突理念的根源,严重威胁到全球性安全。人类命运共同体思想基于中国传统智慧,提出共赢理念是对零和博弈思想的超越,并指出国际合作面临的具体挑战,只有采取措施解决问题,才能实现新型大国关系。

其三,邻国外交。斯温认为中国对邻国有"一贯且稳定"的外交政策,如"不干涉内政、不经营势力范围或不谋求地区事务主导权,加强政策协调和经济交往,尊重区域多样化"等。[2]中国尊重各国适合自身国情的独特发展模式,对邻国的外交政策多体现在对邻国发展的促进方面,较明显的举措便是"一带一路"倡议,斯温认为此倡议将形成"一种以'互利共赢'为特征的创新驱动、开放型发展模式"[3]。作为中国对接邻国发展的重要举措,"一带一路"倡议是中国根据历史上丝绸之路经验和当前的国际实践提出的具有开放包容特征的经济发展框架。

---

[1]　Michael D. Swaine, Xi Jinping on Chinese Foreign Relations: The Governance of China and Chinese Commentary, *China Leadership Monitor*, 2015(48), p.6.

[2]　Michael D. Swaine, Xi Jinping on Chinese Foreign Relations: The Governance of China and Chinese Commentary, *China Leadership Monitor*, 2015(48), p.6.

[3]　Michael D. Swaine, Xi Jinping on Chinese Foreign Relations: The Governance of China and Chinese Commentary, *China Leadership Monitor*, 2015(48), p.6.

其四,多边关系。这种关系针对"单边主义"提出,其目的在于反对由单一国家主导国际秩序而导致的霸权主义。斯温认为人类命运共同体思想中关于安全体系的构想从亚洲开始,逐渐扩展到全球。对于亚洲区域治理,主张"建立亚洲共同体,反对冷战时期一个国家对区域安全事务零与博弈的思维和理念"①。一些国家通过军事联盟,在亚洲建立军事基地,以此意图主导亚洲政治形态。斯温引用人类命运共同体思想指出,"针对第三方建立和巩固军事同盟于公共安全无益"②。中国主张以对话和协商的方式解决国际争端,而针对第三国建立军事联盟,既是对第三国的威胁,也是对整个世界安全态势的戕害。

德怀特·墨菲(Dwight Murphey)是美国威奇托州立大学(Wichita State University)经济法学院教授,2019年在《社会、政治、经济研究学刊》上发表《习近平谈治国理政》第一卷书评——"治国理政:习近平主席的讲话",认为人类命运共同体思想中"显现出的宁静与善意将被证明是主要内容,中国和世界将会因此而更加美好"③。人类命运共同体思想中充满了善意与宁静,睦邻友好、为人民服务、和平发展等理念对于人类的未来具有重要作用,是世界文明获得持续发展的基础性思想。不同民族、不同文化对事物的认识和对美好生活的向往具有相似性,只有以此为基础加强共识、对话,深入交流,才能消除文明冲突,澄清误解,共同建构和谐、美好的人类世界。

(三)相关媒体传播

欧洲文明疆域有不少研究智库、新闻媒体对中国的政治、经济、文化很感兴趣,时常通过其官方社交媒体平台向其受众介绍中国的相关政策,智库成

---

① Michael D. Swaine, Xi Jinping on Chinese Foreign Relations: The Governance of China and Chinese Commentary, *China Leadership Monitor*, 2015(48):1-14, p.7.

② Michael D. Swaine, Xi Jinping on Chinese Foreign Relations: The Governance of China and Chinese Commentary, *China Leadership Monitor*, 2015(48):1-14, p.7.

③ Dwight D. Murphey, The Governance of China: Speeches by President Xi Jinping, *The Journal of Social, Political and Economic Studies*, 2019(1-2):161-173, p.173.

员和媒体记者因本属其中，也常在其个人社交账号上就相关活动发表推文，介绍和评论相关活动。智库、媒体官方账号与成员个人账号的推文常有对应关系，图片相同，措辞有别，但主要情感倾向相似。

美国华尔街日报中国中心主任郑子扬（Jonathan Cheng）在其推特账号（@JChengWSJ）对《习近平谈治国理政》第三卷评论道："只有深入阅读此书，外国人才能理解四个意识与四个自信的关系。"该推文有 4 个转推、12 个点赞。点赞者中有《华尔街日报》新加坡分部记者乔恩·埃蒙特（Jon Emont），数据统计网 Cityalgo 的创设人马里奥·贝里西奇（Mario Berisic），历史学者、作家莫拉·坎宁安（Maura Cunningham）博士和美国著名的财经资讯提供商彭博公司（Bloomberg）的高级编辑伊莎贝拉·斯特格（Isabella Steger）等。"四个意识""四个自信"是中国政治话语，在没有进一步释义解读的情况下，对以此话语为主要内容的推文作出回应者均为以报道、研究中国为职业，对中国政治、社会比较熟悉的媒体人或学者。可见，若想深入广泛传播，推文需将相关政治话语内涵进一步明晰化，使普通受众能够轻松领会是顺利传播的重要因素。

中国英文媒体是中国对外传播的重要载体，这些媒体通过其官方社交账号对外传递中国声音，在阐明中国理念、构建国际形象方面发挥着重要作用。2021 年 4 月 9 日"学习时代"在其推特账号引用《习近平谈治国理政》第三卷的中英文发布，"中国共产党是为中国人民谋幸福的党，也是为人类进步事业奋斗的党（The CPC is a political party dedicated to the wellbeing of the Chinese people and to the progress of human society）"。该推文有 6 个转推，34 个点赞，转推中有《中国日报》官方推特，点赞中有美国德州大学圣安东尼奥分校（The University of Texas at San Antonio）政治科学与地理系主任高乔恩（Jon Taylor）教授。

推文的受欢迎程度与其形式、主体、内容均有关系。一般而言，同样的内容，相同的措辞，机构账号比个人账号有更大影响力，公众人物的账号比普通人的账号受到更多关注，这一方面与权威性、客观性有关，另一方面也与朋友圈、粉丝量相关。只有文字的单模态推文影响较弱,在多模态时代,单纯文字本身难以激起受众的阅读兴趣,图片、视频、颜色多元有机设计更易于受到关注。推文的受欢迎程度也与推文内容有关,受到肯定回应的推文,多表示友谊、交流,关注度较小的推文多只传达信息,情感性较弱。为了达到更好的传播效果,有必要以共同关注的问题为契机,解决各国人民迫切需要应对的问题,让其领会到人类命运共同体思想的适用性。

结　语

欧洲理性主义是当代文明冲突的根源,在有限物质资源与刚性经济发展的矛盾环境下,单边主义就成为这种冲突的导火索。解决文明冲突需要建构人类命运共同体,倡导尊重他者文明,不同文化互鉴、互补,共同生长。人类命运共同体思想基于马克思国际主义和当代治国理政实践,深度参与全球治理体系构建,是中国对世界和平发展作出的重要思想贡献。人类命运共同体思想与欧洲文明相关思想有相通之处,更具有自己的独特性,相通之处可以交互阐释,为深层次对话提供契机,独特性又为欧洲文明应对现代性危机提供可资借鉴的思想,让世界摆脱单边主义、文明冲突,致力于人类社会福祉的建构与发展。

参考文献:

1. [意]安德烈·卡托内:《人类命运共同体与马克思国际主义》,《世界社会主义》,2018 年第 12 期。

2. 侯建新:《早期欧洲文明建构及影响》,《历史教学》,2017 年第 17 期。

3. 侯建新:《中世纪与欧洲文明元规则》,《历史研究》,2020 年第 3 期。

4. 管永前:《〈习近平谈治国理政〉海外传播效果再探》,《对外传播》,2017

年第 10 期。

5. 滕文生:《东西方文明互学互鉴与构建人类命运共同体》(下),《世界社会主义研究》,2019 年第 12 期。

6. 习近平:《习近平谈治国理政》,外文出版社,2014 年。

7. Dwight D. Murphey, The Governance of China: Speeches by President Xi Jinping, *The Journal of Social, Political and Economic Studies*, No.1–2, 2019.

8. Michael D. Swaine, Xi Jinping on Chinese Foreign Relations: The Governance of China and Chinese Commentary, *China Leadership Monitor*, No.48, 2015.

9. Mona Maker, Translation and Solidarity in the Century with no Future: Prefiguration vs. Aspirational Translation, *Palgrave Communications*, No.6, 2020.

10. Rosemary Foot, Amy King, China's World View in the Xi Jinping Era: Where Do Japan, Russia and the USA Fit? *The British Journal of Politics and International Relations*, No.2, 2020.

天津市社会科学界学术年会文化传承发展专场暨"新时代·新学科·新使命——非物质文化遗产学国际学术论坛"综述

耿 涵

2023 年 10 月 23 日,天津市社会科学界联合会、天津市教育委员会、天津大学冯骥才文学艺术研究院主办的"新时代·新学科·新使命——非物质文化遗产学国际学术论坛"在天津大学冯骥才文学艺术研究院召开。

一直以来,党和国家都高度重视我国非物质文化遗产保护事业。2022 年12 月 12 日,习近平总书记再次强调"要扎实做好非物质文化遗产的系统性保护,更好满足人民日益增长的精神文化需求,推进文化自信自强"。非物质文化遗产学是非遗系统保护体系的重要组成部分,而作为一门新生交叉学科,非遗学的诸多问题都亟待探讨。本次会议,以非遗学的学术体系和学科体系为论域,召集国内外非遗保护领域和理论研究领域的领军学者,各抒崇论、集思广益,共同为非遗学夯实学科基础,构建新时代中国非遗学多元共进、江海同归的学科格局和中国非遗的系统性保护、可持续发展贡献力量。

一、非遗学学科建设及人才培养

学科建设和人才培养是非遗学这门交叉学科亟须探讨的首要问题。中国文联副主席、中国民间文艺家协会主席潘鲁生在发言中提出，学科建设和人才培养是推动文化遗产保护事业的一个重要基础。非遗学的建构，面对的是一个开放、综合、动态的文化生态系统和学科体系。而非遗门类的多样性决定了非遗学是交叉、综合的学科，交叉学科的意义在于实用，更在于深层次激发学术"原创力"。中央民族大学教授陶立璠认为，不管作为交叉学科还是单独学科，非遗学都是成立的，经过二十多年的非遗保护实践，非遗学的建立是水到渠成的。中国艺术研究院副院长王福州强调，在非遗学科建设上，必须要有理论上的清醒和坚定，要把学科建设引向深入，要以系统的思维推进文化遗产的学科建设。王福州提出在非遗学科建设上，要以中华文化为地基，以非遗价值为支点，以形态学为重要的研究方法。北京师范大学教授高丙中认为，非遗学是研究非遗保护实践的新文科，是研究如何通过在生活文化中确认、传承、弘扬和利用非遗而使生活得到改善，以增加人民（共同体）福祉的交叉性、综合性学科。中国艺术研究院研究员苑利认为，非物质文化遗产学是一门专门以研究人类通过身体来传承某种知识和技能的学问，而非遗学至少要回答三个问题，即非遗本体论、价值论和方法论。中央美术学院教授乔晓光认为，非遗学在高校是通过学科群来体现，而不仅是由一个学科来解决问题。而非遗学的研究要走出项目化的思维模式，深化和拓展多样性的研究实践框架，开展更加有活态文化针对性和系统性的复杂性研究实践，推动学院与社区、城市和乡村在文化可持续及文明创新实践中的融合发展。

在人才培养问题上，陶立璠提出建议，要建立非遗学的本科专业，作为后备人才，构成本科、硕士、博士的人才培养体系。潘鲁生提出非遗学人才培养在本科、硕士、博士不同阶段的不同目标：本科培养服务基层保护与传承工作的应用型、复合型人才,硕士培养服务文化遗产保护与传承事业的管理型、研究型人才,博士培养具备学术研究、服务国家政策实施、国际间交流协作能力的学术型管理人才。北京联合大学教授顾军讲述了北京联合大学历史文博系在非遗人才培养上的实践和经验,她分享到,北京联合大学找准教学定位,以行业需求为指导,通过历史学与博物馆学、建筑学等相关学科交叉的方式提供学习路径,探索出了一条培养行业专业型人才的独特道路。北京大学博雅博士后徐玉隽分享了我国高等教育中非遗学科建设的基本情况,用翔实的数据呈现了非遗学发展中权威教材缺乏等急需解决的实际问题。

总体上,与会专家认为非遗学的学科建设和人才培养任重道远,学理上的探讨和具体的实践应该齐头并进,中国特色的非遗学科只有在不断探索、交流和反思中方能建立起来。

二、非遗学理论研究

自 2003 年联合国教科文组织颁布《保护非物质文化遗产公约》以来,国内学界对非遗的理论研究已经走过了二十个年头。在非遗的本体论、价值论上仍有诸多可以探讨的空间。非遗学的理论研究是不断深入的过程。厦门大学教授彭兆荣认为,中国非遗体系由遗存之道、遗存之相、遗存之技、遗存之法构成,在对国外非遗体系进行研究后,勾画出中国本土的非遗学科体系。中央民族大学教授王建民强调了非遗的主体性、能动性、创新性和共享性,对非遗的特性进行了再确认。中国社会科学院研究员、中国民协副主席安德明认为,非遗这一概念已经超越了它最基本的含义,其已经变成了一个框架,它不只是一个简单的被处理的对象,它使得每一个国家和地区的人们都可以从一个崭新的国际比较眼光来对待自己的文化传统,既能对自己的文化本身作出公允的判断,又能参考其他文化或国际规范来反思自我、调整自我,从而推动不同文化间的相互理解。

三、非遗保护经验及个案研究

非物质文化遗产保护是新时代的文化发展课题,是以专门性、专业性、学术性为核心的文化行动。学者们在发现、处理和解决非遗保护工作中过程中积累的宝贵经验,对于非遗的系统性保护和可持续发展有着莫大的意义。

第一,是对非遗保护理论和实践模式的探索经验。"非遗社区化"是我国在非遗保护模式上的创新性开拓,北京师范大学文学院教授杨利慧以北京东花市街道和高碑店村为例,指出社区参与非遗保护模式的关键性"三在原则",即传承人长期工作在社区、非遗"活"在社区、社区长期参与在保护过程中。马来西亚国家遗产局建筑保护部部长穆罕默德·曼苏尔·库索西表示,当前非遗面临的主要挑战是如何在快速发展和非物质文化遗产的可持续性之间取得平衡,需努力将主流的保护措施纳入各级发展计划、政策和方案,在"全球化"背景下学习文化多样性的社会性和认识论。

第二,是对非遗传承人的保护经验。中央民族大学教授林继富指出传承人是我国非遗保护主体,其能力建设是非遗传承人制度建设的核心,既需在政府出台系列措施的保障下提升传承发展能力,也要在遵循传统基础上不断适应新时代发展表现出的创新能力。

第三,是非遗保护传承需坚守的初心与使命。北京师范大学教授萧放提出当前非遗工作的初心与使命是通过优秀民族文化传统的保护传承,助力中华民族复兴大业,"为全面建设社会主义现代化国家提供精神力量",即养护中华文明根脉,传承民族精神;重视人民主体地位,增强文化自信,增进民族文化认同;传承民族智慧,激发民族创造力;丰富人民生活,满足人们日常生活需求。

第四,是从个案中得出的非遗保护现实经验和不足之处。苏州大学教授卢朗以苏绣七十年多发展的状况为个案,探讨了新中国成立来苏绣发展坚持对自身语言的追求以及在理论和实践层面展开的不懈探索。法国远东学院北京中心研究员范华(PatriceFava)聚焦湖南民间神造像的重要性和功能研究,指出部分学者"去背景化"研究方法的局限性,并强调应赋予神像活力、重视其承载的文化意义。中国民协副主席吴元新以国家级非遗传承人的主体身份,明确了当代转型社会中传承人角色和职责发生的嬗变,就发展历程、推广策略、创新设计、传承基地的建设等视角阐发了蓝印花布在传承与创新上的实践可能,并提出了关于建立文化档案、开展系统研究、进行跨界合作、推动研学发展等非遗保护方向的思考。

四、亚太地区的非遗保护策略及研究现状

亚太地区普遍重视非物质文化遗产保护,但因国情和文化基础的不同,非遗保护策略也呈现出异彩纷呈的发展状况。日本非物质文化遗产与民族认同保护措施为应对时代变化经过了多次转变。据东京文化财产研究所无形文化遗产部部长石村智介绍,其用于保护非物质文化遗产的《文化财产保护法》颁布于1950年,在七十多年间经过多次修订,受保护的非物质文化遗产范围也发生了相应的扩展,这使得注册与日常生活文化相关的新文化财产成为可能。

韩国的非物质文化遗产政策因2015年《非物质文化遗产保护和促进法》的独立立法而迎来了一次重大转变。据韩国国立传统文化大学未来遗产研究生院院长郑相喆介绍,该立法引入了许多新制度,许多传统知识、技艺和工艺品被纳入非物质文化遗产的范畴,非物质文化遗产的概念范围得以扩展。韩国东首尔大学教授池龙日认为,非遗应该是在开放性的时空和社会背景之下、置于人民大众可以接近的时空环境中的,非遗的存在能与日常生活发生自然的、共生的联系。他认为主动的、以非遗为原型的再创造能够让非遗自然地渗透现代大众文化的潮流,让年轻人在熟悉、愉悦的环境中不知不觉地接

受非遗。

在马来西亚,遗产保存和保护必须遵循《2005 年国家遗产法》,联邦文旅部国家遗产司在非遗保护的进程中发挥着至关重要的作用。马来西亚国家遗产局的穆罕默德·舒克利·伊萨专员指出,马来西亚非遗消亡的主要原因在于国家传统的改变和传统向现代的过渡,现代生活方式的改变对非物质文化遗产的损失、遗弃、消亡和破坏产生了极大的影响。

中国香港非物质文化遗产咨询委员会郑培凯主席探讨了香港非遗保护的形式,即政府支持非遗传承,鼓励社会参与,采取公私营合作的模式。目前香港非遗发展面临的主要问题是经济挂帅所造成的文化断裂,民众对非遗变得愈发漠视,因此如何弘扬中国文化传统,建立香港人的民族文化自信,是香港非遗保护发展需要持续思考的关键问题。

五、专题讨论

在论坛专题讨论阶段,各位与会学者就非遗保护与非遗学研究的趋势展开了对谈。中央民族大学教授苏发祥指出,非遗学建设的三个主要方向为学科建设、教材建设、人才建设,它与民俗学、历史学有着紧密的关系,但作为独立学科,更应及时建立起自己的学科脉络、研究方法、话语体系。《民间文化论坛》执行主编冯莉指出,学术期刊在学科发展的过程中应起到记录、陪伴、引导各时期研究的作用,既需要对非遗研究的理论和方法的探索,也要有对非遗保护个案的分析,既要关注中国本土实践总结与反思,也须注重国际交流与对话。《中国非物质文化遗产》副主编高舒介绍了期刊的文化遗产研究、保护理论与实践、形态方法路径、文化传播与文明互鉴四大板块,明确了期刊作为呈现学界前沿思想的平台需要承担的相应义务。研究员薛巧珍指出,在全球文化多样性的背景下,亟须构建我国非遗的话语体系、管理系统和学术体系。

在中国民间文化遗产抢救工程与非遗学学科建设高端对话中,中国文艺评论家协会副主席向云驹、中国民协前副主席郑一民、中国民协前副主席余未人、中国民协前副主席乔晓光、中国民协前副主席曹保明参与对谈。对谈中,余未人分享了民间文化遗产抢救工程实施中的诸多细节。郑一民强调非遗学应该扎根于人民,在办好学科共建的同时,仍要紧紧结合实践前沿。曹保明则强调了要持续对非遗进行再发掘。向云驹生动回顾了从民间文化遗产抢救过程到非遗学落地这一重大事业的全过程。

六、结语

与会专家学者围绕非物质文化遗产学,从不同角度进行了深入探讨,为建设中国的非物质文化遗产学,促进非物质文化遗产的系统性保护和可持续发展进行了理论探索、提供了实践经验,确认了非物质文化遗产在留存中华民族记忆、传承中华文明方面的独特作用,表明了中国非遗学在世界非遗保护和人类文化多样性保护方面所可能提供的独特贡献。

非遗学原理

冯骥才

非遗学是一个新学科,一个独立的学科。本文试图阐述它无可辩驳的独立性,它的学术本质,从元理论角度勾勒出非遗学卓尔不群的学科样貌。

一个新学科在刚刚确立时,常常会被怀疑它的独立性。新学科的倡导者们必然要遭遇到挑战。不时会被诘问:非遗不就是民间文化吗?有必要另设一个学科吗?它本身能否成为一个学科?它具备足够的材料盖一座高楼大厦吗?若要做出有力的回答还要靠新学科自己。

一、非遗的缘起

首先要说,非遗学的怀疑者毫无疑问是被历史误导了。

这个历史是在"非遗"诞生的过程中发生的。

20 世纪后半期,人类开始认识到在前人留下的历史创造中,除物质性的文化遗址、建筑、器物、艺术品之外,还有大量精神性的遗产保持在代代相传

作者简介:冯骥才,天津大学冯骥才文学艺术研究院院长、教授、博士生导师。

　　本文发表于《光明日报》,于 2023 年 3 月 19 日和 2023 年 3 月 26 日分两期刊载。

的口头、活态、无形的行为与技艺中。它们和物质遗存一样,同样是必须永远保存的历史财富。然而人类任何一个伟大的自我认识,最初都是知音寥寥,非常孤寂。这些具有先觉意义的认知,最先只在日本与韩国等一些国家学者的思想中,直到21世纪初渐渐才得到国际的共识。2003年联合国教科文组织将这类文化遗产确定为"非物质文化遗产",通过了《保护非物质文化遗产公约》。我国是公约最早的缔约国之一。"非物质文化遗产"在我国被简称为"非遗"。

历史地说,非遗是一个伟大的概念。它的诞生,表明人类对历史遗产认识的一个新高度、一个新突破、一个新发现。它发现了人类在原有的遗产(物质文化遗产)之外,还有一宗极其巨大、绚丽多姿、活态的历史遗产,这便使它得到抢救和保护,免于在时代的更迭中泯灭。这是人类一次伟大的文化自觉,是文明史上一个伟大的进步。

早在非遗概念出现之前,人们将这一类型和范畴的文化称之为"民间文化",并建立起相应的科学和完整的知识体系与理论体系,譬如民俗学、民艺学、民间文化学,等等。

在漫长的农耕社会中,民间文化的生长非常缓慢。它不是发展的模式,而是一种积淀的模式。它一直保持着相当稳定甚至是一种恒定的状态。然而工业革命以来就不同了,社会骤然转型,固有的民间文化开始被瓦解。这一变化在我国来得晚一些,到了20世纪后期,受到工业化和城市化的迅猛冲击,民间文化才发生濒危和快速消散,致使一些敏感而先觉的人士与学者急切地呼吁抢救和保护。此时,对民间文化的称呼也出现了一些前所未有过的改变,比如在"民间文化"后边加上"遗产"二字,称为"民间文化遗产";再比如21世纪初进行的大规模的"中国民间文化遗产抢救工程"。

于是,这一时期(21世纪初),同时出现两个概念:民间文化遗产和非遗。这两个概念本质是相同的。不同的是,民间文化遗产的概念来自学界,非遗的概念来自政府,因为非遗是由各国政府共同确定的。

政府作为遗产的第一责任人,为了便于对遗产进行管理,必须将遗产分类。于是文化遗产被分为两大类:一种是物质性的文化遗产,一种是非物质性的文化遗产,即非遗。可是,非遗是个新概念,需要知识支撑,由于非遗与民间文化在客观上是同一事物,同一范畴,故而非遗最初使用的知识,都是从现成的民俗学、艺术学去拿。连国家制定非遗名录的分类,也参考了民俗学与艺术学的分类法;甄选和评定国家非遗的标准,也大多来自资深的民俗学者和艺术学者的修养与经验。这样,人们自然以为非遗只是一种政府称呼或官方概念。进而认为,所谓的非遗学不过是政府遗产保护不成体系的工具论而已;非遗学没有完整的知识,最多是民俗学的一种分支或延伸,一称"后民俗学"。

在被各种歧义与悖论充分发挥之后,该是非遗学站出来说明自己了。

二、非遗学的立场

如上所说,由于民俗学与新崛起的非遗学面对的是同一对象——民间文化;由于最初参与非遗抢救、整理和研究工作的学者基本来自民俗学界;这便顺理成章地认为,非遗只是民俗学遇到了一项时代性和社会性的工作,自然还在民俗学的范畴之内。

可是一些敏锐的学者发现,这项史无前例的工作,较之以往的民俗学则大不相同。不仅所做的事情不同,其性质、方法、目的也完全不同。值得注意的是 2004 年向云驹《人类口头和非物质遗产》的出版。这是最早的对于非遗知识体系进行建构和描述的著作,今天看来,已具非遗学的基本形态。可是这一年无论是国际还是中国非遗事业都才刚刚起步。它表明了我国学界的学术的敏感性、视野的开阔性和极强的开创性。

这部书不仅展示了一个崭新而辽阔的学术空间,还显现了一个学术立场——非遗学立场。这是一个有别于民间文化学和民俗学的立场,这个立场就是遗产。可惜我们当时并没有认识到这部书深在的意义。

学术的立场是学术的出发点，也是学术的原点，决定着学术的性质、内容、方法与目的。从不同立场出发，我们看到的事物的特征、要素、规律、功能、意义就会完全不同。就像对于一个人，周围不同的人从各自的立场(不同的身份、地位、利益、观念等)出发，看到的人物就会全然不同。

站在遗产这个立场来看，我们所做的非遗的认定、抢救和保护，绝不是对民间文化做一轮重新的调查和整理，而是要对自己民族的历史文化财富"摸清家底"，这个家底就是遗产。这个工作过去从来没做过。

这是一个全新的工作、全新的立场、全新的视角、全新的有待探索与构建的学术。这个学术就是非遗学。

回过头来，还要再讨论一下遗产的概念与人类的遗产观。这有助我们对非遗学的认识。

在人类传统的概念中，遗产是指先人留下的私人化的财富，主要是物质性财富。但是在 20 世纪后半期这个传统的遗产观渐渐发生了变化。法国历史学家皮埃尔·诺拉在《法国对遗产的认识过程》中写道："在过去的二十年，遗产的概念已经扩大，发生了变化。旧的概念把遗产认定为父母留给子女的财物，新的概念被认为是社会整体的继承物。"

父母留给子女的是私人遗产或家庭遗产；社会整体继承的是公共遗产，即文化遗产。文化遗产必须由社会保护和传承下去。

正是出于这个遗产观，联合国制定了第一个《保护世界文化和自然遗产公约》(1972)。人类在文化遗产保护上迈出了第一步。然而这第一步所保护的文化遗产只是物质性的，主要是历史建筑、考古遗址、文物。那时人们还没有"非物质文化遗产"的概念。

后来，人们渐渐发现了"非遗"。这使人类的历史文化遗产变成物质的和非物质的两部分。

物质文化遗产是前一个历史时期遗留下来的珍贵的历史见证物，非物质文化遗产是历史传承至今并依然活着的文化生命。

这便构成了人类当代的遗产观。

非遗学，正是从遗产的立场出发，来认识民间文化的，但不是所有的民间文化都是非遗。非遗是其中历史文化的代表作，是当代遴选与认定的必须传承的文化经典。

是不是遗产是不同的。当一个事物有了遗产的属性，便多了一种性质、意义和价值，多了一种社会功能。这些都不是民俗学所能解释的。一件事物可以同时身在不同的知识范畴，从属于不同的学术范畴。比如佛罗伦萨花之圣母大教堂，既属于建筑学的经典，也属于遗产学的瑰宝。它们既有共同的文化内涵，也有各自的学术关切。建筑学关注建筑的构造、设计、美学特征与创造性；遗产学更关注自身的历史特征、档案、等级、保护重点与方法以及如何传承得久远。

非遗学更关注它的存在与生命，是保护和延续其生命的科学，一个此前没有的学科。

决定非遗学独立性的根本是——遗产。

三、学科的使命与特征

学术是具有使命的。对于非遗学，使命二字尤为重要。它不仅在学者身上，还在学术本身。这也是由遗产的本质决定的。遗产是前人留给我们的，也是我们留给后人的，我们要好好享用它，还要把它完好地交给后人，中间不能损坏。特别是非遗，作为一种活态的文化，很容易变异和丢失，要分外呵护好和传承好，这个使命理所当然就落在非遗学中了。民俗学没有这个使命。民俗学的使命是记录民众生活和建构民间文化的科学，再往深处就是探寻和呈现一个民族的民族性。

民俗学注重民俗事象的过去，非遗学注重非遗活生生的现在。民俗学把民间文化作为一种历史的积淀；在民俗学者眼中，民间文化是相对静止的、稳定的、很少变化的。非遗学者把非遗作为一种文化生命;在非遗学者眼中,非遗是活态的、动态的、应用的,在时代转型中充满了不确定性。民俗学的工作是总结历史与描述现在,而非遗学则是要通过对现存的非遗的研究来探索它们通往明天的合理的道路。

就像医学是为了人的生命和健康一样,非遗学是为了非遗生命的存续,文化命脉的延续。学科的使命决定了学科的特征。于是,非遗学的使命首先决定了它的工具性。非遗学具有很强的工具性。它既是一种纯学术,追求精准、清晰、完整、谨严、高深;又是一种工具理论,为非遗构建知识,为非遗排难解纷,因与当下的非遗的保护实践息息相通和紧密相关。非遗学毫不隐讳要直接为非遗服务,甚至为非遗应用。

为此,非遗学是一门田野科学。在田野中认知,在田野中发现,在田野中探索,在田野中生效,从始至终都在田野。如果田野只是采风和搜集材料,就不是非遗学了。

非遗学的教育也必须在田野中进行。田野就是民间,就是活生生的民间文化。只有问道于田野,才能得到切实的答案。才能感悟到非遗的精髓与神韵,彻悟到非遗的需要,以及非遗学的学术使命是什么。

不肩负学术使命的是伪非遗学。因此说,非遗教育中一定包含着责任教育。

非遗教育的目标,是培养两种人才。一是非遗的研究人才,二是非遗的管理人才。然而对于 21 世纪初刚刚进入人类保护视野的非遗,既缺乏研究乃至认知,更缺少科学的管理和管理的人才。非遗学的学术使命肩负着现实的紧迫性。

四、核心工作

面对非遗,非遗学有三项工作是核心,是重中之重:其一,立档;其二,保护;其三,传承。立档主要是对非遗的历史而言;保护是永远首要的主题;传承是为了遗产的延续与永在。在非遗学中这三项工作既是工作实际,更是核心的学术内容。

（一）立档

立档是指建立档案。民间文化是大众为自己创造的文化。自然流传,不传辄亡,自生自灭,没有记载,各种应用的器物也很少存惜。一种民俗或民艺一旦消泯,便了无痕迹。如果 21 世纪的前几十年没有大规模非遗抢救和"保护名录"的建立,恐怕大量非遗早已消散得无影无踪。没有历史文献和档案是非遗的一个重大问题。故而非遗学首要的工作是为每一项非遗制作档案。

这里说的档案,不是政府部门的管理档案,是非遗学的学术资料性的存录。立档本身也是学术工作,是最根本、最基础的工作。

档案存录历史,也为明天存录今天。

怎样的档案才是理想的档案?非遗学起步晚,没有太好的实例。在民俗学中,著名的芬兰文学学会的口传文学资料档案库是一个极好的范例,但口头文学是一个例外,因为口头文学有搜集文本,又有书面文学做参考。其他非遗就复杂多了,构成不同,各有特点,立档时调查记录的方法必须与非遗各自不同的特点相结合,每种非遗档案便都是个案。同时,资料的整理和档案的编制必须专业化。由于我国非遗的形式太过纷繁,立档的规范是要首先研究和确定的。

现今我国已知非遗超过十万项,但保护力量十分有限。大多数非遗没有建立起系统的科学保护。如果不做存录,不做收集、调查、整理,没有立档,一旦传承受阻,瓦解失散,了无存证,才是真正的消亡。比如一些五十年前还"活着"的民间戏曲,如今消亡后没有档案,其面貌已无从得知。

非遗是活态存在,各种原因都可致其消亡,这就给海量的非遗的存录和立档增加了时间的压力。

（二）保护

非遗保护是非遗学核心的核心。

非遗学要为非遗的保护进行探索和研究,提供科学的理念、标准与方法。

自从我国建立了国家非遗保护名录(2006),保护已成为社会文化生活中的一个关键词。全民的现代文明的遗产观开始形成,文化自觉已经显现。遗产保护的终极目标是:物质文化遗产的原真性和非物质文化遗产的原生态。保护原真性是指物质遗产的保存完整和附着遗产上的历史文化信息不丢失。保护原生态是指保留住非遗的原本的文化形态与生命状态。原生态的判定是关键。但很多非遗没有做过这方面的研判,保护标准没有确定。如果保护没有凭借,是很容易得而复失的。保护标准的确定必须要有学术支撑。

关于保护方式,我国多年来已做过不少探索与建设。其中最重要的是2011年我国颁布了《中华人民共和国非物质文化遗产法》(简称《非遗法》),为非遗保护提供了法律保证。此外还有名录保护、制度保护、传承人保护、博物馆保护、教育保护,等等,渐成体系。这些保护都发挥了一定作用,但都没有能够抵制住现代市场社会和旅游经济带来的强势的冲击。这些都是非遗学直接面对的重要课题。非遗保护需要非遗学提供的主要是科学的理念,以及相关的标准、规则和专业的方法。但还有一个问题需要解决,即非遗学通过什么途径作用于保护实践?

（三）传承

民俗学和遗产学对待传承这个概念的态度不同。民俗学认为传承是顺其自然的,是一个个民俗或民艺事象流传下来的民间方式。民俗学不人为地介入民间文化传承。非遗学则不然。为了非遗的存在下去,一定要促其传承。

可是,这个"促"是人为的,如何"促"才不是负面干预的? 如何做才是科学而非反科学的? 这需要非遗学自己来回答来解决。

非遗的传承在当代碰到一个令人挠头的问题，也是一个时代的难题：非遗原本来自民间的一种精神和文化的需要，或者说非遗是百姓的一种精神文化生活。但是到了市场经济时代，这种富于魅力的地方文化难免被转化为旅游工具和旅游商品。这种转化，会使非遗不知不觉地与原本的精神需求脱钩，最后留给游人的便只是一种观赏性的原形态而没有精神性的原生态了。在当代，世界各地旅游地区的民俗与民艺所碰到的是同一个问题，这是非遗面临的无法绕开的困扰。如果非遗的内涵与功能发生了质变，会不会名存实亡？那么，非遗到底要传承什么？哪些必须恪守不变？应该用怎样的方式存在与传承？面对这类时代性的挑战，非遗学必须在思想和理论上做出切实有效的应对。

这三项工作，都是非遗学核心的工作，核心的学术问题，也是其学科价值之所在。

五、关注点

非遗学有几个关注点，这是非遗学独有的，它们共同构成了非遗学的学科编码。

（一）地域性

人类保护文化遗产的目的之一，是保护文化的多样性。这个文化的多样性是由各种不同的文化个性共同体现的。也就是说，保护文化的多样性，就是保护好每一种文化的个性。

文化的个性往往来自它的地域性，特别是民间文化。

民间文化比精英文化更具地域性，因为精英文化是个人创造，民间文化是集体创造，集体认同。非遗具有集体性。历史上，各个地域相对封闭，各种文化都是在一己的天地里，渐渐形成和加深了自己独有的文化气质与特征。所谓"五里不同风,十里不同俗"。这是民间文化的特点与本质,更是非遗的特点与本质。

所以,能作为绍兴的地域文化代表的不是鲁迅,不是阿Q,而是莲花落、乌篷船和梁祝传说。

非遗的地域性是非遗最重要的文化特征。特别是现代社会,愈具有地域特色的非遗,愈具有这个地方文化的标志性。

我国幅员辽阔,民族众多,历史错综,地域多样,风情各异,致使各地的文化内涵深厚,特色鲜明。但绝大多数非遗的地域特征未被阐释过,对它们的深究与阐明是非遗学不能绕过的课题。

(二)审美个性

非遗学重视非遗的审美。

因为所有非遗,都是一种美的呈现,不管这种非遗是不是艺术类。在民间,一切文化都用美来表达。不论是色彩的、声音的、姿态的、形象的,还是一种节庆、一种习俗一种仪式,必含有一种独自的美。这是非遗的精髓。

民间美来自大众的审美心理与需求,因民族和地域的不同而不同。不同的美体现和彰显不同地域的个性。

民间美还有一个特性。它既是个性的,又是共性的。它不同于精英创造的美。精英美纯属个人的创造,民间美则是一个地方的人集体的创造和集体的认同。所以,这种地域共性的美就是它个性的美。

精英美是自觉的,民间美是自发的;精英美追求不断出新,民间美则是世代积累和世代相传;精英美追求自己,民间美认同本地的传统。因此,它为那一方土地所独有,是那里的文化最耀眼、最富魅力的地方。这种美鲜明地表现在当地特有的风俗、礼仪、游艺、舞乐中,突出地体现在当地别样的建筑、服装、工艺、手艺及其造型、色彩、线条、图案上。这种美具有不可替代的价值。

所以,对非遗的审美贯穿着整个非遗学。从审美的角度去感受非遗,认知非遗,研判非遗,保护和传承非遗。为此,我们必须具有审美修养和文化修养。可以相信,民间美学是非遗学研究的范畴之一,也是未来美学的范畴之一。

（三）传承人

传承人在人类学中常常涉及,在民俗学中不是主要关注的对象。民俗学更关注民俗事象。然而在非遗学中传承人极其重要,因为非遗承载在传承人身上。传承人是非遗的主人。没有传承人,非遗便不复存在。

因此在政府管理遗产中,传承人是政府管理非遗主要的"把手",名为"代表性传承人"。但在历史上,传承人没有"代表性"一说,都是一种自然存在,都是"自然传人"。

"代表性传承人"不属于民俗学,只属于非遗学。

"代表性传承人"是为了管理好非遗,从各项非遗中遴选和认定的历史上传承有序、技艺高超、在当地影响较大的传人（日韩都有认证传承人制度）。一项非遗一般确定一两个"代表性传承人"。他们无疑应是非遗保护关注的对象与重点。然而作为非遗学者,不能仅仅关注"代表性传承人",而应该广泛地观照所有的自然传人,从而全面了解和整体把握该项非遗,因为大量历史信息和技艺细节不只保留在极少数的"代表性传承人"那里,而是散布在民间自然传人的群体中。应该强调,非遗学者与政府管理者的工作有所不同,各司其职,共同合作。非遗学者要从文化规律出发,要有前瞻性。

我们现在已经开始用口述史的方式记录传承人身上保留的无形遗产。这是活态的非遗最重要的"遗产内容",包括两部分:一是传承人头脑中的记忆,二是传承人手上或身上的技艺。

传承人口述是非遗第一手珍贵的研究材料。

非遗学十分看重传承人口述史。只有口述史可以将传承人身上无形的、动态的、不确定的"遗产内容"变为确定的文字。然而现在所做的传承人口述多是较平浅的"调查记录",多是行业经历的调查,没有把传承人作为一个

"人"进行生命性的挖掘,更没有深度的文化追寻。文本与写作的方式也缺少探索。所以,这样的传承人口述史做完之后,大多作为调查材料放在一边,不再进入研究。如果没有对传承人口述做延伸研究,实际上仍然没有真正地拥有这项非遗。

(四)技艺

非遗的传承关键是技艺的传承。一个传人,无论是舞者、绣娘、艺匠,还是武人,他们身怀独门绝技,技艺炉火纯青,这是他那一方古老土地独特的人文创造,代代传承并极其珍贵地保留在他们身上。技艺是非遗的精华,也是传承人价值的体现。因故,非遗传承的关键是他们身上的技艺。如果对这些相传已久的、关键性的、精粹的技艺自我认识不足,在使用和流传过程中丢失了,这项非遗的含金量便打折扣了。这是非遗学的新课题。对非遗技艺的科学总结、重点技艺全信息的记录,以及新出现的传承路径与方式,都是非遗学者的关注点。

民俗学不以技艺为关注点,非遗学以它为重中之重。因为技艺是非遗的生命。

(五)活态

在非遗学者眼中,非遗是活态的。

非遗学关注非遗的活态主要是:一是它的生态,一是它的变化。在进入现代社会后,非遗受到经济生活与时代审美的影响,被动和主动的变化都在日渐增多。我们对非遗的关注主要是三方面:一是否保持传统技艺,是否坚持使用传统工具,是否遵循传统(工艺、表演或民俗)程序;二是否保留了该非遗的历史经典;三是否传承有序,是否真正做到完整的衣钵相传。

对活态变化的关注是非遗保护至关重要的。比如在当今的旅游市场上,如何区别是时代性的自我主动的改变,还是在旅游压力下被动的改变,这些都要进行文化思辨。文化思辨和文化比较是非遗学最积极的学术思维。

当我们自觉或不自觉具备了这些关注点,我们就身在非遗学中了。

六、学科交叉与交叉学科

非遗学是独立的。由于它涉及广泛,与一些既有的学科必然会重叠或关联,必然会交叉、融合、合作。一方面,在研究上跨学科;另一方面,在学科构建上,必然要采用已有的不同系统的知识,进行超学科的整合,以健全非遗学。这里,从非遗学学科的构建出发,列出主要需要交叉的学科如下:民俗学、艺术学、民族学、管理学、法学、档案学、视觉人类学、口述史、博物馆学、文物学。

早在建立国家非遗名录,对浩如烟海、缤纷多样的非遗进行分类时,就采用了民俗学和艺术学的一些分类法。人类在对世界的认知上,先成熟的一定会影响尚未成熟的,非遗学是后发学科,由于研究对象与民俗学、艺术学相同或相近,在知识体系构建上,必然会融合民俗学和艺术学。这种"为我所用"的思想方法,还会长期使用。但同时也要进行学科的区别。学科的混淆会模糊各自的独立性,限制学科的自身发展;区别是为了明确自己学科独特的性质、使命、特征、价值、标准与方向。

我国是多民族国家,少数民族异彩纷呈的非遗是中华民族宝贵的历史文化财富。少数民族大多没有精英文化,甚至没有文字,其民族的历史及文化特征主要表现在非遗上。少数民族非遗的保护离不开与民族学的合作。

在当代社会的非遗保护实践中,最前沿和直接的保护体现在管理上。可以说,保护在管理中。关键是管理的原则、要求、标准必须是科学的,这取决于专业研究的水准。所以,非遗保护一定要融合管理学的学理、知识与方法。非遗学在这方面要建立"非遗管理学"。非遗教育要为非遗保护——特别是一线保护培养管理人才。

非遗保护有一大套国际法规和国际标准,我国是人类非物质文化遗产最多的国家,也是列入国家非遗名录最多的国家。将非遗管理法规化是保护工作的必由之路,推进这一工作的学术背景是与法学的合作。

民间文化从无档案。非遗确立后,首要的工作是为非遗存录与立档,立档规范必须融入档案学。然而非遗的特点是活态和动态的,活态和动态的存录是一项崭新的工作。这也同时是与视觉人类学交叉之必需。

非遗学需要交叉的学科,以及口述史。

我们已开创了传承人口述史,这是非遗学特有的调查与研究方式,用以挖掘与记录承载在传承人身上的无形遗产。传承人口述史要具有资料性和档案性;在口述史写作与文本上,有别于其他种类的口述史。我们已经看到传承人口述史广阔的前景,但现在对于传承人口述史的研究,尚未进入学术层面。

博物馆是非遗保护的重要方式之一。博物馆是保存、收藏、展示与弘扬非遗的场所,功能很多,这些都需要相关学科的支撑。以往博物馆的收藏与展示基本是物质的,没有非物质的。非遗的展示与收藏需要契合其特点,比如非遗活态的形象、声音、技艺和表演等的采集与展示,对于博物馆来说需要创造性的理念和对高新技术创造性的使用。现在的非遗博物馆的展陈还很表浅,远不能及。国际上也是如此,需要学术上的探索和与相关学科的合作。

再有,非遗学还要关注非遗的物质性的一面。

有些非遗的载体是非物质的,比如民歌。有些非遗的载体是物质的,比如剪纸、石雕、明式家具制作技艺,等等。这些非遗,要靠物质性的作品体现非物质制作技艺的非凡和高超。此外,还有大量的丰富多彩的物质性的民俗用品、生活器物、生产工具,承载并见证着其地域独特的文化。这种民间的生活文化过去不被重视,现在渐渐认识到它们的价值,称其为"民间文物(或民俗文物)",开始受到学界和博物馆的关注。现在的问题是,对"民间文物"的甄别、鉴定、分类与断代的知识系统尚未形成,再有是研究有限,没有开拓为一个学术空间。但是可以预见,随着非遗保护事业的发展,"民间文物"研究将成为非遗学与文物学、博物馆学交叉融合的学术热点,并有望成为非遗学一个研究与学术的方向。

阅读本文时,一定可以看出,本文在着力地阐述非遗学原理的同时,一边刻意地区别非遗学与民俗学在立场、本质、性质、构成、特点、功能、意义上的不同。其缘故在于,在非遗事业肇始之时,自己没有学科,应急地动用了民俗学的知识,造成了非遗从属于民俗学的误会。当非遗学的自我意识与学科立场觉醒之后,便发觉到民俗学不能阐释与探究非遗的世界,也不能解决非遗的问题。比如非遗的保护理论在民俗学那里很难深入,其中一个最根本的原因是民俗学不研究民间文化(非遗)的保护和传承。这不是民俗学的缺欠,而是不同学科不同的学术功能和使命所致。为此,非遗必须构建自己的知识体系,也有足够的原材料建立自己的学科大厦。那么,非遗学首先就要在元理论上与民俗学剥离;也就是说非遗学迈出的第一步,就是与民俗学彼此说清,分手。分手之后再合作。

21 世纪以来,非遗是一个全新的概念;在社会上是一个全新的事业,在学术上是一个全新的学科,它需要我们认识的高度与自觉,需要学术的创新。我国人文学界素来感知敏锐,富于学术热情。近二十年来,已有很多热衷与有志于非遗学的学者涌现出来,出版了众多的非遗学方面的著作,探索之广触及之深,在国际上应列前茅。

非遗学的迅速崛起缘于我们的非遗——根扎田野大地,生命之源雄劲沛然。它体量宏大,斑斓多彩,内涵深厚,特色鲜明,富于无可估量的文化和艺术的价值及学术的价值。然而如此超巨大、历史上从没有整理过、活态的遗产,在当代社会转型和各种冲击下,怎样做才能完美的传承? 从思想和科学的层面上说,非遗学当担此重任。

这是学术使命、历史使命,也是时代责任。

目前非遗学虽属初创阶段。向前展望,它一定是一个前途无量、具有宏大和深远发展空间的学科,一个具有强大生命力的学科;由于它凭借我国的非遗,必定还是一个具有中国和东方特色的学科。

任何一门学术的最高目标,一是构建成它的知识体系与理论体系,二是实实在在服务于相关的社会事业。面对着中华大地上数十万项彼此千差万别的非遗的保护与传承,非遗学任重道远。

新时代坚守非遗保护传承的初心与使命（观点摘要）

中国作为联合国教科文组织《保护非物质文化遗产公约》的缔约国,对于中国在国际语境中彰显对非物质文化遗产保护的责任担当与推进中国文化融入世界文化,为人类文明新形态做出历史贡献。同时在联合国公约框架下,根据中国文化建设需要,以政府推动非物质文化遗产工程的方式,进行非遗保护的中国实践,形成了一套完整的中国非遗保护体系与工作机制,取得了显著成绩。对比教科文组织的《保护非物质文化遗产公约》精神与中国政府的系列文件的指导思想,我们能深刻体会到中国非遗保护传承的初心与使命。非遗保护传承的初心与使命归纳如下:①养护中华文明根脉,传承民族精神;②重视人民主体地位,增强文化自信,增进民族文化认同;③传承民族智慧,激发民族创造力;④丰富人民生活,满足人们的日常生活需求。我们的非遗工作初心与使命是通过优秀民族文化传统的保护传承,助力中华民族复兴大业,"为全面建设社会主义现代化国家提供精神力量"。因此,我们应该有面向未来百年、千年的大视野,我们不能满足于一些文创与带货,应清醒认知非遗保护传承,是以人民文化为主体的经天纬地的文化建设事业。保护传承人民的非遗是我们的初心与使命。

本文作者: 萧放,北京师范大学

制度引擎：非遗传承人能力建设研究
（观点摘要）

传承人是我国非遗保护的主体，其能力建设是非遗传承人制度建设核心。传承人能力提升系列制度建设是《非物质文化遗产保护公约》精神与中国国情结合的产物，也是中国开展非遗保护实践经验的总结。非遗传承人制度在中国社会具有深厚的社会土壤和理论根基，制度的完善与演变过程，体现了非遗保护的知识生产过程，呈现出地域性、实践性、生活化和伦理性的发展态势。

传承人能力建设是多方面的，既在政府出台系列措施的保障下提升传承发展能力，也在遵循传统基础上不断适应新时代发展表现出的创新能力。

制度化推动下的非遗传承人能力建设不仅在责任、义务、权利上给予明确规定，而且在制度规约下充分调动传承人积极参与社会建设、文化建设和经济建设的积极性，使非遗传承人更加自由融入乡村振兴中的自主性和自觉性，彰显弘扬中华优秀传统文化的能力，推进非遗全面融入生活，发挥传承人在非遗创造性转化和创新性发展上的巨大能量。

本文作者：林继富，中央民族大学

非物质文化遗产特性的再确认
（观点摘要）

　　非物质文化遗产作为一个跨学科的研究和实践领域，在非遗保护进入高等院校本科专业目录、非遗学作为交叉学科列入国务院学位委员会学科目录之时，应当对非遗相关理论问题进行更为深入的讨论。本文结合当代文化研究的理论与实践，就非物质文化遗产的特性进行再探讨，以期推进非遗理论体系化。

　　非物质文化遗产保护经历了从重视物质存在到关注观念形态认识的演变过程，对于非物质文化遗产特性的认识，应当采用一种更强调相互联系的整体性视角，把非物质文化遗产放在特定的场景和更开放的视野之中；非物质文化遗产传承与保护必须强调文化所有者和实践者的主体地位，在文化实践者主体自身的认识和理解基础上更好地理解每一项特定的非物质文化遗产保护与传承的价值和意义；非遗具有鲜明的连续性，非遗独特的传承和延续方式是连续性得以实现的保证；非遗在吸纳和创造中传承和延续，展现出其文化活力；非遗作为人类文化财富也伴随着文化交流和融合，从理念到技艺、从记忆到知识,相互借鉴、相互衍生,在保留和发展独特性的同时,也形成了中华民族非遗文化的统一性。非遗之所以能够不断延续和不断创新,在很大程度上是文化和合、相互包容的结果。

本文作者:王建民,中央民族大学

"将社区的声音置于核心地位"

——非物质文化遗产保护中社区参与的多元经验与模式（观点摘要）

本文呼应联合国教科文组织为庆祝《保护非物质文化遗产公约》通过 20 周年而提出的"将社区的声音置于核心地位"的倡议，通过一城（区）一村、国内国外的案例，来展现不同社区参与非遗保护的多元经验和模式，凸显社区的声音及其主体性，并为更多社区最大限度参与保护工程提供借鉴。通过对北京东花市街道和高碑店村的田野研究，认为"非遗在社区"模式具有关键性的"三在原则"：传承人长期工作在社区、非遗"活"在社区、社区长期参与在保护过程中；从"进社区"到"在社区"，标志着中国非遗保护工作在理念和实践模式上的重要创新；社区驱动的非遗开发和乡村振兴模式的有效性表明：只有充分尊重社区具有的主体性和能动性，才有可能真正实现非遗的可持续发展和乡村振兴。巴塔纳生态博物馆的保护经验体现了"以社区为中心"的《保护非物质文化遗产公约》精神，为各缔约国更充分发挥社区的主体作用提供了范例。

本文作者：杨利慧，北京师范大学

事实与价值？ 非遗通向教育的路
——复杂性时代的文化遗产教育(观点摘要)

非遗学的研究对象是生活的事实世界，是多民族活态文化的整体生态。非遗学作为高校的学科建设，正在学术开端之始，高等教育相关文化遗产新学科建设实际上仍处于学科分科时代的结构框架背景中。今天，我们需要从社会发展的现实需求中创建非遗相关新学科，这对建构本土自主知识体系是至关重要的。

21世纪，世界进入复杂性时代，中国也处于前所未有的文明转型时期，如何发展适应复杂性时代的新人文学科，首先要解决非遗在教育领域长时期的事实与价值关系不对等的问题，我们需要推进非遗从生活事实向价值事实的知识生成和学科创新实践，在国家教育领域的知识体系中，逐步建立起本土的文化遗产知识体系以及自主创新的文化体系。

非遗作为以生活为主体的活态文化传统，在当下不断被关注的热潮中，生活里还有许多东西我们不了解，高校对非遗的田野积累还缺乏整体性与系统性的学科实践理念，我们还有许多文化认知的盲区。回顾近百年来非遗的史前史，从20世纪初"新文化运动"提倡的"到民间去"和北大的"民间歌谣采集运动"，到左翼文化运动"文艺大众化"思潮影响下的新兴木刻运动，以及延安鲁艺时期解放区木刻艺术"民族化"和改革开放初期的"中国民族民间文艺集成志书"工程,这些都可视为源自人民生活传统中文化事实的发现史。

非遗通向教育的路是遥远而又艰难的,学院与民间又总是在边缘处闪烁着希望之光。"休谟法则"与非遗的知识生成问题,是需要我们建立起自己文化信念的时代命题,而莫兰的复杂性理论也为文化遗产教育带来了启示。21世纪以来,我们开展的诸多非遗项目和社会实践,以及在新学科建设中的初探经验,为非遗作为文化遗产教育的实践框架提供了个案,也带来了反思。

本文作者:乔晓光,中央美术学院

论非物质文化遗产学的第一原理
（观点摘要）

非物质文化遗产学应该设定为对于非物质文化遗产的研究呢，还是设定为对于非物质文化遗产保护实践的研究呢？这是非遗学的首要问题，二者的不同预设和路径将极大地左右非遗学的理论建设和方法选择。

非物质文化遗产是共同体的文化遗产的一个类别，是指生活文化经过专业的（学术的）、专门的（行政管理的）程序而确立的名录项目所构成的保护对象。非物质文化遗产保护项目是从民族民间文化中选择的，但是民族民间文化本身并不是非物质文化遗产，只有其中经过程序被命名的项目才构成非物质文化遗产。大量的研究没有看到二者的差别，其研究立论是关于民族民间文化的，而不是针对非物质文化遗产的。非遗学的理论奠基必须以清理此类误导性的思想方法为前提。

对非遗学第一原理的确立将影响非遗学体系的基本构成，也将决定非遗学是一门研究民族民间文化的人文学科，还是一门因为研究民族民间文化转变为文化遗产的体制机制及保护实践所涉及的所有方面而必须是综合运用人文学科、社会科学的新文科。

本文作者:高丙中，北京师范大学

"非物质文化遗产"

——一个新的文明交流框架(观点摘要)

　　经过二十多年的全面发展,作为建立在文化多样性理念之上的一种文化实践,非物质文化遗产保护以一系列强制性的要求,搭建了人类社会多元文化大合唱的舞台。在这个舞台上,不同领域、不同群体、不同民族和国家的文化,都平等地获得了充分展示各自特征及相互差异,并以此为前提增强相互之间的沟通、理解与尊重的机会。同时,不同领域、不同行业的人士,以及不同形式的文化内容之间,也获得了突破原有专业界限及社会地位与职业差别展开平等交流的机会。

　　在发挥积极作用的同时,非遗保护也不可避免地带来了诸多负面结果,特别是其中与名录制度相关的观念和行动,在不同申报主体或群体之间引发了种种矛盾冲突。但客观地说,这些冲突属于同一个框架内的对峙或系统内部的矛盾,而不是不同系统之间的对立,是基于对同一种文化事项"所有权"的不同诉求,在对该文化事项的认同方面,他们有着高度的一致。因此,不同行动方在非遗搭建的平台上的交流尽管可能存在种种矛盾,却都能够按照"非遗"框架确立的规则来行动,并在框架的约束下保持持续的交流,这是保障相关各方最终达成谅解与和谐的前提。

除了切实影响不同文化之间的交流之外,"非物质文化遗产"还以其既有生动地方性又有丰富国际性的深刻内蕴,成为特定民族或国家内部赖以反观自我文化的重要视角和方法。它使得每一个国家和地区的人们,都可以从一个崭新的国际比较眼光来对待自己的文化传统,既能对自己的文化本身及其在世界文化之林的地位与价值做出公允、客观的判断和理解,又能参考其他文化或基本国际规范,来反思自己所拥有传统与其他传统及普遍规范之间的不同或差距,进而更自觉地调整自我,更好地融入世界文化交流的广阔领域。其最终的结果,必然是有效推动不同文化之间的相互理解、相互宽容,减少文化间的隔阂与冲突,推动建立更加和谐、更加团结的国际文化秩序。

非物质文化遗产,已经不只是一项具体的实践操作对象,而是已经成为一个有益于不同群体、民族和国家之间,以及不同社会阶层和文化类型之间深度交流的全新框架。

本文作者:安德明,中国社会科学院

国际公约　中国实践　世界榜样

[摘要]自联合国《保护世界文化与自然遗产公约》(1972 年),特别是2003年的《保护非物质文化遗产公约》颁布以来,"遗产事业"成为全球重要的事项。我国政府将其作为国家战略,自上而下推动了全面的社会实践,取得了举世瞩目的伟大成就,特别在创建非物质文化遗产的"中国范式"、建立具有中国特色的遗产体系,提升民众主体意识以及在扶贫中都取得了明显的成绩,许多经验堪为世界榜样。

[关键词]中国智慧;传家宝;遗产体系;中国范式;家园遗产

一、中国智慧:"参"在"叁"中

中国非物质文化遗产完整地体现了中华民族传统的核心价值"天时地利人和"。天、地、人构成宇宙"三材(才)"。中国的非物质文化遗产相袭于"天文-地文-人文"的完整体性;表现为"主体-客体-介体"三合一互动态势。以中华文明的体性法则，即所谓"参"（叁），是"天地人"三位一体之形制。①

参，金文 𠮥 、 ⺬（意指三颗星，即叁宿星座），而 ⺬（指星相师），表示用仪器观测天象叁宿星座。本义指长者仰观天星，以辨识方位。《说文解字》释："参，曑和商，都是星名。"我国古代天文学及民间对"参宿"指猎户座（ζ、ε、δ）三颗星的称呼，也称"三星"。"三星"有"天作之合"的意思。民间也称之为"福、禄、寿"三星。中华文明为何以"观天法地"？根本原因在于遵循自然规则，所谓"人法地，地法天，道法自然"（《道德经》）。《易·系辞下》有："仰则观象于天，俯则观法于地。"这也是中国非物质文化遗产借此为凭照的原因。

"参—叁"之所以重要，一方面体现了中华文明"致中和"——顺天时、承运气的宇宙认知价值；另一方面表现出"和为贵"——忌偏颇、求平衡的社会伦理和生活态度。相比较而言，西方的文化遗产所贯彻的是"主体—客体""主位—客位""主观—客观"的二元分类。"二元对峙"的分类法则表现为"非此即彼""非友即敌"之排中律的思维模型。当今世界之纷扰、乱象的重大原因正是源自"二元对峙"。而中华文明中"参—叁"之致中和、保和平、求和谐的认知法则之于当今的"世界病"是一贴良药。人类是一个"命运共同体"，不是"你死我活"的对立与对峙。从这个意义上说，中华文明遗产中的"中国智慧"可以诊治当世乱象。

二、中式形制：传家之宝

中国的非物质文化遗产形成了独特的形制，其中最具特色的一种表现形态是遗产的传承制度，即"传家宝"。在遗产学范畴，所谓"遗产"指的是祖先留下的"财产"（property）。中国自古以来并没有形成"公民社会"（civil society）、"公共社会"（public society），而是以"家"为本位，上通达"国"，至极为"天"的

---

① 彭兆荣：《体性民族志：基于中国传统文化法则的探索》，《民族研究》，2014年第4期。

形制，即"家国天下"的体性，从整体上说是以"家"为纽带的社会。这不是简单的"公私"可以泾渭分明的。

"天下体系"形成三位一体的结构。①由于"家—国"一体，所以，自古就没有西方历史上"私产"与"公产"的概念，更没有从"私产"到"公产"的演化轨迹。只是到了近代"西学东渐"，引入西式国家体制后，我国实行的国体是共和制(共和国)，才有了真正意义上公民社会中的"公产"(遗产)概念，而这段历史仅仅只有 110 年。

虽然中国古代也有"大家—小家""官家—民家"之分，却与西方的公民社会完全不一样。"家国"的终极所有皆归帝王，甚至包括性命。"天"为父，"祖"为父，"君"为父。传统有"三纲"，皆以君臣父子为基线。

从传承方式来看，"传家宝"已经包含"家传"的遗产意味。因此，传家宝的传承方式属于我国独特的"财产继承法则"。虽然"传家宝"的含义到后来出现了不少衍义，基本精神并不悖。传家宝的传统继承法则涉及大量的非物质文化遗产类型。因此，中国的非物质文化遗产的传承机制要尽力关照"两翼"：一方面在今天的公民社会中，增强非物质文化遗产为人民所创造、所参与、所分享、所获益的"公共意识"；另一方面，在"传家宝"遗产范式中寻找属于中国自己的非特质文化遗产类型。

三、中华遗产：自成一体

中华民族有自己的非物质文化遗产体系。笔者于 2011 年主持国家"中国非物质文化遗产体系探索研究"的重大课题，总结出"中国特色非物质文化遗产体系"的六个系统②：

---

① 赵汀阳：《天下体系：世界制度哲学导论》，北京：中国人民大学出版社，2011 年，第 43~44 页。

② 彭兆荣：《生生遗续 代代相承——中国非物质文化遗产体系研究》，北京：北京大学出版社，2018 年版，第 50~52 页

一是遗产的概念系统。中国的遗产体系首先要有自己的概念系统。它要体现两方面的内容：一方面，与联合国教科文组织及其他权威性国际组织所颁布、公布、公认的公约、条款相配合的概念、定义和名目相配合；另一方面，确立中国自己的特色。

二是遗产的分类系统。人类认识事物从分类开始。在事物的分类上，人类有着共性，比如"图腾"现象。此外，不同的民族和人群创造了独特的文明形态，认知分类必然会以文明为背景。比如我国有着严格的宗法传统，亲属制度中的亲属关系非常复杂、细密，形成了完整的社会规范、社会伦理和社会实践。比如《红楼梦》中的亲属谱系关系大抵是世界上少有的复杂谱系。

三是遗产的命名系统。"命名"就是给某一个特定的对象予名称。任何有特色的文化遗产体系都需要通过命名来体现，仿佛每一个人都有自己的名字一样。我国当下的非物质文化遗产内容、名称多数取自联合国教科文组织，或借用其他外国文化遗产体系中的"名录"和名称。从现在我国使用的非物质文化遗产名称来看，体现了我国非物质文化遗产在命名上符合我国语言表达习惯。

四是遗产的知识系统。概念、分类、命名的独特性，都来自知识体系的独特性。中华文化的知识体系具有非常鲜明的独特性，这种独特性不仅反映在表达上，也反映在认知上。比如汉字是象形文字，词的构造来自事物的形体，认知依据是具象的。西方语言系统为字母体系，认知依据是抽象的。两种体系完全不同，这种不同与知识体系相符。我国的文字、书法、绘画、建筑、园林、工艺、文物等都是知识体系的产物。

五是遗产的实践系统。世界上大多数非物质文化遗产都来自人民的生产、生活方式，被称为"活态文化遗产"。比如汉族的昆曲、闽南的南音、侗族的大歌、新疆的木卡姆等，都是联合国教科文组织非物质文化遗产入选名目，它们其实都是老百姓生活中的组成部分。重要的是，它们都还活在民间，还在现实生活中实践着。实践包含着对历史的认同、记忆与传承。

六是遗产的保护系统。中国传统文化遗产与对自然的理解、实践融合为一体,其中包含了"自然保护"的理念和实践。农业遗产中更有土地养育的保护经验和技艺,都表达了保护和合理利用自然资源,与自然和谐相处的经验和理念。至于民间信仰体系中的神木、风水林、神山、圣境等,在今天已经成为保护自然生态所支持的保护方式。

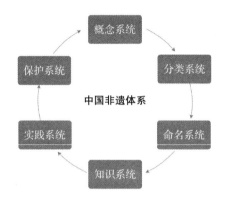

图 1　中国范式:道相技法

建立中国非物质文化遗产体系需要遵循传统的文明价值和文化因素,借以创建非物质文化遗产体系的"中国范式",包括三个关键内核:为保护人类文化多样性和可持续发展提供独特的中华文明的"文化基因";为人类文化的存续和发展提供独特、有效的中国智慧、中国知识、中国经验、中国技术等及相关的方法和理论;立足本土积极推进自己的遗产体系建设。"中国范式"的提出,将走出一条具有国际示范效应的新道路。

以上三者相辅相成,共同构成遗产体系的"中国范式",包括道、相、技、法四个层次。

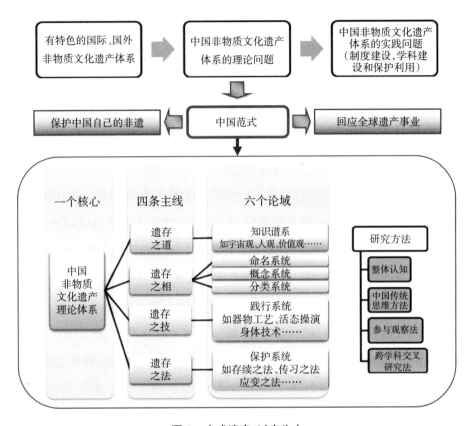

图 2　中式遗产：以农为本

　　20 世纪 70 年代初，以联合国教科文组织颁布的《保护世界文化与自然遗产公约》(1972 年)为标志，遗产保护"已深刻地影响到我们周围世界的形构和内容"[①]。虽然在联合国的遗产公约中，文化与自然遗产被认定为"全人类的共有财产"，保护行动却毫无例外地由每个相关国家自行采取。[②]毕竟不同的国家有着不同的文明和历史，不同的文明和历史造就了不同的文化遗产。事实上，中国最大宗、最有代表性的文化遗产是农业遗产。道理很简单，中华

---

　　① 　Lowenthal, D. &Binney, M. *Our Past Before Us : Why Do We Save It?* London : Temple Smith, 1981. p.9.

　　② 　《保护世界文化与自然遗产公约》，载北京大学世界遗产研究中心编：《世界遗产相关文件选编》，北京：北京大学出版社，2004 年，第 3 页。

文明是一个以农耕标榜天下的文明类型,这与欧洲的文明,特别是拉丁系演化和延伸出来海洋文明不同。联合国世界粮食计划署代表曾经称我国的农业遗产为"世界一大奇迹""中国第二长城"。

如上所述,"天时地利人和"是中华文明的核心价值,尤其是"利-和"。"利""和"皆从"禾",甚至"天时"也契合于"禾"。在此,"禾"无疑为关键词。甲骨文 👤 像垂穗的庄稼,"木"形 👤 代表植物,植物末梢上是下垂的穗子 👤。有的甲骨文 👤 将下垂的穗子形象 👤 简化成一曲笔。造字本义:结穗的谷类作物的总称。《甲骨文字典》释之:"象禾苗之形,上象禾穗与叶,下象茎与根。"[①]《说文》言:"禾,嘉谷也,二月始生,八月而孰,得时之中,故谓之禾。"[②]把"禾"说成嘉谷,来自《生民》:"天降嘉谷。"古代农书皆袭之此义,贾思勰在《齐民要术》中续之。[③]"禾"不仅仅只是农作物的表征,还与"天时"交汇相隔。

"和"在古代有两种写法:"和"与"龢",无论是左禾右口,还是左口右禾,皆从"禾"从"口",说明"禾"为"和"之滥觞。"禾"生长于土地;农耕之本在乎土,"和土"故为关键。由此推之,我们今天所说的"和"(和谐、和平等)都是建立在"和土-嘉禾"之原象上,其逻辑是没有"和土",便无"嘉禾";没有"嘉禾",便无"中和";没有"中和",便无"人和";没有"人和",便无"和谐"。是为中式遗产的根本道理。笔者建议,在我的非物质文化遗产体系中大幅增加农业遗产类型。

四、中华本色:家园遗产

中华民族有一个悠久的农耕文明历史传统,是一个"以农为本"的社稷国

---

① 徐中舒主编:《甲骨文字典》,成都:四川辞书出版社,2016 年,第 777 页。
② [汉]许慎:《说文解字》,北京:中华书局,1963 年,第 144 页。
③ [北朝]贾思勰:《齐民要术》,缪启愉等译注,上海:上海古籍出版社,2009 年,第 71 页。

家,有一个盘根错节的农业遗产"经络",更有一个以"家"为"国"的社会历史结构,"家国天下"涉及我国传统乡土村落"以家为脉"的社会形制,产生了丰厚的"家园遗产"。无论今日之"遗产运动"还是"遗产事业",五花八门的遗产"名录"和分类,似乎都忘却了人世间最根本的"遗产"——土地与家园。自然遗产有山有水,文化遗产有文物有遗址,非物质文化遗产有民俗有手工,偏偏缺失了土地与家园,有"数典忘祖"之嫌。

人生在世,土地是终极依靠。这样的道理人人皆知。所有遗产都在土地上——无论是本体、实体还是载体。因为"土地"是我们的命根。农耕文明主要表现为"土地文明",无论古代称国家为"社稷",还是现代称之为"乡土中国"(费孝通),都表明中国人以土地为神祇,以"土"为"社",其本义正是对土地的崇拜。从遗产学的角度来看,其中最为关键的要素是:财产与继承关系。虽然世界上不同的文明体系,不同的国家对"遗产"认知和表述存在着一些差异,但两个基本原则都贯彻其中。比如英文"遗产"(heritage)与继承、继续(inheritance)的概念同源。从语义上看,"遗产"一词具有两个层面的意义和解释:一是那些已经存在或可以继承和传续的事物;二是由前辈传给后代的环境和利用价值。[1]

对于我国传统的文化遗产,无论包含着什么,其最后的根据地都是"土地"。依照传统的"乡土社会"的结构,最基层的地方单位是"村落",最基本的社会组织是"宗族",最基业的生产活动是"农业",最基体的文化归属是"土地家园"。中国最大宗的遗产就是"土地-家园遗产"。简言之,"乡土社会"就是以土地为根基的社会。

---

① Howard,P. *Heritage Management*,*Interpretation*,*Identity*. London and New York:Continuum. 2006. p.6.

图 3　传统"乡土社会"

我国的乡土家园遗产主要有几个重要的价值:一是由人与土地关系延伸出的"土地财产"线索;二是"土地捆绑"延伸出了以土地为家园的人群共同体的居落形态;三是在中国的传统村落里,宗族制度为最具代表性的社会关系脉络;四是中国的宗法制度是以男性为传承纽带,同时拥有了对"遗产"的控制权和继承权;五是"族产""公产"(所属村落的共有财产)不仅被特定的人群共同体视为祖先的遗产,也被他们作为集体认同的纽带和体现忠诚的对象,而且具有明确的经济利益关系。这样,以土地为核心的"家园遗产"也就历史性地铸就。

概而言之,人类的生存以土地为根本,土地也是人类"家-家园"的最终归属。人类主要的传统"财产""遗产"都凭附于、依附于土地家园。我国的非物质文化遗产的基本成色也都与此有关。因此,"家园遗产"无论是抽象的理念抑或是实用的工具,都反映出了文化遗产的根本与基本。

五、中华非遗:分类过程

众所周知,分类既是人类认知世界的开始,又是将事物具体化的法则。近代博物学林奈正是因为他的分类和命名——被称为"林奈体系",奠基了近代博物学。他将植物分为 24 纲、116 目、1000 多个属和 10000 多个种。纲(class)、目(order)、属(genus)、种(species)的分类体系。任何一种文明,一个国家的文化遗产是否得以凸显,某种意义上说,看其分类体系是否成型。比如法国的文化遗产体系,美国的国家公园的自然遗产体系都有自己的分类系统,以及我们邻国日本的文化遗产分类体系中的六大分类:有形文化财、无形文化财、民俗文化财、纪念物、文化景观、传统建筑群。①

非物质文化遗产的分类体系包含以下几个原则:①参照联合国的遗产分类体系;②非物质文化遗产原本是从文化遗产延伸出来的交叉类型,须与文化遗产的分类相配合;③每一种文明和文化都会衍生出独特的文化遗产类型,中国的非物质文化遗产需要与中华文明相契合;④我国现在的非物质文化遗产的分类大体上是根据类型现象进行的,这在学术上是认可的,但在操作会陷入过度"表象性功利"的陷阱;⑤非物质文化遗产是"活态"的,时代发展还会催生出新的类型,需保持与时俱进的态势;⑥单一的学科分类可能会导致"学科分类的倾向化",因此,相关学科需要协同。

我国在非物质文化遗产的分类体系方面尚处于摸索阶段,出现了几种分类并置现象。联合国《保护非物质文化遗产公约》分为五类,具体包括以下五个方面:①口头传统和表现形式,包括作为非物质文化遗产媒介的语言;②表演艺术;③社会实践、仪式、节庆活动;④有关自然界和宇宙的知识和实践;⑤传统手工艺。

《中华人民共和国非物质文化遗产法》分为六类:①传统口头文学以及作为其载体的语言;②传统美术、书法、音乐、舞蹈、戏剧、曲艺和杂技;③传统技艺、医药和历法;④传统礼仪、节庆等民俗;⑤传统优育和游艺;⑥其他非物质文化遗产。

我国现代的非物质文化遗产的分类为十类:①民间文学;②传统优育、游艺与杂技;③传统音乐;④传统美术;⑤传统舞蹈;⑥传统技艺;⑦传统戏剧;⑧传统医药;⑨曲艺;⑩民俗。

① 彭兆荣等:《联合国及相关国家的遗产体系》,北京:北京大学出版社,2018年版,第84-93页。

王文章教授提出十三种分类:①语言;②民间文学;③传统音乐;④传统舞蹈;⑤传统戏剧;⑥曲艺;⑦杂技;⑧传统武术、体育与竞技;⑨民间美术、工艺美术;⑩传统手工技艺及其他工艺技术;⑪传统的医学和药学;⑫民俗;⑬文化空间。①

学术界还有其他分类,此不赘述。以笔者之见,以我国当前的形势,不是从各种角度仓促提出更多"中国非物质文化遗产分类"的时候,毕竟非物质文化遗产事业在我国才开展了 20 年,完善分类体系是一个过程,既要满足特定语境的需求,也需要接受历史的检验。法国的遗产体系,比如"名录"的分类是经过剧烈的政治、社会动荡(法国大革命)才逐步定型。日本也经过了很长的历史时期才逐渐形成了。另一方面,我们需要回到我国传统的博物学中去寻找、辨析自己的分类传统。值得一提的是,法国当代学者福科的《词与物:人文科学考古学》正是受到中国"某一部百科全书(博物志)"分类启发而完成的。②

"知己知彼"的工作是必要的。分类不是搞运动,不是行政指令,它属于思维认知。我们相信,只要是具有悠久历史、鲜明特色,民众体认、生活实践的类型,都尽力加以保护。事实上,我国还有不少遗产类型暂时未列入非物质文化遗产的分类名录,比如中国的"书院"是文化教育遗产,从孔子到程朱理学的传承,属于中华民族特色性的非物质文化遗产,却不在上述所有分类中。虽然这是一个缺失,但是暂时的,我相信。

既然非物质文化遗产分类体系的完整和完善是一个历史过程,我们当下需要做的是建立一个中国非物质文化遗产的分类框架,即先梳理哪些是属于中国的非物质文化遗产范畴、类别、名目。不是个体学者的意见,不是某一个学科的意见,也不是行政指令,而是需要经过不断深入的讨论,多学科的协作、民间的示范、民众的认可。如果我们搭建起具有中国特色的非物质文化遗

---

① 王文章:《非物质文化遗产概论》,北京:文化艺术出版社,2006 年,第 319~320 页。
② [法]米歇尔·福柯《词与物:人文科学考古学》,莫伟民译,上海:上海三联书店,2012 年版,"前言"第 1 页。

产分类体系的框架,过去、现在和未来的类型就可能和可以逐步加入。

六、中国特色:世界榜样

2003 年联合国通过了《保护非物质文化遗产公约》。依照公约的定义,所谓非物质文化遗产"来自某一文化社区的全部创作,这些创作以传统为根据,由某一群体或一些个体所表达,并被认为是符合社区期望的作为其文化和社会特性的表达形式,其准则和价值通过模仿或其他方式口头相传"。

联合国《保护非物质文化遗产公约》的公布值得大书。从遗产的分类角度,非物质文化遗产补充了 1972 年世界第一个遗产公约——《保护世界文化与自然遗产公约》过于宽泛、粗放的弊病,比如公约对"文化遗产"的规定为:

古迹:从历史、艺术或科学角度看具有突出的普遍价值的建筑物、碑雕和碑画、具有考古性质的成分或构造物、铭文、窟洞以及景观的联合体。

建筑群:从历史、艺术或科学角度看在建筑式样、分布均匀或与环境景色结合方面具有突出的普遍价值的单立或连接的建筑群。

遗址:从历史、审美、人种学或人类学角度看具有突出的普遍价值的人类工程或自然与人的联合工程以及包括有考古地址的区域。

显然,这样的规定过于窄化,以致在后来的几十年中,许多文化遗产类型,特别是非物质文化遗产大多不在公约的限定范畴和保护范围。所以,2003年的《保护非物质文化遗产公约》是对其的扩大、补充。

从遗产规章角度来看,联合国教科文组织既要制定法规(宜粗),又要制定操作方案(宜细),二者时常确有矛盾:一方面要推动全球"遗产事业",保护文化与自然遗产;另一方面又要将保护对象具体化。既要有"大话",还要讲"细化",顾此失彼亦可体谅。但《保护非物质文化遗产公约》却很好地将上述矛盾化解。公约既讲"大话":"意识到保护人类非物质文化遗产是普遍的意愿和共同关心的事项",也注意"细化":"注意到教科文组织在制定保护文化遗产的准则性文件,尤其是 1972 年的《保护世界文化和自然遗产公约》方面所做的具有深远意义的工作。"这"工作"是什么？就是非物质文化遗产公约的"与时俱进"。

从遗产话语角度来看,20 世纪联合国所推动的遗产事业是以西方"遗产话语"为原型建构起来的,所谓"话语",按我的理解,简捷地表述为:依照"我"之所有,根据"我"之所需,建立为"我"所用的规则。迄今为止,世界文化遗产最集中、最大宗、最有代表性的都集中在欧洲。所以,遗产政治学应该写在遗产学中的"开篇"。从这个意义上说,《保护非物质文化遗产公约》的颁布,是东方"他者"的一次胜利。据悉,美国、英国、加拿大、澳大利亚等西方国家并未加入公约。

从遗产类型角度来看,非物质文化遗产中有许多类型具有直接与产业、经济挂钩的特点,即使没有这些特点,由于其囊括面宽,而且多数具有实用功能,因此很容易通过引导而"活化"。又由于非物质文化遗产与人民生活关系密切,很容易进入"社区",让民众直接参与。这也是《保护非物质文化遗产公约》比起《保护世界文化与自然遗产公约》更具活力,更体现民众创造、传承、保护的主体性的原因。

从遗产特色角度来看,公约的五大分类虽然仍有推展的余地,但避免了像"文化遗产"仅限于三类具体对象的问题(后来文化遗产类型也有"增容")。重要的是,《保护非物质文化遗产公约》照顾到了不同的文明类型、文化传统、区域特色等。比如中国非物质文化遗产具有鲜明特色的农耕文明背景,2016年我国的二十四节气被正式列入联合国教科文组织人类非物质文化遗产代表作名录。二十四节气是中国古代先民以物候特征为主要时间顺序来安排农业生产及其他生活的"物候历法"。

值得浓墨重彩宣扬的是,自从我国将非物质文化遗产作为一个重要的国家文化战略推行以来,我国的非物质文化遗产事业取得了重大的成果,主要包括:

1. 政府制定非物质文化遗产的国家战略。（战略）

2. 中国非物质文化遗产"世界名录"排名第一。（名录）

3. 致力建立中国非物质文化遗产体系。（体系）

4. 根据国情进行专项综合评估。（国情）

5. 制定《中华人民共和国非物质文化遗产法》（2011 年）。（法制）

6. 体现了中华民族鲜明特色。（农耕）

7. 广泛地动员人民群众和社区参与。（主体性）

8. 各级政府根据《国家级非物质文化遗产代表性传承人认定与管理办法》实行传承人奖励办法。（传承人）

9. 突出非物质文化遗产的区域性、地方性特点。（多样性）

10. 不同民族、族群的非物质文化得到尊重和保护。（族群）

11. 非物质文化遗产对扶贫工作起到了重要的作用。（扶贫）

12. 我国一些非物质文化遗产加速产业化进程。（产业）

13. 非物质文化遗产进入教育体系。（教育）

14. 非物质文化遗产学进入专业研究领域。（科研）

毋庸讳言，我国非物质文化遗产战略在推进过程中也遇到了一些困难和问题，比如民众在非物质文化遗产活化和产业化过程中过于依赖政府的资助和扶持；对非物质文化遗产知识的普及工作相对滞后，影响了民众的主体性发挥等。

概而言之，我国在非物质文化遗产领域所取得的成绩，堪为世界榜样。

本文作者：彭兆荣，厦门大学

中国非物质文化遗产学科化道路及实践理念研究

[摘要] 基于近 20 年我国对于非遗保护运动的经验探索与社会需求,作为学科属性的非遗学概念被正式提出。2022 年 9 月我国首批非遗保护专业本科生和非遗交叉学科硕士生正式入学,标志着我国高校非遗学科建设步入正轨,传承实践与学术研究同步推进,并呈现多学科交叉态势。2023 年 3 月,冯骥才发表《非遗学原理》,论证非遗学无可辩驳的独立学科地位与学术本质。非遗学学科化实践在成果与经验方面已取得较大进步,但整体而言,目前学科视角的理论探讨仍显不足,梳理相关思想脉络有利于厘清现阶段学科建设存在的一些问题,推动非遗学学科发展。

[关键词]非物质文化遗产学;非遗教育;民俗学;人类学;民间艺术学

引言

"非物质文化遗产"(简称"非遗")一词从联合国教科文组织提出的 Intangible cultural heritage 直接翻译而来, 该概念正式引入中国之前已多次修订,虽中文概念存在一定的学术争议,但仍被官方、学界、媒体广泛应用并推广至民间。非遗学科化的理念最早显现于21世纪初的非遗保护工作中,由于所涉学科较多且分散,当时未能引起共鸣,直到2021年国务院学位委员会批复天津大学自主设置非遗学交叉学科硕士学位授权点,同年非物质文化遗产保护被列入普通高校本科专业目录,次年9月我国首批非遗(交叉)专业本科生和硕士生入学,此时作为学科的非遗学才正式进入大众视野。这不仅预示着未来我国将有越来越多对口的专门人才投入非遗保护事业之中,也标志着我国的非遗学将以独立学科的身份在国家教育体系中获得一席之地,实现非遗在高校教育中从研究方向到学科建制的转型。

2023年3月,立足国内首个非遗学交叉学科自主设置硕士学位授权点,冯骥才在《光明日报》发表长文《非遗学原理》,在阐明非遗学与近缘学科民俗学的差异的基础上,着力从元理论角度勾勒出非遗学卓尔不群的学科样貌。[1]本文借鉴这一思想,尝试总结民俗学、人类学、民间艺术学的学科特征,并对比分析非遗学的学科化道路及学科特征,提出学科交叉建设的实践路径。

一、立足民众立场:从民俗学到非遗学

民俗学在我国非遗保护运动中扮演着重要角色,不仅为保护工作提供了人才队伍,亦为非物质文化遗产的学科建设提供了路径参考。民俗学(folk-lore)最早发端于19世纪中期的英国,是一门关注民间风俗习惯、口头传统等民众知识(也称文化遗留物)的学问,并强调了其世代相传的特征。[2]从联合国教科文组织对于非物质文化遗产的定义可以看出明显的民俗学倾向,并进一步将对象范围拓展到"文化遗产组成部分的各种社会实践、观念表述、表现形式、知识、技能以及相关的工具、实物、手工艺品和文化场所"[3],将作为文化持

---

① 冯骥才:《非遗学原理》,《光明日报》,2023年3月19日。

② 乌丙安:《民俗学丛话》,上海文艺出版社,1983年,第6页。

③ 《保护非物质文化遗产公约(2003)》,https://www.ihchina.cn/zhengce_details/11668。

有者的民众具体界定为"社区、群体和个人"。由此可以看出二者在核心理念上的高度契合,正因为如此,以搜集、整理、描述、分析民俗事象为主要任务①的民俗学者在第一时间加入了非遗保护与研究的工作,使民俗学成为非遗保护工作中参与度最高、关系最密切的学科,非遗保护也成为 21 世纪民俗学的重要论域。

从学科缘起来看,非遗学与民俗学的学科化历程也十分相似,初期阶段均将民间文化的搜集、整理与保存作为工作重心,并且与时下的时代背景和政治话语密切相关。1918 年,在新文化运动的启蒙下,北京大学成立歌谣征集处面向全国征集民间歌谣(也称北大歌谣征集运动),吸引了国内一些民俗文化研究者参与其中,拉开了中国现代民俗学的序幕,使"眼光向下"成为一种研究思潮。在此后的几十年里,中国民俗学(中华人民共和国成立后受社会主义文艺建设需求和苏联教育模式影响主要使用"民间文艺"概念②)的重心主要围绕民间文学的记录研究展开,成为一门应用性鲜明的实践研究。20 世纪末,我国民俗学界开始探索一种学术转向,钟敬文将其定义为"当代学",其工作方法、研究目的均指向当下的现实生活③,这种观念性的转变促使民俗学者开始深入民众生活之中,"把自己看成是民众的学生"④,进而通过对民俗事象、口头传统及其异文的直接观察、交流与比较展开一种解释性研究,其应用性更趋社会化,也更具人类学倾向。

民俗教育与民俗研究工作几乎同时开展,钟敬文等学者在民俗学研究提出后不久便开始将民间文学及其他民间文艺形式引入学校课堂,开设民间文学、民俗学课程等民间文艺相关课程。民间文学研究和民俗文化研究逐渐成

① 钟敬文主编:《民俗学概论》,北京:高等教育出版社,2010 年,第 7 页。
② 萧放、贾琛:《70 年中国民俗学学科建设历程、经验与反思》,《华中师范大学学报(人文社会科学版)》,2019 年第 6 期。
③ 高丙中:《中国民俗学三十年的发展历程》,《民俗研究》,2008 年第 3 期。
④ 罗树杰、刘铁梁:《民俗学与人类学——人类学学者访谈录之三十四》,《广西民族学院学报(哲学社会科学版)》,2005 年第 3 期。

为民俗学的两大领域,但由于二者在研究对象与研究方法上的差异,最终在多次学科调整后被分别划至中国语言文学与社会学两大学科之下。

对比非遗教育与民俗教育的异同可见,非遗强调再创造和社区群体的持续认同,由此开展以传承为目的的实践活动;民俗则强调对民众生活文化的形式及其社会功能的关注。二者的虽在分类上所涉内容十分相近,但民俗学对于民俗传承的过程性、连续性以及传承群体的关注是十分晚近的事,且民俗事象只是非遗中重要的一部分,二者范畴并不完全重合。可以说,中国非遗保护运动推动了民俗学的研究转向,在民俗学与非遗保护运动逐渐呈现捆绑趋势的过程中,有学者建议直接将民俗学更名为非遗学,也有部分民俗学者开始反思批判非遗保护研究使民俗学学科陷入独立性丧失的尴尬境地,过于强调民俗学与非遗学的源流关系,既背离了民俗学的初衷,也不利于我国非遗事业的多元发展。中国民俗学教育已经历了近百年的探索历程,与其相比,非遗学所涵盖的领域范围更广,交叉性更强,而民俗学学科的发展历程也提醒着非遗学如何在整合中探索一条平衡、合理的发展路径。

总体来说,20世纪的中国民俗学实现了研究对象、研究视域、研究范式、研究立场与教育理念的转向,即研究对象从"民俗"到"民"、从集体到个体,研究视域从"过去"到"当下",研究范式从一般文化史研究转向生活史研究,研究立场从客位到主位,教育理念从客位教育到主位教育[①]的多元转向,由此发展出了实践民俗学、公共民俗学、家乡民俗学等多重理论视角。就此来说,非遗学既是当代学,也是未来学,"活态"是非遗传承与保护的基本原则以及非遗研究的条件与目的,无论是非遗理论、非遗志或传承人口述史均是立足当下、面向未来的研究。

综观中国民俗学的发展历程可以发现,由于一些历史原因,有关民俗事象的研究在中华人民共和国成立后的一段时期内曾被冠以封建文化而处于

---

① 杨利慧:《从"民俗教育"到"非遗教育"——中国非遗教育的本土实践之路》,《民俗研究》,2021年第4期。

停滞状态,在民间文化中占有重要地位的民俗信仰事象与现代社会主流价值观相悖,这一“传统”与“现代”的矛盾在当下的非遗保护、教育与研究工作中仍然存在,如相关部门及高校管理者缺乏对于传统的正确认识,一味将“中国的文化传统当作‘现代化’的敌人”[1]势必会对非遗保护造成阻碍。因此,以民众立场来理解民众及其文化,甚至搭建一种知识共享的“伙伴关系”[2]正是为非物质文化遗产可持续发展提供有效支持的重要保障。

二、关注社区内部视角:从人类学到非遗学

尽管人类学学者在我国非遗保护运动中长期处于游离甚至缺席的状态,但人类学的理论与方法对民俗、非遗研究实践的影响不容小觑。尤其是早期人类学提出的民俗遗留物学说启发了顾颉刚的孟姜女故事研究等一系列我国早期民俗研究的代表性案例[3],在理论方法上推动了中国民俗研究范式的迅速发展。可以看出,早期的人类学与民俗学研究都具有明显的文化考古意味,一些研究者希望在历史上的民俗资料和时下的民俗事象之间建立某种线索来达到对过去民俗文化的理解。尽管以古典进化论为基础的研究思路缺乏科学支撑,但这类文化考古的研究方式在当下人类学、民族学、民俗学、历史学、艺术学以及非遗领域关于偏远地区民族文化的研究实践中仍普遍存在,在 20 世纪末以来的全球化背景下,文化多元主义成为主流共识,极大地推动了上述学科间的交叉合作与学术研究范式的多元演进。

人类学对于中国民间文化研究及相关普查记录工作的最大贡献在于提供了田野调查和民族志写作的方法论与案例范本,促使民间文化研究从传统

①　方李莉:《文化自觉”与“全球化”发展——费孝通“文化自觉”思想的再阐释》,《民族艺术》,2007 年第 1 期。

②　朝戈金:《知识共享伙伴:非物质文化遗产保护中的民族志立场》,《西北民族研究》,2012 年第 1 期。

③　高丙中:《中国民俗学的人类学倾向》,《民俗研究》,1996 年第 2 期。

采风转向科学调查,从文本研究转向人的研究,并在非遗保护实践中延伸出了传承人口述史、遗产志、非遗志等新术语。人类学家格尔茨曾指出,"人类学家并非研究村落,而是在村落中进行研究"①,此观点同样适用于所有的民间文化研究。值得注意的是,人类学田野研究对研究者的研究时长有着严格要求,研究者往往需进入田野点与当地民众共同生活长达一年甚至更久的时间,才能对研究对象所处的知识体系与文化空间达到深入、全面、整体的理解与阐释,而这一点在我国目前的非遗研究实践中明显不足,从而极易导致非遗保护与管理工作的决策性失误。此外,人类学对于报道人与客观记录的强调也为非遗研究的田野伦理提供了学理借鉴。

无论是五四时期李大钊等学者倡导的"到民间去",还是非遗抢救时期冯骥才号召的"把书桌搬到田野",均体现了一种平民化的观察视角,强调研究者与被研究者之间的平等关系。在此范畴中,人类学的主位(emic)研究与客位(etic)研究为研究民间文化提供了两种不同维度的观察视角,前者指研究者抛开主观认识来以文化持有者的内部视角进行观察与理解,围绕报道人的描述进行客观深入的分析,后者则指研究者作为外来者以外部视角进行观察理解,两种观察方式各有利弊。但随着人在当代社会科学中的主体性日益凸显,主位研究成为时下流行的研究方法,也最为契合尊重传承人主体性地位的非遗保护理念,因此彭兆荣指出了政治话语背景下的遗产表述带有明显的政治色彩,往往忽略了遗产主体的表述,"家园遗产"的概念可以丰富现代遗产学的批判反思。②

人类学注重文化意义的阐释性研究,而这正是目前多数非遗研究成果的短板之一。西方传统人类学的研究视域在于异文化,20世纪,费孝通、林耀华等我国人类学重要奠基人率先将人类学方法应用于本土的乡村治理、民众生

---

① [美]克利福德·格尔茨:《文化的解释》,韩莉译,南京:译林出版社,2014年,第29页。

② 彭兆荣:《遗产政治学:现代语境中的表述与被表述关系》,《云南民族大学学报(哲学社会科学版)》,2008年第2期。

活等研究中,具有开拓性意义。而特纳的仪式理论,列维施特劳斯的结构主义神话学,格尔茨的地方性知识与阐释理论,以及克利福德的写文化等西方人类学理论的引进,亦对于我国民间文化及民间意识形态的研究产生了较大影响。

冯骥才认为,政府对非物质文化遗产的项目化行为既是保护,同时又是对民间文化的肢解,因为民间文化本身是整体的。[①]与民俗学对于民俗事象的具象研究相比,人类学更倾向于在社区田野个案研究中以小见大,将民间文化事象置于文化整体中宏观地思考其文化特征、规律的普适性,注重社会诸要素之间的关联,在国家关于文化遗产行政和文化政策层面具有文化批评和异议申述的重要价值。[②]

三、从书桌走向田野:从民间艺术学到非遗学

钟敬文认为:"民间图画是民众基本的欲求的造形,是民众情绪的宣泄,是民众美学观念的表明,是他们社会的形象的反映……它可以使我们认识今日民间的生活,它也可以使我们明了过去社会的结构。"[③]尽管民间艺术的生产特性使其与民俗事象关系密切,甚至成为民俗文化的重要组成部分,但民俗学对于民间艺术的研究往往限于形式的民俗象征,而忽略艺术的本体视角。

事实上,我国有关民间艺术的研究论述古已有之,但主要侧重于民间美术、工艺技术的发展史。20 世纪民艺学倡导将民艺研究与相关的民俗事象相结合,将民艺视为百姓生活的一部分,从艺术视角研究民间工艺的性质、功能、产生及发展规律。由于精英文化与草根文化的二元对立传统,民间艺术在

---

① 冯莉:《为思想而立——在冯骥才文学艺术研究院求学的日子》,《非遗传承研究》,2022 年第 3 期。

② 周星、黄洁:《中国文化遗产的人类学研究(上)》,《中国非物质文化遗产》,2021 年第 4 期。

③ 钟敬文:《民间图画展览的意义——为民间图画展览会作》,载《民间文艺谈薮》,湖南人民出版社,1985 年。

艺术史上被长期忽视,且在艺术学科中长期处于边缘化的境况,导致民间艺术研究队伍中的艺术专业学者相对匮乏,直至当下,仍有不少学者认为民间艺术与传统的艺术研究范式不同,其价值在于民俗功能,故而更倾向于民俗研究范式。

在实际开展非遗保护与研究工作时,不少学者或工作人员往往感到知识领域的跨越所带来的困境。民俗学者乌丙安曾以古琴为例说明物质文化与非物质文化的区别,"古琴乐器本身是物质文化,而古琴的制作工艺、弹奏古琴的手法和技巧、口传心授的乐曲调式、传统的记谱方式方法、演奏形式或仪式以及其他古琴艺术的传承等等综合在一起形成文化的链接,这才够得上是无形的、多种多样的非物质文化"[①],这其中涉及的演奏技艺、技巧、曲调以及记谱方式等均属于音乐专业范畴,仅靠民俗学、人类学的专业知识难以准确理解。在我国公布的非遗十大项目门类中将传统音乐、传统舞蹈、传统戏剧、曲艺、传统美术等民间艺术门类与民俗并列,即已说明二者在表现形式、知识体系方面的基本属性。此外,十大门类中的艺术相关门类已占半数,且在传统技艺、民俗两大门类中仍不乏艺术类项目,可见艺术专业学者的参与对于非物质文化遗产的保护与研究十分重要,同样,对于传统体育、传统医药类的项目亦需要体育、医学专业的学者介入。

我国艺术学界对于民间文化进行科学化、规模化的抢救记录工作始于20世纪中叶,例如中国艺术研究院音乐研究所(原隶属于中央音乐学院)的杨荫浏、曹安和、简其华、毛继增、潘怀素等学者在20世纪五六十年代对全国范围内的传统音乐进行的考察记录工作[②],中央美术学院的杨先让、靳之林、冯真、吕胜中、乔晓光等学者组成的考察团自1986年至1989年间沿黄河流

① 乌丙安:《非物质文化遗产的界定和认定的若干理论与实践问题》,《河南教育学院学报(哲学社会科学版)》,2007年第1期。

② 《中国传统音乐考察报告》,https://www.zgysyjy.org.cn/monograph_detail/9007.html。

域展开的 14 次民间艺术田野考察记录工作。①可见艺术学界对人类学、民俗学研究方法的借鉴与融合早已开始，到 21 世纪初，"中国民间文化遗产抢救工程"的普查抢救工作实现了上述各学科领域的首次整体合作。

鉴于民间艺术在非遗中所占比重较大，以学科交叉视角关照非遗保护与研究势在必行。艺术人类学是目前将人类学理论与民间艺术研究实现较高融合度的学术领域之一，倡导从人类学的视角进行艺术研究。2006 年，中国艺术人类学学会成立，虽其主要组织者多为人类学、民俗学领域的著名学者，但在多年发展中逐渐吸纳了来自美术、音乐、舞蹈等各个艺术专业领域的学者，并作为专业方向或专业课程现身于国内高校，非物质文化遗产成为其学术年会的主要议题之一。值得一提的是，该领域牵头人方李莉带领团队自 2001 年在费孝通先生指导下开展了"西北人文资源环境基础数据库"和"西部人文资源保护、开放和利用"两大国家重点课题，研究团队通过对西部地区民间艺术的大量考察分析认为，那些成为遗产的文化形式在民间实践中已经形成资源转化，确切来说非物质文化遗产应该是一种活着的生活方式和价值观念②，因此学者和管理者应关注民众需求及非遗与现代文化之间的关联性，正视文化遗产的开发利用与保护之间的关系，这也恰好契合了联合国教科文组织在《保护非物质文化遗产的伦理原则》中提出的"社区、群体和有关个人为确保非物质文化遗产存续力而继续进行必要实践、表示、表达、知识和技能的权利应予以承认和尊重"③之倡议。

---

① 宋兆麟：《黄河十四走》，《民俗研究》，2003 年第 3 期。

② 方李莉：《从"遗产到资源"的理论阐释——非物质文化遗产保护的前沿研究》，《2010 年中国艺术人类学论坛暨国际学术会议——非物质文化遗产保护与艺术人类学研究论文集》，2010 年。

③ 联合国教科文组织：《保护非物质文化遗产的伦理原则（2016）》，https://www.ihchina.cn/zhengce_details/15769。

四、整合学科资源，明确交叉属性：非物质文化遗产学

2001 年，中国昆曲被联合国教科文组织认定为"人类口头和非物质遗产代表作"，这一事件迅速在国内掀起一股文化热潮。同年，时任中国民间文艺家协会主席的冯骥才针对民间文化严重萎缩的现状发起抢救行动，2002 年正式启动"中国民间文化遗产抢救工程"，2003 年文化部、财政部等部委和中国文联联合启动"中国民族民间文化保护工程"，一场在全国范围内展开的民族民间文化普查行动提上日程。2004 年，在第十届全国人大常委会第十一次会议上，表决通过了中国政府正式加入联合国教科文组织《保护非物质文化遗产公约》的批准决定。"非物质文化遗产"成为官方术语，并迅速在社会上再次掀起文化热潮，随后的非遗代表性项目及传承人认定工作进一步推动了中国非物质文化遗产保护运动的进程。冯骥才曾将中国的非遗保护事业以非遗认定为标志划分为"非遗前时代"与"非遗后时代"，名录的分类与认定对于非遗的保护与研究具有较为明确的指向性，标志着我国学界围绕非遗事象开展的学术研究与政府保护管理及相关企业开发利用之间形成了一种合作共赢、协同发展的局面，非遗学科的发展亦离不开这一基本目的。

在非遗概念引入之前，文化遗产一词在我国并未引起足够重视，建筑、考古、文博等专业多在各自领域内开展，缺乏交叉合作。21 世纪初我国已有学者提出构建"文化遗产学"的设想，"文化遗产"的提出是对传统"金石""文物"概念内涵的延展，因此这一阶段的相关讨论基本在以物质遗产为研究对象的考古学、博物馆学、历史学等学科领域中展开。例如从复旦大学文物与博物馆学系于 2000 年创办的《文化遗产研究集刊》中可窥得该领域的发展脉络，曹兵武、苑利、彭兆荣、蔡靖泉等学者均围绕文化遗产学展开过专门的研究著述。其中，曹兵武指出，"文化遗产学"是一门综合性、职业性的新型学科，不仅包括对于遗产价值及本体的研究，还涉及遗产的管理、经营、运作等各

个方面的人才培养。①孙华认为,文化遗产的研究、保护、展示与利用分别需要不同学科的专家学者广泛参与,庞杂的学科介入及研究内容的重复使文化遗产的学科化沦为"文理科大综合"而难以真正获得学科的独立性。②这些问题在随后有关非遗学科建设的问题上仍然存在,而将物遗与非遗进行整合后则使学科结构更为庞杂。

由于与非遗相关的学科已基本确立成型的理论体系和研究范式,且在非遗保护与研究领域取得一定成果,建设非遗学科必然涉及对相关学科的整合发展,因此非遗学是否学科化引起了学者的争论。乌丙安认为,正是非物质文化遗产保护工作选择了民俗文化才使二者结缘,但二者在具体的内容、形式方面并不完全等同,亦不能互相取代,此外二者在分类方式、评价体系方面也有明显差异③,这正是由于二者生成的背景、目的的不同所导致的本质差异,因此许多学者更认同将非物质文化遗产视为一个工作概念而非学科概念的界定。④这样说来,非物质文化遗产研究是以工作规范与保护目的为前提的研究,民俗学则是立足学理思考的本体研究,二者是基于不同的话语体系展开的文化行动。2002 年 10 月,中央美术学院举办"中国高等院校首届非物质文化遗产教育教学研讨会",发表了《非物质文化遗产教育宣言》,中山大学、中央美术学院、中国艺术研究院、天津大学相继建立了非遗研究机构,进而多家高校陆续挂靠文学、艺术学理论、民俗学、民间文学、文物与博物馆学等学科和专业,自主设置非物质文化遗产及相关二级专业或研究方向,如前述 4 所院校,还有南京艺术学院、四川美术学院、华东师范大学、中央民族大学、山东大学、中国社会科学院大学、复旦大学、武汉大学、广西师范大学,等等。由于所涉学科分散,非物质文化遗产学学理及其学科建设研究一直呈现多点单

---

① 傅兵(曹兵武):《文化遗产学:试说一门新兴学科的雏形》,《中国文物报》,2003 年 5 月 30 日。

② 孙华:《文化遗产"学"的困惑》,《中国文化遗产》,2005 年第 5 期。

③ 乌丙安:《21 世纪的民俗学开端:与非物质文化遗产的结缘》,《河南社会科学》,2009 年第 3 期。

④ 施爱东:《学术运动对于常规科学的负面影响——兼谈民俗学家在非遗保护运动中的学术担当》,《河南社会科学》,2009 年第 3 期。

线、力量较为薄弱的状况。值得关注的是,一批富有学术眼光的学者辨析学理,使保护语境中的非遗学成为可能。向云驹出版了国内第一部《人类口头和非物质遗产》专著,平地建起非遗学的基本形态。他的另一部专著《非物质文化遗产博士课程录》,从遗产学的角度搭建了学科框架,融合了人类学、民俗学等学科理论与方法。王文章主编的《非物质文化遗产概论》为非物质文化遗产概念及基本理念的中国化铺设了道路。苑利、顾军的《非物质文化遗产学》在反思中国非遗保护实践的基础上立论,使非遗学更加契合本土语境。宋俊华、王开桃的《非物质文化遗产保护研究》和黄永林、肖远平的《非物质文化遗产教程》等成果,均已具备非遗学的气象。

与此同时,学者们进一步明确了建设非遗学学科的主张。苑利、顾军指出,非遗学与艺术学、民俗学等既有学科对非遗本质、项目遴选标准及非遗保护理念的认知有所不同,因此在以非遗事项为对象的研究中,非遗学可以更准确地解决既有学科在非遗保护中难以解决的问题。[1]宋俊华撰文讨论非遗的学科化问题,其认为从事非遗研究的相关学者是基于自身专业的视角、方法与理论,以非遗为对象开展的研究之学,但这尚不能成为一门成熟的学科[2],因此可通过构建非遗学科共同体来实现非遗学的学科独立。[3]刘壮认为,文化遗产学的学科起点在于日常生活中随着社会不断演进的文化事象,而非联合国教科文组织的文件和名录,应当突破现有的文化研究范式对文化遗产本质的遮蔽,参与式地建构新的理论体系。[4]不仅如此,学者们就非遗学学科建设的具象问题也进行了细致讨论,相近学科对其身份和归属问题由争议到共识,从区分到融合,表征了学界对于非物质文化遗产复杂性、动态性的认知过程。向云驹、苑利、王福州、宋俊华、黄永林、彭兆荣、杨利慧、高丙中、万建中等

① 苑利、顾军:《非物质文化遗产学学科建设的若干问题》,《东南文化》,2021年第3期。
② 宋俊华:《非物质文化遗产研究的学科化思考》,《重庆文理学院学报(社会科学版)》,2009年第4期。
③ 宋俊华:《论构建非物质文化遗产学学科共同体》,《文化遗产》,2019年第2期。
④ 刘壮:《论文化遗产的本质——学科视野下的回顾与探索》,《文化遗产》,2008年第3期。

学者均就此提出了深刻的观点。随着国务院学位委员会批复建立首个非遗学交叉学科自主设置硕士学位授权点,在"交叉学科"门类下设置非物质文化遗产学学科获得更多的认同。

结　语

虽然"非遗"这一专门术语出现较晚,但我国学界对其所指事象关注已久,在较长的实践历程中积累了丰富的记录性成果。从非遗研究到非遗教育,再到非遗学科的发展过程中,众多学科方法理念的介入为非遗保护与研究提供了多维度的学科内涵。值得关注的是,社会对于非遗专业人才需求迫切,但其作为一门正式学科来说尚且年轻,目前存在学科结构不完善、特色教材和课程建设不足、方法理论借鉴过多等一些存在争议的关键问题,亟待学界讨论明晰。

在非物质文化遗产概念传入以前,我国在民间文学、民间艺术等民间文化研究领域已积累了较多经验和成果,如古时以风俗、习俗、民风为主题的记录研究成果。20 世纪随着西方学科体系的引入,西方文化学与文化人类学对文化的学理性研究为我国学者关注文化发展规律,重新审视、梳理与思考传统文化与社会、民众之关系提供了理论视角与方法,来自民俗学、人类学、民族学、艺术学、历史学等学科的学者开始在各自领域内开展关于文化事象,尤其是民间文化事象的研究工作。但这一时期的研究相对分散,缺乏跨学科的交流与合作,加之传统社会中长期形成的大传统、小传统的普遍观念,使以民间文化为对象的研究在研究体系、研究规模等方面明显处于边缘地位,如民间文学之于文学,民间美术、民间音乐、民间舞蹈之于美术学、音乐学、舞蹈学,因而 21 世纪初非物质文化遗产在中国官方话语中的确立对于推动我国民间文化研究相关学科的整合与主流化有着重要意义。

本文作者:郭平、张洁,天津大学

"非遗"保护与交叉学科之"非遗学"

[摘要]21 世纪以降，非物质文化遗产保护成为中国政府推动传统文化保护的策略，经过将近20 年的努力，中国"非遗"保护进入新的历史时期。和20 多年前不同的是，经过一代人的努力，此时的中国已建立了国家级、省级、市级和县级四级"非遗"保护体系，先后公布了国家级"非遗"代表性项目名录，认定了各类"非遗"代表性项目代表性传承人名录，同时确立了国家文化遗产日，颁布了《中华人民共和国非物质文化遗产法》。凡此种种，不仅体现着"非遗"概念的深入人心，而且使"非遗"保护有了可操作、可持续传承。这一切迫切需要"非遗"保护的理论研究和人才培养，交叉学科之"非遗学"建设，显得非常及时和必要。本文从"非遗""非遗保护""非遗学"三个层面，对交叉学科之"非遗学"建设做初步探讨。

[关键词]非遗;非遗保护;非遗学

一、关于非物质文化遗产

非物质文化遗产保护是 21 世纪初出现的新生事物。2003 年 10 月联合国教科文组织第 32 届大会通过《保护非物质文化遗产公约》。2004 年 8 月中国人大常委会审议批准加入该条约,2006 年 6 月《保护非物质文化遗产公约》在中国生效。就在这一年,中国公布了国家级的第一批"非遗"代表性项目名录,共计 518 项。自此《保护非物质文化遗产公约》成为中国非物质文化遗产保护的重要政策依据文件。

关于"非遗",联合国教科文组织《保护非物质文化遗产公约》第二条作了这样的定义:非物质文化遗产(intangible cultural heritage)指的是,"被各群体、团体,有时为个人视为其文化遗产的各种实践、表演、表现形式、知识和技能及其相关的工具、实物、工艺品和文化场所。各个群体和团体随着其所处与自然界的相互关系和历史条件的变化,不断使这种代代相传非物质文化遗产得到创新,同时使他们自己具有一种认同感和历史感,从而促进了文化多样性和人类的创造力"[①]。按照上述定义,"非遗"包括以下方面的内容:①口头传说和表述,包括作为非物质文化遗产媒介的语言;②表演艺术;③社会风俗、礼仪、节庆;④有关自然界和宇宙相关的知识和实践;⑤传统手工艺技能。[②]按照这一定义,结合中国的国情和实践,在"非遗"保护中,中国将"非遗"项目分为 10 类:①民间文学;②传统音乐;③传统舞蹈;④传统戏剧;⑤曲艺;⑥杂技与竞技;⑦传统美术;⑧传统手工技艺;⑨传统医药;⑩民俗。很明显,联合国教科文组织的分类是宏观的,重在说明"非遗"的特征,而中国的分类是结合中国国情,将分类细化,使其在保护工作中更具有可操作性。

联合国教科文组织对"非遗"的定义,是综合世界各国"非遗"文化特点提出的,并规定了"非遗"所涵盖的基本内容、特点和"非遗"传承的特点,即"被各群体、团体,有时为个人视为其文化遗产的各种实践","各个群体和团体随着其所处与自然界的相互关系和历史条件的变化,不断使这种代代相传非物质文化遗产得到创新,同时使他们自己具有一种认同感和历史感"。请注意:

---

① 文化部非物质文化遗产司:《非物质文化遗产保护法律文件汇编》2009 年,第 396 页。
② 文化部非物质文化遗产司:《非物质文化遗产保护法律文件汇编》2009 年,第 396 页。

这里的关键词是群体、团体、个人;认同感和历史感。这正是"非遗"产生的历史认同和传承的生态环境。因此"非遗"保护是以其传承的群体、团体、个人的认同感和历史感为基础的。认识这一点,就明确了"非遗"文化的创造和传承,它的创造本体是群体、团体、个人,而且它的形成不仅具有历史感而且得到群体的认同。

二、关于非物质文化遗产保护

《保护非物质文化遗产公约》对"非遗"的保护,也做了明确的解释,指出"非遗"保护是指:"采取措施,确保非物质文化遗产生命力,包括这种遗产各个方面的确认、立档、研究、保存、保护、宣传、弘扬、传承(主要通过正规和非正规教育)和振兴。"①为了贯彻《保护非物质文化遗产公约》精神,联合国教科文组织还专门设立了"人类非物质文化遗产代表作名录""急需保护的非物质文化遗产名录"和"优秀实践名册"三项人类非物质文化遗产名录和名册,其专门的委员会每年都会审议各国申报的遗产项目,然后决定是否将其列入名录或名册。

中国是《保护非物质文化遗产公约》的缔约国,自然承诺对中国的"非遗"进行保护。2005 年国务院印发《关于加强文化遗产保护的通知》,2006 年公布第一批国家级"非遗"代表性项目名录,并建立国家四级"非遗"名录保护体系。2011 年 2 月颁布《中华人民共和国非物质文化遗产法》。从此,中国的"非遗"保护有了法律依据。

"非遗"保护工作在中国已经进行了将近 20 年。其间,国务院先后公布了五批国家级"非遗"代表性项目名录,共计约 1600 项,加之省、市、县(区)三级"非遗"代表作名录,基本实现了"非遗"地毯式的普查和认定。因为这些名录

---

① 文化部非物质文化遗产司:《非物质文化遗产保护法律文件汇编》2009 年,第 396 页。

都是经过各级政府文化部门发动专家学者考察认定的，具有很高的权威性。"非遗"代表作名录的认定，为"非遗"保护工作打好了坚实基础。近 20 年的"非遗"保护工作取得了不小的成绩。此外，中国"非遗"还走向了世界。2022 年，"中国传统制茶技艺及其相关习俗"被列入联合国教科文组织人类非物质文化遗产代表作名录。至此，中国共有 43 项项目列入联合国教科文组织人类非物质文化遗产代表作名录、名册，居世界第一。这些成绩的获得和历代"非遗"人的不懈努力是分不开的。

谈到"非遗"保护，又回到了老问题：什么是"非遗"？保护什么？怎样保护？什么是"非遗"？这一问题，已经取得了全民共识。保护什么，如何保护？仍然是需要探讨的问题。这不仅涉及对传承个人和群体的认知，还涉及政府、专家学者在保护工作中的作用问题。总之，如何使"非遗"保护避免被政府、学者包办代替，使其保护回归民间，发挥"非遗"传承个人和传承团体、群体在传承中的作用，使保护工作促进"非遗"传承的可持续发展。

"非遗"保护应该是全方位的，包括"非遗"文化的创造、传承和消费。"非遗"传承人包括个人、团体和群体，他们既是"非遗"文化的创造者、持有者，又是这一文化的享受着和传承者。而"非遗"文化的消费，也是传承的重要组成部分。以往我们对"非遗"的传承有一种曲解。具体到"非遗"项目的传承，两眼紧盯着该项目的代表性传承人，而忽视了群体和团体传承。有时还忽视了非代表性传承人群体和"非遗"文化的消费者群体。因为没有"非遗"消费，就没有"非遗"的创造和传承。"非遗"消费是"非遗"可持续传承不可或缺的环节。我们看到许多"非遗"项目的消歇和失传，都和"非遗"文化的消费有关。比如中国传统的年画，曾深受民众的喜爱，有着千年以上的消费传统，是中国年节不可或缺的。不知何时，这一消费传统随着时代的变迁渐渐消失了。消费的断裂，使传统年画失去了它的生命力。如今，传统的年画已走出民众的生活，变成收藏品和博物馆的展品。消费群体是"非遗"传承不可缺少的因素。每一项"非遗"项目都有它特定的传承对象和特定的消费对象。每一项"非遗"项目的代表性传承人,是传承者,同时也是这一项目众多的受传者(受众),他们同时是"非遗"文化的消费者。这些受传者有时被认为是非代表性传承人。他们既参与"非遗"的传承,又参与"非遗"消费。正是这些参与者构成了传承的群体。也许下一代的"非遗"代表性传承人就是在这一群体中产生的。他们有可能成为某项"非遗"项目未来传承的后备军。

三、交叉学科与"非遗学"建设

明确了"非遗"和"非遗"保护的准确定义,在"非遗"研究中会更好把握它的理论梳理。而交叉学科方法论,为"非遗"研究提供了方便的门径。

交叉学科,顾名思义是指学科交叉融合逐渐形成的新型学科。在社会学科中往往将这种研究称为"应用研究"。比如民俗学研究,需要多学科理论和知识支撑。研究民俗文化的学者,除它的研究对象是人们日常生活中靠语言和行为传承的各类民俗事象外,在具体的研究中,往往需要借助多学科的理论和知识,这种知识和理论涉及历史学、文学(民间文学)、语言学(古代汉语)、文化人类学、社会学、法学(民间的不成文法及习惯法)、民族学、传播学等。没有上述学科的知识和理论支撑,民俗学研究不可能取得优异成绩。民俗学之所以成为一种独立的社会学科,正是在交叉应用研究中取得的。交叉学科研究,不仅丰富了本学科研究的内容和方法,也打开了研究者的视野,它和比较研究有同工异曲之妙。交叉研究体现了科学向综合性发展的趋势。

关于"非遗学"概念,在"非遗"保护工作伊始,就有学者提出。不过当时概念十分模糊,存在不同的理解。2006年10月,学苑出版社曾出版过一本《非物质文化遗产学论集》,由我和日本学者樱井龙彦主编,当时也没有十分追究"非遗学"这一概念的提出准确与否,认为只要是涉及"非遗"的论文,就属于"非遗学"范畴。直到成为国家"非遗"保护工作专家委员会委员后,我参与了"非遗"代表作名录和代表性传承人认定,许多学者质疑"非遗"研究是否能成为一个新的学科——"非遗学"。当时正是"非遗"保护如火如荼的时候,有的学者提出"非遗"是一个学术概念,有学者认为不是,指出它只是为适应保护工作的需要而提出的概念。这的确是值得认真思考的问题。有鉴于此,在我再版的《民俗学》一书中导论一章,曾开辟专节,讨论民俗学与非物质文化遗产。结论当然是否定"非遗学"作为单独学科的地位。①

此次参加天津大学冯骥才文学艺术研究院召开的"新时代·新学科·新使命——非物质文化遗产国际学术论坛",给了我重新学习的机会,使我开始再次思考如何认识新时代"非遗"保护所承担的历史重任和使命,是否应该修正我的观点。

天津大学于去年 10 月获批设立全国首个非物质文化遗产学交叉学科硕士授权点,并开始招生。交叉学科是国务院学位委员会根据新时代自然学科和社会学科发展的新形势新设立的学科。"非遗学"被作为这一交叉学科一级学科获得硕士授予权,说明中国"非遗"保护事业进入新的阶段,即人才的培养进入国家模式,意义非常重大。中国是一个"非遗"大国,"非遗"文化不仅历史悠久,而且以独特的传承延续至今,是一笔丰厚的文化遗产。经过多年的努力,已经确立为国家级代表性项目的"非遗"项目达到 1600 项,而对它的"确认、立档、研究、保存、保护、宣传、弘扬、传承(主要通过正规和非正规教育)和振兴",是摆在"非遗"研究者面前的艰巨任务。面对如此繁重的保护和研究工作,国家确立交叉学科,并将"非遗"研究的"非遗学"作为一级学科列入其中,这对"非遗"保护者和研究者是莫大的鼓舞,也使中国"非遗"保护事业迈上一个新台阶。交叉学科专门设立"非遗学",顺应了目前中国"非遗"保护和研究工作的新形势。

回顾中国"非遗"保护事业走过的路程,"非遗"理论的研究和探讨,实际遇到的也是交叉学科的问题。国务院公布的几批"非遗"代表作名录,它的确

---

① 《陶立璠民俗学文存·民俗学》,学苑出版社,2019 年,第 21~26 页。

认,就是由人文学科中众多学科的专家参与的。涉及民间文学、民俗学,音乐学、舞蹈学、戏剧曲艺学、美术学、工艺学、医药学,等等。其实考察各类"非遗"项目,它们本身就具有明显的文化交叉特性。比如,音乐、舞蹈、戏剧与曲艺就是综合性的"非遗"项目,对它们的研究需要音乐学、舞蹈学、戏剧曲艺学的理论和知识。民俗类的庙会,是多维度的文化空间,不仅需要宗教学(民俗宗教)理论和知识,还会涉及其他人文学科的理论和知识,传统医药是实践经验的结晶,需要中国医药学的理论和知识。随着"非遗"保护工作的不断深入,作为交叉学科的"非遗学"应运而生。由此看来,"非遗学"无疑具有交叉学科的性质。

"非遗学"的诞生,不仅关系到"非遗"研究的进展,而且关系到研究人才的培养。中国"非遗"保护工作已经进行了近20年,积累了大量的"非遗"资源和保护经验,同时也培养了一支卓越的研究团队,这为"非遗学"的研究奠定了坚实基础。未来它所培育的人才应该是多学科相融互补的全科性或复合型人才。

回顾"非遗"传承和保护的历史,中国"非遗学"的建设任重道远,有待于在实践中形成自己独特的学科体系,建立非遗学的理论框架,形成独特的方法论。未来在"非遗学"门下也许会形成不同的应用学科(子学科),如非遗民俗学或民俗非遗学,非遗音乐学或音乐非遗学,等等,也可能还会形成许多专题研究。人才的培养在于造福学科和这一学科统领下的"非遗"保护事业,交叉学科之"非遗学",承担着历史的使命。

最后提一点建议。既然"非遗学"被设为交叉学科一级学科,利于"非遗"人才的培养,建议天津大学一鼓作气,在该校的文科设立非遗学的本科专业。因为本科专业在"非遗学"课程设置上更具科学性、灵活性。众多与"非遗学"交叉的学科走进课堂,为"非遗学"高端人才(硕士、博士研究生)的培养输送高质量的后备军。

本文作者:陶立璠,中央民族大学

论非物质文化遗产知识学

非物质文化遗产就其整体性而言，是一个庞大的文化体系和文化对象。非物质文化遗产集合和整合了人类文化的众多形式、门类、样式、范畴，也集合和整合了人类文化科学的众多知识门类，这两者构成了非物质文化遗产知识体系的特殊性和综合性。保护和传承非物质文化遗产是一项急迫而又艰巨的任务，没有充分的非物质文化遗产知识体系的建构和运用，就不能实现保护和传承的自觉性、科学性、有效性。非物质文化遗产知识学是非物质文化遗产学学术成果、理论成果、知识成果的普及化的桥梁和媒介，是非遗学通向大众非遗实践的常识化途径。对于方兴未艾的非遗保护实践而言，建构非遗知识学是一项具有重要意义的学术使命。

一、非物质文化遗产知识学的重要性

非物质文化遗产既包括国家传统礼仪和庆典、民族节日，也包括婚丧嫁娶的人生仪式和民间崇信祭祀；既包括传统音乐、舞蹈、美术、戏剧戏曲、曲艺杂技等文艺形式，也包括传统玩具、器具、工艺、技艺、发明、技术、医药、宇宙知识等,可以说是一项包容性极大、丰富性极强、覆盖性极广的遗产样式。它们过去都被自己所在学科统领,构成了自己独有的知识系统,如今汇聚在非物质文化遗产的知识平台上,又构架成一门新型的学科,形成一个新型的知识体系。没有新型的知识体系的整合、构建和重述,就没有非物质文化遗产保护和传承的可持续性,也不可能形成牢固的对非物质文化遗产的统一共识和认识。

非物质文化遗产的保护和传承涉及众多文化形式、文艺样式、传统知识,因而也就需要了解和掌握各种具体的、不同的学科知识,而在统一的非物质文化遗产平台上又有特定的学科意识和知识建构。所以,非物质文化遗产的知识构成既是一种广阔的知识体系,也是一个学科交叉、知识整合、门类集成的知识体系。具体知识或门类知识与遗产知识是相辅相成的,是缺一不可的,也是彼此交叉、互渗、交融的。只不过我们过去长于具体的和门类的知识,或者甚至仅仅拥有具体的和门类的知识,缺少和不善于利用遗产学或非物质文化遗产学的知识。实践证明,没有非物质文化遗产知识体系的建构、完善和普及,非物质文化遗产的保护和传承就将面临巨大的挑战和危机。

二、非物质文化遗产知识的知识体系

非物质文化遗产概念进入世界遗产体系同时也因此进入中国,在非物质文化遗产概念的统领下,中国非物质文化遗产整合口头文学遗产、传统表演艺术、手工技艺遗产、传统民俗文化和传统知识技术等的保护、传承、发展,取得了举国推进、举世瞩目的成就。历史悠久、传承有序、体量庞大、种类繁复、文化精湛、特色鲜明,是中国非物质文化遗产的总体性价值和特征。原来属于传统文学、文艺、文化、民俗、技术、知识的各种文化样式,一旦被非物质文化遗产界定,进入非遗语境,就成为非遗的保护对象,这是保护与被保护的关系。而它一旦进入非物质文化遗产学,就是进入了学术、知识、学科的范畴和语境。建构非物质文化遗产学的学科体系、学术体系、话语体系是一个庞大而系统的学术知识工程，不仅要整合众多的相关学科的专业知识，也要完成自身体系化的建构。

"人类非物质文化遗产"中的"人类"性，又更加突出地使其与人类学有更具深度的互嵌；"非物质"性则使其与口头文学及其民间文艺学、音乐、表演及其艺术学互嵌；"文化"性则使其与民俗学、历史学、社会学等互嵌。所以，打通各相关学科，汇集、整合各学科知识和研究方法，是非物质文化遗产知识体系建构的必然路径。

三、非物质文化遗产知识的建构与普及

知识性是一门科学成熟的表现，也是一门科学的研究结果。知识的形成既包括概念的出现、发展和完善，也包括理论的创建、共识的形成和对实践的指导。知识生产是学术学科的重要过程和社会功能。知识的普及和提高也有特别的社会性意义。非物质文化遗产知识的生产、普及、提高、深化是非物质文化遗产保护和传承的学理支撑，是不可缺少的一环。

非物质文化遗产保护是联合国教科文组织总结、吸纳、借鉴、采纳国际上一些国家对本国口头文化遗产、民间文化遗产、传统文化形式、传统艺术表演的保护经验，将这些有益的、有效的保护经验加以在国际平台、国际范围的推广而成型的。这种保护理念从分散的、自发的各个国家行为，发展到有共识的共同行动、共同联合的国际事务、国际理念、国际合作，其最大的不同就是实现了"从一国看世界"向"从世界看一国"的转折。在这个转折中，此一遗产概念和名称的新出和统一是一个必要的过程，也是一个标志性的产生。

"非物质文化遗产"概念的出现和成型，在其新出的意义上，最核心的关键词又在于"遗产"一词。"遗产"在这里有两层意义：一是将其纳入已有或已前在的世界遗产保护体系中，非物质文化遗产属于世界各种遗产中的一类；

二是将原来不用或少用"遗产"概念定义的民间文化、传统文化等这些文化形式,集合起来统一使用"遗产"概念,以便强调它们的传统性、传承性和遗产价值。在此之前,这些文化形式都是通过"民间""传统""历史""口传""传承"等来表述的。在此之前,联合国教科文组织搭建的世界遗产平台里,"遗产"概念遵循社会传统,一般都仅限于指物质的、遗址的、文物的、自然物理的对象,非物质文化遗产引入活态遗产、口头遗产、生命遗产、身体遗产,也极大地丰富、改变、提升了世界遗产观。这是非物质文化遗产出现的双重意义。遗产的意义,首先在其价值,是价值的高度;其次在其时间性,即来自历史的时间深处,是历史性的而非仅仅是当下性的;再次在其传承性,是在历史中诞生又在历史长河里传承下来的,在历史上的许许多多事物都消失不见以后,历史的遗存就是弥足珍贵的。所以"遗产性"是非物质文化遗产最具创新性、最具独特性、最具价值性的关键所在。"保护"的概念和意义正是由此诞生、产生、引申、延伸而出。没有遗产的前置,就没有保护的后续。非物质文化遗产知识的建构正是基于非物质文化遗产概念的产生而产生。这个建构也有两个重点:一是建构统一的学理基础,整合一套完整的非物质文化遗产理论,使之适应和适用于此一遗产的全部对象,无论这些对象如何千差万别;二是从此一遗产的各种形式和其所在的学科中,注入或提取共同的遗产精神和遗产原则,使之具有更广阔的遗产整体性和总体性。

知识是连接学术学科与大众社会实践的桥梁,非物质文化遗产知识是连接非物质文化遗产学与社会性非物质文化遗产保护和传承实践的桥梁。非物质文化遗产知识的普及倒逼着非物质文化遗产知识的深化和提高,并呼唤着不断螺旋式上升的普及与提高的互动循环。

四、非物质文化遗产知识的通识性

非物质文化遗产的知识,是一个既具有狭义性又具有广义性的知识范畴和体系。狭义的非物质文化遗产知识是指某一种特定的非物质文化遗产技艺、形式的专业知识,广义的非物质文化遗产知识则有两个基本范畴:一个是指众多的非物质文化遗产门类知识集合起来汇聚成知识的集群和大系统;另一个是指非物质文化遗产整体性知识得到普及后成为社会知识和常识。非物质文化遗产知识自从 21 世纪初以来,在中国已经从一个外来词转化为社会普及度极高的概念,是最为引人注目的一个文化现象。它的社会基础在于非物质文化遗产的传承主体在相当程度上具有全民性。也就是说通过一些全民性传承和人人皆知的非物质文化遗产项目(如全民性节日类项目、中国的二十四节气、中国珠算等)的保护实施、理念推广、社会实践,非物质文化遗产概念和知识都得到了切实有效的推广和普及。非物质文化遗产知识的通识性的核心理念在于它的遗产性知识的共识、共建和常识达成。

非物质文化遗产成为世界遗产家族中的一员是顺理成章、水到渠成的文化遗产保护进程的一个必然结果。由世界文化遗产保护和世界文化遗产名录施行形成的世界文化遗产观,是一种新型的、普适的、共识的文化遗产观。这种文化遗产观包括如下原则:

一是超越地域、民族、国家的狭隘性,将一种有人类价值和世界意义的文化遗产定性为世界级遗产,使之成为人类文化的代表作、世界文明的经典。使一个地区、一个民族、一个国家存留的文化遗产成为世界文化遗产,不仅不是对一国文化主权的不尊重,相反是给予其极大的尊重和世界性荣誉,是一种权威的国际性认定和推崇。这是全球化时代促进国际交往、文化交流最具正向意义的文化制度设计,受到世界各国普遍的欢迎和支持。

二是确立对文化遗产的珍贵意识、保护意识、存续意识。文化遗产是一种财产意识的延展、移用和加强,把某种某类文化对象和文化形式视为文化遗产就必须想方设法维护它的现状、原状、原型,必须防止它被破坏、被毁坏、被败坏,应该动员、调动、利用一切可行的手段、合作、技术、法律、条规、资金等维护、维修、维持文化遗产的完整性与存续性。

三是科学而全面的价值观。自然遗产从地质价值、生态价值、生物多样性价值、动植物学价值、景观价值、自然美学价值等各个方面肯定它的价值体系。文化遗产从历史价值、社会价值、宗教价值、文明价值、艺术价值、美学价值等方面标示它的精神高度。非物质文化遗产从人种学价值、人类学价值、历史价值、民俗学价值、艺术价值、美学价值、社会价值、宗教价值、文明价值、技术价值、科学价值等方面显现它的文化多样性和精神丰富性。任何一种世界遗产的价值都不是单一的、单向的,而是多样而多元的。多维度的文化遗产观,使文化遗产对象受到保护和呵护具有合理性和更重要的社会必要性。

四是遗产存续的可持续性。首先,不是认定为世界遗产后就任其自生自灭,而是要人为干预它的自然风化等侵蚀现象。其次,不是在自然和人为的损坏面前无能为力、无所作为,而是要团结和联合起来,想方设法阻止、挽救、抢救文化遗产的损坏和面临的濒危境地。再次,不是因为地区、民族、国家的不同和差异,以及民族、种族的不同就对不同的文化遗产产生歧视和不平等的观念,而是一视同仁、不分彼此,以遗产的人类共有的价值归属消解人类的不平等和种族歧视。世界遗产的共有性、共识性、非歧视性,是克服人类不平等和种族歧视的价值导向。当集群的文化遗产样式构建起遗产观的通识性时,美美与共的世界文化遗产观就可以成为构建人类命运共同体的文化先导。

非物质文化遗产保护依赖于非物质文化遗产的一般性知识的普及与成为广泛的非物质文化遗产常识。常识的泛化、固化、深化又有赖于非物质文化遗产知识的学术性、体系性、理论性的建构、成型、完善。作为一种新型的文化遗产保护实践和实践中的知识建构,非物质文化遗产知识是在非物质文化遗产知识学的形成过程中建构和普及的。较之常识,知识更加理性;较之知识,知识学更加深刻。非物质文化遗产学是非物质文化遗产的原理学、理论学、结构学,是初始之学即"元理论学";非物质文化遗产知识学是基于非物质文化遗产学的体系之学、媒介之学、解释之学。从知识学的角度来释读、观察、认识、理解、把握非物质文化遗产,既是非物质文化遗产学深化的必然选择,也是非物质文化遗产保护实践的现实需求。非物质文化遗产知识学是非物质文化遗产知识的系统化、学理化、整体化,是非物质文化遗产学和非物质文化遗产保护实践之间的桥梁、纽带与媒介,也是非物质文化遗产保护运动中常识与知识、普及与提高之间的桥梁、纽带与媒介。

本文作者:向云驹,中国文艺评论家协会

"迎王送船":福建九龙江"进发宫" 水居社会的生活与仪式

北京时间 2020 年 12 月 17 日晚,我国与马来西亚联合申报的 "送王船——有关人与海洋可持续联系的仪式及相关实践"(Ong Chun/Wangchuan/ Wangkangceremony, rituals and related practices for maintaining the sustainable connection between man and the ocean,以下简称"送王船")与我国单独申报的"太极拳"两个项目,经联合国教科文组织保护非物质文化遗产政府间委员会第 15 届常会评审通过,被列入联合国教科文组织人类非物质文化遗产代表作名录。至此,我国共有 42 个非物质文化遗产项目列入联合国教科文组织非物质文化遗产名录(名册),居世界第一。

送王船,自 15 至 17 世纪形成以来,随着福建人的"下南洋"和海上贸易,逐步从我国传播到东南亚地区,成为如今广泛流传于我国闽南和马来西亚马六甲沿海地区的禳灾祈安仪式,是中华文化在海上丝绸之路沿线国家传播与交融的生动例证。回顾 2020 年 4 月 1 日,中国和马来西亚将"送王船"归入"有关自然界和宇宙的知识和实践"类别,迅速高效联合申报,提交文本,与中马两国代表性社区的积极参与、相关机构中英视频文本的申报准备和两国间卓有成效的沟通协调不无关系。本次申报"送王船"所涉我国闽南和马来西亚马六甲沿海地区的十余家代表性宫庙之中,地处漳州九龙江南门溪的进发宫是现今唯一一座依然停靠在江面上的船庙,至今延续着水居社会的生活与仪式。

一、人与神:泛宅江上与落户船底

九龙江作为福建省仅次于闽江的第二大河流,从厦门湾注入台湾海峡,在六朝时就有"戍闽者屯兵于龙溪,阻江为界,插柳为营"的记载。九龙江北溪、西溪、南溪在海门以内的干流及其支流的江河水域,面积 37375 亩。宋代漳州府判官蔡襄巡视九龙江入海口时所作《宿海边寺》诗中描述了当时的捕鱼景象:"潮头欲上风先至,海面初明日近来。怪得寺南多语笑,蜑船争送早鱼迴";清代光绪《漳州府志.卷之三十八·民风》记载:"南北溪有水居之民,维舟于岸,为人通往来、输货物,俗称泊水。"到中华民国时期,漳州港的大小木帆船有 250 多艘,通航于厦门、石码沿海各地,南门溪(即西溪)专走漳州—石码运输,北溪浦南运输糖、纸、木、竹、水果等,在中华民国时期达到鼎盛,有船 300 余艘,而来漳泊港的木帆船日达 400 至 500 艘。[①]如今,随着陆上交通的发展,九龙江西溪、北溪的厦漳、漳码等水上运输路线逐渐凋敝,淡水捕捞渔民逐步增多,捕捞鱼、虾、毛蟹等,多以犁头缯、手抛网或鸬鹚,世代承续着自成一体的水居生活仪式。

尽管沿海地区有"疍民"之说,九龙江上人家世代依靠连家船,称居住空间为"船底",相应地自称为"船底人"。[②]笔者自 2016 年上船进行田野调查,发

---

① 1970 年西溪公路水桥闸建成后,西溪漳码运输又持续三四年才中断,漳码船民转入漳州市第二搬运公司当搬运工。漳厦线船民归航运站管理。北溪水运在鹰厦铁路建成后衰落,现仅剩一些运茅草、水果、打捞砂石的运输船。浦南通往华安新圩的客船时开时停。

② "船底人"在闽南语里意为"船里人"。

现他们虽以"船底人"自称,但老一辈仍说笑道,当年他们也曾为"船底人"一名,礼尚往来地称呼岸上的人家为"山顶人",并在褒歌和民谚里编出不少揶揄的歌词。"船底—山顶",这与我国台湾地区有平底人、山地人的说法竟有相似之处。与"船底人"相协,江上船只常年流动,一船一户生活,易遭风险,早期几乎每艘连家船上都供奉小型神像,称为"船底尪",随着一些较大的船只上添置了中型木质神龛,香火旺盛,在民众中声望渐起,便发展出专行信仰功能的独特船庙。"进发宫"便是其中影响较大的一艘船庙。

如今,原先漳州府城南河段新桥头"新发宫",东闸口"金山宫""宝山宫""三狮山"等许多船庙都已不存,唯一保留在九龙江面上的"进发宫"停靠在市区中山桥下原烧灰巷码头(江滨公园公交站水岸)。这座居于水上500多年的船庙,于2011年被列为漳州市文物保护单位,以漳州市芗城区进发宫疍民文化保护中心为保护单位的"漳州疍民习俗"于2013年入选市级非遗项目、2019年入选福建省级非遗项目,相关"送王船"仪式又入选联合国教科文组织人类非物质文化遗产代表作名录。它陪伴着水岸与人神,持续在每一年仪式榜文上输出一个特殊的地址:"漳州府龙溪县同来南河水居进发宫",强调着人与神落户船底、浮家泛宅,共享漳州九龙江的秩序空间。

二、"进发宫":一艘船庙的"迎王送船"

"进发宫"船庙,为木质构造,主祀"朱池邢李"四府王爷,分为前后二殿,宽90厘米,长85厘米,高88厘米。除了管理本庙事务的主神四位王爷,被信众们称为"恩主"①,还供奉有三坛小法的主公"九天玄女"及其侍童、剑童、印童,"玄天上帝(圣祖爷)"及"关圣帝君""中坛元帅(哪吒)""玄坛爷(赵元帅)""黑虎将军(虎将公)""福德正神"等30多尊神像,神龛中还有"玉皇上帝""代

---

① 关于恩主四位王爷的禁忌有很多,例如禁忌血腥(尤指女性例假)和死亡等。其中,白事尤禁。例如,父母过世者,要至少一年之后才能来庙中参拜,即便是船主也不例外。

天巡狩"等两面木质牌位及制作于 1506 年的神旗等。由于船上潮湿,缺少保存纸质材料的条件,加之船底人在风浪间数日一个来回,子女大多没有留在岸上读书认字的机会, 关于进发宫执仪程序的历史没有留下太多的纸质资料,但得益于此庙建于船底人郑家的三连船上,郑氏占理事会成员一半以上,历任三坛法长都由郑氏家族自愿担任,靠船民社区口口相授,也实现了代际衔接。就目前采访所知,进发宫郑氏法长如郑合法、郑土等在漳州城南门溪一带的传承谱系已有 5 代。

进发宫一年之中的神诞日和相应活动很丰富①,从农历正月新年的第一场神诞"正月十三帝君生"开始,通常年内还有 8 场神诞②,另加"做牙",即每月初二的"菜牙"和十六的"荤牙",用来犒赏兵马,安抚"好兄弟"。进发宫每一年例行的"迎王送船"系列仪式最为船底人社区看重。迎王送船,即农历三月初三迎请平安王,九月十三送平安王,后者也称"送王船"。所谓"平安王",指庙中长期主供的四姓王爷之外的"外海王爷"。究其原因,船底人行船会去往不同方向,而外海王爷的宫殿坐落于水底不同的方位,所以祭祀并邀请他们代天巡狩,驻庙坐镇加持,相当于"调特派军来保护",能保佑船底人出行顺利、人船平安。

有迎有送、先迎后送,是"迎王送船"的具体规程,也构成船底时空序列中一年的循环。每年二月春天到,进发宫小法开始看日子"询平安",通过扶乩或降童,获知当年将迎请的水府王爷人数及姓氏,便于准备请王。农历三月初三,玄天上帝圣诞之日,进发宫除了庆贺圣寿以外,就要进行重要的仪式"请平安王"。法长主持仪式,严守三坛科仪,迎请水府神祇外海王爷,为一方信众解厄、赦罪、赐福。仪式从晚上 7 点持续至 11 点左右,先按照神明指示,将上

---

① 主要有农历正月十三帝君生、三月初三玄天上帝生、五月十三帝君生、六月初三朱府王爷生、六月十八池府王爷生、七月二十三李府王爷生、八月二十三邢府王爷生、九月初九太子爷生、九月十二九天玄女生。

② 农历正月十三的"帝君生"是关公得道飞升的日子,五月十三才是真正的关公诞辰。

至天庭,下至地府,遍及水国三界——礼请,其中年年必请观音佛祖、阎罗天子、注寿司官(添福寿官)、注生娘娘、十二生肖官、十二婆姐等六处。其间,做法法长用轿杠扶乩,得到指示,最终确定当年来庙暂住的王爷位数及姓氏。例如,2017年请来了温、康、萧、岳、赵等五府外海王爷。常规情况下,请来的外海王爷在进发宫暂住半年,直到农历九月十三这天,经过船底人的礼送仪式,回去缴旨复命,即船底社区一年中最隆重的"送王船"阶段。

进发宫"送平安王",一般农历九月初八开始准备,直到九月十五才完全结束。船底人认为,之所以选择九月,是天气和物候条件所致。闽南地区,农历七八月多台风,水上变天快,易起大风浪,到了九月,则少有台风,天气稳定,适合送王。进发宫的王船长约7米,竹木架构,由各种颜色的纸糊成,扎成地道的漳州传统海船(福船)的样式。船头是纸扎的狮头,船身插有青龙、白虎、朱雀、玄武、勾陈、腾蛇等代表星宿及五个方位的各种颜色旗帜。尾部两侧的船舷插着三首蜈蚣旗,分别写着"三军司命""木龙光彩""天上圣母"等字样。仪式开始,先有道士做醮,船底人担任的近20位三坛小法敲响哪吒鼓,吟唱哪吒令旨咒语,穿插跳旗花环节,谨慎地将外海王爷从进发宫船庙里请出,然后十几位小法一起将王船抬上渔船,划船至九龙江南门溪段江心的沙洲待御巷,再将王船抬上沙洲。放置完毕后,进行"添载",即将早已备好的米、面、柴、油、肉、盐等供品摆于王船的空位,以便让王爷及随从水手路上享用。一切布置妥当后,小法们举火点燃王船,燃尽。送王船关键仪式完毕,持续三个多小时。特殊情况是,近年来由于沙洲上不允许焚烧,船底人集资2万余元购买一条铁皮平板船,停在江心,供停放并点燃王船;早年也进行踏火,祈求、驱邪、治病,福寿安康,有妇女等踏火一结束马上铲取部分火种回家,祈祷家庭红火。

进发宫停靠的九龙江西溪旧桥下的烧灰巷,是一片天然沙洲,也是漳州市"芗城区渔业生产合作社"连家船的主要停泊点。新中国成立初期,船底人曾集资购买烧灰巷43号老旧房屋作办公和放置渔具之用,使之成为整个渔社唯一的集体陆上坐标,停靠在烧灰巷的进发宫也理所当然地成为南门溪船底人的信仰中心,即便随着九龙江水面政策的要求,如今渔社范围从芗城区南门溪延伸至金峰镇船社、龙文区蓝田镇小港村船社等,漳州市芗城区渔业生产合作社的人群仍是其主要信众。此外,也由于行走水上的船底人有将神明请回家中做"船底尪"供奉的传统,进发宫中的神明副身也遍及九龙江流域的龙海市、南靖县、平和县、华安县、长泰县船底社区,使进发宫成为今天九龙江水居社会中极为重要的信仰圣地和精神寄托。

三、九龙江水居生活仪式所涉若干文化概念

"送王船"体现出了我国闽南地区关于有关人与海洋可持续联系的仪式及相关实践,也同时显现出代表性社区、宫庙的典型特质。2020 年,中马联合申遗成功之后,国内非遗领域展开了一系列关于闽南王爷信仰和送王船科仪的讨论,既涉及东南沿海广泛存在的疍民群体,也涉及仪式相关内容的共性与差异。既然申遗不是商标抢注,不具有排他性,通过福建漳州九龙江水居社区中曾经普遍存在的船庙,进一步梳理若干文化概念。

(一)传统与个性:送船、送瘟与送王船

跳出送王船的框架,中国民间广义的"送船"民俗并不限于闽南甚至福建,而在广大陆上地区都有出现,但明清以来的有关"送瘟船"的记载,主要是在江南地带。笔者曾于 2008 年 12 月至 2009 年 1 月在江苏省南通市采访童子会(戏),其中"破血湖"等陆地做会,也普遍存在类似的送船仪式,究其原因,执仪童子认为以疫病为代表的所有灾难都是"五路瘟神"的作为,而瘟神是坐船来到世上的。于是,仪式中也设置了将芦苇做的"宝船"和用纸做的"凤船"装满纸币,敲锣打鼓送到村边十字路口烧毁,驱瘟逐疫,祈福禳灾的规程。

申遗所涉水上送王船,可追溯到元末明初时编纂的道教类书《道法会元》

卷 220 中收录的现存最早的遣瘟送船科仪文本《神霄遣瘟送船仪》。它记录了这场送船科仪较为严整和完善的节次流程,尽管并未抄录此份疏文的格式内容,仍堪称是宋元神霄派道士颇具代表性的驱瘟法事。江浙、闽赣及湖南、湖北等地这一区域,正是北宋以降道教神霄派十分活跃的势力范围,也许可以解释今天闽台地区盛行的"王醮"仪式似与宋元神霄派遣瘟送船仪存在一定的渊源关系。不仅如此,《道法会元》卷 44《清微禳疫文检》"津送神舟疏"提到,宋元清微派道士施行驱瘟禳疫科仪时也采取遣送船只的方式,即将承载瘟部威神的"华船"放入江河水流中任其漂泊而去,借此表示将灾疫礼送出境、本域将迎来安康与祥和。①可见,"送船""送瘟船""送王船"可以理解为这一传统在中国各地表现出水中与岸上等不同使用场景下的不同表述,但很大程度上依然是中国道教不同教派结合本地民间信仰之后形成的功能性仪式,广义上都属于"送船"。而上述关于送船的仪式与当地社区生活关系不同,导致各家宫庙之间存在共性和地方性的认识,也可以解释闽南各地宫庙送王船频次不一的原因:船底人回忆,早期只在较为不顺的年份迎请平安王,一旦渡过坏的月令,就通过"送王船"的仪式送回外海王爷,但随着各自所辖水域情况和水岸关系的差异性,最终形成了各家宫庙都迎王送船,但厦门龙珠殿四年一送(闰年送),泉州富美宫六十年一送,而在漳州进发宫每一年都进行"迎王送船"的一系列习惯做法,也因为这样的传统和个性,结交了此次一同申报的马来西亚勇全殿等兄弟宫庙。

(二)群体与特质:三坛、蛇与江海社会

进发宫迎王送王的"王醮"科仪,依托于"三坛"信俗,仪式音乐哪吒鼓乐与漳州南市庵等宫庙一致。所谓"三坛",是流行于闽南及台湾部分地区的民间宗教派别,尊奉道坛"上坛普庵大教主、左坛龙树王大菩萨、右坛北极真武

① 姜守诚:《宋元道教神霄派遣瘟送船仪研究——以〈神霄遣瘟送船仪〉为中心》,《宗教学研究》,2015 年第 1 期。

玄天上帝"三位教主而得称,人员一般被称为"法官"或"小法",我国台湾学者一般称之为"法教",在台湾澎湖地区,这种信仰组织被俗称为"法仔团"。因哪吒太子为三坛中坛元帅,演法之时必唱咒语请神,其独特的鼓乐表现形式,在漳州被称为"哪吒鼓(锣车鼓)",在厦门则被称为"令尺鼓"。哪吒鼓一响,往往带来声场的巨大传播力,所以在民众中,从民众驱逐兴妖作祟的不正之神到进发宫船底人社区的大规模的"送王船"驱瘟醮仪,三坛信仰也以"哪吒鼓"或者"哪吒令咒鼓"的名字为世人所熟知。关于"三坛"教派的归属,或以其与闾山法或瑜伽法有深厚渊源,但学界目前尚未有统一的名称,大陆学者叶明生、台湾学者刘枝万等对归于何种教派也有不同看法,刘枝万所著《台湾的道教》描述过并注明此教派之源于漳州。①值得一提的是,进发宫的"三坛"信仰活动为"船底人"行走于江海的不确定性起到了疏解忧患、平衡矛盾的作用。到来的王爷数量、时间、姓氏等全凭借神意显现,其实也对水上的生活生产起着社会调和作用,传承了族群记忆,增强了共同体凝聚力,并在早年随九龙江流域的水上居民东渡台湾海峡,播传于中国台湾、澎湖地区及东南亚地区。

进发宫的法器蛇鞭遵循当地信仰中的"蛇崇拜",闽越族认蛇为祖先,《说文解字》说:"闽,东南越,蛇种。从虫、门声。"《侯官县乡土志》记载"疍之种为蛇……其人以舟为居,以渔为业,浮家泛宅",由于蛇崇拜和种族来源有关,作为闽越族后裔的疍民仍把蛇看作祖先加以奉祀。明代邝露的《赤雅》记载:"疍民神宫画蛇以祭,自称龙种。"明末清初顾炎武在《天下郡国利病书》称"自古南蛮为蛇种,观其疍家,神宫蛇像可见。"清代郁永河《海上纪略》说:"凡(闽)海船中,必有一蛇,名曰'木龙',自船成日,即有之,平时曾不可见,亦不知所处。若见木龙去,则舟必败。"可知,水上居民并不把蛇和凶恶、阴毒的邪神联系在一起,相反把蛇神看作破秽驱邪、拥有强大法力的正神加以崇拜。水居社

---

① [日]神井康顺等:《道教》(第三卷),上海古籍出版社,1992 年,第 127 页;叶明生:《共生文化圈之巫道文化形态探讨——福建闾山教与湖南梅山教之比较》,《宗教学研究》,2005 年第 4 期等。

会中的蛇神主要包括南蛇、侍者公蛇、蟒蛇等三大类本地常见的动物,蟒蛇被视为蛇王,抓到蟒蛇不仅不能打杀,而且需要打制金耳环,錾刻某某人答谢的字样,佩戴在该蛇眼睛后鳞片上然后抬去放生,更有甚者还演戏答谢。进发宫船庙上供奉着三尊蛇神的金身——"法主爷",即是以南蛇为原型雕刻而成的乌黑的蛇头,连接着三大股苎麻丝编织而成的扁平身体和尾部,全长约3米。其中一尊带角者被尊称为独角腾蛇,视为主神九天玄女的坐骑,另外两尊被雕刻为南蛇的形象,一尊为小法日常练习使用法器,另一尊为镇坛之宝。与早期很多渔船上亦配有金鞭圣者神像,以防止走到某些危险水域时一些"乘客"不请自来的说法一脉相承。每当农历初二、十六"做牙"供奉蛇神以鸡蛋,船底人认为带有邪灵或晦气的信众也会前来,这时就请法师在他身边甩动蛇鞭驱邪,可见蛇神在三坛神教的地位。同理,漳州当地香火甚旺的三平祖师身旁的蛇侍者(黑眉锦蛇)也被看成是保佑居家平安的吉祥物,尊称之为"侍者公",绝对禁止打杀这种蛇。

四、水岸关系变迁中的生活和仪式

千百年来生活在漳州沿海港湾和九龙江流域的船底人以捕鱼为业,浮家泛宅,繁衍生息,形成了一套有关水居的群体记忆。向水而生,在水上讨生活,远不如岸上可控。20世纪80年代,在福建省启动了连家船民上岸定居工程,希望解决船底人"上无片瓦、下无寸土"的处境,2005年九龙江整治,作为船底人集体陆上坐标的沙洲烧灰巷及渔业社地址,随着拆迁而消逝。2010年,漳州市政府为配合江滨公园改造项目,发布了《关于连家船民上岸定居安置工作的会议纪要》,2011年,九龙江连家船民上岸工程启动,部分船底人上岸,郑家坚持在南门溪流域守着进发宫船庙,而余下的30条船需要捕鱼谋生,转至远离南门溪的金峰渔业码头和小港停泊。"上岸",提供了相对安全和稳定的生活条件,排除了船底人靠天吃饭、漂浮不定的不确定性,从渔船船号到真正的陆地"门牌号",也使连家船群体的故乡驶离了记忆中的画面。

进发宫和三坛是船底人宗族记忆的一部分。实行上岸工程后,留下的进发宫成为他们碰头的地点,承担着凝聚"船底人"群体,承载其社会记忆的功能。尽管传统仪式里的拜拜,是船底人社区平衡情绪、抒发自我的现实需要,但一代一代的船底人在成长,与传统的上一代船底群体相比,在岸上读过书的"新船底人"的内心不能说完全上岸,但至少是靠岸了。2011 年 8 月 4 日,进发宫申报漳州市文物保护单位成功,得以存留至今。从这一年起,以老郑一家为代表的船底人成立了进发宫文物保护小组,积极主动地申报漳州市、福建省乃至联合国非遗项目,并坚持以更隆重、更具仪式感的实际行动继续每年例行的"送王船"。

结　语

漳州九龙江南门溪船底人的水居记忆杂糅了生计、信仰、地理、想象等诸多内容,汇集成一幅民族志意义上的维舟而往、依水而生的动态图像。500 多年历史的进发宫,见证了闽越后裔船底人的古老传统,也见证了他们在新的时代由水居到岸上生活的变迁。一艘艘连家船、船庙上敬拜的王爷和世代相传的渔业生产传统,象征着这个水居社区运行规则中最为重要的仪式感。老郑一家几代人坚持守住江面仅存的"船庙"进发宫,坚持"送王船"仪式百年未断的谨慎,让人看到了九龙江上"船底人"群体的精神故园。

水上和陆地不同。15 至 17 世纪之间形成的王爷信仰,随着福建人的海上贸易前往南洋,逐渐传播到东南亚,也保留在了中国台湾南部的沿海社区,造就了至今延续的"送王船"仪式。非遗保护提供了新时代"船底人"保持自身历史文化和身份特质,延续水上居民自身族群意识的过程。2020 年 12 月,中马"送王船"联合申遗成功的当月,漳州市人民政府也通过了《〈闽南文化生态保护区总体规划〉漳州市建设提升方案(2021—2025)》,准备以进发宫为中心,进一步保护如今依然停靠在九龙江沿岸的 100 余艘连家船……这群曾经的水居之民将在时代的发展中, 以非遗保护的新角度延续水与岸的理想关系,用迎王送船的传统语言在水面上重现船底人内心的永恒故乡。

本文作者:高舒,中国艺术研究院

非物质文化遗产学学科体系琐谈

——兼及冯骥才非遗学基本思想

[摘要]非物质文化遗产学的学科建设不局限于学理探究,还蕴含着人才培养、科学研究、社会服务等更多内涵,是教学体系、科研体系、培养保障体系等多元学科要素系统建构并持续优化的集中呈现。冯骥才先生的《非遗学原理》为非遗学科建设提供了指导思想和前进方向,指明了非遗学作为一门独特的学问和专门的学科的独立性,明确了非遗学的学术界域。结合冯骥才非遗学基本思想的解读,更利于非遗学学科体系的明晰和完整。

[关键词]非物质文化遗产;非物质文化遗产学;学科建设

党的十八大以来,大批高等院校加入非物质文化遗产学(以下简称"非遗学")学科建设的队列之中,北京师范大学、中山大学、山东大学等 54 所高校先后在本硕博阶段开设了非遗专业。非遗学学科在我国高等教育体系中的独特地位逐渐凸显。在此背景下,非遗学的理论体系和学科体系是其称之为"学"的关键要素,也就是说,学科建设与其学理体系建设应被放在同等重要的位置予以考量。非遗学的基本学科建设理念、学科建设框架亟须厘清,其学科建设路径及其关键着力点也亟待思考。本文循此聚焦于非遗学的学科建设视角,对其理念、框架与建设路径做一探讨。

一、非遗学学科建设的核心理念

非遗学这一称谓至少包含了两层含义:一是学问,二是学科。作为学问的非遗学是围绕非遗理论、机制、话语、政策、价值、方法等所生发的学术研究领域;而作为学科的非遗学则是高等教育体系的构成单元,是一个独立的教研功能体系。作为学问的非遗学在我国已经存在并发展了至少20年,业已积累了蔚为大观的丰富成果,当前,仅"中国知网"中能够搜索到的"非物质文化遗产"主题论文数量就高达4万余篇,而作为学科的非遗学实际上还是一种崭新的创制。虽然不少高校都已经开展了若干年非遗类课程教学或非遗人才培养工作,但到目前尚没有一个整体性的、共识性的、学科意义上的非遗学架构存在。理论上,成熟的"非遗学"学科应与其他学科一样,肩负着人才培养、科学研究、社会服务、文化传承创新和国际交流合作等系统性的职能。在学科建设初期,非遗学是要在五个方面齐头并进,还是围绕着根本问题进行提纲挈领式的、以点带面的功能推展? 回答这个问题的关键点在于非遗学学科设立的初衷为何。

在2020年由习近平总书记主持召开的 "教育文化卫生体育领域专家座谈会"上,冯骥才以"建立国家非遗保护的科学体系"为题建言,系统阐述了非物质文化遗产保护事业"科学保护是根本、人才培养是关键"的思想[①],得到了党中央的高度重视。此后,教育部于2021年3月正式将"非物质文化遗产保护"(专业代码:130103T)设置为本科专业。同年10月26日,国务院学位办批准天津大学自主设立我国首个"非物质文化遗产学"交叉学科硕士学位授权

---

① 天津大学. 天津大学教授冯骥才参加教育文化卫生体育领域专家代表座谈会并发言 [EB/OL].http://www.tju.edu.cn/info/1026/3483.htm,2020-09-23/2024-01-08.

点。自此,天津大学冯骥才文学艺术研究院开启了真正意义上的非遗学学科建设。实际上,"人才培养是关键"已经道出了非遗学学科创制的根本目的,即以为国家培养专业化、高水准的非遗人才。基于此,人才培养是非遗学学科建设的基点和重中之重。而科研工作、社会服务、文化传承创新及国际交流合作等工作都应围绕人才培养这一核心展开。如果对"以人才培养为中心"这一理念进行推展,那么首要问题就是非遗人才究竟是什么样的人才? 这个看似简单的问题,对于非遗学科而言却是一个关键问题,不解决非遗人才之所是的问题,非遗人才如何培养等其他问题就是妄谈。

首先,非遗人才应树立正确的非遗价值观,持守非遗所代表的中华文化价值认同和社会主义核心价值观,具有深厚的家国情怀和坚定的政治信念。其次,非遗人才应紧扣非遗科学保护的工作实际。教育部、国家发展改革委、财政部于 2020 年 9 月联合印发的《关于加快新时代研究生教育改革发展的意见》中所明确提出,"坚持需求导向,扎根中国大地,全面提升研究生教育服务国家和区域发展能力"[①]。同时,《"十四五"非物质文化遗产保护规划》中强调:"推动非遗融入人民群众生产生活,让人民参与保护传承,让保护成果为人民共享,不断增强人民群众的认同感、参与感、获得感,铸牢中华民族共同体意识。"[②]综上所述,非遗人才应既树立起非遗保护工作的使命感和荣誉感,也必须具备在不同条件、不同环境下开展非遗保护工作的能力和技术。最后,非遗人才应具有扎实的研究能力。所谓学科,其主要对应的是研究生层次的人才培养阶段,这一层次的非遗人才需要将保护与研究相结合,做到知行合一;能够在保护实践中深入理解和体会非遗的文化价值、艺术价值、社会价

---

① 中华人民共和国中央人民政府:《教育部 国家发展改革委 财政部关于加快新时代研究生教育改革发展的意见》[EB/OL].http://www.gov.cn/zhengce/zhengceku/2020-09/22/content_5545939.htm,2020-09-04/2024-01-08.

② 中华人民共和国中央人民政府:《文化和旅游部关于印发〈"十四五"非物质文化遗产保护规划〉的通知》[EB/OL].http://www.gov.cn/zhengce/zhengceku/2021-06/09/content_5616511.htm,2021-05-25/2024-01-08.

值等,能够理解非遗本身不仅是保护与管理的实践,也是知识与理论的学术问题,更是认知文化、参与文化、创造文化的方法和手段。

综合而言,非遗人才就是拥有正确的文化价值观、具备非遗保护实践能力和研究能力,能够创造性地运用科学保护手段实现非遗管理、研究、转化等工作的专业人才。非遗学学科的人才培养应在对非遗事项、非遗事业真切地体认中实现保护实践的方法提升和思想提升,从而实现科学保护的根本目的。

二、非遗学学科的特征与建设框架

非遗学学科建设的根本问题是人才培养问题,而教学体系又是人才培养的核心,其所对应的是非遗学的知识体系。也就是说,学科建设五个方面中的"人才培养"与"科学研究"实际上有很大的重合共域。如果说知识体系和理论体系的建构是非遗学科研工作初期的主要内容,那么明确非遗的知识体系就既是人才培养的基础,也是科学研究的起点,需对其予以廓清。

与传统学科所不同的是,非遗学是一门强调多学科融合的交叉学科,其知识体系所涉及的知识内容极其庞杂,当前,我国仅国家级非遗项目就有1557项,如果全口径统计国家级、省级、市级、县级这四级非遗名录,则有超过十万项之多。这样浩阔的学科容量让非遗学具有鲜明的交叉学科特征。按照联合国《保护非物质文化遗产公约》(以下简称"公约")的分类[1],非物质文化遗产包括:①口头传统的表现形式,包括作为非物质文化遗产媒介的语言;②表演艺术;③社会实践、仪式、节庆活动;④有关自然界和宇宙的知识和实践;⑤传统手工艺。我国非遗代表性项目名录根据我国文化实际情况,创造性地将《保护非物质文化遗产公约》分类推展为十个项目类别:①民间文学;②传统音乐;③传统舞蹈;④传统戏剧;⑤曲艺;⑥传统体育、游艺与杂技;⑦传

---

① 联合国教科文组织:《保护非物质文化遗产公约》,UNESCO. Convention for the Safeguarding of the Intangible Cultural Heritage,2003.[EB/OL] https://ich.unesco.org/en/convention,2003-10-17/2024-01-08.

统美术；⑧传统技艺；⑨传统医药；⑩民俗。我国现行的十种非遗项目分类已经较为清晰地勾画出非遗学知识所涉及的基本内容及其类型，十个项目类别可以被视作非遗文化事象研究的十个方向，其所牵涉的现有学科包括美术学、音乐学、戏剧学、体育学、中医药学、民俗学等若干门类。

但非遗学的知识体系还远不只这十个方向，这些研究方向所对应的仅仅是针对非遗具体内容或其类别的知识论研究。而除此之外，非遗学的知识体系中还包括非遗学的本体论、价值论、方法论，乃至管理、法律、伦理、教育等多领域的交叉知识框架。因此，非遗学具备了知识体系庞大、研究内容浩繁、学术取径多样、研究手段丰富的学科特征。正是这样的学科特征决定了某个高校的单个学科建设点在建设中不可能面面俱到。从学科整体发展的角度来看，非遗学首先明确的是人才培养的两个基本维度，即管理型人才和研究型人才，然后才是分类培养中所涉及的不同知识教学内容。管理型人才强调所学知识与非遗保护事业的契合度，强调相应的管理能力、实践能力及解决问题的能力。而研究型人才则更加强调扎实的理论基础、学术创新思维、针对非遗问题的学习能力及研究能力。

非遗的两种人才在培养路径上本同末异，这就需要建设者从学科肇端就予以明确，以相应的知识体系来有针对性地进行培养。一方面，非遗学的教学体系中需要讲授必要的共性基础非遗理论知识；另一方面，非遗学的教学体系中需要培养学生用所学专业知识去发现和解决具体问题的能力，这就要求非遗学学科必须同时围绕知识培养与能力培养两种目标进行教学体系的设计。基于非遗知识体系的复杂性和人才培养的整体性考量，模块化的教学体系有利于以目标导向链接不同知识类型，打通知识培养与能力培养的区隔。其普遍架构模型主要包含：①非遗学基础知识模块；②非遗学方法论模块；③非遗学专业知识模块；④田野调查模块；⑤实务实践模块。其中包含了针对不同人才所需要的知识内容和方法内容。模块化的教学体系将复杂的知识类别根据人才培养目标划分为有针对性的子体系，充分兼顾了非遗知识分类与非遗人才培养的独特需求。

上述教学体系是非遗学科框架的核心,学科建设工作应围绕教学体系的建设,延伸出教学团队建设、教研实践基地建设、科研平台建设和保障机制建设等不同的学科建设侧面。首先,教学团队是教学体系得以完善、教学任务得以开展、教学水平得以保证的关键要素,在一定程度上影响甚至决定着非遗人才培养的效果和质量。对非遗事业发展来讲,教学团队还有另一重要作用,就是通过开展非遗科普教育,吸引更多学生和社会各界人士关注、了解、热爱非遗,并成为非遗保护的有机力量,其所产生的社会效应和影响不可估量。其次,教研实践基地是非遗学学科的重要组成,其所对应的是非遗学"实践性教学"的独特教学理念,是对"将书桌搬到田野"的重要教育思想的贯彻、践行和验证。对于非遗人才培养来讲,在田野中造就人才,推行实践育人,倡导知行合一,方能为社会输出更多急需且可用的非遗精英。再次,科研平台是促发非遗学知识、方法、理论、思想不断生发的重要载体,它为非遗学科研工作提供各项必要条件和保证,是非遗教学团队教学科研能力提升的必要依托,既肩负着非遗学学术产出的使命,也承担着非遗人才培养的重要责任。对非遗学科研而言,搭建专业化的科研平台既是践行非遗保护使命的内在驱力,也是理论指导实践、实践修正理论的迫切需要。最后,保障机制是推动非遗学学科日常运转和日渐壮大的必要手段,内外结合、体系完备又兼具科学性、实操性和规范性的质量保障机制,能够助力非遗学学科获取更多教育资源、吸引更多优秀师资、践行交叉合作与资源共享、审视建设质量、优化发展规划、调配努力方向。对于新创制的非遗学而言,保障机制的系统构建和持续完善,是非遗学学科建设的必要支撑,作用鲜明且不可或缺。

总而言之,中国非遗学的学科整体是一个集合了不同高校学科建设点的教学体系、科研体系、理论体系、培养保障体系等方面的有机聚合体,这其中必定诞生出丰富多样的教学方法、科研内容、理论阐发等,而多元的思想、视角、方法恰恰是促使非遗学可持续发展的必要条件。因此,在非遗学学科建设过程中,不同高校必须根据自身学科积淀进行特色化发展,在非遗根本价值认同的基础上,形成和而不同、百花齐放的非遗学学科建设局面。

三、冯骥才非遗学基本思想阐释

对于非遗学学科建设而言,冯骥才的《非遗学原理》一书无疑具有重要的思想引领作用和路径指导意义。《非遗学原理》提出了一系列关键问题,也蕴含了一系列文化保护的核心思想。

第一,非遗学的历史观和遗产观问题。冯骥才谈道:"在漫长的农耕社会中,民间文化的生长非常缓慢。它不是发展的模式,而是一种积淀的模式……然而,工业革命以来就不同了,社会骤然转型,固有的民间文化开始瓦解……到了 20 世纪后期,受到工业化和城市化的迅猛冲击,民间文化才快速消散和面临濒危……"①非遗出现的背景是在社会文明骤然转型的特殊历史时期,以冯骥才为代表的一批拥有文化先觉的知识分子所发起的文化抢救与保护工程。在这一时期,保护话语开始使用"民间文化遗产"的概念,非物质文化事象的遗产观由此产生。这种遗产观对于非遗保护整体工作至关重要,因为它让人们第一次认识到在实有的"文物"之外,还有更多不以物质方式承载的文化信息和文化价值。它们或者是口头的,比如民间文学;或者是身体性的,比如民间舞蹈和体育杂技;又可能是民俗和文化空间的,比如传统节日。这些不以"物"为载体的文化内容承载着比文物更丰富的文化信息和历史信息,具备多元而珍贵的文化价值和审美价值,它们是一种全新的"遗产"。保护这种非物质的文化遗产是为国家留住活着的文化,这也是为什么国家在非遗事业中强调"保护为主,抢救第一"根本方针的原因。冯骥才在文章中首先强调了非遗出现的历史背景,就是要重申非遗的遗产观,他想要让人们理解非遗是站在

---

① 冯骥才:《非遗学原理》(上),《光明日报》,2023 年 3 月 19 日。

未来看现在,"非遗学是为了非遗生命的存续,文化命脉的延续"。只有在今天保护好、保存好这些活着的遗产,中国人在未来才有可能继续认识、理解和可持续利用其文化资源价值。因此,遗产学是为中华民族文化未来而生的学科。

第二,《非遗学原理》指明了非遗学的学科立场和学科使命。遗产观就是非遗学的立场,遗产强调的是保护实绩,这与其他学科的观察研究本位是不同的。冯骥才认为,"当一个事物有了遗产的属性,便多了一种性质、意义、价值,多了一种社会功能"。也就是说,相比于其他价值,非遗学更注重其社会价值的实现。这就要求非遗学科建设发展必须首先围绕文化保护的初衷来展开,学科中自然需要既包括保护的举措、方法和技术,也包括保护的政策、制度、法规等。对于非遗保护事业而言,政府是保护的第一责任人,系统性保护和科学保护是非遗存续的必要保证。非遗学的人才培养任务如前所述是培养保护实践人才和管理人才,但归根结底他们都是保护人才。保护工作的重点就是一方面通过研究为政府提供科学保护的策略法规,另一方面为非遗的保护和存续提供科学方法。这是非遗学教学内容和培养方案设置的方法论基础。

在给出方法论进路的同时,冯骥才也给出了一个认识论的条件。在非遗保护所保护的是什么的问题上,《非遗学原理》这样表述,"非遗是历史传承至今并依然活着的文化生命",但与此同时"非遗又是其中历史文化的代表作,是当代遴选与认定的必须传承的文化经典"。换句话说,非遗是经典的,有代表性的,是能够统摄一个地域甚或民族民间文化的。非遗保护所面对的民间文化不是泛泛而论的,而是经过历史筛选和当代遴选的,具有历史、文化、审美、情感等多重价值的代表性文化事象。

第三,《非遗学原理》非常务实地提出了非遗学的应用属性。正如任何一门学科都会拥有专门的工具,非遗学同样如此。所不同的是,它的工具不但为自身研究所使用,更为保护事业提供了工具。冯骥才认为,非遗学"既是一种纯学术,追求精准、清晰、完整、谨严、高深;又是一种工具理论,为非遗构建知识,为非遗排难解纷,因而与当下的非遗的保护实践息息相通和紧密相关。非遗学毫不隐讳要直接为非遗服务,甚至为非遗所应用"。与此相应,非遗学作为工具的有效性必须建立在对具体非遗及具体文化田野的理解上,其应用价值必须建立在调查研究的基础上,而最终又必须被应用到文化田野中。

于是,冯骥才创造性地提出了非遗学是一门田野科学的论断:"非遗学是一门田野科学。在田野中认知,在田野中发现,在田野中探索,在田野中生效,从始至终都在田野……"在田野中认知、发现、探索、生效,而这个田野就是民间,就是活生生的民间文化。也就是说,与非遗学的使命和立场相应,非遗学的落脚点是对民间文化所进行的保护性介入。这当中有一条潜藏的链路,这种田野观、遗产观是与冯骥才的知识分子文化先觉观相承应的,其中包含了对"知行合一"的文化期待。这当然也是一种引领性的教育观,所以"非遗学的教育也必须在田野中进行。田野就是民间,就是活生生的民间文化。只有问道于田野,才能得到切实的答案,才能感悟到非遗的精髓与神韵,彻悟到非遗的需要,以及非遗学的学术使命是什么"。

第四,《非遗学原理》在很大程度上指明了非遗学做什么和怎么做的问题。文中指出,非遗的立档、保护与传承是三项核心工作,立档是基础,保护是核心,传承是目的。"立档主要是对非遗的历史而言,保护是永远首要的主题,传承是为了遗产的延续与永在。在非遗学中这三项工作既是工作实际,更是核心的学术内容。"首先,文化档案是冯骥才文化保护思想中最看重的一项工作,这符合中华民族重视修史与修志的正统文化精神。"这里说的档案,不是政府部门的管理档案,是非遗学的学术资料性的存录。立档本身也是学术工作,是最根本最基础的工作。"非遗学的文化档案是试图储存尽可能完整的文化信息,以便在未来某个时间点不受制约地还原。其次,保护重点对应着非遗在当代的活态性存续,其手段主要包括"法律保护、名录保护、制度保护、传承人保护、博物馆保护、教育保护等",这在一定程度上解答了党中央提出的非遗系统性保护框架的问题。非遗学在其中提供的"主要是科学的理念,以及相关的标准、规则和专业的方法"。再次,传承既是一种理想状态,也是保护的结果。非遗学在此中的使命是促进传承活动的发生。"为了非遗存在下去,一定要促其传承。"但面临传承问题的时候,冯先生也提出了一系列问题:"非遗到底要传承什么? 哪些必须恪守不变? 应该用怎样的方式存在与传承? "这些学理问题是抛给非遗学去解决的,传承的目的是一个根据社会文化语境变化的问题,这其实是非遗学学科成立的一个支撑性的变量。总之,立档、保护与传承三者有机统一,是非遗学核心的学术问题构成和学科价值之所在。

第五,冯骥才凭借其敏锐而精准的文化眼光在《非遗学原理》中给出了非遗学的五个学术焦点,它们分别是地域性、审美个性、传承人、技艺与活态性。此五种非遗学焦点既是围绕非遗的独特学术内容, 也是保护工作的重点关切。它们要求非遗学重点关注每个非遗产地独特的地域文化、文化生态和文化空间;要求在研究和保护中对非遗审美个性给予"澄怀观道"般的无先人之见的欣赏;要求在研究和保护中关注传承人,既要充分重视传承人的表达,也要对其加以审视;要形成对技艺本体性的关注,在理解技艺的时候可以形成先就技艺谈技艺的方式,给予技艺独特的理解、实践和记忆的空间,然后再将技艺放置在文化生态之中来建立客观化理解; 要求注重非遗活态性的保护,建立活态的非遗观,辨析传承的方向及其伦理、价值走向等,保护活态传承的条件。这五大关注点是人们进入非遗学,展开非遗学学科实践和学术实践的关键切入点。

第六,《非遗学原理》还直接为非遗学科勾画出了一个初步框架,再次确认了非遗学交叉学科的学科属性。"一方面,在研究上跨学科;另一方面,在学科构建上,必然要采用已有的不同系统的知识,进行超学科的整合,以健全非遗学。"[①]冯骥才首次提出将民俗学、艺术学、民族学、管理学、法学、档案学、博物馆学、文物学等多学科在非遗学这一交叉学科中进行交叉整合,从而创

---

① 冯骥才:《非遗学原理(下)》,《光明日报》,2023 年 3 月 26 日。

制一种新的交叉学科模式。

除上述六点之外,文章中还涉及非遗学的根本价值观、非遗学者的责任、非遗的博物馆保护、非遗物质载体(民间文物)的认定与保护等诸多学科的基本问题,都可以在非遗学的论域中展开讨论。文章对我国非遗学的构建和非遗保护事业意义深远,其价值必将在非遗学科的发展中不断体现出来。

四、结语

非物质文化遗产的系统性保护是党和国家对于非遗保护事业的全面而切实的要求。此中,非遗学学科建设发展与非遗的系统性保护事业息息相关,非遗学科一方面肩负起非遗保护和管理人才培养的重任,另一方面为非遗的科学可持续保护发展提供理论支持、方法支持和思想路径支持。非遗教育与非遗理论的学科化既是整体保护系统的重要组成要件,也是系统性保护的持续性支撑。就在非遗学学科建设造始起步阶段,冯骥才开风气之先,以其大知识分子的文化先觉,将其躬身文化保护数十年来的经验与思考凝合成文,为中国非遗学提供了系统化建设的进路。《非遗学原理》如同航标,对于中国非遗学的创制和发展具有莫大的引领作用。

本文作者:耿涵,天津大学

非物质文化遗产学学科建设需要回答的几个问题

[摘要]如果从 2006 年算起,中国的非物质文化遗产学学科建设已经走过了整整 15 个年头。这一学科概念的提出,显然与中国拥有丰厚的非物质文化遗产资源,但现有学科又无法为非物质文化遗产科学保护提供强有力的学术支撑有关。这就需要我们在发现原有学科存在问题的同时,从学科建设的高度,找出与原有学科完全不同的学术视角与视野,构建起独特而完整的理论架构,进而从学科角度,对非物质文化遗产保护提供强有力的学术支持。

[关键词]非物质文化遗产;非物质文化遗产学;学科建设

从非物质文化遗产学概念的提出到当下,中国的非物质文化遗产学学科建设已经走过了整整 15 个年头。在冯骥才等先生的积极斡旋下,2021 年 3 月 1 日,教育部将非物质文化遗产保护正式纳入普通高等院校本科专业设置。①非物质文化遗产学学科建设向前迈出了实质性的一步。

那么,为什么在中国走向全面腾飞之时,中国政府会突然提出加强对本

作者简介:苑利,中国艺术研究院研究员、博士生导师;顾军,北京联合大学应用文理学院教授。

① 教育部:《37 个新专业列入普通高等学校本科专业目录》,中新网。

国遗产保护,并在将考古学纳入一级学科之后,又要将非物质文化遗产学这一产生时间并不久远的新兴学科正式纳入普通高等院校本科专业设置,并启动大规模的学科建设呢?这显然与中国拥有丰厚的非物质文化遗产资源,而当下既有学科又无法科学解决非物质文化遗产保护面临种种问题的这一严酷的社会现实有关。

一、非物质文化遗产学学科建设的可能性

非物质文化遗产学能否成功创建,首先要看它是否满足了以下两方面条件:一是看中国是否拥有足够丰富的非物质文化遗产资源,二是看这门学科是否已经打下了足够坚实的学术基础。

非物质文化遗产学能否成功创建,首先要看遗产所在国是否拥有丰富的非物质文化遗产资源。非物质文化遗产学与哲学、史学等学科不同,它更像是一门强调实操、解决实际问题的学问。我们创建它的目的,就是帮助人们认清什么是非物质文化遗产,解决非物质文化遗产保护、传承过程中所出现的问题。

中国是个历史悠久、民族众多的文明古国,同时也是四大文明古国中唯一一个文化没有断流的国家。说它文化"没有断流",并不是说它在历史上创造出的故宫、长城、布达拉宫、莫高窟,以及作为文物保存至今的五大名窑、红木家具这样的物质文化遗产还存在,而是说创造了这些物质财富的古老的建造技术、制造技术还没有失传。只要这些古老的传统建造技术、制造技术还在,我们就可以负责任地说我们的中华文明非但没有断流,而且在中华民族伟大复兴的过程中,还一直发挥着重大作用。从数量看,经过多年的努力,我们共保护下了国家级非物质文化遗产 2173 项①,省级非物质文化遗产 15777

---

① 含 1570 项新增项目、603 项扩展项目。扩展项目与原有入选项目同名,共用一个项目编号,但项目特征、传承状况存在差异,保护单位也不相同。

项，^①至于市县级非物质文化遗产更是数不胜数。这些富集了祖先智慧的非物质文化遗产资源，为非物质文化遗产学的诞生提供了可能。

非物质文化遗产学能否成功创建，还与该学科是否已经打下了足够坚实的学术基础有关。

作为一门新学科，非物质文化遗产学的创建需要丰厚的学术积淀。从历史看，中国人很早便有了保护本国非物质文化遗产的传统。且不用说春秋时期对于民间谣谚的搜集整理，汉魏时期对于乐府音乐的搜集整理，魏晋时期对于民间志怪小说的挖掘整理，明清时期对于民歌笑话的搜集整理，五四时期对于歌谣故事的搜集整理，就是党的十二届三中全会以来我们对于中国民族民间文学艺术十套集成的搜集整理，以及当下正在进行的《中国民间文学大系》出版工程的编辑编撰，都可以很好地证明中国自古以来确有保护本国非物质文化遗产的传统。

与以往的搜集、整理、出版不同，2003 年中国政府启动的中国民族民间文化保护工程，重点不是以往的搜集、整理、出版，而是举全国之力，将祖先留给我们的非物质文化遗产，通过传承人以活态的形式继承下来并传承下去。

在这短短的 18 年中，我们还在非物质文化遗产学学科建设上进行了积极努力。在学科教材方面，出版了苑利、顾军撰写的《文化遗产报告——世界文化遗产的保护理论与实践》（2005 年）、《非物质文化遗产学教程》（2007年）、《非物质文化遗产学》（2009 年）、《非物质文化遗产保护干部必读》（2013年），王文章主编的《非物质文化遗产概论》（2006 年），向云驹撰写的《人类口头和非物质遗产》（2004 年）、《解读非物质文化遗产》（2009 年)等。这些专著及教材的出版，为非物质文化遗产学的学科建设作了很好的理论上的铺垫。

从 2014 年开始，笔者与北京联合大学、首都师范大学、凯里学院等单位合作，花了 8 年时间，在全国举办了四期全国高校非遗教师培训班，这也是中

① 《文化和旅游部对十三届全国人大三次会议第 1793 号建议的答复》，http://zwgk.mct.gov.cn/zfxxgkml/zhgl/jytadf/202012/t20201204_907082.html。

国唯一一项以培养全国高校非遗教师人才为己任的国家级培训活动。经过 8 年的努力，这个培训班共培养包括全国高校非遗教师在内的非遗保护人才 900 多人，①它的出现为中国非物质文化遗产学学科建设奠定了人才基础。据不完全统计，目前全国已有 400 多所大学开设了非物质文化遗产学课程，数百所中等专科学校开设非物质文化遗产相关课程，全国绝大多数中小学及部分高校启动了非物质文化遗产进校园活动。非物质文化遗产和非物质文化遗产学已经渐渐融入中国的主流教育中。

二、非物质文化遗产学学科建设的必要性

是否需要创立非物质文化遗产学？这是个争论已久的话题，也是非物质文化遗产学学科建设必须要回答的一道必答题。有人认为非物质文化遗产所涉领域已经有多门学科介入，完全可以用既有学科的既有理论，去解决非物质文化遗产保护面临的种种问题。但 18 年的中国非物质文化遗产保护实践已经证明，仅凭既有学科的既有理论，无法从根本上解决非物质文化遗产保护所面临的种种问题。原因有二：

（一）在对非遗本质的理解上，既有学科存在着相当大的学术误区

从非物质文化遗产学立场出发，非物质文化遗产说到底首先是"遗产"，即是祖先留给我们的东西，而不是我们刚刚创造出来的"现产"。在非物质文

---

① 2014 年，笔者与北京联合大学应用文理学院、北京联合大学培训中心合作，北京中传笛声民俗文化传播有限公司，共同举办了第一届全国高校非遗教师培训班；2016 年，与凯里学院、北京联合大学文理学院、北京中传笛声民俗文化传播有限公司合作，共同举办了第二届全国高校非遗教师培训班；2018 年，与首都师范大学、北京联合大学应用文理学院、北京中传笛声民俗文化传播有限公司合作，共同举办了第三届全国高校非遗教师培训班；2020 年，与北京联合大学艺术学院、北京联合大学应用文理学院、北京联合大学培训中心、中国非物质文化遗产研究院、北京中传笛声民俗文化传播有限公司合作，共同举办了第四届全国高校非遗教师培训班。

化遗产保护过程中,我们之所以只保护"遗产",不保护"现产",并不是说"现产"有什么不好,而是说随着社会进程的不断加快,祖先留给我们的"遗产"越来越少。我们有必要抓紧非物质文化遗产保护工程这样一个大好契机,将祖先留给我们的"遗产"原汁原味地继承下来。这是非物质文化遗产学的永远追求。

但艺术学、经济学等既有学科追求的目标与此完全不同——它们要挖掘出一个民族最美的东西,要挖掘出一个事物的最高附加值。在这个时候,人们就很容易从本学科立场出发,将他们心目中最美的东西、最贵的东西挖掘出来,至于这个东西是不是非物质文化遗产已经不再重要。在这种错误遗产观的影响下,人们很容易在有意无意中将那些改编改造后的文创产品,甚至是已经进入大机械化生产的流水线产品,都当成了非物质文化遗产。由于艺术学、经济学对非遗本质理解上存在严重问题,所以要想用艺术学、经济学的既有理论来确保非物质文化遗产的原汁原味几乎是不可能的。

(二)在对非物质文化遗产遴选标准的认定上,既有学科存在明显问题

要想保护非物质文化遗产,首先就要知道什么是非物质文化遗产,什么不是非物质文化遗产。但由于学科功能不同,遴选标准自然也不一样。

如在某些从事艺术创作与艺术研究的学者看来,非遗的遴选标准不是"真不真",而是"美不美"。于是乎,非遗的每次评审也就变成了一次"选美",有时甚至一些当代创作也因为"美"而被列入非物质文化遗产名录。而一旦进入非物质文化遗产名录,人们又会根据自己对"美"的理解,对这些非遗项目"不美"的部分加以改造。按此思路发展下去,原汁原味地将祖先留给我们的"遗产"传承下去就成了一句空话。

从民俗学视角去遴选非物质文化遗产也有它的问题。实事求是地说,从事民俗学研究的学术同人是从心里热爱传统的。但他们从不否认,也不排斥

任何一种来自外界的对于非遗的"改造"——无论是来自政府的改造,还是来自学界、商界的改造,在他们看来都属正常。因为非遗属民俗,而民俗的五大特征之一便是它的"变异性"。在他们看来,既然民俗能变,那么作为民俗的非物质文化遗产当然也能变。于是,"非物质文化遗产既要传承,也要创新",便成为这一学术群体的普遍共识。但令他们无法解释的是,既然是"创新",既然是你"昨天"刚刚创作出来的"现产",凭什么一下子就变成了祖先留给我们的"遗产"呢?"遗产"与"现产"都分不清,还怎么去保护我们的"遗产"呢?可见,用民俗学的既有理论,也无法解决非物质文化遗产原汁原味的保护问题。于是,保护非物质文化遗产,在这里也就变成了一句空话。

同样,用经济学的既有理论去遴选或是保护非物质文化遗产,也同样有它的问题。如完全从经济利益出发,人们就很容易将那些"有效地拉动了地方经济"的"非遗"项目——哪怕是已经实现了大机械化生产的非遗项目——强拉硬扯地塞进非物质文化遗产名录。

用文物学的既有理论去保护本国的非物质文化遗产,自有它的可取之处。这是因为在文物保护工作者看来,无论是物质文化遗产,还是非物质文化遗产,说到底在本质上都是相同的——都是"文物",都是认识古代文明、了解祖先历史的重要窗口。所以文物不能改,非遗当然也不能改。这在客观上确保了非物质文化遗产的真实。但从文物学视角看非遗同样有它的问题。其中最大的问题便是容易忽略非物质文化遗产活态传承这一基本特征。如果一味用保护文物的方法来保护非物质文化遗产,其结果便是非物质文化遗产保护的博物馆化,而最终的结果便是将"活遗产"变成"死遗产"。"遗产"都死了,当然也就没有了真实性可言。可见,凭借着既有的文物学保护理念去保护非物质文化遗产,同样无法解决科学保护的问题。

上述分析告诉我们,要想通过既有学科的既有理论,去解决非物质文化遗产保护所面临的种种问题,事实上是不可能的。要想实现对非物质文化遗产的科学保护,最简单的办法就是通过学科建设,从根本上解决非物质文化遗产的科学保护问题，而这门学问便是非物质文化遗产学。

三、非物质文化遗产学的独特视野与视角

任何一门新学的产生总要有它独特的视野与视角，否则就没有资格成为一门独立学科。那么作为一门新学科的非物质文化遗产学，是否已经具备了自己的独特视野与视角了呢？答案是肯定的。

（一）非物质文化遗产学有着自己的独特视野

有人认为，我们完全没有必要建立非物质文化遗产学。因为非物质文化遗产学的主要研究领地——无论是民间文学、表演艺术、传统工艺美术、传统工艺技术，还是传统节日或传统仪式，已经有人类学、民族学、民俗学、宗教学、历史学、语言学、考古学、表演学、民间文学、建筑学等诸多学科的百年深耕。如果一定要建立非物质文化遗产学，势必会在研究视野上与上述学科产生严重重叠。

但事实并非如此。因为非物质文化遗产学所关注的，并不是民间文学、表演艺术、传统工艺美术、传统工艺技术、传统节日、传统仪式的全部，而是其中最为精华、最为重要，特别是那些已经进入各级非物质文化遗产名录的部分。非物质文化遗产学学科建立的目的，主要是要解决以下三大问题：一是要弄清非物质文化遗产的准入标准，弄清哪些项目可以进入非物质文化遗产名录，哪些项目不可以进入非物质文化遗产名录；二是弄清这些非物质文化遗产的价值，包括它的历史认识价值、艺术价值、科学价值和社会价值；三是科学而系统地提出非物质文化遗产的管理方法与保护原则。而这些都是以往诸学科从不研究或很少研究的问题。由此可见，非物质文化遗产学尽管在研究视野上与上述学科小有重复，但说到底它是有着独立的、专属于自己的研究空间的。

（二）非物质文化遗产学有着自己独特的研究视角

要想成为一门独立学科,仅有独特的研究视野是远远不够的,还需具备独特的研究视角。只要研究视角不同,人们同样会在同一领域发现更多的、与众不同的、规律性的东西。譬如同样是研究传统节日,历史学家关注的是节日历史,民俗学家关注的是节日民俗,宗教学家关注的是节日仪式,艺术学家关注的是节日歌舞,而作为一门新学的非物质文化遗产学,它所关注的重点并不是上述内容,而是要看这些节日是从历史上原汁原味传承下来的"真遗产"还是当代创造的"伪遗产"? 这些传统节日到底有着怎样的价值? 怎样才能保护好这些节日遗产? 而上述角度,也是以往诸学科很少有人关注的。非物质文化遗产学这门学科建立的意义在于,它可以帮助人类找到更多更好的非物质文化遗产,可以找到更多更好的非物质文化遗产传承规律,并将这些规律应用到中国乃至世界所有的非物质文化遗产保护中去。

四、非物质文化遗产学有着自己独立的理论架构

与既有学科不同,为了能更清晰地辨认出非物质文化遗产,挖掘出非物质文化遗产的诸多价值,同时也为非物质文化遗产保护提供更为科学的理论指导,非物质文化遗产学也为此设计出了明显的与众不同的理论架构。这个理论架构的着力点主要集中在以下三个方面:

第一,什么是非物质文化遗产?第二,为什么保护非物质文化遗产?第三,怎么保护非物质文化遗产? 如果将上述三个问题上升到哲学高度的话,那么"什么是"回答的是哲学层面上的本体论问题,"为什么"回答的是哲学层面上的价值论问题,而"怎么办"回答的是哲学层面上的方法论问题。这三大问题是非物质文化遗产学必须回答, 而其他学科很少回答或是根本无须回答的问题。

（一）"什么是非物质文化遗产"是该学科需要回答的第一个问题

这一问题的提出,目的是帮助我们认清什么是非物质文化遗产,什么不是非物质文化遗产。它是这门学问的逻辑起点,一旦在这里出现问题,我们将会像小孩儿给自己系扣子——第一个系错了,接下来将一错到底。作为经验,只要涉及"遗产",人们需要做的第一件事就是"辩伪"。物质文化遗产是这样,非物质文化遗产同样也是这样。那么到底什么是非物质文化遗产呢? 在我们看来,所谓的非物质文化遗产,至少要满足以下六大条件:

1.必须有杰出的非物质文化遗产传承人作支撑。非物质文化遗产的最大特点是活态传承,而活态传承的载体就是传承人。有了传承人才有非物质文化遗产,所以保护非物质文化遗产的关键,首先是保护好传承人。

2.必须要有悠久历史。通常时间不足百年者,不能称其为"非物质文化遗产"。

3.必须以活态形式传承至今。非物质文化遗产是一种活在当下、服务当下的遗产,它的最大特点就是它的"活态性"。

4.必须要原汁原味传承至今。这是因为非物质文化遗产的最大价值,是它的历史认识价值。要想确保它的历史认识价值,就需要我们尽量将它历史上所呈现出的样子原汁原味地传承下来。

5.必须有重要的历史认识价值、艺术价值、科学价值和社会价值等,没有重要价值者,不能被评为非物质文化遗产。

6.非物质文化遗产只存在于民间文学、表演艺术、传统工艺美术、传统工艺技术、传统节日、传统仪式六大领域。①

由此不难看出,所谓的非物质文化遗产,是指人类在历史上创造,并以活

---

① 分类方式不同,所分种类也有一定差别。如王文章主编的《非物质文化遗产概论》将非物质文化遗产分为十一个大类,文化部将非物质文化遗产分为十个大类,《中华人民共和国非物质文化遗产法》将非物质文化遗产分为六个大类。与上述分类法相比,六分法的涵盖范围更广。

态形式原汁原味传承至今的,具有重要价值的表演艺术类、工艺技术类与节日仪式类传统文化事项。

(二)"为什么保护非物质文化遗产"是该学科需要回答的第二个问题

要想保护好非物质文化遗产,就必须把非物质文化遗产的价值说清楚、讲明白,为非物质文化遗产保护提供更加充足的理由。

当然,仅仅知道非物质文化遗产的价值尚远远不够。因为在价值相同的情况下,还会有品质高低等问题。这就要求我们必须从遗产品质上的优秀度、时间上的跨越度、信息上的承载度、状态上的原生度、社会上的知名度、性格上的独特度及生存状态上的濒危度等角度,进行更加深入的研究,从而判断出各非遗项目整体价值的高低。

非物质文化遗产是人类文明的精华,对上述价值的发掘,不但可以为保护祖先"遗产"找出更多理由,同时也有助于我们对"遗产"自身价值作出更为精准的学术判断。尽管非物质文化遗产的价值是客观存在的,但同样需要人类用自己的慧眼去发掘。保护遗产过程的本身就是非物质文化遗产价值再发现、再发掘的过程。非物质文化遗产价值发掘程度如何,将直接关系人类保护非物质文化遗产的热情,关系我们对祖先遗产的认知,也关系我们国家的前途和命运。

(三)"怎么保护非物质文化遗产"是该学科需要回答的第三个问题

"怎样保护非物质文化遗产"主要涉及两方面问题:一是用什么方法、什么手段去保护非物质文化遗产;二是用什么理念、什么原则去保护非物质文化遗产。该问题提出的最终目的,就是帮助我们找到更多、更好,也更具科学价值的保护原则与方法。

"保护方法"是指在非物质文化遗产保护工作所使用的具体方法。这些方法包括:①开展非物质文化遗产大普查,从根本上摸清本国活态遗产的"家底";②建立非物质文化遗产名录体系,让中国的每项非遗项目都有自己的"身份证";③建立文化生态保护区,为非物质文化遗产的活态传承预留下一块"芳草地";④扩展展演展示手段,让非物质文化遗产及其保护理念传布四面八方;⑤建立数据库,让非物质文化遗产传播步入"快车道";⑥启动非遗传承人口述史调查,让中国的史料变得更加丰富;⑦将非物质文化遗产纳入主流教育,让民族文化遗产滋润每个孩子的心田;⑧制定《非物质文化遗产法》,让法律为中国的非物质文化遗产保护"保驾护航"。

"保护原则"是指在保护非物质文化遗产过程中所应遵循的基本原则。这些原则包括"以人为本原则""活态保护原则""整体保护原则""真实性保护原则""民间事民间办原则""独特性保护原则"及"濒危遗产优先保护原则"等等。这些原则的树立与遵守将会对中国非物质文化遗产的科学保护产生重要影响。

非物质文化遗产学说到底是一门具有可操作性的学问,强调实操、强调对非物质文化遗产传承规律的研究,是这门学问的基本特点。非物质文化遗产的保护规律是由非物质文化遗产的传承规律决定的,只有找到非物质文化遗产传承规律,我们才能知道怎样保护才是科学保护。这个问题不解决,非物质文化遗产学也就失去了它存在的意义。

当然,以上三大问题只是构建非物质文化遗产学的"四梁八柱",在此基础上,还会衍生出许多其他内容。譬如作为一门新学,要有国外和国内非物质文化遗产保护史的研究。作为活态遗产,非物质文化遗产是需要人来保护、来传承的。这就会涉及"非物质文化遗产保护主体"与"非物质文化遗产传承主体"两方面内容。其中,前者会重点讨论"非物质文化遗产保护主体的构成""非物质文化遗产保护主体的基本职能",以及"非物质文化遗产保护主体的素质要求";后者会重点讨论"非物质文化遗产传承主体的界定""非物质文化遗产传承主体的基本职能",以及"针对传承主体的激励机制"等。此外,作为一笔宝贵的民族文化资源,非物质文化遗产学还会涉及非物质文化遗产的普查与申报、开发与经营等诸多内容。这些问题在非物质文化遗产学中都会有专章阐述。

五、非物质文化遗产学有着独立而系统的理论架构

作为一门新学,非物质文化遗产学并不是一门课程所能包括的,它需要一个庞大而系统的学术体系做支撑。那么作为一门本科专业,非物质文化遗产专业到底需要开设哪些课程?这也是非物质文化遗产学学科建设与课程设置必须深入思考并予以认真回答的问题。我想,至少以下课程是非物质文化遗产学学科建设应予考虑的:

1.非物质文化遗产学

2.中外非物质文化遗产保护运动的理论与实践

3.非物质文化遗产田野调查与申报

4.非物质文化遗产管理学

5.非物质文化遗产传承人研究

6.文化生态保护区建设的理论与实践

7.非物质文化遗产的产业化开发与商业化经营

8.非物质文化遗产与文化创意产业

9.非物质文化遗产传承人口述史调查

10.非物质文化遗产数据库建设

11.非物质文化遗产进校园的理论与实践

12.非物质文化遗产展览展示

13.乡土教材编写工作的理论与实践

14.非物质文化遗产传播学研究

除上述基本理论外,还应根据非物质文化遗产所涉内容,作出二级学科

的课程设计。这些二级学科包括：

1.民间工艺美术学

2.民间美术学

3.民间工艺学

4.民间文学

5.民俗学

6.传统中医药学

7.传统戏剧学

8.传统音乐学

9.传统民间说唱研究

10.传统民间舞蹈研究

11.传统体育竞技研究

与一级学科所开课程不同,二级学科建设实际上已经非常成熟。这些学科的历史长的已有百年以上,短的也有近四十年。这些学科基础教材的建设工作难度并不大,有些功底扎实的专业,如民间文学甚至可以开设出诸如神话学、传说故事学、歌谣学、史诗学等更加细化的课程。

当然,并不是将以往教材拿来就可以充当非物质文化遗产学的二级教材的。因为在以往的教材中,并不会涉及或很少会涉及非物质文化遗产学所涉及的内容。这就需要我们在既有教材的基础上,从非物质文化遗产学的视角出发,去补充以往教材的不足,使之成为真正能符合非物质文化遗产学学理要求的二级学科教材。

蓝印花开田野

——我的蓝印花布传承之路

南通蓝印花布印染技艺历史悠久,沉淀了深厚的文化底蕴,蕴藉着乡土的民间艺术,传承至今,绵延不息。我作为蓝印花布印染技艺全国首批代表性传承人,一直在探索蓝印花布技艺的保护传承和发展之路,也积累了一些相关传承的经验。

一、我与蓝印花布的情缘

蓝印花布是千百年来一直流传于民间的印染技艺,至 20 世纪,最后一批传统蓝印花布的使用者是二三十年代出生、四五十年代出嫁的劳动者,现均已九十岁左右高龄。随着老一辈的过世,根据当代习俗,一批又一批的蓝印花布实物遗存被烧祭给逝去的老人,使得大量前人留下的蓝印花布衣物、生活用品随之消失,出现了人走艺绝的现象。如果不能及时抢救保护,祖先留给我们的宝贵文化遗产将会彻底丢失。我作为南通蓝印花布印染技艺的非遗传承

作者简介:吴元新,南通蓝印花布博物馆馆长、南通大学非物质文化遗产研究院院长。

人,近半个世纪以来,带领元新蓝团队全力保护着这项古老的技艺。

我生于江苏省启东县汇龙镇,清末时,我的祖辈从苏州吴县迁至崇明扬家沙(现今启东市),在这片沿海的土地上开辟农田,纺纱染布。我从小便是在母亲的纺纱织布声中长大,儿时对于蓝印花布的记忆鲜活且具体。那时,启东百姓铺的、盖的、穿的、用的纺织品,都是用蓝印花布制成的。从那时起,我就对蓝印花布有了朦胧的印象。记得我奶奶八十八岁时,眼睛因白内障已几乎看不见东西,却仍凭着经验每日纺纱。这样勤劳而朴素的精神,一直感染和鼓励着我,而父亲粗拙的印染图案也给了我最初的艺术熏陶,让我对传统染织萌生兴趣。我在母亲织布声中逐渐成长,浸润在这乡土工艺氛围中,对纺纱、印染产生了难以割舍的情感,对我的一生都有着深远的影响。

20世纪70年代,乡村企业在农村蓬勃发展,因儿时对蓝印花布的兴趣,我便选择了在启东汇龙镇印染厂从事印染工作。在重复着洗布、染布的工作时,我也曾感到枯燥乏味,几度萌生出改行的念头。但是我在印染厂也接触到了蓝印花布印染的另一重要工序——刻花版,老师傅们以刀代笔,在纸板上刻出许多精美的图案,这让我有了很大的兴趣,使我改变了离开印染厂的想法,以学习蓝印花布的刻花版技艺为目标。于是,我时不时走入蓝印花布的刻版工作室,想学到这门的手艺。起初,厂长认为我染布的技术经验不足,仍需锻炼。又过了两年,厂长认可了我的努力,将我调入蓝印花布刻版室,跟随一位经验丰富的黄师傅学习纹样设计与刻版。那段日子里我几乎把所有的时间都花在蓝印花布上,与师傅一同走街串巷,收集蓝印花布用于图案创作,直到后来,我应征入伍,当了一名海军。

退伍后,我原本可以分配到更好的工作,但我割舍不下蓝印花布印染技艺,再次回到印染厂工作。因外商订货新纹样的需要,我又开始学习绘画。白天我在印染厂设计纹样、刻版,晚上去文化馆练习绘画。通过两年的学习考试,我被江苏省宜兴陶瓷工艺学校录取,就读陶瓷美术专业。

学校内的图书馆虽不大,却也让我大开眼界。课余时间,我继续为印染厂设计蓝印花布纹样,将设计课程中学到的新思维活用,并在蓝印花布的设计中融入陶瓷、木雕、剪纸、刺绣等艺术元素,逐渐形成了自己的创作风格。由我设计的许多蓝印花布纹样也被外商选中并大量订货,首批创新的 15 种纹样画稿,每一幅均被订货 100 匹,总计订货数达 1500 匹之多,这为当时我国蓝印花布的出口创汇做出了贡献,也给予了我很大的信心。1985 年,我毕业时因在校成绩优异,校领导决定让我留校任教。我主张将蓝印花布纹样融入美术教材,得到了系主任张志安老师与学生们的认可。

1987 年,我被调入南通工艺美术研究所,后转入旅游工艺品研究所,负责创作设计工作。当时,除启东汇龙镇印染厂外,南通县区的几家蓝印花布印染厂也慕名邀请我为他们设计蓝印花布纹样,成品都被外商看中批量订货,为蓝印花布的出口创汇做出了应有的贡献。时任中央工艺美院装饰艺术系主任的袁运甫是南通人,为了帮助家乡培养艺术人才,他每年都会引荐南通的优秀艺术人才前往中央工艺美院学习。1989 年,我经过考核选拔被中央工艺美院录取为"装饰艺术系"师资研修班学员,我告别了妻子和一岁的女儿,前往北京学习深造。

在中央工艺美院的学习很忙碌,我在第二个学年又考入了中央美术学院专科班学习。作为有设计工作经历的学生,我更知道自己需要的是什么。白天上专业课程,晚间自行学习。为了有更多的学习时间,我在北京光华路附近租了房子,学习时间更加自由,时常学习到深夜。我在进修中央工艺美术学院课程的同时,还关注其他学习的机会,哪里有名家的讲座,我便前往听课。忙碌之余,我也没有放下蓝印花布的创作,精心设计的"蓝印花布壁挂系列"荣获全国旅游工艺品优秀奖。当时,我注意到不少老师和学生都对我随身背的蓝印花布包很感兴趣。于是,在假期回家后,我带回了几箱自己设计制作的蓝印花布玩具、挂饰和大小包袋,请工艺美院的小卖部代为销售,一个星期就销售一空。这次尝试让我感到十分惊喜,也让我察觉到了蓝印花布制品在北京的市场空间。

1991年，我学成返乡。在同学聚会上，我看到原来的许多朋友们都开设计公司，收益颇丰。有人看中我的设计能力，希望我能与他成立一家广告公司。想到朋友们富足的生活，我当时也有些心动。回到家中，我又想起了在北京求学的过程中使我印象最深的一件事。当时，我去听张仃先生的讲座，他说自己是辽宁黑山人，到锦州城里上中学，老家带来的被子都是蓝印花布的，城里人笑话他，他说当时年幼无知，还一度深感自卑，后来到了北京、上海、延安，能舍的都舍了，唯独蓝印花布一直保留着，后来成为延安窑洞上的门帘。进京后，这块蓝印花布作为家中的装饰布一直留存至今。讲座结束后，我走上讲台，告诉张仃先生自己曾在南通从事蓝印花布印染，至今也在做蓝印花布的创作，听后张仃先生欣慰地对我说道："我宁可欣赏一块蓝印花布，也不喜欢团龙五彩锦缎，因为蓝印花布有一种清新之气、自由之气、欣欣向荣之气，蓝印花布是民间艺术的瑰宝，你一定要好好地把它传承下去。"这句话直到今天我还铭记在心，这是艺术前辈对后生的莫大鼓励。后来，我不但没有改行，还在研究所开设染坊，让蓝印花布得到更好的传承。

二、保护实物遗存，创办蓝印花布艺术馆

1996年，南通旅游工艺品研究所被兼并，蓝印花布研究项目不再继续，我若是要留下，只能改行从事其他工作。我割舍不下蓝印花布，设想成立一座艺术馆，集展示、收藏、研究、传承、销售、设计等多个功能为一体的蓝印花布展馆，继续从事蓝印花布相关的工作。为了尽快筹集到足够的资金，我开始不断推出蓝印花布新产品，通过艺术馆的工作团队协同工作，我负责技艺的传承、作品创新，专人负责销售，分工合作，共同努力。

1996年10月，在南通市文联的帮助下，我与文峰公园签订了合同，我的南通蓝印花布艺术馆正式开馆，我邀请了南通日报、江海晚报等媒体采访报道，许多年长的参观者看着馆内陈列的蓝印花布制品，都回忆起过去父辈们

身着蓝印花布衣服,盖着蓝印花布被子的成长经历;年轻的参观者们则惊叹古旧的蓝印花布竟成为如此"摩登"的产品,纷纷买下中意的工艺品作为此行的纪念。望着参观宾客们心满意足的神情,我更加坚定了做好工艺传承与艺术创作的信心。

2004年,冯骥才先生应邀来我的艺术馆考察,他看到了馆内陈列的大量蓝印花布古旧精品,翻阅了我准备出版的一沓沓厚重书稿。我向冯骥才先生汇报了自己在继承传统优秀蓝印花布纹样和技艺的基础上,不断创新出符合现代人们需要的作品,新产品也出口日本等国家,并在北京、上海、南京等地区销售,再把取得的经济效益用于蓝印花布的收集、保护、研究展示。听后,冯骥才先生对我立体式的传承方式给予肯定。当时,艺术馆在用房方面还存在困难,冯骥才先生表示结束考察后,将会帮助我同相关部门协调解决这一问题。

在南通文化考察之行的总结会上,冯骥才先生特别提出,自己对南通蓝印花布艺术馆的考察印象深刻,向在座领导说道:"很多非遗项目的传承人都养不活自己,更谈不上做研究出版,成立博物馆,但吴元新不仅做好了研究工作,还建立了自己的艺术馆。你们南通幸有吴元新这样的民间工艺家,他出于一种文化自觉和二十多年来一贯和执着的担当精神,挽留了一批巨量的蓝染遗存,并脚踏实地进行科学整理和原生态的手工传承。我们需要有吴元新这样的一些人,有这样的文化视野,有这样的文化眼光,有这样的奉献精神,有这样的责任感,站出来守望我们的文化、弘扬我们的文化。他对蓝印花布的喜爱,爱到极致就是责任。"冯骥才先生还鼓励我要在地球上划一道痕,把蓝印花布事业做到极致。冯骥才先生对我的高度评价,使市领导留下了深刻的印象。会后,我的蓝印花布艺术馆用房得到了领导的协调支持,解决了这一大问题,让我能够腾出更多精力,更好地保护和传承蓝印花布印染技艺。

为了让蓝印花布得到更好的传承,在冯骥才先生的鼓励与各级文化部门的关注下,将蓝印花布印染技艺申报为国家级非物质文化遗产的工作被提上日程。当时申报材料的准备工作复杂，内容繁多，我夜以继日地整理材料，将数十年的资料与工作成果都整合起来。2006年，由南通蓝印花布博物馆申报，"南通蓝印花布印染技艺"被列入首批国家级非物质文化遗产，南通蓝印花布博物馆也被列入该项目的保护单位。

在后来的十多年中，我不负冯骥才先生与各级文化部门的关心支持，在南通蓝印花布的抢救、保护、研究、传承和创新方面也都取得了更多的喜人成果。我走遍了江苏、浙江、湖南、湖北、山东、山西、北京等全国二十二个省市、一千三百多个蓝印花布主要乡镇，竭尽全力寻找蓝印花布遗存，每年都收集一千多件实物进馆，抢救保护了明清以来的蓝印花布、夹缬、绞缬、民间彩印等传统印染实物已经达六万八千多件，整理纹样二十万个。

抢救保护之余，我还组织人力对宝贵的印染实物遗存进行分类、整理、编号、拍摄及初步的断代工作，建立了体系化的文化档案，为研究传统技艺做了深入细致的工作。基于大量的实物遗存材料，我和传承人团队不断努力，白天做传承保护，晚上做研究，将中国民间传统印染技艺三千年的历史进行了梳理分析，先后出版了国家重点图书《中国传统民间印染技艺》《中国蓝印花布纹样大全(藏品卷、纹样卷)》《刮浆印染之魂》《南通蓝印花布》等十余部专著；主持了国家社科基金艺术学重点项目课题和国家艺术基金蓝印花布青年人才培养项目。由我担任执行总主编的《中国蓝印花布文化档案》在冯骥才先生的关心和支持下，已被列入中国民间文化遗产抢救工程，我与我的团队预计用十五至二十年时间出版《中国蓝印花布文化档案》二十卷。由我女儿吴灵姝、女婿倪沈键编著的首卷《南通卷》已于2023年6月在天津大学冯骥才文学艺术研究院首发，为后续的系列丛书设立了样书，为深入地弘扬和研究蓝印花布提供了充实的实物资料保障，也为未来将南通蓝印花布印染技艺申报为人类非遗代表作奠定了坚实的基础。

三、探索立体式的传承方式

非物质文化遗产是一个民族的文化基因,蓝印花布要真正保护并传承下去,其中的关键便是新生代传承人队伍的建设与培养。做好一项传统技艺需要长期的积淀,至少要五年、十年甚至二十多年才能小有所成。现代青年人的生活节奏快,很少有人愿意留下守望这些"慢热"的文化。我的女儿吴灵姝毕业于中国艺术研究院,在北京学习了八年,曾想留在北京工作,她更渴望在大城市安家落户。后经冯骥才等艺术前辈们的劝导,才使我的女儿回到南通学习蓝印花布印染技艺。

染布一直是个苦行当,民间向来有着男人才能入染坊的规矩,也是因为染布是一项重体力活。在蓝印花布印染技艺传承面临青黄不接的境地时,我也希望在浦发银行工作的女婿能辞去现有的工作,踏实地跟随我学习蓝印花布印染技艺,加入传承人的队伍。为此我对女婿做了大量的思想工作,特别是冯骥才先生鼓励他"从事金融行业的千千万,从事传统印染的人却少之又少,希望你能跟随岳父一同从事蓝印花布的传承工作"。在冯先生的鼓励下,女婿倪沈键辞去了银行的工作,加入了我们家族式传承的队伍。记得他第一次进入染坊时,在学习染布的过程中由于重心不稳,操作经验不足,整个上半身不小心栽到染缸中,后被我们及时拉出才脱离危险。艺术大师韩美林先生曾以这件事评价他,掉入染缸里,一辈子也洗不清,一定要踏踏实实做好蓝印花布。

十多年来,我带着女儿、女婿和学生团队从学习传统技艺入手,苦练染布基本功,先后修复了蓝印花布经典图案纸版一千两百多套;还将传统染色参数进行量化,用科技手段为技艺传承赋能。在一家人耳闻目染的熏陶下,我的两个小外孙女也学起了刻版与刮浆、染色工艺。冯骥才先生为了鼓励我们做好家族式传承,他为我的两个小孙女起名,大孙女叫"抒染",小孙女叫"美印",意味着抒发美丽的印染大业,这也寄予了冯先生对后辈的殷切期望。

2023 年 12 月,中央电视台三套《我的艺术清单——吴元新》栏目用五十分钟播出了我们四代传承蓝印花布印染技艺的故事。

在保护传承蓝印花布印染技艺的基础上,我以国内外展览为平台,努力打造蓝印花布、彩印花布、夹缬、鱼子缬、蜡缬——五位一体的中国传统印染技艺国家级非遗传承基地与研学基地,举办传统印染技艺培训,培养了近万名的非遗传承人群,我主导的"青出于蓝——国家级非遗南通蓝印花布研学项目"入选"2022 年度全国文博社教百强案例"。

为了提高蓝印花布的社会影响力,这些年来,我在清华大学美术学院设立传统染织工作室,在中央美术学院、北京服装学院等开设全院的手工艺选修课程,在天津大学冯研院成立南通蓝印花布博物馆分馆,在苏州大学为研究生开设传统印染课程,在南通大学创建蓝印花布艺术研究所和非遗研究院,被文旅部聘请为中国非遗传承人群研培计划咨询专家及师资库成员,承担非遗传承人群的教学任务,培养了一批又一批年轻的蓝印花布印染技艺传承人群,南通蓝印花布博物馆也于 2023 年被列入天津大学全国首批非遗学田野教学基地。2017 年至今,我们在南通大学承办了文化部教育部非遗传承人群研培计划"传统印染技艺培训班"十二期,为云南、广西、四川等全国二十多个省、自治区、直辖市免费培养了四百多名传统印染技艺年轻人才,为扶贫攻坚、乡村振兴付出了努力。通过染坊带徒和院校传承相结合的方式,逐步加大对二代传承人的培养力度,形成了集家族传承、社会传承、院校传承等形式为一体的立体传承方式。

四、用字当先,活态传承

回望传统手工印染技艺的发展历程,让传统工艺活起来,是传承发展的一个重点。在长期的蓝印花布印染技艺传承和创新工作中,我认为适应时代变化,设计出符合大众需求的蓝印花布作品,才能让这一工艺得到可持续性的传承和发展。

过去的"现代"就是当下的传统,而当下的传统也将成为未来的"过往"。传统文化就是在一代代传承者的不断弘扬与发展中延续至今、繁荣发展。从某种程度上讲,传承人以什么样的态度对待祖辈传到自己手里的技艺技能,也决定了这个项目如何存续和发展。蓝印花布印染技艺在当今时代传承,需要适应其所处时代的生产生活和大众需求,才能为蓝印花布印染技艺注入更新、更丰富的内涵。

这些年,我与工作团队一直秉持着"用字当先,活态传承"的原则,以全手工技艺传承着蓝印花布的刻版、刮浆、染色等精湛工艺,在坚守本位的同时,让创作的作品以走入人们的当代生活为宗旨,让蓝印花布这棵老树绽放出新的花朵。

多年的创新传承过程中,我与女儿、女婿及学生团队一同将单面印花工艺创新为双面印花,将窄布印染发展为宽幅印花,将单色印染创新为深浅蓝的复色印染,将蓝印花布单一棉布品种发展为丝绸、羊绒、棉麻等,既保留了蓝印花布的含蓄质朴,又突出了其在现代生活的实用价值,引起人们对传统文化与美学的重新感知。我设计的蓝印花布服装、包袋、壁挂、工艺品、鞋帽五大系列蓝印花布作品,获得二百五十二项国家外观设计专利,产品远销海内外,创新的作品也荣获中国民间文艺"山花奖"等荣誉,"凤戏牡丹"台布、"年年有余"挂饰、"喜相逢"桌旗系列被国家博物馆、中国工艺美术馆等收藏。各类印染工艺品先后应邀在美国、英国、德国、法国、意大利、俄罗斯展览。先后向国家博物馆、中国丝绸博物馆、北京民族文化宫博物馆、中国工艺美术馆、中国非遗馆、清华大学、天津大学、中央美院、南通大学、韩美林艺术馆等捐赠优秀现代作品三千多件,有力宣传了南通蓝印花布印染技艺。

2016 年,我在文化和旅游部原副部长项兆伦的关心和鼓励下,注册了新的"元新蓝"的品牌,与原本的蓝艺系列工艺品共同经营,打造了优秀的国家非遗蓝印花布 IP 资源,提升了传统工艺品牌的知名度和影响力。

伴随着科学技术的快速发展，人们的社会生产、居住环境、生活方式和思想观念等也在发生改变——机械化、标准化、批量化的工业生产模式深刻地影响着我们的生产生活，在一定程度上满足用户的物质需求，但也让生活呈现出"同质化"倾向，地域、文化和民俗特色逐渐被淡化。我借助现代科技与传统文化产生的碰撞，抓住了蓝印花布的科学保护和传承发展的机遇，走出"传统+现代"的跨界传承模式，探索蓝印花布与《梦幻西游》网络游戏 IP 的跨界联合，合作开发"蓝印花布双语文化素养课"，还为安慕希创作蓝印花布纹样。我设计的虎年吉祥物亮相央视，让全国观众领略到蓝印花布的独特魅力，走出了一条"活态传承"的新路。

我自小便与蓝印花布结缘，经历了半个世纪的时光，我也从最初的"手艺人"成为一名"守艺人"，走出了自己的蓝印花布印染技艺传承之路，建起了自己的蓝白世界。现在，我与我的家人们是"七代传承、四世同堂"，一同为蓝印花布印染技艺的传承工作尽心尽力。我的母亲已经九十六岁高龄，仍时常来馆里为来宾传授纺纱织布技艺；我是国家级非遗传承人，女儿是省级非遗传承人、女婿是市级非遗传承人，共同致力于蓝印花布印染技艺的保护、传承和研究；我的小孙女延续着传承的血脉，带领就读小学三千多名学生来到传承基地体验学习体验传统印染工艺，闲时也会刻版、刮浆，染布、晾晒，在孩子们心中播撒下传统文化的种子。四十年来的传承工作使我体会到"传承"虽是个宏大的命题，但具体而言，就是一代代人的身体力行，不断积累的成果。未来，我们会不断努力，争取将南通蓝印花布印染技艺申报为世界（人类）非物质文化遗产，让蓝印花布这朵民间艺术之花，绽放得更加绚烂。

天津市当代中国马克思主义论坛篇

当代中国马克思主义体系化、学理化研究

——"中国历史唯物主义学会 2023 年年会暨第八届天津市当代中国马克思主义论坛"综述

天津市当代中国马克思主义研究会是天津市马克思主义学者从事习近平新时代中国特色社会主义思想研究和宣传的重要学术组织。本研究会自成立以来,积极开展多种形式的学术研究和理论宣传活动,提高了天津市当代中国马克思主义研究的学术水平,扩大了天津市马克思主义理论研究的学术影响力。与国内权威学术团体、组织或机构共同承办专题研讨会是本研究会的基本任务。

2023 年 11 月 26 日,由中国历史唯物主义学会、天津市社会科学界联合会、天津师范大学共同主办,由天津师范大学马克思主义学院、天津市当代中国马克思主义研究会承办,由《马克思主义研究》编辑部、天津师范大学新时代马克思主义研究院协办的"中国历史唯物主义学会 2023 年年会暨第八届天津当代中国马克思主义论坛"在天津师范大学召开,论坛主题为"当代中国马克思主义体系化、学理化研究"。

天津市社会科学界联合会党组书记、专职副主席兼天津市委宣传部副部长王立文,中国历史唯物主义学会会长、天津师范大学新时代马克思主义研

究院院长侯惠勤,天津师范大学党委书记曲凯出席开幕式并致辞。论坛开幕式由天津师范大学党委副书记马雷主持。中国历史唯物主义学会副会长、清华大学习近平新时代中国特色社会主义思想研究院院长艾四林,中国历史唯物主义学会副会长、南京大学信息管理学院党委书记姜迎春,中国历史唯物主义学会副会长、武汉大学马克思主义学院教授袁银传,中国历史唯物主义学会副会长、首都师范大学全球化与文化研究中心主任杨生平,中国历史唯物主义学会副会长、天津大学马克思主义学院院长颜晓峰,中国历史唯物主义学会副会长、中国社会科学院哲学研究所副所长冯颜利,天津市社会科学界联合会党组成员、一级巡视员阎峰等来自全国各高等院校、科研院所的二百余位马克思主义理论界的专家学者应邀参会。

一、深刻把握"两个结合"的科学内涵及其重大意义

"两个结合"是习近平在庆祝中国共产党成立 100 周年大会上的重要讲话中明确提出的重大理论观点,是以习近平同志为主要代表的中国共产党人在党的十八大以来的重大理论创新。与会学者围绕"两个结合"的科学内涵及其重大意义进行了深入探讨。

"两个结合"更加清楚地表达了马克思主义中国化时代化的历史进程和逻辑理路,而把握好马克思主义和中华优秀传统文化的辩证关系是科学把握"两个结合",特别是"第二个结合"的科学内涵的关键所在。侯惠勤指出,"两个结合"的一个重要创新之处在于,明晰了马克思主义和中华优秀传统文化的重要关系。总的来看,中华优秀传统文化需要马克思主义的指导,一是用马克思主义来指导我们拯救中华优秀传统文化,二是中华优秀传统文化需要用马克思主义指导才能实现创新性发展和创造性转化。正确处理好马克思主义和中华优秀传统文化的关系,是理解好中国社会主义文化的"根脉"和"魂脉"的基础。中国历史唯物主义学会秘书长、《马克思主义研究》编辑部主任李建

国指出,马克思主义和中华优秀传统文化二者的关系很容易混淆,科学把握"第二个结合"的科学内涵是丰富和发展历史唯物主义的重要途径。上海师范大学马克思主义学院院长张志丹指出,理解好"魂脉"和"根脉"的关系尤为重要,"第二个结合"中马克思主义和中华优秀传统文化不能平列,否则就一定会陷入所谓马魂、中体、西用之类的歧用之争。上海中医药大学马克思主义学院院长王芳指出,中国共产党是中华优秀传统文化同科学社会主义价值观相契合的领导力量。

深化对"两个结合"的研究,是建设中华民族现代文明的必由之路,对推动当代中国马克思主义体系化、学理化研究具有重大意义。颜晓峰指出,坚持"第二个结合"是建设中华民族现代文明的成功法宝,要在科学把握"第二个结合"的历史方位、关键环节、成果目标基础上建设好中华民族现代文明。南京审计大学马克思主义学院赵欢春指出,只有切实实现好马克思主义和中华优秀传统文化的有机结合,才能巩固、夯实中华文化的主体性。河北大学马克思主义学院副院长田海舰指出,科学把握"第二个结合",能够让我们在更广阔的文化空间中充分运用中华优秀传统文化的宝贵资源,来不断开拓当代中国特色社会主义理论创新和实践创新的空间。国防大学习近平新时代中国特色社会主义思想研究中心眢瑞礼指出,科学把握"两个结合",能更好地对习近平新时代中国特色社会主义思想进行体系化、学理化阐释,能更好地说明习近平新时代中国特色社会主义思想是"两个结合"根和魂的科学理论体系。

二、深化习近平文化思想研究

习近平文化思想是习近平新时代中国特色社会主义思想的文化篇,是对马克思主义文化理论的丰富和发展,是推动中华文化繁荣兴盛、建设社会主义文化强国、建设中华民族现代文明的思想指南。与会学者围绕习近平文化思想研究的重点和热点,对其丰富内涵、实践要求、重大意义展开深入探讨,为全面深入理解习近平文化思想作出了应有贡献。

深化习近平文化思想研究,要深入研究马克思主义文化理论蕴含的方法论意义,要全面总结党的十八大以来社会主义文化建设的实践经验,深入阐释好习近平文化思想的丰富内涵、理论来源、理论特质和理论贡献,为推进社会主义文化建设提供坚实的学理支撑。姜迎春指出,习近平文化思想是马克思主义文化理论在新时代的创新发展,阐释好习近平文化思想是我们从事历史唯物主义研究学者的一个重要责任和担当。习近平文化思想为中国特色社会主义事业发展和实现中华民族伟大复兴提供了强大的精神动力和科学的文化遵循。南昌大学马克思主义学院原院长卢忠萍指出,习近平文化思想源自马克思主义经典作家的文化论述、中华优秀传统文化和人类优秀文明成果,其理论特质在于系统性、战略性、实践性、时代性、人民性、世界性,其理论贡献在于深刻回答了建设什么样的社会主义文化的重大课题。教育部长江学者、南京师范大学马克思主义学院王永贵指出,习近平文化思想的原创性贡献在于对社会主义文化建设规律的深刻认识,其中的概念、范畴、体系、架构是对社会主义文化建设进程中重要问题所作出的新论断、新表述、新阐发。宁波大学马克思主义学院院长李包庚指出,习近平文化思想包含着丰富的内容,其中一些内容是习近平在浙江工作期间进行实践探索的进一步展开。

深化习近平文化思想研究,立足人类文化发展规律和中国社会主义文化建设规律基础上,深入阐释习近平文化思想的方法论意义,指明新时代新的文化使命的方向。杨生平指出,发源于文艺复兴的人类文化具有普遍的现代性特征,中国特色社会主义文化具有自身独特的现代性特征,表现为个体主体和群体主体、工具理性和价值理性的动态辩证的统一。辽宁大学马克思主义学院院长谢晓娟指出,习近平文化思想是对党的十八大以来社会主义文化建设实践经验的科学总结,为实现以文化人、以文育人的根本目的提供了方法论基础。四川师范大学马克思主义学院副院长何理指出,要遵循习近平文化思想的实践要求,加快构建新时代新的文化使命的话语体系,不断提升新时代新的文化使命的解释力、吸引力和引领力。

三、深入阐释中国式现代化的科学内涵、实践要求及重大意义

中国式现代化是中国共产党领导人民长期探索和实践的重大成果,是强国建设和民族复兴的唯一正确道路。与会学者对中国式现代化的科学内涵、实践要求及重大意义作了较为深入的探讨,推进了中国式现代化理论问题的研究。

推动中国式现代化问题研究,要在正确把握现代化的共同特征与中国式现代化的中国特色的辩证关系基础上,不断推进中国式现代化的话语创新,不断丰富中国式现代化的理论内容。艾四林指出,建构中国式现代化的话语体系,能为深刻认识中国特色社会主义实践成果、实现社会主义现代化强国目标、展现可信可爱可敬的中国形象提供话语层面的保障与支撑。袁银传指出,一方面,中国式现代化遵循人类现代化发展普遍规律,因而具有世界各国现代化的共同特征;另一方面,中国式现代化是中国共产党在中国的特殊国情和独特历史文化传统基础上领导中国人民建设社会主义现代化,因而具有中国特色。阐释中国式现代化理论必须将这二者有机贯通起来。教育部长江学者、东北大学马克思主义学院院长田鹏颖指出,中国式现代化具有丰富的实践成果和坚实的实践基础,是对"世界现代化之问"的创造性回答,全面总结中国式现代化的实践经验和深刻揭示中国式现代化基本规律,是系统阐释中国式现代化理论的必然选择。西南石油大学马克思主义学院党委书记、院长崔发展指出,中国式现代化关涉现代化的"古今"和"中西",中国共产党领导的中国式现代化很好地处理了现代化的"古今"关系和"中西"关系,深入阐释中国式现代化理论也必须从处理现代化的"古今"关系和"中西"关系的视角入手。上海交通大学马克思主义学院张玲指出,中国式现代化议题在国内

外学界进入热点研究场域,引起国际学术界巨大反响,为人类现代化发展提供中国智慧。

推动中国式现代化问题研究,要在正确处理中国式现代化的理论与实践的辩证关系上,多维度深入把握中国式现代化的科学内涵与实践要求,不断探索推进中国式现代化的路径方案。冯颜利指出,要多维度深入研究中国式现代化问题,特别是要把中国式现代化的五大特色、五大原则、九个本质要求结合起来研究,要多维度把握中国式现代化的科学内涵和实践要求,为推进中国式现代化实践提供更加坚实可靠的方法论基础。教育部长江学者、南京航空航天大学马克思主义学院王岩指出,中国式现代化是全体人民共同富裕的现代化,扎实推进共同富裕是彰显中国式现代化重要特征和本质要求的必然选择,规范财富积累理应成为扎实推动共同富裕的题中之义。南开大学党委宣传部部长刘凤义指出,实现高质量发展是推进中国式现代化的本质要求,揭示和掌握实现高质量发展的经济规律是在新时代推进中国式现代化的关键所在。北京大学马克思主学院副院长宋朝龙指出,建设社会主义金融强国是建设社会主义现代化强国的重要组成部分,要以习近平经济思想为指导,不断探索建设社会主义金融强国的实践路径。四川大学党委宣传部副部长王彬彬指出,人与自然和谐共生的现代化是中国式现代化的一个中国特色和本质要求,要遵循人与自然和谐共生的客观规律,在解决新时代社会主要矛盾进程中努力探寻实现人与自然和谐共生的实践路径。兰州大学马克思主义学院朱大鹏指出,推进中国式现代化是一个系统工程,要求在实践中增强运用系统思维方法的自觉性和能动性、提高掌握系统思维方法的程度和水平、提升贯彻系统思维方法的效果和质量。

(执笔人:赵华飞,天津师范大学新时代马克思主义研究院)

人与自然和谐共生是中国式现代化的生态底色(观点摘要)

实现人与自然和谐共生的现代化,要在尊重自然的基础上实现人类的生存发展,自然是人类一切活动的基础和根基,人与自然应该相互依存,共同发展。工业时代,以牺牲环境资源为代价实现了人类社会快速发展,自然环境遭到破坏、自然资源开发殆尽,人类开始受到大自然的报复。进入新时代,人们开始反思,改变发展理念,提出人与自然和谐共生。要实现人与自然和谐共生就要牢固树立社会主义生态文明观、绿色发展理念,着力解决突出环境问题,加大生态保护力度,逐步推动形成人与自然和谐共生现代化新格局。

人与自然和谐共生思想内生于中国古代哲学思想的文化土壤,赓续并传承于马克思主义生态观,而习近平生态文明思想是建设人与自然和谐共生的现代化的行动指南。静海区以建设国家生态文明先行示范区为抓手,以全心全意为人民服务为价值归属,坚持问题导向,聚力创新攻坚,加快探索实施指标导向型生态文明建设实施路径,扎实推进生态环境、生态产业、资源利用、社会环境、生态文化和生态治理生态文明体系建设,着力走出一条独具特色和示范价值的绿色发展之路。

本文作者:程媛媛,中共天津市静海区委党校

中国式现代化的辩证内涵及其世界历史意义（观点摘要）

　　中国式现代化是中国共产党人在领导中国人民追求民族复兴的百年实践中,在马克思主义中国化时代化的过程中探索和形成的新型现代化模式。与以资本为逻辑的西方现代化相比,中国式现代化具有四重辩证内涵。其一,中国式现代化坚持量与质、"做大蛋糕"与"分好蛋糕"的辩证统一,坚持全体人民共同富裕、人与自然和谐共生。其二,中国式现代化坚持全体人民共同发展和每个人都"出彩"的辩证统一,实现了在主体性问题上对西方现代化的批判与超越。其三,中国式现代化坚持物质富足和精神富有的辩证统一,克服了西方现代化重物质享受、轻精神追求的重大缺陷。其四,中国式现代化是坚持理论创新与实践突破的辩证统一,在方法论上实现了对西方现代化的批判和超越。

　　中国式现代化不仅是中国人民的大事，也是具有世界历史意义的大事。作为人类新型现代化模式,中国式现代化既带有中国特色,又为世界其他国家的发展提供新的选择。它打破了现代化等于西方化,甚至等于美国化的误区,纠正了现代化就意味着走战争和奴役道路的错误,因而带有无比的优越性,必将引领人类走向更为光明的未来。

　　本文作者:董新春,天津师范大学马克思主义学院

"两个结合"造就新文化生命体的实践生成论视角

周囿杉

[摘要]习近平总书记在文化传承发展座谈会上指出:"两个结合"是开辟和发展中国特色社会主义的必由之路,作出了"结合""造就了一个有机统一的新的文化生命体"重要论断。以马克思主义实践生成论立场观点方法去回答"为何造就""造就什么""如何造就"问题,探讨"造就"之历史必然逻辑、内在要求、实践路径,有助于在马克思主义基本原理指导下,加快中华优秀传统文化现代化进程,有益于马克思主义在中华大地上牢牢扎根,今后更好地努力创造属于我们这个时代的新文化、担当新时代新的文化使命。

[关键词]"两个结合";互相成就;新文化生命体;实践生成论

习近平总书记在文化传承发展座谈会上指出:"两个结合"是开辟和发展中国特色社会主义的必由之路,作出了"结合""造就了一个有机统一的新的

基金项目:天津市高等学校人文社会科学研究一般项目"文化哲学方法论与津门文化思想政治教育"(2021SK015)。

作者简介:周囿杉,天津职业技术师范大学马克思主义学院讲师。

文化生命体"①的重要论断。以马克思主义实践生成论立场观点方法去回答"为何造就""造就什么""如何造就"问题,探讨"造就"之历史必然性、内在要求、实践路径,有助于在马克思主义基本原理指导下,加快中华优秀传统文化现代化进程,有益于马克思主义在中华大地上牢牢扎根,对"今后更好地努力创造属于我们这个时代的新文化、担当新时代新的文化使命"②具有重要价值。

一、历史性生成:造就的"必然性逻辑"

马克思主义实践生成论将历史原则引入世界观和方法论。"历史性"关注事物的发展过程,反对僵化保守。"所谓历史性生成,就是事物在历史过程中生成,可称之为'历史即生成'。"③新文化生命体是在"两个结合"的历史过程中生成的。

(一)"两个结合"创造了新文化生命体"生成"的时空条件

实践生成论既关注事物生长过程的时空条件,又注重事物"成为"过程的时空条件。④新文化生命体的"生成"是在马克思主义中国化时代化大众化、中华优秀传统文化现代化的现实逻辑中"生长"和"结果",完全可以凭借马克思主义中国化与中华优秀传统文化现代化的具体时空条件来观察。新文化生命体的"生成"即是建立在厚重的现实基础之上,其实质则是遵循中华民族现代文明发展的现实逻辑,注重从中华民族现代文明发展过程出发规定中国式现

---

① 《习近平在文化传承发展座谈会上强调 担负起新的文化使命 努力建设中华民族现代文明》,《人民日报》,2023 年 6 月 3 日。

② 王学斌:《建设社会主义文化强国与建设中华民族现代文明是什么关系?》,《学习时报》,2023 年 7 月 18 日。

③ 韩庆祥:《马克思主义"实践生成论"及其本源意义》,《哲学动态》,2019 年第 12 期。

④ 韩庆祥:《马克思主义"实践生成论"及其本源意义》,《哲学动态》,2019 年第 12 期。

代化的文化形态,它的生成可以用具体的时空条件来把握。

"历史性生成"不是通过抽象的设定来认识事物的"是"。①新文化生命体的"生成"是在马克思主义中国化与中华优秀传统文化现代化相互交织、深度融合的历史过程中实现的。人的实践活动总是推动新文化生命体的"生成"。人的实践活动中实践主体、客体、工具都是具体的,赋予了新文化生命体"生成"的具体性,新文化生命体的本质是在具体时间过程中由实践的生成规律所规定的,而非预定的先验规律。新文化生命体不仅注重自身"是"的规定性,更注重"成为是"的规定性。

新文化生命体的生成过程不是静止的、僵化的、既定的,而是自身"生长""形成"的生成史。②马克思主义中国化历史进程经历了四个时期③,新文化生命体"生成"的历史发展过程伴随着马克思主义中国化历史阶段、历史时期、历史方位而进行,是在具体的时间、空间条件下确定的"必然的""实然的"历史过程。④

(二)"两个结合"奠定了新文化生命体生成的基础和条件

实践生成论包含"基础和条件"要件⑤,"两个结合"奠定了新文化生命生成的四个坚实基础和前提条件:一是源远流长的中国文化、博大精深的中华文明缔造了新文化生命体生成的历史根基,二是中国共产党百年奋斗历程推动了新文化生命体的"生成",三是中国共产党是新文化生命体生成的主体条件,四是习近平新时代中国特色社会主义思想的指引。

---

① 韩庆祥:《马克思主义"实践生成论"及其本源意义》,《哲学动态》,2019 年第 12 期。

② 韩庆祥:《马克思主义"实践生成论"及其本源意义》,《哲学动态》,2019 年第 12 期。

③ 四个历史时期为:新民主主义革命时期马克思主义同中国具体实际相结合即马克思主义中国化命题的提出,社会主义革命和建设时期第二次结合的进行,改革开放和社会主义现代化建设时期中国特色社会主义形成与发展,中国特色社会主义新时代习近平新时代中国特色社会主义形成开辟马克思主义发展新境界。参见何成学:《马克思主义中国化百年光辉历程》,光明网,2021 年 6 月 11 日。

④ 韩庆祥:《马克思主义"实践生成论"及其本源意义》,《哲学动态》,2019 年第 12 期。

⑤ 韩庆祥:《马克思主义"实践生成论"及其本源意义》,《哲学动态》,2019 年第 12 期。

习近平总书记在文化传承发展座谈会上指出:在五千多年中华文明深厚基础上,坚持"两个结合"是开辟和发展中国特色社会主义的必由之路。①浩浩数万卷,从"诗书礼易乐春秋"六经、《熹平石经》《五经正义》到《太平御览》《永乐大典》《古今图书集成》《四库全书》,无不凝结着不同时代的思想文化精华,奠定了新文化生命体"生成"的厚重历史积淀。

党的百年奋斗凝结着我国文化奋进的历史。②近年来,我国中华优秀传统文化传承发展工程深入实施,考古工作成果丰硕,古籍整理和数字化扎实推进,长城、大运河等国家文化公园建设逐步展开。党的十八大以来,文化产业高质量发展步伐不断加快,文化体制改革不断深入,文化新业态不断涌现,公共文化服务水平明显提升。

中国共产党是有着高度文化使命的政党,一经诞生就义无反顾肩负起弘扬中华民族优秀传统文化、建立社会主义先进文化的历史使命,为之顽强奋斗、勇毅拼搏。特别是党的十八大以来,形成了的关于文化建设的一系列新思想新观点新论断。"第二个结合"表明中国共产党将新时代中国特色社会主义文化建设放在崭新的高度予以重视,③探究造就新文化生命体的规律。

百年来,中国共产党取得的文化建设历史性成就和历史性变革,"根本在于有习近平总书记作为党中央的核心、全党的核心掌舵领航,在于有习近平新时代中国特色社会主义思想科学指引"④。"两个结合""是习近平新时代中国特色社会主义思想的原创性论断, 也是这一思想继续发展创新的内在根

① 《习近平在文化传承发展座谈会上强调 担负起新的文化使命 努力建设中华民族现代文明》,《人民日报》,2023 年 6 月 3 日。

② 沈壮海:《共同努力创造属于我们这个时代的新文化(深入学习贯彻习近平新时代中国特色社会主义思想)》,《人民日报》,2023 年 6 月 15 日。

③ 王虎学:《推进马克思主义中国化时代化的根本途径》,《中国纪检监察报》,2022 年 11 月 15 日。

④ 本报评论员:《努力建设中华民族现代文明——论学习贯彻习近平总书记在文化传承发展座谈会上重要讲话》,《人民日报》,2023 年 6 月 5 日。

据"①,"是新时代党领导文化建设实践经验的理论总结",是建构新文化生命体的根本遵循,"必须长期坚持贯彻、不断丰富发展"②。

(三)"两个结合"满足新文化生命体强劲成长的"两个大局"需要

新文化生命体是面向现代化、世界、未来的,是中华民族的、科学的、大众的社会主义文化体,③是"马克思主义成为中国的""中华优秀传统文化成为现代的"④的有机统一体,是在"两个大局"形势下应运而生的社会主义先进文化体。

在世界百年未有之大变局持续深化的国际环境下,中国共产党深刻改变了当下的"形"和世界发展的"势"。一方面,在国际大变局下,中国随着自身综合国力的提升,使世界重新认识中国。另一方面,中国在此过程中表现出的大国担当,使民族复兴和人类进步如何在"两个大局"时空维度下进行成为需要深度思考的命题。⑤立足新发展阶段,运用"两个结合"世界观方法论造就新文化生命体,不仅对外有助于弘扬中国价值,对内也有利于贴合大变局建设中国式现代化文明形态。

"两个结合"的深入阐释是习近平总书记站在中华民族伟大复兴的战略全局高度下提出的。在以中国式现代化全面推进中华民族伟大复兴的主题下,中华民族进入不可逆转的伟大复兴新历史坐标。进入新发展阶段,"两个

---

① 黄凯锋:《"两个结合"与习近平新时代中国特色社会主义思想的原创性贡献》,《社会科学》,2022年第4期。

② 《习近平在文化传承发展座谈会上强调 担负起新的文化使命 努力建设中华民族现代文明》,《人民日报》,2023年6月3日。

③ 本报评论员:《努力建设中华民族现代文明——论学习贯彻习近平总书记在文化传承发展座谈会上重要讲话》,《人民日报》,2023年6月5日。

④ 《习近平在文化传承发展座谈会上强调 担负起新的文化使命 努力建设中华民族现代文明》,《人民日报》,2023年6月3日。

⑤ 韩学亮、黄广友:《新发展阶段"大思政课"的现实语境、价值意蕴及建设思路》,《高校马克思主义理论教育研究》,2021年第6期。

结合"立足新发展阶段造就新文化生命体迎合了服务"两个大局"的战略机遇。

二、辨证性生成：造就内在要求

马克思主义实践生成论将辩证原则引入世界观和方法论。"辩证性"强调运用联系和发展的观点把握事物本质,反对形而上学。"所谓辩证性生成,就是在批判、超越和改变事物的现状之过程中的生成,可称之为'辩证即生成'。"[①]习近平总书记在文化传承发展座谈会上指出:"结合"的结果是互相成就,造就了一个有机统一的新的文化生命体,让马克思主义成为中国的,中华优秀传统文化成为现代的,让经由"结合"而形成的新文化成为中国式现代化的文化形态。[②]习近平总书记的"互相成就"论即是运用实践生成论中辩证思维的例证,蕴含着造就新文化生命体的具体要求。[③]

（一）坚定文化自信、推陈出新

党的二十大报告指出了马克思主义中国化、中华优秀传统文化现代化的具体要求:"我们必须坚定历史自信、文化自信。"[④]"文"具有天地并生的"德",文化自信,是更基础、更广泛、更深厚的自信,对全面建设社会主义现代化国家发挥着基本、持久、深沉的力量。坚定文化自信的首要任务,就是立足中华民族伟大历史实践和当代实践,用中国道理总结好中国经验,把中国经验提升为中国理论,传承中华优秀传统文化,弘扬革命文化,发展社会主义先进文化,砥砺志气、骨气、底气,为中华民族现代文明建设汇聚磅礴前行的动力。

---

① 韩庆祥:《马克思主义"实践生成论"及其本源意义》,《哲学动态》,2019 年第 12 期。

② 《习近平在文化传承发展座谈会上强调 担负起新的文化使命 努力建设中华民族现代文明》,《人民日报》,2023 年 6 月 3 日。

③ 黄力之:《准确理解"有机统一的新的文化生命体"》,《文汇报》,2023 年 6 月 8 日。

④ 习近平:《高举中国特色社会主义伟大旗帜 为全面建设社会主义现代化国家而团结奋斗——在中国共产党第二十次全国代表大会上的报告》,人民出版社,2022 年,第 18 页。

党的二十大报告指出了马克思主义中国化、中华优秀传统文化现代化的具体要求："坚持古为今用、推陈出新。"[①]一方面是指应在历史眼光与当代视野、民族情怀与世界眼光的双重影响下,扎实推进马克思主义中国化时代化。[②]应立足回答中国经济建设中政府与市场关系、资本逻辑、政治建设中全过程人民民主完善、社会建设中共同富裕、文化建设中维护社会意识形态安全等问题……真正成为实现中国式现代化的共同思想基础。另一方面是指推进中华优秀传统文化现代化,即中华传统文化创造性转化、创新性发展。通过精神继承和话语转换,建成既根植传统又跨越时空,既融通之外又贴近当下的社会主义新文化。在历史文化与文化哲学相统一原则的前提下,探寻马克思主义基本原理同中华优秀传统文化的结合路径。在马克思主义基本原理与中华优秀传统文化融通中延展出中华传统文化的新生命,造就新文化生命体。

(二)造就要求:以"两通"夯实"两基"

党的二十大报告又指出马克思主义中国化的具体要求:"把马克思主义思想精髓同中华优秀传统文化精华贯通起来、同人民群众日用而不觉的共同价值观念融通起来,不断赋予科学理论鲜明的中国特色,不断夯实马克思主义中国化时代化的历史基础和群众基础,让马克思主义在中国牢牢扎根。"[③]

从思想史的连续性观点看,中华优秀传统文化与马克思主义均是人类文化的丰硕成果,二者在历史维度上具有承接关系。中华优秀传统文化中宇宙观、天下观、社会观、道德观同马克思主义基本原理中科学社会主义主张具有高度契合性。正确把握马克思主义基本原理与中华优秀传统文化精华的贯通

---

① 习近平:《高举中国特色社会主义伟大旗帜 为全面建设社会主义现代化国家而团结奋斗——在中国共产党第二十次全国代表大会上的报告》,人民出版社,2022年,第18页。

② 王虎学:《推进马克思主义中国化时代化的根本途径》,《中国纪检监察报》,2022年11月15日。

③ 习近平:《高举中国特色社会主义伟大旗帜 为全面建设社会主义现代化国家而团结奋斗——在中国共产党第二十次全国代表大会上的报告》,人民出版社,2022年,第18页。

点、与共同价值观的融通点,是使马克思主义能够承接中华优秀传统文化的关键所在。①

从文化形态上看,因人类文明都能将不同思想和文化包含其中,所以不同的思想和文化存在相互交流、形成共识、走向交融的可能性。中华优秀传统文化是中华文明的重要组成部分,能够极大地包容域外文明,②这就为"夯实马克思主义中国化时代化的历史基础和群众基础"提供了便利和可能,在客观上有利于马克思主义为中国民众所认同和接纳。只有夯实马克思主义中国化时代化"两基",才能促进新文化生命体的生成。

(三)造就方式:新文化生命体在"破"中"立"

"就实践生成论的构建方式而言,它注重在'破'中'立',在'消解'中'构建'。"③造就新文化生命体要破除"文化复古主义论""不可能结合论""主次颠倒论""传统文化窄化论""简单融合论",才能"生成"。

第一,要破除"文化复古主义论"。"文化复古主义论","是指主张恢复传统文化地位,特别是恢复儒学在中国社会发展中的"正统地位"的错误思潮"④。将文化复兴变为文化复古,虚无了马克思主义思想指导地位。只有在坚持马克思主义思想指导地位的前提下将中华优秀传统文化创造性转化、创新性发展,赋予中华优秀传统文化生命,焕发出新的活力,才能造就新文化生命体。

第二,要破除"不可能结合论"。"不可能结合论",是"通过夸大马克思主义与中华传统文化之间的对立,以否定两者的结合"⑤。中华优秀传统文化提

---

① 颜晓峰:《坚持把马克思主义基本原理同中华优秀传统文化相结合》,《社会主义核心价值观研究》,2022 年第 1 期。

② 颜晓峰:《坚持把马克思主义基本原理同中华优秀传统文化相结合》,《社会主义核心价值观研究》,2022 年第 1 期。

③ 韩庆祥:《马克思主义"实践生成论"及其本源意义》,《哲学动态》,2019 年第 12 期。

④ 冯冉:《坚持"第二个相结合",必须廓清的几种错误倾向》,《思想理论教育》,2022 年第 10 期。

⑤ 冯冉:《坚持"第二个相结合",必须廓清的几种错误倾向》,《思想理论教育》,2022 年第 10 期。

出人与人、社会、自然关系的思想体系,①其中宇宙观、天下观、社会观、道德观同科学社会主义价值观主张具有高度契合性,②这是造就新文化生命体的前提。

第三,要破除"主次颠倒论"。"主次颠倒论","是指模糊甚至颠倒马克思主义指导地位的错误倾向"③。坚持马克思主义主导地位实际上就是解决"两个结合"中"两者的关系,究竟是不分主次、地位相同的两种文化形态的结合,或是两种意识形态的结合? 抑或是有主次之分的一方化另一方,还是两者的双向互动? "④等问题。

第四,要破除"传统文化窄化论"。"传统文化窄化论","是指对儒家文化和汉文化的过分强调,甚至用它们指代中华传统文化而出现的范围窄化和层次矮化的错误倾向"⑤。"两个结合"体现的是两者有前提的双向互动。⑥只有马克思主义中国化、中华优秀传统文化现代化,马克思主义与中华优秀传统文化互相成就,才能生成新文化生命体。

第五,要破除"简单融合论"。"简单融合论","是指对马克思主义基本原理同中华优秀传统文化的结合,只是做简单僵化、牵强附会的比附,而不是立足于社会现实,有的放矢地深入分析其各自的特质或者两者皆有的共性,以实现两者的有机、有效结合"⑦。而新文化生命体的"生成"反对教条主义、实用主义和形式主义,是马克思主义基本原理与中华优秀传统文化现实的互相成就。

---

① 习近平:《出席第三届核安全峰会并访问欧洲四国和联合国教科文组织总部、欧盟总部时的演讲》,人民出版社,2014 年,第 42 页。

② 习近平:《高举中国特色社会主义伟大旗帜 为全面建设社会主义现代化国家而团结奋斗——在中国共产党第二十次全国代表大会上的报告》,人民出版社,2022 年,第 18 页。

③ 冯冉:《坚持"第二个相结合",必须廓清的几种错误倾向》,《思想理论教育》,2022 年第 10 期。

④ 冯冉:《坚持"第二个相结合",必须廓清的几种错误倾向》,《思想理论教育》,2022 年第 10 期。

⑤ 何中华:《"马魂、中体、西用":方克立先生对中国文化发展方向的展望和沉思》,《理论与现代化》,2017 年第 2 期。

⑥ 冯冉:《坚持"第二个相结合",必须廓清的几种错误倾向》,《思想理论教育》,2022 年第 10 期。

⑦ 冯冉:《坚持"第二个相结合",必须廓清的几种错误倾向》,《思想理论教育》,2022 年第 10 期。

三、实践性生成：造就的现实路径

马克思主义实践生成论将实践原则引入世界观和方法论。"实践性"关注事物生成的现实过程和实际条件，反对教条主义。"所谓实践性生成，就是事物在实践过程中之生成，可称之为'实践即生成'。"上文所述历史性生成与辩证性生成只有在实践性生成中才能得到正确合理的解释。因为历史必然逻辑是在实践过程中的现实逻辑，辩证法也是在实践过程中的辩证法。[①]"两个结合"是以现实的结合为根据，[②]因此新文化生命体的造就需通过实践意义上的"马克思主义成为中国的"与"中华优秀传统文化成为现代的"实现。

（一）中国式现代化是造就新文化生命体的实践场域

马克思主义实践生成论认为，实践的本质是改变事物现状，使现存世界革命化的"生成"，"实践生成的本质则表现为任何事物都是在实践进程中得以生成、实现和确证的"。新文化生命体的生成经历"从无到有、从小到大、从大到强、从量到质、从理念到现实的'必然'过程"，是在"两个结合"的实践活动中必然"成其为是"（即生成的）并得到确证的，离开人们"两个结合"的实践活动及其过程，新文化生命体将不会有于人而言的"生成"与"确证"，这里包含实践性、生成性思维。[③]

党的二十大报告指出，"以中国式现代化全面推进中华民族伟大复兴"[④]。"中国式现代化新道路"即是"中国特色社会主义现代化模式"，可概括为公有制为主体的多元所有制+市场经济+（人民民主的）有效国家权力。社会主义市

---

① 韩庆祥：《马克思主义"实践生成论"及其本源意义》，《哲学动态》，2019 年第 12 期。
② 张志丹：《百年大党理论创新的成功密码》，《理论探讨》，2022 年第 1 期。
③ 韩庆祥：《马克思主义"实践生成论"及其本源意义》，《哲学动态》，2019 年第 12 期。
④ 习近平：《高举中国特色社会主义伟大旗帜 为全面建设社会主义现代化国家而团结奋斗——在中国共产党第二十次全国代表大会上的报告》，人民出版社，2022 年，第 21 页。

场经济模式是新现代性模式的核心要素。"中国式现代化是物质文明和精神文明相协调的现代化"①,在造就新文化生命体的现代化进程中,只有继续坚持"两个结合",运用辩证的、全面的、平衡的观点正确处理好物质文明建设和精神文明建设的关系,才能在推动经济快速发展的同时,促进社会主义先进文化繁荣发展。

"中国式现代化新道路是马克思主义基本原理与中华优秀传统文化相结合的实践场域",也是"两个结合"造就新文化生命体的实践场域,"从根本上体现为中国特色社会主义实践,社会主义现代化建设需要与之相适应的文化建设"②。"中国式现代化是强国建设、民族复兴的康庄大道"③,建设社会主义文化强国是强国建设的重要内容,必定要在中国式现代化的康庄大道上进行。

(二)新文化生命体生成机制

马克思主义实践生成论认为,事物的生成机制是由方法、现实、决策、目标、革命、实现、历史和创新诸多逻辑构成。④

具体而言,在坚持马克思主义指导地位前提下,马克思主义中国化与民族形式相结合,马克思主义时代化与范畴话语相结合,马克思主义大众化与民族话语相结合。⑤用马克思主义指导思想来分析中国传统文化,促进中华优秀传统文化创造性转化、创新性发展,这是新文化生命体生成的方法逻辑。注重实事求是的客观分析新文化生命体生成的现实条件,立足新发展阶段,坚

---

① 习近平:《高举中国特色社会主义伟大旗帜 为全面建设社会主义现代化国家而团结奋斗——在中国共产党第二十次全国代表大会上的报告》,人民出版社,2022年,第22页。

② 臧峰宇:《"学术中国·马克思主义"观点荟萃》,中国社会科学网,2021年10月15日。

③ 习近平:《中国式现代化是强国建设、民族复兴的康庄大道》,《求是》,2023年第16期。

④ 韩庆祥:《马克思主义"实践生成论"及其本源意义》,《哲学动态》,2019年第12期。

⑤ 颜晓峰:《坚持把马克思主义基本原理同中华优秀传统文化相结合》,《社会主义核心价值观研究》,2022年第1期。

持站在"两个大局"高度下,以中国式现代化为造就新文化生命体的实践场域,这是新文化生命体生成的现实逻辑。

党的十八大以来,党中央作出一系列决策部署,推出一系列重大政策举措,推动中国特色社会主义文化繁荣,绘就了"诗"和"远方"新画卷,对文化体制改革进行顶层设计,这是新文化生命体生成的决策逻辑。党的十七届六中全会明确提出具有科学性、道义性与操作性的"努力建设社会主义文化强国"的总体目标,这是新文化生命体生成的目标逻辑。

人们基于敦煌文物数字化成果、区块链、元宇宙、人工智能、云计算等新技术实践活动,让敦煌等中华优秀传统文化瑰宝以全新形式"飞入寻常百姓家",这是新文化生命体生成的革命逻辑。城市打造城市书房、文化驿站等融合图书阅读、艺术展览、文化沙龙等服务的新型文化业态,制定相关具体实施方案,这是新文化生命体生成的实现逻辑。

坚持马克思主义中国化时代化大众化与中华优秀传统文化现代化在相互交融的历史进程中造就新文化生命体,这是新文化生命体生成的历史逻辑。以守正创新的正气和锐气,坚守"两个结合"的根本要求,创新工作思路、话语、机制、形式,在适应时代的需要中丰富文化内涵形态,实现传统与现代的有机衔接,"在实践过程中成为'是',在千百万人民群众的活生生的实践中创造性地成为'是'",这是新文化生命体生成的创新逻辑。[1]

四、结语

新文化生命体的造就需要马克思主义和中华优秀传统文化现代化"互相成就",形成有机统一的整体,把握好马克思主义和中华优秀传统文化之间主导思想和文化根脉的关系"[2],将历史性、辩证性、实践性原则引入马克思主义

---

[1] 韩庆祥:《马克思主义"实践生成论"及其本源意义》,《哲学动态》,2019 年第 12 期。

[2] 张志丹:《百年大党理论创新的成功密码》,《理论探讨》,2022 年第 1 期。

实践生成论,运用实践生成论立场、观点、方法认识"两个结合"造就新文化生命体这一论断的历史逻辑、辩证逻辑、实现逻辑,不仅能激活中华优秀传统文化,使其成为滋养中华民族现代文明的丰厚滋养;也使马克思主义在 21 世纪焕发新的活力;更使我们坚持以"两个结合"开辟发展中国特色社会主义,以只争朝夕、奋发有为的奋斗姿态更好担负起新的文化使命,以守正创新的正气和锐气努力建设中华民族现代文明,必然能不断铸就中华文化新辉煌、谱写民族复兴新篇章。

参考文献:

1.董广杰:《龙的传人与龙的精神 中国传统文化透视》,中国纺织出版社,2001 年。

2.娥满、施真珍:《中国文化的精神》,云南大学出版社,2014 年。

3.樊浩:《中国特色的道德文明 传统伦理精神的结构形态与现代转化》,河海大学出版社,1990 年。

4.郭齐勇:《中国儒学之精神》,复旦大学出版社,2009 年。

5.江流、赵曜主编:《迈向新世纪的中国社会主义精神文明建设》,吉林大学出版社,2001 年。

6.李成蹊:《历史与民族精神 近现代中国历史哲学研究》,辽宁教育出版社,1990 年。

7.刘介民编:《中国传统文化精神》,暨南大学出版社,1997 年。

8.柳肃:《礼的精神 礼乐文化与中国政治》,吉林教育出版社,1990 年。

9.商志荣、宋锦秀:《中国文化精神》,东北财经大学出版社,1989 年。

10.邵汉明主编:《中国文化精神》,商务印书馆,2000 年。

11.贾钢涛:《深入学习贯彻习近平文化思想②——深刻把握习近平文化思想的核心要义》,中国社会科学网,2023 年 10 月 11 日。

12. 郑敬斌：《深入学习贯彻习近平文化思想③——习近平文化思想是担负新的文化使命的强大思想武器和科学行动指南》，中国社会科学网，2023 年 10 月 11 日。

13.田鹏颖：《习近平新时代中国特色社会主义思想蕴含的文化观》，《党建》，2023 年第 10 期。

14. 国防大学习近平新时代中国特色社会主义思想研究中心：《新时代新征程宣传思想文化工作的科学指南》，《光明日报》，2023 年 10 月 12 日。

15.红梅：《不断巩固文化主体性》，《人民日报》，2023 年 10 月 12 日。

16. 人民日报评论员：《切实增强做好新时代新征程宣传思想文化工作的责任感使命感——论贯彻落实全国宣传思想文化工作会议精神》，《人民日报》，2023 年 10 月 12 日。

17.王学斌：《习近平文化思想形成历程论纲》，《长白学刊》，2023 年第 12 期。

18. 孙成武、吴玥：《习近平文化思想对中国社会主义文化建设理论的创新》，《北京交通大学学报(社会科学版)》，2023 年第 12 期。

19.潘莉、卞程秀：《习近平文化思想对中华优秀传统文化"体""用""贯通"的揭示》，《海南大学学报(人文社会科学版)》，2023 年第 12 期。

20.白玉刚：《深入学习贯彻习近平文化思想 勇担新时代新的文化使命》，《人民日报》，2023 年 12 月 8 日。

中国共产党百年现代化话语演进

王广峰

[摘要]中国共产党现代化话语演进遵循政治、经济两条线索,革命时期的现代化,主要解决独立和农业国向工业国过渡问题;新中国成立后的现代化必须走社会主义道路,目标从工业化发展为四个现代化;改革时期的现代化,在政治上坚持四项基本原则,目标以富强、民主、文明代替四个现代化;党的十九大提出新时代现代化"两步走"战略;党的二十大阐释了中国式现代化的特点和本质要求及必须坚持的原则。

[关键词]中国共产党;现代化;话语演进

中国式现代化的提出,是中国共产党百年来对现代化不懈探索的经验总结与理论升华,意味着中国共产党进一步深化了对社会主义建设规律的认识,发展了现代化理论。

基金项目:中央高校基本科研业务费项目"政党转型视野下中国共产党成立必然性研究"(3122021100)。
作者简介:王广峰,中国民航大学马克思主义学院副教授。

一、革命时期的现代化

革命时期的现代化,主要解决独立和农业国向工业国过渡问题。首先要解决政权问题。没有一个独立、自由、民主和统一的中国,不可能实现现代化,"在一个半殖民地的、半封建的、分裂的中国里,要想发展工业,建设国防,福利人民,求得国家的富强,多少年来多少人做过这种梦,但是一概幻灭了"①。

对此,主要有两个答案,一是建立资产阶级共和国,二是建立社会主义国家。以孙中山为代表的国民党人,主要在中国建立资产阶级共和国;陈独秀主张建立共和国后,再进行社会主义革命。这就是旧民主主义革命,本质上是对欧洲资产阶级革命的照搬。革命失败的主要原因是"帝国主义侵略中国,反对中国独立,反对中国发展资本主义的历史,就是中国的近代史"②。从发展时代来看,资本主义发展的条件已经丧失,老牌资本主义国家是靠侵略扩张崛起,国际市场已经瓜分完毕,后独立的国家走资本主义道路,只能沦为强国的附庸。

对于直接建立社会主义国家,毛泽东在《新民主主义论》中也予以批驳。因为中国革命的性质是资产阶级民主革命,而不是社会主义革命。他指出,中国是双半社会,首先是独立,建立新民主主义国家后,然后才是社会主义革命。同时指出"二次革命论"的错误,"第一个为第二个准备条件,而两个阶段必须衔接,不容横插一个资产阶级专政的阶段"③。

总之,毛泽东解决了现代化的关键前提问题,即建立什么样的政权。西方的现代化模式已经不能复制,"中国人民的任务,是要在第二次世界大战结束、日本帝国主义被打倒以后,在政治上、经济上、文化上完成新民主主义的

---

① 《毛泽东选集》(第三卷),北京:人民出版社,1991 年,第 1080 页。
② 《毛泽东选集》(第二卷),北京:人民出版社,1991 年,第 679 页。
③ 《毛泽东选集》(第二卷),北京:人民出版社,1991 年,第 685 页。

改革,实现国家的统一和独立"①。

其次在生产关系上,主要强调农业国向工业国过渡。旧中国落后挨打的原因"一是社会制度腐败,二是经济技术落后"②。落后的原因,主要的是没有新式工业,1920 年,李大钊指出,"西洋的工业经济来压迫东洋的农业经济了"③。在这种情况下, 中国的重工业被列强控制, 民族资本只能发展轻工业。以 1913 年为例,外国资本占机械采煤投资总额的 79.6%,占新式采铁和冶铁企业投资总额的 100%,并且控制了 41.2%的纱锭和 49.6%的布机。④抗日战争以前,现代工业产值只占全国国民经济总产值的 10%左右⑤,1944 年,毛泽东指出,日本帝国主义为什么敢于这样欺负中国,就是因为中国没有强大的工业。⑥

可见,实现工业化是中国共产党的任务。1945 年在《论联合政府》中,毛泽东指出:"在新民主主义的政治条件获得之后,中国人民及其政府必须采取切实的步骤,在若干年内逐步地建立重工业和轻工业,使中国由农业国变为工业国。"⑦1948 年《在晋绥干部会议上的讲话》强调:"消灭封建制度,发展农业生产,就给发展工业生产,变农业国为工业国的任务奠定了基础,这就是新民主主义革命的最后目的。"⑧1949 年七届二中会议上,毛泽东指出,新中国成立后"使中国稳步地由农业国转变为工业国"⑨。

① 《毛泽东选集》(第四卷),人民出版社,1991 年,第 1245 页。
② 《建国以来毛泽东文稿》(第十册),中央文献出版社,1996 年,第 347 页。
③ 《建党以来重要文献汇编》(第一卷),人民出版社,2022 年,第 209 页。
④ 《中国近现代史纲要》,高等教育出版社,2023 年,第 31 页。
⑤ 《毛泽东选集》(第四卷),人民出版社,1991 年,第 1479 页。
⑥ 《毛泽东文集》(第三卷),人民出版社,1996 年,第 146~147 页。
⑦ 《毛泽东选集》(第三卷),人民出版社,1991 年,第 1081 页。
⑧ 《毛泽东选集》(第四卷),人民出版社,1991 年,第 1316 页。
⑨ 《毛泽东选集》(第四卷),人民出版社,1991 年,第 1437 页。

二、建设时期的现代化

新中国成立后的现代化道路,必须走社会主义道路,目标从工业化发展为四个现代化。《中国人民政治协商会议共同纲领》明确提出,"发展新民主主义的人民经济,稳步地变农业国为工业国"。实现工业化必须靠国企而不是民族资本,因为民族资本主要是商业资本和金融资本,工业资本只占 20%,主要发展食品与纺织业。[①]为此,1953 年党中央提出过渡时期总路线,强调"如果不对资本主义工商业和个体的农业手工业实行社会主义改造, 而听其自流,那么它们就不但不能认真地支撑社会主义工业的发展,而且必然会对社会主义工业化的事业发生种种矛盾"[②]。基于此,我国完成了社会主义改造。

在探索中, 党中央发现工业化不能离开其他行业单兵突进。1954 年 9 月,周恩来在政府工作报告中提出四个现代化:"如果我们不建设起强大的现代化的工业、现代化的农业、现代化的交通运输业和现代化的国防,我们就不能摆脱落后和贫困。"同时,他强调,重工业是四个现代化的基础,"只有依靠重工业,才能保证整个工业的发展,才能保证现代化农业和现代化交通运输业的发展,才能保证现代化国防力量的发展"。[③]

可见,在发展重工业的同时,必然一定程度上限制农业和轻工业的发展。毛泽东也觉察到照搬苏联模式的一些弊端,希望探索出符合国情的工业化道路。在听取了国务院 34 个部门的汇报后,1956 年毛泽东在《论十大关系》中指出:"我们现在的问题,就是还要适当地调整重工业和农业、轻工业的投资比例,更多地发展农业、轻工业。这样,重工业是不是不为主了?它还是为主,

---

① 《中国近现代史纲要》,高等教育出版社,2023 年,第 205 页。
② 《建国以来重要文献选编》(第四册),中央文献出版社,1993 年,第 701~702 页。
③ 《建国以来重要文献选编》(第五册),中央文献出版社,1993 年,第 503~504 页。

还是投资的重点。但是,农业、轻工业投资的比例要加重一点。"①

"大跃进"中造成工农业比例失调。1959年6月,毛泽东在庐山会议上提出:"过去安排是重、轻、农,这个次序要反一下,现在是否提农、轻、重? 要把农、轻、重的关系研究一下。"②

关于四个现代化,1959年12月,毛泽东在《读苏联〈政治经济学教科书〉的谈话》中指出,"建设社会主义,原来要求是工业现代化,农业现代化,科学文化现代化,现在要加上国防现代化"③。1963年,他在讨论《关于工业发展问题》时将四个现代化顺序进行调整:"把我国建设成为一个农业现代化、工业现代化、国防现代化和科学技术现代化的伟大的社会主义国家。"④

根据中央决定,1964年12月,周恩来在三届人代会上作《政府工作报告》时提出,"全面实现农业、工业、国防和科学技术的现代化,使我国经济走在世界的前列",并部署了两步走的战略,"第一步,建立一个独立的比较完整的工业体系和国民经济体系;第二步,全面实现农业、工业、国防和科学技术的现代化,使我国经济走在世界前列"⑤。1975年四届人代会明确"1980年以前实现第一步,本世纪内实现第二步"⑥。

和1954年首次提出"四个现代化"相比,提出建立独立完整的工业体系,一部分原因是因为中苏关系恶化,一些产品只能依靠本国生产。将交通运输业归入工业,不再单列,将科学文化现代化调整为科技现代化,并将农业现代化放在首位,说明党对现代化规律认识的加深。

---

① 《毛泽东文集》(第七卷),中央文献出版社,1999年,第24页。
② 《毛泽东文集》(第八卷),中央文献出版社,1999年,第78页。
③ 《毛泽东文集》(第八卷),中央文献出版社,1999年,第116页。
④ 《建国以来毛泽东文稿》(第十册),中央文献出版社,1996年,第346页
⑤ 《建国以来重要文献选编》(第十九册),中央文献出版社,1997年,第424页。
⑥ 《中国共产党历史》第2册(下册),中共党史出版社,2011年,第912页。

三、改革时期的现代化

改革时期的现代化,在政治上坚持四项基本原则,目标上以富强、民主、文明代替四个现代化。国门打开后,一些人认为社会主义不如资本主义,外国的月亮比中国圆,引起思想混乱。1979 年 3 月,邓小平提出在改革开放中必须坚持四项基本原则,这是立国之本,"如果动摇了这四项基本原则中的任何一项,那就动摇了整个社会主义事业,整个现代化建设事业"①。1982 年,党的十二大上邓小平提出,"我们的现代化建设,必须从中国的实际出发……走自己的道路,建设有中国特色的社会主义"②。这就明确提出了现代化必须是社会主义的现代化。

1987 年党的十三大报告不再提四个现代化,取而代之的是富强、民主、文明的社会主义现代化国家。因为四个现代化主要局限于物质层面,而现代化不仅需要建设高度物质文明, 还要建设高度的精神文明和高度的社会主义民主。富强、民主、文明的表述,一直沿用到党的十六大,党的十七大通过的党章在目标上增加了和谐要求,党的十九大通过的党章在目标上增加了美丽要求。

按照四届人大实现现代化的部署,1979 年,叶剑英指出,我国已经"建立了独立的比较完整的工业体系和国民经济体系"③。第一步已经完成,第二步提上议程。邓小平出访美国、日本后,认识到 20 世纪内达到西方发达国家发展水平是不现实的。1980 年,邓小平提出,"我们的四个现代化是中国式的",我国人口多、底子薄,"到本世纪末,争取国民生产总值每人平均达到一千美元,算个小康水平……现在我们只有二百几十美元,如果达到一千美元,就要

---

① 《邓小平文选》(第二卷),人民出版社,1994 年,第 173 页。
② 《十二大以来重要文献选编》上册,中央文献出版社,1986 年,第 2 页。
③ 《三中全会以来重要文献选编》上册,中央文献出版社,1982 年,第 185 页。

增加三倍"①。这就改变了实现现代化的规划。

经过探索,最后确立了"三步走"战略。党的十三大报告指出:"第一步,实现国民生产总值比一九八〇年翻一番,解决人民的温饱问题。这个任务已经基本实现。第二步,到本世纪末,使国民生产总值再增长一倍,人民生活达到小康水平。第三步,到下个世纪中叶,人均国民生产总值达到中等发达国家水平,人民生活比较富裕,基本实现现代化。"②

党的十六大报告指出,我国实现了第二步目标:"人民生活总体上达到小康水平……现在达到的小康还是低水平的、不全面的、发展很不平衡的。"因此,提出全面建设小康社会的目标,"在本世纪头二十年,集中力量,全面建设惠及十几亿人口的更高水平的小康社会"。③党的十六大报告强调,国内生产总值到2020年力争比2000年翻两番,综合国力和国际竞争力明显增强。④可见,划分标准发生了显著变化,用国内生产总值代替了国民生产总值,主要是20世纪90年代以来,越来越多的国家采用国内生产总值作为国民经济核算的指标。党的十七大报告提出,实现人均国内生产总值到2020年比2000年翻两番,⑤这就改变了十六大总量翻番的标准,确立了人均国内生产总值翻番的标准。

四、新时代十年现代化

党的十八大报告指出,到2020全面建成小康社会,把建设改为建成,建成小康社会主要是五个方面:到2020年,"国内生产总值和城乡居民人均收入比二〇一〇年翻一番……人民民主不断扩大""文化软实力显著增强""人

---

① 《邓小平文选》(第二卷),人民出版社,1994年,第259页。
② 《十三大以来重要文献选编》(上卷),中央文献出版社,1991年,第14页。
③ 《十六大以来重要文献选编》(上卷),中央文献出版社,2011年,第14页。
④ 《十六大以来重要文献选编》(上卷),中央文献出版社,2011年,第15页。
⑤ 《十七大以来重要文献选编》(上卷),中央文献出版社,2009年,第15页。

民生活水平全面提高""资源节约型、环境友好型社会建设取得重大进展"①。对应了"五位一体"的社会主义建设总布局,也把人均收入翻番纳入发展目标,改变以前只谈国内生产总值的标准。

报告同时提出"新四化",坚持走中国特色新型工业化、信息化、城镇化、农业现代化道路。"新四化"是现代化的基本途径,不是战略目标,主要是针对一些地方只是盯着两个翻一番的目标,依然在粗放型发展,是不可持续的。习近平总书记强调:"全面建成小康社会,强调的不仅是'小康',而且更重要的也是更难做到的是'全面'。'小康'讲的是发展水平,'全面'讲的是发展的平衡性、协调性、可持续性。"②

但不平衡、不协调、不可持续的问题依然突出,存在四化不同步的现象。党的十六大报告提出的新型工业化道路,主要是基于我国在没有完成工业化的基础上开始信息化,和欧美国家先工业化后信息化不同。"城镇化是现代化的必由之路。推进城镇化是解决农业、农村、农民问题的重要途经"③,农业还是"四化同步"的短板,农业现代化主要是确保粮食安全。"新四化"是一个整体,"推动信息化和工业化深度融合、工业化和城镇化良性互动、城镇化和农业现代化相互协调,促进工业化、信息化、城镇化、农业现代化同步发展"④。

党的十八大以后,我国建成小康社会进入冲刺阶段。按照党的十八大两个翻一番的要求,2021 年国家统计局发布 2020 年的数据,2010 年国内生产总值为 397983 亿元,人均可支配收入为 10046 元⑤;2020 年国内生产总值达到 1015986 亿元,人均支配收入 32189 元⑥,两个翻一番的任务完成。习近平

---

① 《十八大以来重要文献选编》(上卷),中央文献出版社,2014 年,第 13~14 页。

② 《习近平关于全面建成小康社会论述摘编》,中央文献出版社,2016 年,第 12 页。

③ 《习近平关于全面建成小康社会论述摘编》,中央文献出版社,2016 年,第 20 页。

④ 《十八大以来重要文献选编》(上卷),中央文献出版社,2014 年,第 16 页。

⑤ 中华人民共和国 2010 年国民经济和社会发展统计公报,http://www.gov.cn/gzdt/2011-02/28/content_1812697.htm。

⑥ 中华人民共和国 2020 年国民经济和社会发展统计公报,http://www.stats.gov.cn/sj/zxfb/202302/t20230203_1901004.html。

总书记在庆祝中国共产党成立 100 周年大会上的讲话中宣布小康社会已经建成,实现了第一个百年奋斗目标。

2017 年,在全面建成小康社会的目标即将完成时,党的十九大报告提出在全面建成小康社会的基础上分两步建成社会主义现代化国家,2035 年实现现代化,2050 年建成现代化强国。和党的十三大提出的"三步走"相比,现代化提前了十五年,主要是我国的发展已经超出 80 年代的预期。2050 年目标由现代化国家调整为现代化强国。

现代化的标准在 20 世纪 80 年代主要是基于人均国民生产总值。1987 年 4 月,邓小平在会见西班牙副首相时完整阐述了第三步目标,"在下世纪用三十年到五十年再翻两番,大体上达到人均四千美元"①。

这主要是从经济角度来阐释,党中央在探索中修改了现代化的目标。因为现代化是全面的现代化,总体目标是社会主义"五位一体"的现代化。具体目标,党的十九大报告从六个方面进行了概括,党的二十大报告从八个方面进行了论述。2020 年党的十九届五中全会通过的《中共中央关于制定国民经济和社会发展第十四个五年规划和二〇三五远景目标的建议》(以下简称《建议》),从九个方面论述了现代化的具体目标。

《建议》提出人均国内生产总值达到中等发达国家水平。国际组织普遍认可过了 2 万美元门槛属于发达国家,2 万~4 万美元称为中等发达国家,4 万美元以上称为高度发达国家。2019 年我国人均国内生产总值达到 10262 美元,到实现 2035 年目标,至少翻一番。除经济外,《建议》从科技、文化、教育、生态文明建设等八个方面细化了现代化的目标,为现代化建设提供了明确的路线图。

---

① 《邓小平文选》(第三卷),人民出版社,1993 年,第 226 页。

五、党的二十大中国式现代化的提出

中国式现代化的最早提出者是邓小平,1979 年 3 月,他在《坚持四项基本原则》的讲话中,提出"现在搞建设,也要适合中国情况,走出一条中国式的现代化道路"。他解释"中国式的现代化,必须从中国的特点出发"①。我国人口多、底子薄、耕地少。在这种情况下实现四个现代化必须坚持四项基本原则,才能实现共同富裕,不能走资本主义道路。1985 年邓小平指出:"在改革中,我们始终坚持两条根本原则,一是以社会主义公有制经济为主体,一是共同富裕。"②

但也要看到,此时邓小平只是强调实现现代化必须坚持四项基本原则,并没有探索出中国式现代化道路。特别在经济方面,直到 1992 年确立社会主义市场经济是经济体制改革的目标后,我国经济发展走上快车道,成为世界第二大经济体,社会主义道路优越性充分彰显。证明我国已经寻找到了一条适合国情的现代化道路,破除了把现代化等同于西方化的迷信,此时提出中国式现代化彰显了制度自信。

可见,中国式现代化是中国共产党领导的走社会主义道路的现代化。党的二十大报告指出,中国式现代化,是中国共产党领导的社会主义现代化。因此,在论述中国式现代化的本质要求和必须坚守的五项原则时,都将坚持党的领导放在首位,坚持社会主义道路放在其次。这实际上坚持四项基本原则,是基于本国国情的中国特色。

同时,中国式现代化具有各国现代化的共同特征,首先表现在生产力方面,从农业时代向工业时代和信息时代的变迁。2035 年现代化的目标,2020年党的十九届五中全会通过的《中共中央关于制定国民经济和社会发展第十

---

① 《邓小平文选》(第二卷),人民出版社,1994 年,第 164 页。
② 《邓小平文选》(第三卷),人民出版社,1993 年,第 142 页。

四个五年规划和二○三五年远景目标的建议》与党的二十大报告,都论述了"新四化"。

社会主义市场经济体制使中国真正融入全球化。现代化发达国家普遍实行市场经济,市场经济是各国现代化的共同特征之一。在社会主义条件下发展市场经济,是一大创举。习近平总书记指出:"提出建立社会主义市场经济体制的改革目标,这是我们党在建设中国特色社会主义进程中的一个重大理论和实践创新,解决了世界上其他社会主义国家长期没有解决的一个重大问题。"①

在市场经济前加上社会主义具有中国特色,它的根本目的是共同富裕,而不是两极分化;经济基础上以公有制为主体,多种所有制共同发展。实践证明,社会主义市场经济具有磅礴的生命力,习近平总书记指出,我国经济发展获得巨大成功的一个关键因素,就是我们既发挥了市场经济的长处,又发挥了社会主义制度的优越性。必须坚持社会主义市场经济改革方向,党的十八届三中全会,将市场经济在资源配置中起基础性作用改为决定性作用。党的二十大报告在规划未来五年的主要任务时,要求社会主义市场经济体制更为完善;报告在加快构建新发展格局部分,提出构建高水平社会主义市场经济体制。

总之,中国共产党百年来现代化的话语演进,一直坚持政治、经济两条线索。

在政治上,在革命时期实现民族独立,建设时期进入社会主义,改革开放后坚持初级阶段总路线,新时代十年坚持"四个全面",党的二十大提出中国式现代化的本质和坚持的原则;在经济上,从革命时期的工业化,到建设时期四个现代化,再到改革开放时期的小康社会,新时代十年建成了小康社会,正向第二个百年奋斗目标迈进,党的二十大报告论述了2035年现代化的目标。

---

① 《习近平关于全面深化改革论述摘编》,中央文献出版社,2014年,第62页。

中国式现代化的文化底蕴探赜

刘　影　潘彩霞

[摘要]中华文化的历史已逾万年,蕴含丰富的人文精神和社会价值,展现中华民族的文化底蕴。中国式现代化的源头活水是中华文化,体现在五个方面:政之兴废在民心的以民为本底蕴,富民为始的全体人民共同富裕底蕴,相辅相成的物质文明和精神文明协调发展底蕴,万物共生的人与自然和谐共生底蕴,敦睦邦交的和平发展底蕴。深入探赜中国式现代化的文化底蕴,应明确其思维坐标为当代中国的实践,以习近平文化思想为指导,从"何为"与"为何"的角度寻找"微言大义"于文化典籍,从"何以"的角度看文化底蕴在中国式现代化中彰显,赓续中华文脉、谱写当代华章。

[关键词]中国式现代化;文化;底蕴

"每一种文明都延续着一个国家和民族的精神血脉,既需要薪火相传、代

基金项目:2023 年度"四史"课程协同创新中心一般课题"跳出历史周期率'两个答案'融入'中共党史'课程的逻辑思考"(编号:JJSZKY202314007);2020 年度教育部人文社会科学研究一般项目"新中国成立 70 年来中美主流意识形态博弈研究"(编号:20YJC710013)。

作者简介:刘影,天津财经大学马克思主义学院硕士研究生;潘彩霞,天津财经大学马克思主义学院副教授。

代守护,更需要与时俱进、勇于创新。"①中国式现代化是在赓续古老中华文明基础上开拓的,能够冲破现代化等于西方化的迷障,有效拓展发展中国家的现代化路径选择,为人类现代化发展贡献卓越的中国方案。探赜中国式现代化的文化底蕴,要立足中华民族伟大历史实践和当代实践,步履不停地用中国道理总结好中国经验,并将中国经验提升为中国理论,以此实现精神上的独立自主。

一、政之兴废在民心的以民为本底蕴

人口规模巨大的独特性给中国式现代化带来的整体性影响成为中国式现代化必须考量的基础条件。

(一)何为政治兴废在民心的以民为本底蕴

以民为本之民即人民,它作为一种价值理念和伦理精神在长期的历史演进中不断丰富和发展。商周即有"民惟邦本,本固邦宁"②理念,战国时期孟子倡民贵君轻、荀子提君舟民水,唐太宗李世民有水能载舟亦能覆舟之语,近代康有为说"国以民为本,不思养之,是自拔其本也"③,都表达了以民为本的语义。千百年来代际相承,以民为本的文化底蕴融入了中华民族的精神品格。梁启超指出:"民本思想乃是我国政治思想之一大特色。"④政之兴废在民心的以民为本底蕴是中华民族的政治道德基因之一,展现出深厚的治国理政智慧。

马克思和恩格斯指出:"历史的活动和思想就是'群众'的思想和活动。"

---

① 《习近平谈治国理政》(第二卷),外文出版社,2017 年,第 340 页。

② 刘新科:《中国传统文化与教育》,东北师范大学出版社,2016 年,第 24 页。

③ 乔继堂选编:《康有为散文》,上海科学技术文献出版社,2013 年,第 133 页。

④ 梁启超:《先秦政治思想史》,东方出版社,1996 年,第 2 页。

①列宁强调,人民群众是"自觉的历史活动家"②。毛泽东指出:"人民,只有人民,才是创造世界历史的动力。"③中国共产党始终相信人民、紧紧依靠人民,充分调动广大人民的积极性、主动性、创造性,凝聚起万众一心的雄浑力量。

(二)政之兴废为何在民心

"政之所兴在顺民心,政之所废在逆民心"④,人民至上是经实践检验的历史的馈赠。回溯历史,中国历代统治顺民心者国运昌,逆潮流者国势颓。秦始皇穷兵黩武、苛役民众终致二世而颓;西汉初年奉行黄老无为思想,采取与民休息的政策,减轻赋役刑责,开创文景之治。隋炀帝自恃强盛,三征高丽、开凿运河致民怨四起、众叛亲离,最终陨落江都;唐太宗轻徭薄赋、严明法令,关心百姓疾苦,成就贞观之治。南朝宋少帝刘义符滥用权术不顾民生而引来祸端;宋文帝刘义隆重用赵伦之等寒门子弟,并劝课农桑、奖励垦荒,使百姓家给人足,创下元嘉之治。

"人民是历史的创造者,是时代的雕塑者"⑤,同样是文明的创造者和塑造者。以民为本、人民至上是历代治邦立国之策,是政之兴废在民心的以民为本底蕴的深刻体现,自其发端之日起,就时刻警示统治者要重视人民的力量,真正了解民意之所在,这对中国社会发展产生了深远影响。

(三)政之兴废在民心何以在中国式现代化中彰显

中国式现代化将人民置于最高位置,"利民之事,丝发必兴;厉民之事,毫

① 《马克思恩格斯文集》(第一卷),人民出版社,2009年,第286页。
② 《列宁选集》(第一卷),人民出版社,2012年,第127页。
③ 《毛泽东选集》(第三卷),人民出版社,1991年,第1031页。
④ 人民日报评论部编著:《习近平用典》(第一辑),人民日报出版社,2018年,第9页。
⑤ 《习近平关于社会主义文化建设论述摘编》,中央文献出版社,2017年,第176页。

末必去"①。中国共产党脱胎于人民群众,同人民群众血脉相通,时刻心系人民群众是党的优良传统。革命年代,共产党员用生命保卫山河;建设时期,共产党员以血汗建设家园;改革年代,共产党员以实践为指向吐故纳新,激发制度活力;新时代,共产党员以无私的品格担当时代重任。

赓续治国有常民为本的文化底蕴,习近平强调"历史是人民书写的,一切成就归功于人民"②。中国式现代化的成就要由中国人民评判,"人民群众的获得感、幸福感、安全感是检验我们一切工作得失成败的最高标准"③。回望来时的路,中国共产党与人民一道写好并交出一份又一份载入史册的答卷。面向未来,中国共产党依然要与人民一道,共同创造新的历史伟业。

二、富民为始的共同富裕底蕴

中华民族数千年来一直追求全体人民共同富裕,中华儿女对均富且大同的理想社会满含热忱。

(一)何为治国之道以富民为始

中华民族的历史是一部不断同贫困作斗争的历史,炎帝追求天下均平、共同富裕的治世之道;黄帝施惠四方,于部落交融中明民共财;商鞅变法之时,提出治国能令贫者富之策。黄巾起义、李自成起义皆包含着底层人民对消除贫富差距的诉求。太平天国运动更是描摹了平均与饱暖的理想画卷。孙中山先生所提民生主义含有贫富均等的革命理想。中国人有得广厦万间以庇寒士万千的理想,有"但愿苍生俱饱暖"④的愿景,有对吃饱穿暖、片瓦遮阳、寸缕

---

① 人民日报评论部编著:《习近平用典》(第一辑),人民日报出版社,2018年,第21页。

② 《习近平谈治国理政》(第三卷),外文出版社,2020年,第67页。

③ 中共中央宣传部、中央广播电视总台编:《平"语"近人——习近平总书记用典》,人民出版社,2019年,第15页。

④ 人民日报评论部编著:《习近平用典》(第一辑),人民日报出版社,2018年,第5页。

遮身的长久追寻,有日益增长的美好生活需要,有对共同富裕的殷切期盼。中华文化"遇民如父母之爱子,兄之爱弟,闻其饥寒为之哀,见其劳苦为之悲"①的爱民为民情怀传承至今。中国全体人民共同富裕的现代化,体现出中华文化含蕴千年的天下大同的社会理想。

共同富裕体现在马克思主义经典作家对未来的构想之中,"共产党人可以把自己的理论概括为一句话:消灭私有制"②。这就决定了极大丰富的物质财富不是少数人占有,而应该是全社会共有,所以要"把资本变成公共的、属于社会全体成员的财产"③。

(二)治国之道为何以富民为始

消弭社会内部裂痕必然要发展经济改善民生,这个道理中国古人即懂得。汉武帝在桑弘羊的建议下颁行均输法和平准法。由均输官前往各个郡国收购物资,易地出售,辗转交换,再将中央所需货物运归长安。继而由平准官总管全国均输官转来的货物,多数作为平抑物价之用,随物价涨落贵卖贱买以营利,令贩运商和投机商无可图之利。为改变私人铸劣钱营利以致市场币制紊乱问题,汉武帝令上林三官铸五铢钱,因质量较好,私铸无利可图,从而收到统一钱币之效。盛唐时期,均田制名存实亡因而逃户问题日益加剧、官僚贵族人数急剧膨胀,国家财政税收遭受打击。唐玄宗检括户口并整顿色役,改变地税、户税征收办法,使其在国家财政收入中的比重增加,不仅放松对百姓的人身控制,而且为财税体制改革创造条件。

从中华民族的文化底蕴可以见得,中国式现代化以实现全体人民共同富裕为目标。这不仅说明其不同于两极分化的西方资本主义现代化,而且意味着彻底打破资本逻辑下的现代化模式,擘画一种没有社会内部分化割裂的现

---

① 人民日报评论部编著:《习近平用典》(第二辑),人民日报出版社,2018 年,第 5 页。
② 《共产党宣言》,人民出版社,1997 年,第 41 页。
③ 《共产党宣言》,人民出版社,1997 年,第 42 页。

代化发展模式。

（三）富民为始何以在中国式现代化中彰显

古往今来中华儿女的共同企盼和强烈愿望映现于全体人民共同富裕的现代化之中。中国共产党在带领人民解决温饱、摆脱贫困、全面推进中国式现代化的伟大实践中，成功开辟出共同富裕的中国式现代化道路，承继了中华儿女对于美好生活的期盼。共同富裕既是马克思主义的基本目标，又是中华民族始终如一的追求；既是中国共产党的使命，又是中国式现代化的重要特征；既是中国特色社会主义的本质要求，又是中国式现代化的本质要求。新中国成立之初毛泽东即提出发展富强目标；进入改革开放和社会主义现代化建设新时期，邓小平指出社会主义最大的优越性是共同富裕。党的十八大不仅顺应经济社会新发展，而且回应广大人民群众新期待，提出政策导向更加明确、发展指向更加具体、人民意愿更能落实的发展要求。

赓续苍生俱饱暖的愿景，习近平强调，要"着力保障和改善民生，着力解决人民急难愁盼问题，让中国式现代化建设成果更多更公平地惠及全体人民"[①]。中国式现代化对于全体人民共同富裕的追求，不是虚无缥缈的理想境界，而是脚踏实地的实践创举。从温饱不足到总体小康，再到全面小康的历史性跨越，是中国共产党带领人民创造的人类现代化史上前所未有的伟大奇迹。

三、相得益彰的协调发展底蕴

中国式现代化持续向好发展不能抛开协调这个内在要求，物质文明与精神文明相得益彰、协调发展体现唯物辩证法于解决中华民族发展问题的方法论意义。

---

① 习近平：《中国式现代化是中国共产党领导的社会主义现代化》，《当代党员》，2023 年第 12 期。

（一）何为相得益彰促协调发展

中国物质文明和精神文明协调发展的现代化于历史中有迹可循。远古人类采集渔猎等生产性活动寓示物质文明产生，夏商周三代，甲骨文字、青铜礼器闪着精神文明的光辉。春秋战国时期，诸子百家竞相争鸣，文化思想十分繁荣；铁犁牛耕的出现推动生产力进步与社会变革。唐代创贞观之治、开元盛世，科举制愈加完善遍收天下英才，诗歌创作进入黄金时代。两宋时期，中国古代商品经济迎来发展高峰，不断扩大的商品流通规模带来了货币需求量的剧增，同时海外贸易十分繁荣，外贸税收成为国库的重要财源。北宋中期起，一批学者掀起儒学复兴运动，理学大师朱熹深入探索儒学教育，编订"四书"，豪放派词人叶梦得与婉约派词人秦观等人的词作在社会上广泛流传。唐宋两代皆创当时历史条件下发达的物质文明和精神文明，彰显相得益彰的协调发展智慧。

人是物质存在和精神存在的统一体，其全面发展体现为物质文明与精神文明发展的辩证统一。"每个人的自由发展是一切人的自由发展的条件。"[1]中国式现代化超越资本主义现代化的关键点即在于此。

（二）相得益彰为何促协调发展

中华民族物质文明发展的智慧与中华民族精神文明发展的辉煌皆显现于中华文化的丰厚底蕴之中。新石器时代，人们从事原始农业，驯服并饲养畜类，生活中大量使用陶器，龙山文化即以黑陶为代表器物。因生产力低下，这一时期社会思想文化变化较为缓慢。历史踏入春秋战国时期，铁犁牛耕取代耒耜等原始农具，生产力极大提高，促进社会阶级关系变化，奴隶主阶级没落、地主阶级登上历史舞台。同时社会思想领域发生重大变化，诸子百家竞相

---

① 《共产党宣言》，人民出版社，1997 年，第 50 页。

争鸣,士人周游列国,基于各自代表的阶级阶层利益提出思想主张。法家思想主张重法治乱、君主集权,适应专制集权的社会趋势,于乱世中脱颖而出。秦国商鞅变法后,国力大为增强,于221年完成大一统。中国从奴隶社会步入封建社会的发展阶段。

孔子所创儒家学派为新兴地主阶级提供理论基础。董仲舒所提"罢黜百家,独尊儒术"之法为汉武帝所用。他立儒家思想为正统,另取外儒内法之道治国。思想上的统一促进西汉内部稳定,因而能够应对匈奴的多次袭击,保边境安稳、百姓安居乐业。可以见得,中华民族的物质文明与中华民族的精神文明皆由广袤辽远的华夏大地承载,二者相辅相成、相得益彰。

(三)相得益彰促协调发展何以在中国式现代化中彰显

物质文明和精神文明协调发展彰显中国式现代化独出机杼的超越性和科学性。习近平指出:"社会主义商品经济的发展对于新时代文明和道德的发展有着重大的现实意义……这并不等于说,只要社会主义商品经济发展了,精神文明就自然而然地发展了,我们不能划这个等号。"[①]从五四运动到改革开放,中国精神文明领先于物质文明。从改革开放到党的十八大前夕,中国物质文明发展提升,精神文明持续跟进。一些人在坚定信仰与追逐利益之间摇摆,甚至抛弃信仰,单向度地追求利益,对集体主义的坚守弱化。为此,邓小平多次强调培育四有新人,要加强对马克思列宁主义、毛泽东思想的学习,将精神文明建设当成国家发展的重要一极来抓。党的十八大以来,推动物质文明和精神文明全面协调发展成为不懈前行的方向。习近平概括提出以伟大建党精神为源头的中国共产党人精神谱系,从中华文化中汲取智慧,重视家庭美德建设、提倡良好家风培养,不断满足人民群众的精神文化需求。

赓续相得益彰的协调发展文化底蕴,"只有物质文明建设和精神文明建

---

① 习近平:《摆脱贫困》,福建人民出版社,1992年,第154页。

设都搞好,国家物质力量和精神力量都增强,全国各族人民物质生活和精神生活都改善,中国特色社会主义事业才能顺利向前推进"①。物质贫困与精神贫乏都不是社会主义,物质越是充裕,精神越要昂扬。中国式现代化将于不断夯实全体人民幸福生活所需物质条件的同时,挖掘中华文化底蕴,大力发展社会主义先进文化,持之以恒地促进物的全面丰富和人的全面发展。

四、万物共生的和谐共生底蕴

历史发展充分证明,生态环境本身是无可替代的巨大财富。草木华硕而万物共生彰显着人与自然和谐共生的文化底蕴。

(一)何为万物和谐共生

中华文明孕育道法自然的独到智慧,儒释道各家皆讲求仁爱万物、天地人和谐一体。在中华民族的历史叙事中,有不违农时、数罟不入洿池、斧斤以时入山林的行为守则,有《伐崇令》、虞衡制度等强制约束,有楼兰沉沙、人烟断绝的历史教训,有都江堰因势利导、造福天府之国的成功经验,更有哺育华夏儿女又屡屡带来灾难的九曲黄河,这些都深刻影响当代中国发展。《礼记·中庸》记载"万物并育而不相害,道并行而不相悖"②,则暗含人与自然并育并行、和谐共生的智慧。

"全部人类历史的第一个前提无疑是有生命的个人的存在。因此,第一个需要确认的事实就是这些个人的肉体组织以及由此产生的个人对其他自然的关系。"③这段话阐明了马克思与恩格斯对于人与自然和谐共生的看法。

---

① 叶源昊:《推进物质文明和精神文明相协调的现代化》,《中国纪检监察报》,2023 年 8 月 21 日。
② 人民日报评论部编著:《习近平用典》(第一辑),人民日报出版社,2018 年,第 187 页。
③ 《马克思恩格斯文集》(第一卷),人民出版社,2009 年,第 519 页。

（二）万物和谐共生为何为发展之道

"夫地力之生物有大限,取之有度,用之有节,则常足"①,反之则常不足。工厂有害气体聚集在河谷上方无法及时排放,致使园区上千人中毒,震惊世界的比利时马斯河谷烟雾事件由此酿成。煤烟、粉尘与大雾水汽结合,造成大规模意外,伦敦烟雾事件仅四天死亡人口超过四千人。美国多诺拉烟雾事件由硫酸、钢铁等工厂长期且大量释放污染源导致有毒物质集聚,汽车尾气污染则引起美国洛杉矶光化学烟雾事件,二者皆死伤惨重。日本水俣病事件因工业发展污染水源,日本富士山骨痛病事件因大量工厂产生的有毒重金属污染土地农田,日本四日市哮喘病事件由石油化工企业终年弥漫的有害气体引起,九州、四国等地有毒物质感染食用米糠油造成日本米糠油事件。受到污染源影响的人们或手足变形、精神失常,或全身骨折痛苦终身,或中毒身亡。

"世界八大公害事件"以极其惨烈的方式向人类敲响警钟,牺牲环境而盲目追求物质财富的现代化发展模式无异于自取灭亡,万物和谐共生方为发展之道。

（三）万物和谐共生何以在中国式现代化中彰显

基于历史和现实的双重考量,中国式现代化坚持尊重、顺应、保护自然,坚持生态惠民、利民、为民,在推进生态环境保护工作的同时保护生产力,从而使土地、资本等要素活起来,做到发展与保护协同共生,让祖国天更蓝、山更绿、水更清。兰考的盐碱地与风沙源几乎不见踪影,花香果树成风景;灰蒙蒙的安吉县渔村如今绿水荡涟漪,青山相向开;三代塞罕坝人将荒原变林海,创造出人间奇迹;"三北"主攻万里风沙线,创造全球生态治理的成功典范;郭

---

① 中共中央宣传部、中央广播电视总台编:《平语近人——习近平总书记喜欢的典故》,人民出版社,2021年,第195页。

万刚、郭玺等三代人深耕于八步沙林场,敢教沙漠变绿洲;祁连山国家公园实施生态治理修复工程,演绎青山逐绿行的美好画卷。在处理人与自然的关系上,"绿水青山就是金山银山"的理念为中国式现代化所坚持,生态文明建设被视作关乎中华民族永续发展的根本大计,绿色、循环、低碳发展需自觉推进,生产发展、生活富裕、生态良好才是文明发展之路。

延续万物和谐共生的文化底蕴,习近平强调,"生态环境没有替代品,用之不觉,失之难存"①,人类要考虑的不仅仅是自身与当代的需要,还有后人的需要,以及大自然恢复与再生的需要。中国人与自然和谐共生的现代化合理把握自然资源开发利用的效度,因天材就地利规划资源分配,取之以时、用之以度,以求不可胜食,确保绿水青山能够长久发挥生态效益与社会经济效益。

五、敦睦邦交的和平发展底蕴

中华民族历来崇尚和平,又对战争苦难有切身体悟,所以倍加珍视和平安定的生活。

(一)何为敦睦邦交促和平发展

中华民族在漫长历史中孕育崇尚和平的文化底蕴。早在夏商周三代,部落之间的战争便讲求师出有名,不做无谓之争。牧野之战前武王牧地誓师,罗列商纣王罪状,强调伐纣的必要性与合理性。《司马法·仁本》有言"国虽大,好战必亡"②,《论语·学而》有"礼之用,和为贵"③的巧思,墨子破云梯不费兵卒平战乱。唐朝加强与吐蕃等诸多少数民族的友好往来,文成公主、金城公主先后

---

① 人民日报评论员:《谱写新时代生态文明建设新篇章——论学习贯彻习近平总书记在全国生态环境保护大会上重要讲话》,《现代企业》,2023 年第 9 期。
② 人民日报评论部编著:《习近平用典》(第二辑),人民日报出版社,2018 年,第 155 页。
③ 钱穆:《论语新解》,巴蜀书社,1985 年,第 15 页。

入藏巩固唐蕃和盟,保边境安宁。郑和下西洋扩大明朝与海外各国的交往,以和平的交往方式为世界各国树立典范。中华民族以和为贵、亲仁善邻的文化传统决定中国走向现代化不仅不会威胁世界,而且能够促进世界安定和平。

马克思批判资产阶级血腥掠夺的现代发展模式,尝试唤醒无产阶级建立无干戈、免征伐的和平世界。敦睦邦交的文化底蕴是对马克思主义和平实现现代化思想的继承和发扬,是马克思主义在中华大地上的实践诠释。

(二)为何敦睦邦交能促和平发展

中华民族的思想观念与处世之道由中华文化底蕴塑就。四海之内皆兄弟不仅展现中华民族的天下观,而且体现中华民族胸怀天下的责任感。汉代张骞出使西域,携金币、丝绸等财物走访乌孙等许多西域国家,开辟通往西域的道路。此后,东西方的经济文化交流日趋频繁。两地的商人穿梭于河西走廊,将丝绸等商品及凿井、铸铁等技术带至西域,把西域物产珍宝、良马香料等运到中原。丝绸之路是东西方和平往来的动脉,加强周边国家和地区的贸易往来与文化交流。鉴真六次东渡日本方成行,他不仅讲授佛经,还带去中国的医书、草药、建筑技术等,为中日之间和平的文化交流做出卓越贡献。玄奘西行游学天竺,十余年间遍访名寺并研学佛法,携带大量佛经返回长安,主持经书翻译,为中国佛教发展做出不可磨灭的贡献。其弟子据他口述整理成书《大唐西域记》,是中外和平交流的珍贵存世文献。

如此种种都是敦睦邦交的和平发展底蕴所成就的历史佳话。从古至今,中华民族一以贯之地践行敦睦邦交的和平发展底蕴,一件件真实的历史事件向世人证明为何敦睦邦交能促和平发展。

(三)敦睦邦交何以在中国式现代化中彰显

中国式现代化是走和平发展道路的现代化,"面向世界是中国的处世胸怀"①。周恩来于1953年接见印度代表团时首提和平共处五项原则。中缅、中印双方总理于1954年在联合声明中正式倡议将和平共处五项原则作为国际关系基本准则。中国以"求同存异"的方针推动1955年亚非万隆会议顺利进行。改革开放后,和平与发展成为时代的主题,这是中国对世界发展形势作出的重大判断。进入新时代,以习近平同志为核心的党中央坚持中国特色大国外交,推动构建新型国际关系。中国共产党提出"坚持和平发展道路"并将其写入《中国共产党章程》,再经由国家法定程序将其写入《中华人民共和国宪法》,这在世界各国都是空前创举。中国在《全球安全倡议概念文件》中倡导大国间协调良性对话,并指出中国将坚持相互尊重、开放包容、多边主义、互利共赢、统筹兼顾五大原则。中国毫不动摇地反对任何单边主义、保护主义、霸凌行径,展现负责任大国担当,在世界现代化历史上谱写和平发展、命运与共的中国诗篇。

赓续敦睦邦交促和平发展的文化底蕴,习近平指出:"中国走和平发展道路,不是权宜之计,更不是外交辞令,而是从历史、现实、未来的客观判断中得出的结论,是思想自信和实践自觉的有机统一。"②中国和平发展的现代化在尊重差异的基础上寻求共生,开创人类文明新形态、推动人类命运共同体构建,这既是中国古人社会建设的美好理想,又是党领导下社会治理与对外交往的文化共识。

六、结语

中国在历史上已形成稳定且分布广泛的族群,民族文化具有鲜明的内向性,形成了辉煌灿烂的文化、独特的价值观念和独到的人文精神。中华文化不仅是中华民族的力量所在,还是中华民族同心同德的凝聚力所在,更是中华

---

① 夏兴有主编:《中国的文化基因》,广西人民出版社,2017年,第18页。
② 《习近平谈治国理政》(第一卷),外文出版社,2018年,第267页。

民族独立自主的荣誉尊严所在。"国家之魂,文以化之,文以铸之。"①中国式现代化是从古老文明中走来的现代化,是中华民族的旧邦新命,它贯通了传统和现代,能够"在新的历史起点上继续推动文化繁荣、建设文化强国、建设中华民族现代文明"②。

---

① 张晓松、林晖、杜尚泽等:《赓续历史文脉 谱写当代华章——习近平总书记考察中国国家版本馆和中国历史研究院并出席文化传承发展座谈会纪实》,《共产党员》(河北),2023 年第 13 期。

② 《习近平对宣传思想文化工作作出重要指示》,《当代党员》,2023 年第 20 期。

新时代推进马克思主义中国化的 逻辑理路和路径优化

——以中国共产党延安时期的实践探索为研究背景

王　东

[摘要]延安时期是中国共产党推进马克思主义中国化的一个十分关键、非常重要的历史阶段。这一时期,以毛泽东同志为主要代表的中国共产党人围绕马克思主义中国化这一科学命题在理论创造和实践探索两大层面敢于作为、奋力开拓,并取得丰硕成果,其标志性成果就是推动毛泽东思想最终被确立为全党的指导思想。详细考察和深入分析延安时期的实践探索,对于当前推进马克思主义中国化具有重要的启示意义。新时代推进马克思主义中国化,必须充分借鉴延安时期的成功经验和行之有效的做法,坚持敢于斗争、正本清源,坚持同中国具体实际相结合,坚持普遍深入地开展马克思主义教育,用党的创新理论最新成果指导新时代中国的伟大实践,引领中国式现代化建设不断取得新进展新突破。

基金项目:全国红色基因传承研究中心2022年度规划课题"党内政治文化融入党内法规的逻辑进路及路径优化研究"(22ZXHYG18)。

作者简介:王东,天津社会科学院法学研究所副研究员。

[关键词]新时代;马克思主义中国化;逻辑理路;路径优化

延安时期,中国共产党立足当时的历史背景和革命需要,开创性地推动马克思主义中国化并进行了艰苦卓绝的实践探索,最终形成了毛泽东思想这一适合中国国情的科学指导思想,提高了全党的马列主义水平,塑造了中国共产党人独特的人格力量[1],极大激发了处在抗日战争关键时期的中国共产党,使其更好地统一全党思想、凝聚全党共识、提升全党组织力、激发全党力量,使全党实现了前所未有的思想认同、思想统一,行动统一、步调一致。总结、运用这一时期的历史经验和有益做法,对于新时代我们党推进马克思主义中国化具有现实启示和时代价值。

一、坚持修正错误、正本清源,推进马克思主义中国化

延安时期,中国共产党推进马克思主义中国化与其当时所处的时代背景和使命任务有很大关联。当时,党尽管取得了很大进步,并且处在不断发展壮大之中,但仍存在一些制约因素亟待破解,其中最为要紧的是破除教条主义错误思想给全党带来的束缚和危害。由此可见,延安时期,中国共产党推进马克思主义中国化,始终伴随着与党内存在的各种错误思想的斗争,特别是通过彻底打破教条主义对全党的思想禁锢,对于全党完成马克思主义中国化、完全实现思想统一起到了巨大的助推作用。[2]

(一)着力解决党内非无产阶级思想

中国共产党自成立特别是遵义会议后,党的工作取得突破性进展,一个突出的表现就是党员数量由 1937 年的 4 万人左右猛增到 1942 年的 80 多万

---

① 王炳林:《延安整风运动与全党思想和行动的统一》,《党建》,2022 年第 3 期。

② 罗平汉:《延安整风是如何发动起来的》,《晋阳学刊》,2011 年第 3 期。

人,短短的五年间翻了 20 倍。然而这些发展变化也催生出不少新的问题,在这些发展的新党员中,除了少数工人外,青年学生、知识分子等占了多数。这些新加入的党员尽管有着积极革命、愿意接受马克思主义教育的一面,然而由于受到客观环境、自身条件等因素的影响,仍存留着许多非无产阶级的错误思想。毛泽东敏锐地发现了这个问题。1937 年 9 月,他写了《反对自由主义》这篇非常著名的文章,文章列举了 11 条党内错误思想表现,尖锐地指出这"是和马克思主义根本冲突的"①。他还提出"用马克思主义的积极精神,克服消极的自由主义"②的治理对策。所以加快推进马克思主义中国化,在全党范围内广泛开展马克思主义教育,以克服党内错误思想,势在必行且刻不容缓。

(二)着力解决党内教条主义顽疾

1935 年 1 月,遵义会议召开,这个具有伟大转折意义的会议宣告了王明"左"倾冒险主义的破产,以毛泽东同志为代表的正确路线得到拥护。但是由于当时正处于残酷的战争之中,中国共产党没有来得及在全党范围内对历次"左"、右倾主义错误思想进行彻底的清算,致使这些错误思想在党内仍然存在。1937 年 11 月,王明回国,使得这些错误认识变得更加严重并产生实际的危险。回国后的王明从极左跳到极右,发表一系列右倾错误言论,在党内造成了思想混乱。王明"左"、右倾错误思想带来严重的负面影响,同时也给全党带来了警示:若不能及时加以肃清,就会严重影响党的正确路线的贯彻执行,严重影响党的团结统一。毛泽东尖锐地指出:"现在在我们党内还是教条主义更为危险。"③对此,必须加快推进马克思主义中国化进程,以正确的理论指导全党,深挖错误思想根源,明确历史是非,肃清教条主义余毒,以统一全党的思

---

① 毛泽东选集(第二卷),人民出版社,1991 年,第 361 页。

② 毛泽东选集(第二卷),人民出版社,1991 年,第 361 页。

③ 毛泽东选集(第三卷),人民出版社,1991 年,第 819 页。

想、实现全体党员团结一致。

延安时期中国共产党对非无产阶级思想，王明"左"、右倾错误思想进行了肃清，同时，毛泽东思想有了更为系统的总结，实现了多方面的发展。

一是毛泽东思想日趋完备。毛泽东思想有形成、发展、完善、成熟的过程。到了抗日战争时期特别是延安时期，毛泽东思想已形成系统化的理论体系。毛泽东创立了新民主主义革命理论，撰写出《抗日游击战争的战略问题》《战争和战略问题》《论持久战》等名作，标志着毛泽东形成了自己独特的战争学说，有效解决了党内对如何抗战的分歧，并指导抗日战争赢得最终胜利；撰写出《〈共产党人〉发刊词》《中国革命和中国共产党》《新民主主义论》《论联合政府》等理论著作，"不仅回答了中国革命向何处去的战略方向问题，而且创造性地发展了马克思列宁主义"①。毛泽东针对党的建设创作出众多的、高质量的马克思主义的理论文献②，如《改造我们的学习》《整顿党的作风》《反对党八股》《关于领导方法的若干问题》《为人民服务》等著作。毛泽东在理论与实际相结合的基础上开展了多方面的哲学探索，撰写出许多哲学讲稿，其中就包括《实践论》《矛盾论》的讲稿，有力推动了马克思主义哲学中国化事业，同时对实事求是思想路线进行了哲学总结与概括，毛泽东哲学思想得以最终形成。毛泽东的这些理论成果有力批判了"左"倾教条主义错误，在全党产生了巨大影响，进一步解放了广大党员干部的思想。

二是全党深刻认识到毛泽东思想的科学性。毛泽东思想为全党所接受和认同，经历了一个长期的过程，即全党由不理解到理解、由部分接受到全体接受的演进过程。当时，党内一些同志长期受到教条主义错误思想的束缚和蒙蔽。对此，毛泽东于延安时期作了不懈努力，对全党开展了任务繁重的启蒙工作。比如，毛泽东用没有党性或党性不完全来定性那些没有马列主义理论和

---

① 陈洪玲：《新民主主义革命理论与马克思主义时代化的实现》，《当代世界与社会主义》，2012年第6期。

② 潘银良：《试论毛泽东建党学说的成熟》，《探索》，1999年第2期。

实践统一的态度。①同时，毛泽东提出了意义极为重大的"实事求是"论断，等等。毛泽东一系列创新性的理论，从根本上粉碎了教条主义的理论依据，让广大党员干部更为自觉地践行理论联系实际、实事求是的思想原则。此外，中央政治局多次召开会议，对党的历史、经验和教训进行了深入讨论，特别是对教条主义错误思想进行了深入批判，使全党充分认识到毛泽东思想的科学性和指导作用。

三是全党忠实拥护把毛泽东思想确立为党的指导思想。通过延安时期的马克思主义中国化，毛泽东提出的一系列正确的理论越来越深入人心。当时，中国革命正处于深入发展中，迫切需要全面系统总结这一理论，并给以适当的命名及正确的评价。首次使用"毛泽东同志的思想"这一提法的是张如心。随后，"毛泽东同志的思想""毛泽东同志的思想体系"的概念出现在刘少奇撰写的《清算党内的孟什维主义思想》一文中。②1943 年 7 月 8 日，王稼祥在《中国共产党与中国民族解放的道路》一文中使用了"毛泽东思想"一词，王稼祥由此成为党内正式使用"毛泽东思想"这一科学概念的第一人。③随后，"毛泽东思想"被正式写入新修改的《中国共产党章程》。至此，作为一个科学概念的"毛泽东思想"被全党所接受，毛泽东思想的指导地位被正式确立，为全党团结带领全国人民夺取抗日战争最后胜利提供了科学指导。

党的十八大以来，以习近平同志为核心的党中央团结带领中国人民，进行具有许多新的历史特点的伟大斗争，同马克思主义"过时论""失灵论"等各种违背马克思主义的错误思潮作坚决斗争，为马克思主义中国化扫除了思想羁绊。在新时代新征程上，继续推进马克思主义中国化必须发扬斗争精神，确保"斗"到要害点、"争"在命脉处、"胜"在根本上。

一是牢牢把握意识形态工作的主动权。一切教学活动、科研活动、办学活

---

① 《毛泽东选集》(第三卷)，人民出版社，1991 年，第 800 页。

② 《刘少奇选集》(上卷)，人民出版社，1981 年，第 300 页。

③ 《毛泽东选集》(第一卷)，苏中出版社，1945 年，第 5 页。

动都必须符合马克思主义,牢牢守住教材讲义、讲台课堂、论坛讲座和新媒体等线上线下意识形态阵地。坚决同马克思主义"过时论"、历史虚无主义等错误思潮开展针锋相对的斗争,旗帜鲜明批判种种奇谈怪论,把这些错误主张的嚣张气焰打下去、把恶劣影响压下去,真正把党的历史维护好、把党的领袖形象维护好、把革命英烈名誉维护好,真正巩固好马克思主义在意识形态领域的指导地位。

二是用法治化手段治理违背马克思主义的言行。坚持把治理违背马克思主义的错误思想纳入制度化、法治化轨道,严格贯彻落实《关于新形势下党内政治生活的若干准则》《中国共产党纪律处分条例》等党内法规,坚持露头就打,充分发挥法律法规的威慑力。

三是讲究斗争的方式方法。时刻保持清醒头脑,发扬斗争精神,激发斗争勇气,提升斗争本领,坚定斗争意志,在同复杂矛盾风险斗争中坚毅地推进中国式现代化建设,为实现中华民族伟大复兴中国梦敢于斗争、矢志不渝,为捍卫国家和民族利益不怕牺牲、坚守立场,为实现好、维护好、发展好最广大人民根本利益而勇敢地迎接一切困难与挑战,尤其是提升见微知著的能力,透过现象看本质,主动迎战、果断出手,用马克思主义战胜反马克思主义。

二、坚持同中国具体实际相结合推进马克思主义中国化

毛泽东思想是马列主义基本原理同中国具体实际相结合的光辉典型。早在1930年5月毛泽东就明确指出,马克思主义必须同我国的实际情况相结合。[1]到了延安时期,毛泽东对此作了更多强调。比如,毛泽东指出,马克思主义活的灵魂就在于具体分析具体的情况。[2]又如,毛泽东写就的《实践论》成为马克思主义中国化的经典之作。毛泽东认为,理论只有用来指导实践、被实

---

[1] 《毛泽东选集》(第一卷),人民出版社,1991年,第111~112页。

[2] 《毛泽东选集》(第一卷),人民出版社,1991年,第187页。

践所检验才有意义。①再如,1942 年 2 月 1 日,毛泽东对理论和实际相联系进行了阐释,他批评了有些同志天天讲"联系",实际上却是讲"隔离",因为他们并不去联系。②毛泽东反对空谈马克思主义,强调必须冲破教条主义的束缚,旗帜鲜明指出教条主义脱离具体的实践,③是反马克思主义的。④

毛泽东创造性地提出实事求是的思想。毛泽东最初提出"实事求是"一词是在党的六届六中全会上所作的政治报告中,他强调,共产党员应是实事求是的模范。⑤1940 年 1 月,毛泽东在《新民主主义论》一文中提出要树立起"实事求是"的科学态度。⑥当时,毛泽东尽管多次使用"实事求是"一词,但对于何为"实事求是"、如何理解"实事求是"等问题均没有进行更为详细的阐释。毛泽东第一次对"实事求是"一词进行详细论述,要追溯到 1941 年 5 月 19 日,他在《改造我们的学习》一文中对"实事求是"一词进行了深入阐释。此后,毛泽东多次论述过实事求是。比如,1942 年 2 月 1 日,毛泽东在中共中央党校开学典礼上的演说中指出,马克思列宁主义和中国革命的关系就是箭和靶的关系。⑦又如,毛泽东强调共产党靠实事求是吃饭。⑧毛泽东关于实事求是的论述,明确了实事求是的意义、目的及其实现方法,同时他不仅重视、倡导实事求是,赋予其丰富的理论意涵,而且还在理论和实践上自觉遵守和践行。

延安时期全党大兴调查研究之风有力推动了马克思主义中国化进程。毛泽东高度重视调查研究工作,开展过许多具有深远影响的大型调查研究。到达延安后,毛泽东进一步丰富了他的调查研究思想,比如他强调,"要了解

---

① 《毛泽东选集》(第一卷),人民出版社,1991 年,第 292 页。

② 《毛泽东选集》(第三卷),人民出版社,1991 年,第 819 页。

③ 《毛泽东选集》(第三卷),人民出版社,1991 年,第 1094 页。

④ 《毛泽东选集》(第三卷),人民出版社,1991 年,第 874 页。

⑤ 《毛泽东选集》(第二卷),人民出版社,1991 年,第 522 页。

⑥ 《毛泽东选集》(第二卷),人民出版社,1991 年,第 662~663 页。

⑦ 《毛泽东选集》(第三卷),人民出版社,1991 年,第 819 页。

⑧ 《毛泽东选集》(第三卷),人民出版社,1991 年,第 836 页。

情况,唯一的方法是向社会作调查"①;"一切实际工作者必须向下作调查"②,等等。与此同时,党中央出台一系列政策举措为全党大兴调查研究之风提供重要政策制度保障。比如,中共中央出台了三项非常重要的调查研究方面的指导性文件,具体包括:1941 年 8 月 1 日出台的《关于调查研究的决定》,制定出规范调查研究的 72 项办法举措;同日发布的《关于实施调查研究的决定》,对中央和地方设置调查研究组织机构及其职责进行了明确规定;1942 年 3月 3 日发布的《关于检查调查研究的决定的通知》,对 1941 年 8 月 1 日中共中央出台的调查研究方面的两个文件落实情况进行了检查。又如,为在全党深入开展调查研究工作并确保取得实效,中共中央下设由毛泽东任局长的中央调查研究室。中央还组织各类调查研究团,包括中共中央西北局宣传部组织的农村考察团、陕甘宁边区政府组织的考察团、由张闻天任团长的延安农村调查团等。以上这些重大举措,有力推动了全党大兴调查研究之风的形成,有力推进了马克思主义中国化。

当前,世界进入百年未有之大变局。面对新形势新任务新情况,在推进马克思主义中国化进程中必须继续坚持把马克思主义基本原理同中国具体实际相结合。

一是坚持一切从实际出发。正是因为坚持一切从实际出发,马克思主义才有源源不断的发展动力。习近平强调,"坚持从实际出发,就是要突出中国特色、时代特色"③;"坚持从实际出发,前提是深入实际、了解实际"④,等等。新时代,应坚持运用马克思主义之"矢"去射新时代中国之"的",运用马克思主义的立场观点方法指导我们认识世界、把握规律,拿起马克思主义这一强大思想武器去解读时代、引领时代,一以贯之、持之以恒地推进党的理论创新,

---

① 《毛泽东选集》(第三卷),人民出版社,1991 年,第 789 页。

② 《毛泽东选集》(第三卷),人民出版社,1991 年,第 791 页。

③ 《习近平著作选读》(第一卷),人民出版社,2023 年,第 302 页。

④ 《习近平谈治国理政》(第四卷),外文出版社,2022 年,第 526 页。

让马克思主义的思想伟力转化为推动事业发展的强大动力。应在坚守人民立场的基础上作出一系列新决策新部署新要求,让人民获得感、幸福感和安全感更加充实、更有保障、更可持续;在深刻认识和把握当今世界百年未有之大变局的基础上推动构建人类命运共同体,弘扬全人类共同价值。展现负责任大国形象,引领世界大变局朝着有利于中华民族伟大复兴的方向发展。

二是坚持和发展相统一。坚持马克思主义指导是个根本问题且必须坚定不移。[①]新时代,广大党员干部必须始终坚持马克思主义在意识形态领域指导地位的根本制度,坚决反对各种忽视贬低、歪曲篡改马克思主义的错误思想。当然,马克思主义不是教条,不能采取本本主义,必须应实践的变化而变化,应实践的发展而发展。当前,必须坚持不懈地在"两个结合"上使劲用力,指导解决党和国家发展的重大理论实践问题。传承和弘扬中华优秀传统文化,是中国共产党自成立之日起就具有的文化根脉、肩负的历史使命。在推进马克思主义中国化的进程中,必须坚持相互融合、彼此促进的方向,更为自觉地从中华优秀传统文化中汲取养分,提炼出更多的精神标识,使其展示出当代价值;又要使中华传统文化与现代社会相适应、与时代精神相契合,让马克思主义的生命力更加持久、感召力更加强劲、凝聚力更加强大。

三是大兴调查研究之风。习近平强调,"调查研究是做好各项工作的基本功"[②],要求"大兴调查研究之风,对真实情况了然于胸"[③],并告诫党员干部"调查研究千万不能搞形式主义"[④]。立足新发展阶段,把握新历史方位,必须充分发挥好调查研究的重大作用。

第一,坚持依靠人民、问计于民开展调查研究。调查研究是精准把握人民

---

① 《习近平关于全面从严治党论述摘编》,中央文献出版社,2016 年,第 69 页。

② 《习近平著作选读》(第二卷),人民出版社,2023 年,第 112 页。

③ 《习近平关于"不忘初心、牢记使命"论述选编》,中央文献出版社、党建读物出版社,2019 年,第 274 页。

④ 《习近平关于"不忘初心、牢记使命"论述选编》,中央文献出版社、党建读物出版社,2019 年,第 313 页。

创造性实践的关键途径。在开展调查研究中,必须拜人民为师、向能者求教、向智者问策,深入一线、深入实际、深入群众,走到车间码头、田间地头、市场社区了解真实情况,既学习、总结、提升人民群众创造的新鲜经验,又坚持问题导向、敢于正视问题、善于解决问题以回应人民群众的急难愁盼问题。

第二,坚持以聚焦中国基本国情开展调查研究。党的理论创新必须立足中国的基本国情和伟大实践,而开展调查研究的重要任务之一就是把中国的基本国情、伟大实践摸准摸透。新时代,开展调查研究工作,就是把社会主义初级阶段这个基本国情、最大实际的具体表现充分地反映出来,把人民日益增长的美好生活需要和不平衡不充分的发展之间的矛盾的具体表现充分地反映出来,在事关全局的战略性调查研究上取得突破性进展。

第三,坚持马克思主义基本原理指导推进调查研究。调查研究必须始终坚持实事求是,不唯书、不唯上、只唯实,用最实的作风、最实的步调、最实的举措发现问题症结,以切实可行、有针对性的政策举措解决问题、攻坚克难,确保调查研究的过程就是出实招、亮真招、见实效的过程。

三、坚持以党内教育推动马克思主义中国化

马克思主义中国化绝不是少数人的事情[1], 必须在全党获得普遍的认同和拥护。在中国共产党发展初期,甚至到了延安初期,党内对毛泽东提出的马克思主义中国化重大命题和重大使命的响应者并不多。[2]这与中国共产党的理论准备不足、党员干部的理论素养普遍较低有很大关联,这也是党内长期盛行教条主义错误思想的重要原因之一,对中国共产党推进马克思主义中国

---

① 韩琳:《延安时期马克思主义中国化的发展历程及经验启示》,《马克思主义理论学科研究》,2019 年第 4 期。

② 中共中央文献研究室《国外研究毛泽东思想资料选辑》编辑组:《日本学者视野中的毛泽东思想》,中央文献出版社,1988 年,第 97 页。

化造成了困扰与阻碍。延安时期,中国共产党通过采取一系列重大措施持续实施党员干部教育,推动马克思主义中国化从少数人走向多数人、从局部遍及全党、从理论变为实践。

(一)反复强调马克思主义教育的重要性

1936 年 12 月, 毛泽东就指出重要的问题在善于学习,[1]强调读书是学习,使用也是学习,而且是更重要的学习。[2]1937 年 5 月 3 日,毛泽东强调,完全有必要在全党提高马克思列宁主义的理论水平。[3]11 月 12 日,毛泽东尖锐地指出,共产党内理论水平不平衡。[4]1938 年 10 月 14 日,毛泽东在党的六届六中全会上要求广大党员干部应学会把马克思列宁主义应用于中国的具体环境。[5]同时,毛泽东还希望"来一个全党的学习竞赛"[6]。1939 年 5 月 20 日,毛泽东在延安在职干部教育动员大会上首先阐述了学习运动的必要性,强调共产党员不学习理论是不对的,[7]并教导党员干部学习马克思主义要用"攻"的方法。[8]1941 年 5 月 19 日,毛泽东要求在职干部的教育和干部学校的教育应以马克思列宁主义基本原则为指导方针。[9]1942 年 2 月 1 日,毛泽东强调,学风问题是我们对待马克思列宁主义的态度问题,[10]要求全党的同志应学会应用马克思列宁主义的立场、观点、方法,[11]等等。

---

[1] 《毛泽东选集》(第一卷),人民出版社,1991 年,第 178 页。
[2] 《毛泽东选集》(第一卷),人民出版社,1991 年,第 181 页。
[3] 《毛泽东选集》(第一卷),人民出版社,1991 年,第 264 页。
[4] 《毛泽东选集》(第二卷),人民出版社,1991 年,第 392 页。
[5] 《毛泽东选集》(第二卷),人民出版社,1991 年,第 534 页。
[6] 《毛泽东选集》(第二卷),人民出版社,1991 年,第 533 页。
[7] 《建党以来重要文献选编》(第十六册),中央文献出版社,2011 年,第 320 页。
[8] 《建党以来重要文献选编》(第十六册),中央文献出版社,2011 年,第 320 页。
[9] 《毛泽东选集》(第三卷),人民出版社,1991 年,第 802 页。
[10] 《毛泽东选集》(第三卷),人民出版社,1991 年,第 813 页。
[11] 《毛泽东选集》(第三卷),人民出版社,1991 年,第 814 页。

（二）不断建立健全马克思主义教育制度体系

延安时期,党内马克思主义教育逐步走向制度化、规范化。1939 年 5 月 17 日,《中共中央书记处关于宣传教育工作的指示》发布,要求以马列主义的基本知识、党的建设与游击战争作为教育计划的中心内容。①8 月 25 日,《中共中央政治局关于巩固党的决定》印发。《决定》将加强党内马克思列宁主义的教育、阶级教育与党的教育作为巩固党的中心一环。②1940 年 1 月 3 日,《中共中央书记处关于干部学习的指示》发布,将马列主义、联共党史列为中级课程,将政治经济学、历史唯物论与辩证唯物论、近代世界革命史列为高级课程。③2 月 15 日,《中共中央书记处关于办理党校的指示》发布,要求党校应使学生切实了解马列主义的精神和方法,引导和帮助文化、政治水平高的学生直接阅读马、恩、列、斯的基本著作。④3 月 20 日,《中共中央书记处关于在职干部教育的指示》发布,将联共党史、马列主义、政治经济学、哲学列为甲类干部的学习课程。⑤1941 年 12 月 1 日,《中共中央关于延安在职干部学习的决定》发布,明确第一类在职干部应以学习马列主义理论为主。⑥随着一系列制度的出台实施,有力提升了广大党员干部的马克思主义理论水平,对毛泽东思想最终确立为党的指导思想起到了很大的推动作用。

（三）深入开展整风教育

首先,全党开展了普遍的马克思主义理论学习。延安整风运动期间,中国

① 《建党以来重要文献选编》(第 16 册),中央文献出版社,2011 年,第 306 页。
② 《建党以来重要文献选编》(第 16 册),中央文献出版社,2011 年,第 580 页。
③ 《建党以来重要文献选编》(第 17 册),中央文献出版社,2011 年,第 1 页。
④ 《建党以来重要文献选编》(第 17 册),中央文献出版社,2011 年,第 140 页。
⑤ 《建党以来重要文献选编》(第 17 册),中央文献出版社,2011 年,第 222 页。
⑥ 《建党以来重要文献选编》(第 18 册),中央文献出版社,2011 年,第 716 页。

共产党"掀起了一场盛况空前的学习运动"①。党中央采取了一系列综合性措施,比如,在机构建设方面,设立了干部学习教育部,创办了"中国抗日军政大学"等二十多所各类学校。毛泽东还建立了一个哲学小组,常态化研究讨论哲学问题。同时还出台了新规,将 5 月 5 日马克思诞辰日规定为"学习节"等。又如,分层次开展学习活动。全党普遍整风开始后,高级干部主要学习了中央规定的必读的二十二个文件。同时,党的一般干部也学习讨论了有关整风文件,反省总结了自己的认识和实践。

其次,全党掀起了学习党史的高潮。延安整风运动一开始,毛泽东就高度重视全党对党史的学习与研究,号召全党认真研究中国历史特别是党自身的历史。毛泽东主持编辑《六大以来——党内秘密文件》《六大以前——党的历史材料》《两条路线》三部党的重要历史文献,成为高级干部学习研究党的历史的重要材料。毛泽东特意给高级干部作了"如何研究中共党史"的辅导讲话。

最后,召开历史座谈会。1943 年 9 月,中央政治局召开政治局扩大会议讨论党的路线问题以统一高级干部的思想。1944 年 2 月,中共中央书记处召开会议讨论了党的历史问题等。这些都为高级干部正确分析党的历史问题指明了方向。

在新时代新征程上,必须坚持不懈用习近平新时代中国特色社会主义思想凝心铸魂,用党的创新理论最新成果统一思想、统一意志、统一行动。

一是持之以恒用党的创新理论武装全党。应像延安时期那样,把提升党员特别是领导干部的马克思主义理论修养作为党的建设的重中之重。当前和今后一个时期将习近平新时代中国特色社会主义思想学习好、宣传好是做好马克思主义宣传教育工作最重要的内容。②通过经常性、制度化地推进党的创新理论宣传教育活动,教育引导广大干部坚持读原著、学原文、悟原理,深刻

---

① 孙玉华:《延安整风运动的领导经验对建设学习型政党的启示》,《中共中央党校学报》,2012年第 2 期。

② 李伟:《做好做强马克思主义宣传教育工作的时代意义》,《红旗文稿》,2021 年第 5 期。

理解其中蕴含的马克思主义世界观与方法论的辩证统一、真理观与价值观的辩证统一,更为自觉地运用马克思主义中国化这一最新理论成果改造主客观世界。教育引导广大党员掌握习近平新时代中国特色社会主义思想中的人民立场,牢固树立江山就是人民、人民就是江山,始终同人民想在一起、干在一起,与人民心心相印、与人民同甘共苦、与人民团结奋斗,切实为人民群众办实事、做好事。教育引导广大党员掌握习近平新时代中国特色社会主义思想中的斗争精神,勇于经受严格的思想淬炼、政治历练、实践锻炼,在同复杂矛盾风险斗争中坚毅地推进中国式现代化建设,为实现中华民族伟大复兴中国梦敢于斗争、矢志不渝,为捍卫国家和民族利益不怕牺牲、坚守立场,为实现好、维护好、发展好最广大人民根本利益而勇敢地迎接一切困难与挑战,坚定信念,增强耐力,发扬钉钉子精神,一步一个脚印,持之以恒、坚持不懈地夺取更大的胜利。领导干部应在学习党的创新理论上走在前、作表率,做到经常学、反复学、持久学,做到先学一步、多学一筹、深学一层,学而信、学而行,通过学习的深度提升政治敏感度、思维视野的广度、思想境界的高度。

二是持之以恒用党的创新理论教育人民。进一步创新传播手段,推动传统媒体与新兴媒体深度融合,适应分众化、差异化传播趋势,注重运用短视频、网络直播等手段,不断增强党的创新理论宣传教育的针对性和实效性,让党的创新理论"飞入寻常百姓家"。进一步创新话语方式,善于用群众喜闻乐见的话语来表达党的创新理论,让群众既听得懂也记得住,使其在思想上认同拥护新时代党的创新理论。建强"融媒体+理论宣传"网络平台,充分利用和有效聚合广播、电视、微博、微信公众号、抖音平台等资源,在政务、民生、文艺等各类宣传中嵌入、融入、渗入党的创新理论宣传,通过微电影、微视频等新传播手段让党的创新理论宣传生动丰富、通俗易懂。建强学习传播党的创新理论的大众平台,组织志愿者利用各种文化活动场所,采用介入式、嵌入式等宣讲方法,通过讲党课、专家解读、专题宣讲、交流心得等方式,将理论宣讲与惠民服务、情感交流等紧密结合,将思想深度与趣味气息有机结合,从大处着眼、小处着手,让群众想听爱听、听有所思、听有所得,让群众在欢乐中接受新思想、了解新形势,真正实现理论宣讲接地气、聚民心。

中国道路的生成逻辑、鲜明特征与世界意义

吴 澌

[摘要]坚持中国道路是中国共产党百年奋斗历史经验的总结。坚持中国道路是坚持和发展马克思主义的应有之义，也是中国近代"模拟现代化"相继失败的必然选择，更是当今中国社会主要矛盾和国际主题转化的现实诉求。中国道路的开创，宣告发展中国家可以走一条完全不同于资本主义道路的成功实践，对落后国家道路探索、人类社会发展及人类文明转型具有重要的意义。

[关键词]中国道路;现代化;生成逻辑;鲜明特征;世界意义

《中共中央关于党的百年奋斗重大成就和历史经验的决议》(以下简称《决议》)，用"十个坚持"科学总结了中国共产党百年奋斗的宝贵历史经验，其中，坚持中国道路，宣示了党坚定走自己的路的主张。中国道路是"党在百年

作者简介:吴澌,天津师范大学马克思主义学院。

奋斗中始终坚持从我国国情出发,探索并形成符合中国实际的正确道路"①。
对于这一历史经验,我们从中国道路的形成逻辑、鲜明特征与世界意义来进
行深入学习和理解。

一、中国道路的生成逻辑

(一)理论逻辑:坚持和发展马克思主义的应有之义

坚持中国道路,是坚持和发展马克思主义的应有之义,遵循了马克思主
义矛盾普遍性与特殊性统一的基本原理,体现了中国共产党把马克思主义基
本原理同中国具体实际相结合、同中华优秀传统文化相结合,不断进行理论
创新的过程。

马克思主义是我们认识世界、改造世界的科学真理,不是僵化的教义,
是在实践中与时俱进、不断创新的理论。正如马克思指出的:"正确的理论必
须结合具体情况并根据现存条件加以阐明和发挥。"②恩格斯也曾多次指出:
"我们的理论是发展着的理论,而不是必须背得烂熟并机械地加以重复的
教条。"③

马克思主义给中国革命指明了前进的方向,但是关于革命道路问题,还
需要我们自己探索。每个国家和民族所面临的社会发展状况和历史条件是
"直接碰到的、既定的"④,"每个民族都会有自己的特点"⑤。各个国家、民族的
发展必须从实际出发,以当时的社会历史条件为转移,选择走符合自己实际
的道路。在毛泽东看来,解决中国革命与建设中的具体问题,要学习"马克思

---

① 《十八大以来重要文献选编》(下),中央文献出版社,2018 年,第 348 页。
② 《马克思恩格斯选集》(第四卷),人民出版社,2012 年,第 588 页。
③ 《马克思恩格斯选集》(第四卷),人民出版社,2012 年,第 588 页。
④ 《列宁全集》(第 28 卷),人民出版社,2017 年,第 163 页。
⑤ 《列宁全集》(第 28 卷),人民出版社,2017 年,第 163 页。

主义的'本本'","但是必须同我国的实际情况相结合"。①在改革开放和社会主义现代化建设新时期,邓小平指出:"社会主义必须是切合中国实际的有中国特色的社会主义。"②中国共产党人既坚持马克思主义的"普遍性",又扭住"中国特色"这个"特殊性",形成中国特色社会主义道路。

在探索现代化进程中,中国共产党把现代化的一般规律与中国的具体国情历史和优秀传统文化相结合,走出一条适合中国实现现代化的道路。进入新时代,我们历史性地解决了绝对贫困,实现了第一个百年奋斗目标,开启了全面建成社会主义现代化强国新征程。习近平多次强调:"我国的实践向世界说明了一个道理:治理一个国家,推动一个国家实现现代化,并不只有西方制度模式这一条道,各国完全可以走出自己的道路来。"③

(二)历史逻辑:中国近代"模拟现代化"相继失败的必然选择

坚持中国道路,是中国近代"模拟现代化"相继失败的必然选择,"走自己的路,是党的全部理论和实践立足点,更是党百年奋斗得出的历史结论"④。

"先生老是侵略学生"表明"模拟西方现代化"道路不可行。鸦片战争以后,中国向何处去是一个亟待解决的问题。不同阶层试图主张从器物层面、制度层面、文化层面等全方位向西方学习,以此来改变中国的现状,把国家富强和民族振兴寄托在走西方资本主义的道路上。但是实际情况却是"帝国主义列强侵入中国的目的,决不是要把封建的中国变成资本主义的中国","要把中国变成它们的半殖民地和殖民地"⑤,结果是"先生老是侵略学生"⑥,帝国主义的侵华战争愈演愈烈。走西方资本主义道路无法使中国摆脱落后挨打的局面。

---

① 《毛泽东选集》(第一卷),人民出版社,1991年,第111~112页。
② 《邓小平文选》(第三卷),人民出版社,1993年,第63页。
③ 《习近平关于社会主义政治建设论述摘编》,中央文献出版社,2017年,第7页。
④ 《习近平谈治国理政》(第四卷),外文出版社,2022年,第10页。
⑤ 《毛泽东选集》(第二卷),人民出版社,1991年,第628页。
⑥ 《毛泽东选集》(第四卷),人民出版社,1991年,第1470页。

"走俄国人的路——这就是结论。"①十月革命给中国送来了马克思列宁主义,但没有给中国革命提供现成的答案。幼年时期的中国共产党,也曾因没有重视走自己的路,而使党和人民付出了巨大牺牲和沉痛代价。以毛泽东同志为主要代表的中国共产党人总结经验教训,指出"中国革命斗争的胜利要靠中国同志了解中国情形"②。中国共产党人认识到,走俄国人的路不是对苏俄革命道路的照搬照抄,而是既要继承苏俄革命道路的历史方向,又发展革命的具体方式。苏共二十大之后,中国共产党开始从"以苏为师"到"以苏为鉴"转变,探索适合本国国情的中国社会主义建设道路。

坚持实践探索走自己的路,成功开辟出中国特色社会主义道路。党的十一届三中全会以后,以邓小平同志为主要代表的中国共产党人主张实践出真知,在遵循马克思主义基本原理的前提下,"摸着石头过河"。中国共产党开辟的中国特色社会主义道路,不只是在经济上走出了一条符合中国国情的自我发展之路,同时还在政治、文化等多方面走出了一条中国特色社会主义建设之路,开创了中国特色社会主义事业发展的新篇章。

(三)实践逻辑:中国社会主要矛盾和国际主题转化的现实诉求

一方面,中国道路本质上是立足中国国情,针对中国社会主要矛盾的转变,解决中国现实和时代问题的实践创新;另一方面,面向世界百年未有之大变局,中国道路为人类通向现代化的道路选择上由"单选"变成"多选"。

中国共产党找到了适合中国的正确道路,中华民族迎来了从站起来、富起来到强起来的伟大飞跃。但是我们依然处在社会主义的初级阶段,依然是世界上最大的发展中国家,发展得还不平衡。如何继续实现高质量发展,满足人民群众对美好生活的期盼,规定了中国道路的具体内容和现实旨趣。

世界进入动荡变革期,世界格局也正发生着有利于社会主义的转变。尽

---

① 《毛泽东选集》第四卷,人民出版社,1991 年,第 1471 页。
② 《毛泽东文集》第八卷,人民出版社,1999 年,第 259 页。

管现代化肇始于西方资本主义，并对推进世界现代化起到过一定的作用；然而历史和现实告诉我们"西方道路"有无法克服的弊端与缺陷，也不是所有国家实现发展的灵丹妙药。从人的发展来说，人民沦为资本积累工具的单向度人，失去人之为人的"主体性"。从国家发展来说，资本主义国家无法解决贫困问题，并且社会两极分化、社会的对抗分裂会愈演愈烈。从世界发展来说，零和博弈的方案实质在于，发展中国家沦为国际垄断资本主义分工体系中的边缘性角色。反之，中国人民走上的富裕安康的广阔道路，为世界上那些希望独立发展的国家和民族提供了全新的路径选择，也为解决人类问题贡献了中国模式、中国智慧和中国方案。

二、中国道路的鲜明特征

（一）主体性：摆脱依附基础上的自主选择

中国道路具有主体性，是在摆脱依附基础上找到一条符合本国国情的现代化建设道路，与独立自主、自力更生紧密联系在一起。在西方道路率先开启人类现代文明的背景下，中国共产党坚持走自己的路，摆脱传统后发国家的依附型发展模式，独立自主的创新探索出中国道路。

在世界现代化发展进程中，西方国家在资产阶级革命与工业革命的推动下，率先实现生产力大发展、政治大进步、社会大繁荣，开拓和建立起西方道路和模式。西方国家为发展中国家强行定制了一条"中心–外围"的依附型发展道路。发展中国家通过让渡国家主权、丧失国家能力的方式依赖于处于"中心"的西方国家，被动镶嵌在世界资本主义体系的"外围"。从本质上来说，当今世界发展中国家的不发达状况是资本主义在世界范围内扩张的结果，"中心–外围"的发展道路是为了满足世界资本主义体系的利益需要。西方国家定制的道路，并未使发展中国家真正走向现代化，实现发展，反而因照搬照抄西方道路而陷入发展困境、停滞衰退，甚至丧失国家自主性。

道路选择关乎国家前途与命运。中国实现现代化的道路既不能像西方资本主义国家那样靠着血腥的资本原始积累,也不能为了快速实现现代化而陷入对西方国家的依附。中国共产党清楚地认识到,这种依附式发展"不是必然遭遇失败,就是必然成为他人的附庸"①。在中国共产党的领导下,中国选择社会主义道路,实现民族独立,摆脱对帝国主义殖民体系的政治依附。在现代化发展过程中,以独立自主、自力更生为立足点,走出一条中国特色社会主义发展道路,破除"中心-外围"的经济发展模式。在西方道路理论式微的同时,中国共产党又提出"创新、协调、绿色、开放、共享"的新发展理念,克服西方"资本逻辑"发展理念的弊病。

(二)和谐性:超越西方道路的冲突性

中国道路的和谐性在于从人与自然、人与人、人与自身三个层面上和谐相处,克服了西方资本主义道路的冲突性。这种和谐性并非代表着矛盾的彻底消除,而是一种良性的、进步性的矛盾运动。

从人与自然的角度来说,坚持中国道路能够实现人与自然的和谐共生。受到资本逻辑的驱使,资本主义的生产方式以获取剩余价值、实现资本增殖为最终目标,其结果是加速攫取自然资源,打破自然生态系统平衡。在马克思主义自然观的指导下,中国共产党领导中国人民在实现经济社会发展实践中,坚持可持续发展,追求人与自然和谐共生。坚持中国道路,打破以牺牲自然发展生产力的资本逻辑思维定势,跳出发展经济必然破坏生态环境的怪圈。

从人与人的角度来说,坚持中国道路能实现人与人之间和谐交往,开辟出一条"强而不霸"的发展道路。在资本逻辑之下,一部分人把另一部分人视为"工具",要么是为自己带来剩余价值的"工具",要么是与自己竞争利益的"工具",人与人之间是一种普遍对立的状态。在资本逻辑的支配下,人与人之

---

① 《习近平谈治国理政》(第一卷),外文出版社,2018年,第29页。

间的对立扩展到阶级与阶级之间、国家与国家之间,资本主义国家走上"对内掠夺、对外殖民"的发展道路。中国道路,向世界树立起现代化发展的和平崛起模式。中国自鸦片战争以来的百年屈辱史,决定着中国绝不会走侵略扩张的道路;共产主义的远大理想蕴含着"普遍和谐"的精神诉求,消除人与人之间的剥削。中国道路,始终是一条和平发展的道路,它展现出一条非攻击性、非侵略性的和谐新路,消除人与人之间的对立,体现出人与人之间的和谐共生。

从人与自身的角度来说,坚持中国道路能实现人与自身的和谐,回归自由自觉的活动状态。在资本主义生产关系的基础上,人丧失了自身的本质与价值。工人的劳动成为非自由自觉的活动,工人成为生产线上的"奴隶"与"工具"。资本家看似占有了工人的劳动产品,但其逐利的本性使自身成为受贪欲支配的"物化"畸形人。在社会主义的生产关系中,用自由自觉的生产活动取代资本主义的异化劳动。劳动者自由自觉地支配劳动产品,以自身为目的去自由地劳动,从而使劳动者在生产劳动中实现自由而全面发展。坚持中国道路,始终把实现人的价值放在首位,中国共产党把满足人民对美好生活的向往作为奋斗目标,逐步实现人与自身的和谐相处。

(三)包容性:兼容人类优秀文明成果基础上的开放态度

中国道路秉持着兼容人类优秀文明成果基础上的开放态度,既是"走自己的路",也是走人类文明发展之路。

西方文明在与世界文明互动时充斥着"优越性"和"冲突性"。率先完成工业革命的资本主义国家,以舆论渗透、价值同化、暴力征服等手段在全球范围内开展殖民扩张,确立以欧洲-大西洋的世界权力中心和地缘政治中心,"一切民族……都卷到文明中来"[①]。个体与个体间的不平等上升到文明与文明之

---

① 《马克思恩格斯选集》(第一卷),人民出版社,2012年,第404页。

间的不平等,人为创造出全球范围的不平等体系,呈现出"西方优越"的假象。在"西方优越"的价值范式中,其他民族文明不过是西方文明的依附,只有西方文明才具有普遍意义。

"文明没有高低、优劣之分"①,任何文明都有其独特价值,人类文明的发展也是在求同存异中演进的。中华文明与西方文明不是替代关系,也不是互斥关系,而是共存关系。自世界历史开创以来,人类的物质文明和精神文明都已成为"世界历史性的存在",也只有在这个意义上才能存在。中国共产党自成立以来,始终以包容开放的态度对待世界各国人民的文明创造,充分吸收借鉴西方道路和人类文明发展中的一切有益经验。

坚持中国道路,体现了中华文明在与世界其他文明互动中彰显出"包容性"与"互鉴性"。党的二十大报告指出,"以海纳百川的宽阔胸襟借鉴吸收人类一切优秀文明成果"②。中国主张世界各国共建人类命运共同体,摒弃西方"文明冲突论",以"命运与共"的理念超越西方文明的"优越性"与"冲突性"。

(四)全面性:摒弃资本至上逻辑基础上的人民至上

中国道路的全面性在于,摒弃西方道路的资本至上逻辑,坚持人民的立场,在个体、国家、人类三个层面上超越西方现代化道路的片面性。中国道路,促进人自由而全面的发展,实现全体人民共同富裕,推动构建人类命运共同体。

从个人的发展层面来看,中国道路是实现人自由而全面发展的道路,超越西方资本逻辑下的产物"单向度的人"。资本主义社会发展所实现的现代化是特权阶层的现代化,本质是"物"的现代化。在资本逻辑的支配下,"理性"异化为"工具理性","自由"异化为"极端个人主义",人异化为孤立的人,除了自

---

① 《习近平谈治国理政》(第一卷),外文出版社,2018 年,第 259 页。
② 习近平:《高举中国特色社会主义伟大旗帜 为全面建设社会主义现代化国家而团结奋斗——在中国共产党第二十次全国代表大会上的报告》,人民出版社,2022 年,第 21 页。

私自利以外没有任何追求,除了理性之外没有任何情感,最终导致个人的全面发展与社会的发展方向相互对立。中国道路坚持中国共产党领导,以群众史观为理论基础,以"每个人自由而全面的发展"为基本旨归,实现人的发展与社会发展的统一。社会发展追求的现代化是"人"的现代化,人是"现实的人",不受"物"的统治,不受他人支配的前提下能动地表现自己,发挥自身的主动性改造世界。同时,人的现代化并非绝对排斥物的现代化,人的全面发展需要生产力的发展奠定物质基础。可见,坚持中国道路是在关注物质丰富的基础上,注重精神富裕,实现人自由而全面发展。

从社会发展层面上来看,中国道路的目标是全体人民共同富裕,超越西方社会两极分化的困境。资本主义社会在创造巨大的物质财富的同时,也带来了巨大的贫富分化,甚至是社会阶级冲突与撕裂。资本主义所追捧的"自由""民主"过分突出个人价值,造成极端个人主义,弱化社会共同利益的价值。中国道路的主体是全体人民,社会主义的本质是实现共同富裕。"共同"是前提,共同富裕不是少数人的、个别地区、某个利益集团的富裕,而是涵盖全体人民的共同富裕;"富裕"是关键,富裕的内容不仅是物质方面,还有精神方面,要不断满足人民多层次多样化的美好生活需要。由此可见,中国道路是中国共产党领导的"人"的现代化,主张维护最广大人民群众的根本利益,全体人民共享发展结果。

从人类发展层面上来看,中国道路弘扬的全人类共同价值超越了西方的"普世价值"。资本主义社会在实现发展的过程中,把资产阶级自身的特殊利益包装成人类的共同利益,把资本主义价值观伪装成"普世价值"。在资本至上的逻辑驱使之下,西方国家对内残酷剥削,对外殖民掠夺,将"资本家剥削工人"扩大到"富有国家剥削贫穷国家"的状态,导致世界长期处于对抗性矛盾之中。中国道路始终是站在"人类社会"立场之上的社会发展之路,我们与资本主义道路的明显界限在于,我们站在"世界历史"的高度审视中国发展与全人类发展。中国道路主张构建人类命运共同体,把全人类共同价值作为价值遵循,充分彰显人类文明新形态的道义担当,科学回答"怎样推进人类文明"的问题。

三、中国道路的世界意义

(一)政治意义:实现发展中国家社会进步和独立自主的统一

中国道路打破了世界资本主义体系的"中心–外围"不平等关系,破解了发展中国家实现社会进步与独立自主之间的悖论。中国走出一条既不"脱钩"也不"依附"的新道路,既顺应经济全球化潮流,实现国家社会经济发展,又把握历史主动,保持独立自主。中国作为世界上最大的发展中国家,也曾遭受过西方殖民入侵、资本主义体系的围追堵截,但依然以独立自主的姿态屹立于世界东方。中国道路为那些既希望保持独立自主,又能够实现社会发展的广大发展中国家开辟了一条新道路。

中国道路是一条行之有效又可资借鉴的道路。习近平指出:"现代化道路并没有固定模式,适合自己的才是最好的,不能削足适履。每个国家自主探索符合本国国情的现代化道路的努力都应该受到尊重。"①中国道路表明,社会发展模式没有唯一答案,社会发展道路也没有标准答案,没有任何一种发展模式可以适合任何国家发展的"万能答案",人类社会也不存在放之四海而皆准的发展道路。西方道路是基于西方经济历史文化的道路,相较于西方道路,中国道路更加契合发展中国家的现实需要,更加有效推进发展中国家改革实践。但是中国道路依然不能直接套用在其他发展中国家,照搬照抄只会出现"水土不服",发展道路需要各国脚踏实地地探索,发展模式也需要世界各国共同探索。

---

① 《习近平谈治国理政》(第四卷),外文出版社,2022 年,第 427 页。

（二）社会意义：实现了经济快速发展和社会长期稳定的统一

中国道路用几十年的时间完成了发达国家几百年走过的工业化进程，创造出经济快速发展和社会长期稳定的两大奇迹，打破了"亨廷顿悖论"。改革开放以来，中国共产党不断探索国家治理体系和治理能力问题，实现长期政治稳定、经济发展、社会和谐，形成"中国之治"与"西方之乱"的鲜明对比。并且两大奇迹相辅相成、相得益彰。经济的快速发展为社会和谐稳定奠定坚实基础，使广大人民群众共享发展成果；社会的长期稳定又为经济可持续发展创造条件，能够聚精会神搞建设。

中国道路之所以能够创造两大奇迹，在于能够实现中国共产党的领导、人民当家作主、依法治国的有机统一。中国共产党没有自己的特殊利益，是为人民谋幸福、为民族谋复兴、为世界谋大同的先进政党；人民是国家的主人，人民为国家发展共同奋斗，同时共享发展成果，实现长远利益与现实利益的统一；依法治国能够解决社会内部矛盾，维持社会秩序。中国道路的成功，开辟了一条贫穷落后国家实现现代化的新路，证实了"稳定"与"发展"不是悖论。

（三）文明意义：促进了人类文明多元呈现和一体方向的统一

中国道路创造人类文明的新形态，促进了人类文明的多元呈现和一体方向的统一。一方面，摒弃西方文明排他、独断、霸权的价值取向，尊重世界文明的多样性；另一方面，以全人类共同价值为主旨，主张"和而不同""求同存异"的思维方式，积极构建人类命运共同体。

全人类共同价值是站在"人类社会"的高度，强调世界文明的多样性与人类社会命运与共的一体性的统一。西方"普世价值"并非真正的"普世"，因为生产资料私有制的性质决定其"价值"只能代表资产阶级的特殊利益取向，"普世"的目的不过是要将西方价值强行推销给全世界，而推行的手段则是

"霸权""强权"。全人类的共同价值建立在世界历史的格局之上,主张"和而不同""求同存异",在不同时期、不同民族、不同国家之间寻求"最大公约数"。

坚持中国道路,主张构建人类命运共同体,展现了开放包容、命运与共的态度。文明不存在优劣高低之分,文明是平等的;文明不应该是"一元"的,文明是"多元"的。中国道路所倡导的人类命运共同体实践方案,既尊重世界文明具有多样性又强调统一性,既能解决中国问题又能解决世界难题。文明之光要灿烂永续,既要独立自主又要博采众长,既要坚守初心又要与时俱进。中国道路所创造的人类文明新形态会在未来创造新时代中国发展新辉煌,为促进人类和平与发展作出新的更大贡献。

中国式现代化对科学社会主义的坚持与发展

张 涵 钟 彬

[摘要]中国式现代化是党领导人民在现代化建设过程中取得的重大成果,为实现人类现代化提供了新选择,创造了人类文明新形态。中国式现代化在开创、发展到完善的过程中始终秉持着科学社会主义基本原则,坚持中国共产党的领导不动摇,扎实推进全体人民的共同富裕,坚持人民至上的价值取向,加强无产阶级政党的建设。中国式现代化在不断前行、探索和发展中深化了对社会主义本质的认识,彰显了无产阶级政党的性质,使科学社会主义在21世纪的中国创新发展。

[关键词]中国式现代化;科学社会主义;基本原则

党的二十大报告指出:"科学社会主义在二十一世纪的中国焕发出新的蓬勃生机,中国式现代化为人类实现现代化提供了新的选择。"①中国式现代

作者简介:张涵,天津财经大学马克思主义学院硕士研究生;钟彬,天津财经大学马克思主义学院教授。
① 习近平:《高举中国特色社会主义伟大旗帜 为全面建设社会主义现代化国家而团结奋斗——在中国共产党第二十次全国代表大会上的报告》,人民出版社,2022年,第16页。

化的中国特色、本质特征、本质要求和世界影响等一系列新凝练、新总结和新概括，初步构建起了中国式现代化理论体系。中国式现代化的发展过程中始终坚持把科学社会主义与中国的具体实践相结合，深化了对社会主义的认识、彰显了无产阶级政党的性质、创造了人类文明新形态，以原创性的贡献丰富和发展了科学社会主义，是科学社会主义最新的重大理论成果。

一、中国式现代化深化了对社会主义本质的认识

社会主义的本质问题是科学社会主义中最深层次的问题。马克思主义经典作家虽没有明确提出"社会主义本质"的概念，但对社会主义的理想目标进行过系统论述。他们把未来社会称作"自由人联合体"。在《共产党宣言》中指出，未来社会"将是这样一个联合体，在那里，每个人的自由发展是一切人的自由发展的条件"[1]。

在《资本论》中马克思作出了进一步阐释，指出共产主义是比资本主义社会"更高级的、以每个人的全面而自由的发展为基本原则的社会形式"[2]。而实现生产力高度发达是实现每个人全面而自由发展的必然要求。中国共产党人在实践中不断丰富和发展社会主义本质论，特别是在改革开放之后，邓小平明确提出了"社会主义的本质是解放生产力，发展生产力，消灭剥削，消除两极分化，最终达到共同富裕"[3]的经典理论，这为中国后来的发展明确了奋斗目标。党的二十大报告创造性地提出"以中国式现代化全面推进中华民族伟大复兴"[4]，强调要坚定不移地走中国式现代化道路以实现生产力的高度发达，这一重要论断进一步深化了对社会主义本质的认识，也表明中国式现代

---

① 《马克思恩格斯文集》(第二卷)，人民出版社，2009 年，第 2 页。

② 《马克思恩格斯文集》(第二卷)，人民出版社，2009 年，第 683 页。

③ 《邓小平文选》(第三卷)，人民出版社，1993 年，第 393 页。

④ 习近平：《高举中国特色社会主义伟大旗帜 为全面建设社会主义现代化国家而团结奋斗——在中国共产党第二十次全国代表大会上的报告》，人民出版社，2022 年，第 21 页。

化在实践中不断丰富和发展了社会主义建设规律。

（一）中国共产党的领导决定中国式现代化的根本性质

坚持无产阶级政党的领导是科学社会主义的基本原则之一。马克思指出，"共产党人是各国工人政党中最坚决的、始终起推动作用的部分"①。社会主义是共产党的崇高事业，社会主义制度的建立、完善和发展都离不开无产阶级政党的领导。党的二十大报告强调，"中国式现代化，是中国共产党领导的社会主义现代化"②。这一论断从根本上规定了中国式现代化的社会主义本质。

坚持中国共产党的领导是实现中国式现代化的命脉所在。中国式现代化是中国共产党领导、推动、开创的现代化。党团结带领全国人民完成了新民主主义革命，取得了建立新中国的伟大胜利，彻底改变了近代以来中国积贫积弱、受人欺凌的悲惨命运和中国社会的前进方向，为中国推进现代化建设扫清了障碍。新中国成立后，党带领人民完成了对生产资料从私有制到公有制的改造，确立了社会主义基本制度，为中国式现代化从根本上锚定了社会主义方向。进而党带领人民推进社会主义建设，为党探索和开辟中国式现代化奠定了重要的经验理论和物质基础。改革开放后，中国共产党人深入分析中国的具体国情和具体实际，深刻总结了社会主义建设正反两方面的经验，创造性地开创了中国特色社会主义，前所未有地激发了中华民族的生机与活力。中国的现代化事业和中华民族伟大复兴事业都向前迈进了一大步。党的十八大以来，党团结带领中国人民在中华大地上创造了举世瞩目的成就，开启了全面建设社会主义现代化国家新征程，为中国式现代化提供了更坚实的物质基础。在不断前进和长期探索中，我们党成功推进和拓展了中国式现代化。历史充分证明，没有中国共产党，就不可能实现中国式现代化，坚持中国

---

① 《马克思恩格斯文集》（第二卷），人民出版社，2009年，第44页。
② 习近平：《高举中国特色社会主义伟大旗帜 为全面建设社会主义现代化国家而团结奋斗——在中国共产党第二十次全国代表大会上的报告》，人民出版社，2022年，第22页。

共产党的领导是中国式现代化道路行稳致远的必然要求。

（二）实现全体人民共同富裕是中国式现代化的本质特征

共同富裕是社会主义的本质要求。马克思在《政治经济学批制（1857—1858 年手稿）》中对未来社会进行设想指出，"社会生产力的发展将如此迅速，以致尽管生产将以所有的人富裕为目的"①。要实现所有人的富裕必须消灭私有制，坚持公有制，以消除两极分化。恩格斯在《反杜林论》中进一步阐释了此概念"生产资料由社会占有……通过社会化生产，不仅可能保证一切社会成员有富足的和一天比一天充裕的物质生活，而且还可能保证他们的体力和智力获得充分的自由的发展和运用"②。党的二十大报告指出："共同富裕是中国特色社会主义的本质要求……着力促进全体人民共同富裕，坚决防止两极分化。"③全体人民共同富裕揭示了推进中国式现代化的根本目标与鲜明指向，充分彰显了中国式现代化的社会主义性质。

中国式现代化是全体人民共同富裕的现代化，共同富裕是中国共产党推进中国式现代化过程中矢志不渝的奋斗目标。新中国成立以来，第一次出现"共同富裕"的概念是毛泽东在 1955 年的《关于农业合作化问题》中提出的，这里的共同富裕是特指农民这一阶级，目的是巩固工农联盟来为社会主义事业奋斗。1956 年三大改造的完成标志着确立起了社会主义公有制，这为共同富裕的实现提供了制度保障。改革开放后，邓小平进一步丰富和发展共同富裕的概念，强调要一部分人先富裕起来，一部分地区先富裕起来，先富帮后富。这里的共同富裕避免了效率低的平均主义，形成了适应现实道路的发展理念。在此基础上，中国共产党人立足社会主义初级阶段的现实国情，于党的

① 《马克思恩格斯文集》（第八卷），人民出版社，2009 年，第 200 页。
② 《马克思恩格斯文集》（第九卷），人民出版社，2009 年，第 299 页。
③ 习近平：《高举中国特色社会主义伟大旗帜 为全面建设社会主义现代化国家而团结奋斗——在中国共产党第二十次全国代表大会上的报告》，人民出版社，2022 年，第 22 页。

十三大提出"三步走"战略。在不断推进共同富裕的过程中实现了从温饱不足到总体小康伟大飞跃。进入新时代,习近平指出:"消除贫困、改善民生、实现共同富裕,是社会主义的本质要求。"①这不仅强调要实现"富",更侧重强调富裕的路上"一个也不能少"。完善促进共同富裕的基础性制度,构建起了初次分配、再分配和第三次分配相结合的分配制度。经过不断努力完成了全面建成小康社会的历史任务,使全体人民共同富裕取得了更为明显的实质性进展。中国式现代化也正是在实现全体人民共同富裕的进程中不断前进。

二、中国式现代化彰显了无产阶级政党的性质

无产阶级政党性质凸显科学社会主义的本质。恩格斯指出:"无产阶级要在决定关头强大到足以取得胜利,就必须(马克思和我从1847年以来就坚持这种立场)组成一个不同于其他所有政党并与它们对立的特殊政党,一个自觉的阶级政党。"②这一自觉的阶级政党必须是由无产阶级先进的知识分子组成的革命的政党,并且坚持以科学社会主义理论为指导来武装头脑。恩格斯概括共产主义者的宗旨之一就是要"实现同资产者利益相反的无产者的利益"③,这一论断从本质上区别了无产阶级政党与其他政党的本质。列宁将无产阶级政党学说成功推向实践,依靠无产阶级革命政党领导俄国十月革命建立起世界上第一个社会主义国家,推动了世界社会主义事业的发展。中国共产党在科学理论和成功实践的基础上,将理论与中国的具体实际相结合,成功探索出中国革命道路、成功开辟了中国特色社会主义、成功探索了中国式现代化模式。

---

① 《习近平谈治国理政》(第一卷),外文出版社,2018年,第247页。
② 《马克思恩格斯文集》(第十卷),人民出版社,2009年,第578页。
③ 《马克思恩格斯文集》(第十卷),人民出版社,2009年,第40页。

（一）人民至上是中国式现代化的价值追求

为什么人的问题是检验一个政党性质的试金石？马克思指出，"共产党人不是同其他工人政党相对立的特殊政党。他们没有任何同整个无产阶级的利益不同的利益"①。无产阶级政党是为了绝大多数人谋利益的政党，这充分彰显了无产阶级政党的工人阶级先锋队性质。科学社会主义以追求人的全面而自由发展为目标，中国式现代化则是以科学社会主义作为行动指南，以人全面发展为最终目的的现代化。党的二十大报告指出："坚持把实现人民对美好生活的向往作为现代化建设的出发点和落脚点"②，中国式现代化体现了无产阶级政党人民性的这一本质属性。

人民至上是实现人全面而自由发展的必然要求。中国共产党一经成立就把为人民谋幸福、为人民谋复兴作为自己的初心使命，并在实践中充分践行。党带领中国人民经过 28 年浴血奋战，推翻了压在人民头上的三座大山，争取了民族独立和人民解放。1957 年，毛泽东在党员干部会议上强调，"共产党就是要奋斗，就是要全心全意为人民服务，不要半心半意或者三分之二的心三分之二的意为人民服务"。在不断解决人民对经济文化的需要的过程中，实现了中华民族站起来的伟大飞跃。改革开放后，邓小平强调："社会主义现代化建设的极其艰巨复杂的任务摆在我们的面前……党只有紧紧地依靠群众，密切地联系群众，随时听取群众的呼声，了解群众的情绪，代表群众的利益，才能形成强大的力量。"③"三个代表"重要思想指出，中国共产党要始终代表最广大人民的根本利益。科学发展观把"以人为本"作为核心立场。这期间极大地激发了人民群众的积极性和创造性，实现了中华民族从站起来到富起来的

---

① 《马克思恩格斯文集》（第二卷），人民出版社，2009 年，第 44 页。
② 《高举中国特色社会主义伟大旗帜 为全面建设社会主义现代化国家而团结奋斗——在中国共产党第二十次全国代表大会上的报告》，人民出版社，2022 年，第 22 页。
③ 《邓小平文选》（第二卷），人民出版社，1994 年，第 342 页。

伟大飞跃。进入新时代,习近平强调"江山就是人民,人民就是江山"①,创造性地提出"人民至上"的理论,并将其作为党百年奋斗的十条经验之一,丰富和发展了马克思主义人民观。这一阶段在不断满足人民对美好生活的需要的过程中,使中华民族迎来了从富起来到强起来的伟大飞跃。推进中国式现代化的过程始终坚持了人民至上的观点、立场和方法。

(二)党的自我革命是中国式现代化的重要保证

无产阶级政党建设是科学社会主义的重要内容。马克思、恩格斯认识到,无产阶级政党在发展壮大过程中也会出现一些问题,这些问题就需要不断斗争来解决掉。恩格斯指出:"一个健康的党随着时间的推移必定会把废物排泄掉。"②恩格斯特别重视党内自我批评的重要性,强调"工人运动本身怎么能逃避批评呢?"③列宁也认为改正错误是无产阶级政党的标志。党的二十大报告指出:"我们党作为世界上最大的马克思主义执政党,要始终赢得人民拥护、巩固长期执政地位,必须时刻保持解决大党独有难题的清醒和坚定。"这充分证明,勇于自我革命是马克思主义政党的鲜明本色和显著标志。坚持以自我革命推动和引领中国式现代化的新征程,彰显了无产阶级政党的又一本质属性。

自我革命是党永葆青春活力的强大支撑,是推进中国式现代化的重要保证。毛泽东特别强调批评与自我批评的作风建设,批评与自我批评是推进自我革命的强大法宝。从八七会议总结教训到土地革命时期纠正党内"左"倾教条主义错误,再到抗战时期的整风运动,党的生命力和战斗力在自我革命中不断增强,领导能力和领导水平也不断提高。改革开放后,中国共产党人以巨大的政治勇气对前一时期的错误进行彻底清算,拨乱反正,重新确立了思想路线、政治路线和组织路线,成功把党的工作重点转移到社会主义现代化建

---

① 《习近平谈治国理政》(第四卷),外文出版社,2022年,第35页。
② 《马克思恩格斯全集》(第34卷),人民出版社,1972年,第264页。
③ 《马克思恩格斯文集》(第十卷),人民出版社,2009年,第580页。

设上来,实现了历史上的伟大转折。党的十四届四中全会提出了要建设"新的伟大工程",强调把党建设成为"思想上政治上组织上完全巩固、能够经受住各种风险、始终走在时代前列的马克思主义政党"①。这一时期通过理论建党和制度强党探索出自我革命的新路径,成功将中国特色社会主义事业推向21 世纪。党的十八大以来,习近平回答了"新时代建设什么样的长期执政的马克思主义政党、怎样建设长期执政的马克思主义政党"这一时代课题,强调新时代面对前进道路上的各种风浪考验和错综复杂的矛盾问题,最关键的就是加强党的自身建设,把党建设成为始终走在时代前列的、朝气蓬勃的政党。还创造性地提出党的自我革命是跳出治乱兴衰历史周期律的第二个答案。推进和发展中国式现代化,关键在党。党外部依靠民主监督,内部依靠自我革命的党建思想,在中国式现代化的过程中丰富和发展了共产党执政规律。

三、中国式现代化丰富和发展了科学社会主义

中国式现代化是党带领人民经过艰苦奋斗而走出的一条康庄大道,不同于西方国家以资本为中心的现代化,也不同于苏联封闭停滞的现代化,是立足中国国情在不断探索中形成的,创造了人类文明新形态。中国式现代化为当今世界想要实现现代化的国家提供了新的选择和新的途径,让科学社会主义在 21 世纪得到重大发展。

(一)中国式现代化为现代化路径的探索提供了全新选择

在人类社会发展进程中,现代化是各个国家都无法避开的一个必经阶段,是历史发展的必然趋势。人类社会的现代化开始于西方的"工业化",随之由资本主义掌握现代化的话语权。马克思指出:资本主义的现代化以资本为

---

① 《江泽民文选》(第一卷),人民出版社,2006 年,第 403 页。

中心引发了现代化危机和"现代的灾难"①。他批判资本主义现代化那种一般模式的发展道路,强调实现现代化要找到一条共产主义的新道路。中国式现代化道路充分体现了马克思的这一论断。在党的二十大报告中,习近平指出我们所推进的现代化,"既有各国现代化的共同特征,更有基于自己国情的中国特色"②。中国式现代化是将科学社会主义与中国具体实际相结合而探索出的有别于资本主义现代化的新路。

中国式现代化创造了以人民为中心的文明形态。中国式现代化超越了西方以资本为中心的现代化,中国式现代化的目标是促进人全面而自由的发展。马克思主义唯物史观中强调人民群众的总体意愿和行动代表了历史发展的方向,人民群众的社会实践决定这整个历史的走向和结果。第一,中国式现代化是为了人民的现代化。在党的领导下中国式现代化的一切工作始终坚持以最广大人民根本利益为最高标准,发展好、实现好人民群众最关心、最切身的大事小情。第二,中国式现代化是紧紧依靠人民的现代化,要充分坚持人民群众在中国式现代化中的主体性和创造性。中国式现代化的推进过程中的每一次前行和探索,都不无体现着人民群众的实践和智慧。中国式现代化是发展成果由人民共享的现代化,在推进现代化过程中历史性地解决了9899万贫困人口的脱贫问题,全面建成了小康社会,创造了彪炳史册的人间奇迹。

中国式现代化走出了中国特色社会主义的道路。推进中国式现代化的过程就是坚持和发展中国特色社会主义的过程。③在中国共产党的百年奋斗历程中,基于特殊国情和具体阶段,在不断前行摸索中开辟出了一条中国特色社会主义道路,极大地丰富与发展了科学社会主义。中国特色社会主义道路为中国式现代化的发展提供了方向指引。中国特色社会主义创造了社会主义

① 《马克思恩格斯文集》(第五卷),人民出版社,2009年,第9页。

② 习近平:《高举中国特色社会主义伟大旗帜 为全面建设社会主义现代化国家而团结奋斗——在中国共产党第二十次全国代表大会上的报告》,人民出版社,2022年,第22页。

③ 顾海良:《中国式现代化的战略擘画和理论体系升华》,《马克思主义理论学科研究》,2023年第3期。

文明的新形态,中国特色社会主义新道路赋予了中国式现代化更鲜明的中国特色。

中国式现代化为人类走向共产主义提供了新路径。共产主义是无产阶级政党的最高理想和最终目标,是最高级的社会形态。当今正经历世界百年未有之大变局,错综复杂的矛盾问题加速演进,特别是霸权主义、强权政治、恐怖主义、局部战争、生态恶劣等问题频发。这些问题主要是由于资本主义现代化的资本逐利,通过各种方式来巩固阶级统治地位以达到获取更多利益的目的。中国式现代化为解决这些问题提供了一种全新的路径。中国式现代化不仅强调发展自身,更强调在谋求自身发展过程中促进世界各国的共同发展,共同应对世界的复杂问题和风险挑战。提出构建人类命运共同体,为中国之问、世界之问、人民之问、时代之问贡献了中国答案,把为人类作出新的更大贡献作为自己的使命任务。在促进人类社会历史发展的过程中,中国式现代化为实现共产主义提供了一个全新选择,为人类的文明和进步贡献了更多的责任和担当。

(二)中国式现代化理论体系是科学社会主义的最新重大成果

在学习贯彻党的二十大精神研讨班开班式上,习近平作出"概括提出并深入阐述中国式现代化理论,是党的二十大的一个重大理论创新,是科学社会主义的最新重大成果"①的论断。中国式现代化理论体系的创造与形成丰富和发展了马克思主义中国化时代化的最新理论成果,为新征程的发展探索提供了最新的理论指导和根本遵循。

中国式现代化理论体系拓新了中国式现代化的理论内含。首先,丰富和发展了现代化的五大主要内涵。在人口规模巨大的现代化中,特别强调实事求是,想问题办事情要始终基于我国特殊的国情,不能好高骛远。在全体人民

---

① 《在学习贯彻党的二十大精神研讨班开班式上的重要讲话》,《新华社》,2023 年 2 月 7 日。

共同富裕的现代化中，将一切为了人民作为一切工作的出发点和落脚点，特别强调在现代化建设过程中要防止出现两极分化。在物质文明和精神文明相协调的现代化中，特别强调全面发展，以促进物的全面丰富和人的全面发展为目标。在人与自然和谐共生的现代化中，特别强调遵循自然规律，要坚定不移走生态文明道路，实现永续发展。在走和平发展道路的现代化中，特别强调共赢理念。

其次，首次系统阐释了中国式现代化的本质要求。党的二十大报告提出，"坚持中国共产党领导，坚持中国特色社会主义，实现高质量发展，发展全过程人民民主，丰富人民精神世界，实现全体人民共同富裕，促进人与自然和谐共生，推动构建人类命运共同体，创造人类文明新形态"[①]的本质要求。九个方面的本质要求涵盖内容丰富，从三个层次分别阐述了中国式现代化的本质特征、中国式现代化的科学内涵及中国式现代化的国际影响。

最后，明确了中国式现代化的重大原则。在新征程上必须坚持和加强党的全面领导、坚持中国特色社会主义道路、坚持以人民为中心的发展思想、坚持深化改革开放、坚持发扬斗争精神[②]五项重大原则。五个重大原则是在百年来的奋斗中总结出的成功经验，回看过去的路依靠这些赢得成功，也必将依靠这些在前行的路上继续成功。

中国式现代化理论体系回答了重大时代课题。

首先，回答了新时代坚持和发展什么样的中国特色社会主义、怎样坚持和发展中国特色社会主义。中国式现代化随着党的十八大以来在理论和实践上的创新突破而不断拓展，更加坚定了中国特色社会主义道路自信、理论自信、制度自信和文化自信。推进中国式现代化是坚持和发展中国特色社会主

① 习近平：《高举中国特色社会主义伟大旗帜 为全面建设社会主义现代化国家而团结奋斗——在中国共产党第二十次全国代表大会上的报告》，人民出版社，2022年，第23~24页。

② 习近平：《高举中国特色社会主义伟大旗帜 为全面建设社会主义现代化国家而团结奋斗——在中国共产党第二十次全国代表大会上的报告》，人民出版社，2022年，第26~27页。

义的必然要求,只有坚持高举中国特色社会主义的伟大旗帜,才能保持中国式现代化的不变本色。

其次,回答了建设什么样的社会主义现代化强国、怎样建设社会主义现代化强国。中国式现代化是自主探索的全面发展现代化,为实现现代化的路径提供了全新选择。强调以中国式现代化全面推进中华民族伟大复兴,明确了全面建设社会主义现代化强国分"两步走"的战略安排。

最后,回答了建设什么样的长期执政的马克思主义政党、怎样建设长期执政的马克思主义政党这一重大时代课题。中国式现代化明确中国共产党的领导地位,坚持中国共产党领导的重大原则,这就对党提出了更高的要求,必须坚持加强党的自身建设,以党的自我革命引领伟大的社会革命。只有坚持党的领导才能激发中国式现代化的强大动力,才能保证中国式现代化行稳致远。

四、结语

中国式现代化是中国共产党领导中国人民百年奋斗中探索出的宝贵财富,在理论和实践层面丰富和发展了科学社会主义,正深刻影响着中国的现代化方向与未来,更影响着世界各国现代化的进程。我们初步构建起了中国式现代化理论体系,其作为马克思主义中国化时代化最新的重大理论成果,使科学社会主义的真理性和生机性极大地释放与显现,更加坚定了无产阶级政党的最高理想和最终目标,为全人类解放和发展贡献中国智慧。

参考文献:

1.《马克思恩格斯文集》(第二卷),人民出版社,2009 年。

2.《马克思恩格斯文集》(第五卷),人民出版社,2009 年。

3.《马克思恩格斯文集》(第八卷),人民出版社,2009 年。

4.《马克思恩格斯文集》(第九卷),人民出版社,2009 年。

5.《马克思恩格斯文集》(第十卷),人民出版社,2009 年。

6.《邓小平文选》(第二卷),人民出版社,1993 年。

7.《邓小平文选》(第三卷),人民出版社,1993 年。

8.《江泽民文选》(第二卷),人民出版社,2006 年。

9.《习近平谈治国理政》(第一卷),外文出版社,2018 年。

10.《习近平谈治国理政》(第四卷),外文出版社,2022 年。

11.《高举中国特色社会主义伟大旗帜为全面建设社会主义现代化国家而团结奋斗——在中国共产党第二十次全国代表大会上的报告》,人民出版社,2022 年。

12.《中共中央关于党的百年奋斗重大成就和历史经验的决议》,人民出版社,2021 年。

13.《在学习贯彻党的二十大精神研讨班开班式上的重要讲话》,《新华社》,2023 年 2 月 7 日。

社科类社会组织学术活动篇

"哲学视阈下的中国式现代化"青年学者论坛
会议综述

　　为深化中国式现代化的理论研究,"哲学视阈下的中国式现代化"青年学者论坛于 2023 年 12 月 2 日在天津社会科学院召开。本次论坛由天津市哲学学会、21 世纪马克思主义研究专业委员会主办,天津社会科学院马克思主义研究所、哲学研究所共同承办。天津市社会科学界联合会党组成员、一级巡视员阎峰,天津社会科学院党组成员、副院长王庆杰,天津市哲学学会会长、南开大学学术委员会副主任、马克思主义学院院长王新生出席开幕式并致辞。开幕式由天津社科院马克思主义研究所所长杨义芹主持。来自南开大学、天津大学、天津师范大学、天津外国语大学、天津医科大学、中共天津市委党校、天津社科院等高校和科研机构的三十余位专家学者参加了会议。

　　本次论坛的主题是"哲学视阈下的中国式现代化"。习近平指出:"中国式现代化蕴含的独特世界观、价值观、历史观、文明观、民主观、生态观等及其伟大实践,是对世界现代化理论和实践的重大创新。"中国式现代化,深深植根于中华优秀传统文化,体现科学社会主义的先进本质,借鉴吸收一切人类优秀文明成果,代表人类文明进步的发展方向,展现了不同于西方现代化模式的新图景,是一种全新的人类文明形态。因此,准确透彻地理解中国式现代化的深刻哲学意蕴,为全面推进中国式现代化提供有力学理支撑,就成为广大哲学工作者在新时代的光荣使命。

在论坛主旨报告环节,王新生与天津市哲学学会副会长、天津师范大学新时代马克思主义研究院执行院长杨仁忠教授分别作了题为"中国式现代化的三个基本问题""在中国式现代化建设实践中构建自主的哲学学科话语体系"的报告,从不同角度对"中国式现代化"作了精彩的学术讲解。

王新生认为,以中国式现代化全面推进中华民族伟大复兴,创造人类文明新形态,这是中国共产党在新时代提出的一个重大历史命题。要想深刻把握这一重大历史命题,就必须深刻理解中国式现代化的底层逻辑,因而需要首先回答三个方面的基本问题:为什么是现代化?为什么是中国式现代化?为什么以中国式现代化全面推进中华民族伟大复兴,创造人类文明新形态?随后,王新生对这三个问题进行了详细阐述,最后表示从各学科角度切入,深入研究和回答中国式现代化发展过程中提出的各方面问题,并形成相互贯通、彼此支撑的格局,便会在将来形成宏大的中国式现代化的理论体系、知识体系和话语体系。

杨仁忠从"为什么要建构中国自主的哲学社会科学话语体系、要建构一个什么样的哲学社会科学话语体系、如何在中国式现代化实践中建构中国自主的哲学社会科学话语体系"三个方面对报告主题进行了深入的学理阐释和实践解读。他首先从历史逻辑、理论逻辑、现实逻辑的视角阐释了建构中国自主的哲学社会科学知识话语体系是中国式现代化的必然要求,强调以中国自主知识体系为依托,以中华文明为主体并融汇人类一切优秀成果,体现中国式现代化实践要求,最后表示中国自主的哲学社会科学话语体系的建构既是可能的也是现实的,并提出了构建原则、世界观方法论基础和基本路径。

在论坛专题讨论环节,来自南开大学、天津大学、天津师范大学的 5 位青年学者代表分别以"马克思主义生态休闲思想及其对中国式现代化的启示""中国式现代化普遍性与特殊性的哲学思考""从科学的实践观深入理解和把握中国式现代化""科学审视中国式现代化建设的出发点和落脚点""中国式现代化主体选择的四重意蕴"等为题,就中国式现代化进行了深入研讨交流。

天津大学马克思主义学院于萍认为,马克思对共产主义休闲思想的论述富含了深刻的生态意蕴,构建了一个人与自然和谐共生的生态休闲样态,以共产主义为视角对马克思生态休闲思想的解读,不仅能够推动学界对马克思休闲思想生态维度的研究,而且能够为人与自然和谐共生的中国式现代化提供重要的理论启示。

南开大学马克思主义学院孟庆龙从普遍性与特殊性的辩证统一角度论述了中国式现代化的哲学意蕴,认为中国式现代化是在吸收借鉴人类文明创造的一切积极成果的基础上,结合中国独特的命题生成、历史条件、价值目标,又结合当今时代的发展要求而提出的。

天津师范大学马克思主义学院张建霞认为,科学实践观为我们认识世界和改变世界提供了基本的思想方法和工作方法,也是理解和把握中国式现代化丰富内涵的方法论基础,中国式现代化是新时代对马克思主义科学实践观的回应和时代创新,实现了理论与实践的具体的、历史的统一。

天津大学马克思主义学院王继华从理论维度、现实维度、特征维度、价值维度四个维度阐述了将人民对美好生活的向往变成现实的基本内容,认为在未来我国社会发展过程中,坚持将人民对美好生活的向往作为中国式现代化建设的出发点和落脚点,将推动中国式现代化道路行稳致远。

天津师范大学马克思主义学院余成苗博士从认识主体、实践主体、价值主体和审美主体四个维度探讨了中国式现代化的主体选择,认为中国式现代化是人民选择美、践行美的过程,更是实现美和创造美的过程,它拓展了追求美好生活的人民主体性意蕴。

本次青年论坛主题鲜明、交流深入,既有对中国式现代化内含与特点的精细分析,又有对哲学学科话语体系构建的深刻思考,为深化中国式现代化的理论研究提供了有益借鉴。

从科学的实践观深入理解和把握中国式现代化(观点摘要)

科学实践观为我们认识世界和改变世界提供了基本的思想方法和工作方法,也是理解和把握中国式现代化丰富内涵的方法论基础。科学实践观的前提批判和最终旨归是人的自由本质的"现实化",中国共产党正是从解决人的谋生问题、改变人的生产方式出发,一切从实际出发,实事求是地把握中国式现代化道路的起点,并从否定的方面、从现实生活的自我矛盾方面去理解和把握现存的一切,在中国式现代化道路的实践中迈向共产主义目标;理论来源于实践,是对社会实践发展状况及其规律的反映和概括,在回应人民呼声、解决实践中出现的矛盾的过程中,逐渐形成了包含着独特的世界观、价值观、历史观、文明观、民主观的一系列范畴、观点和理论构成的中国式现代化的科学理论体系;在实践创新和理论创新的良性互动中,中国式现代化道路和理论逐渐拓展到制度、文化等层面,使中国式现代化体现为一种建构式文明,因而创造了人类文明新形态。

中国式现代化绝不是"翻版"西方式现代化的结果,也不是对马克思主义理论的教条式运用,是新时代对马克思主义科学实践观的回应和时代创新,实现了理论与实践的具体的、历史的统一。

本文作者:张建霞,天津师范大学马克思主义学院

中国式现代化普遍性与特殊性的哲学思考(观点摘要)

中国式现代化理论是蕴含丰富哲学智慧的重大理论体系。一方面,个性离不开共性,没有事物之间的共同性、普遍性,就不会有必然性、规律性。这意味着离开共同性的"独立自在"的特殊性是不存在的,中国式现代化内在包含现代化的共同特征。另一方面,片面地、绝对化地遵循普遍性又是行不通的,这样只会把某些普遍性的原则变成僵死的教条、先验的图式。

这就要求我们在把握普遍性的同时还要把握特殊性。但把握特殊性,并不是要拘守自身,自说自话,妄自尊大,搞经验主义蔑视普遍性,以特殊性取代普遍性,而是为了更深入地把握普遍性。正是在普遍性中把握特殊性,中国共产党既没有像某些国家一样照搬照抄西方现代化模式,也没有一味复刻中国传统模式,而是在吸收借鉴人类文明创造的一切积极成果的基础上,结合中国独特的命题生成、历史条件、价值目标,结合当今时代的发展要求,提出了中国式现代化是人口规模巨大、全体人民共同富裕、物质文明和精神文明相协调、人与自然和谐共生、走和平发展道路的现代化。

本文作者:孟庆龙,南开大学马克思主义学院

马克思生态休闲思想及其
对中国式现代化的启示(观点摘要)

休闲是人的一种基本生活方式,同时也是人的自由全面发展的重要维度。共产主义社会中合乎自然规律及人自身需要的休闲可以称为生态休闲,马克思对共产主义休闲思想的论述富含深刻的生态意蕴,构建了一个人与自然和谐共生的生态休闲样态。

第一,生产力高度发展下自由时间的积极利用是共产主义社会实现生态休闲的首要条件;第二,"人类同自身和解"以及"人类与自然和解"相统一基础上的劳动和休闲的统一是共产主义社会实现生态休闲的必要条件;第三,共产主义社会实现生态休闲最终旨归于人的自由全面发展,人在生态休闲中恢复对自身生态需要的觉知,实现自身的解放和发展。

以共产主义为视角对马克思生态休闲思想的解读,不仅能够推动学界对马克思生态休闲思想维度的研究,而且能够为人与自然和谐共生的中国式现代化提供重要的理论启示。

首先,要满足人民生态休闲需要,实现美好生态生活;其次,要贯彻新发展理念,推动高质量发展,实现现代化的生态生产;最后,要制定生态发展战略,完善生态法律制度,推进生态治理现代化。人与自然和谐共生的现代化需要宏观领域和微观领域的共同推进,生态休闲将成为生态文明建设、人的现代化与社会的现代化建设所应对的重要理论问题和实践问题。

本文作者:于萍,天津大学马克思主义学院;马湘芹,渤海大学马克思主义学院

马克思美德伦理与人的现代化
之逻辑同构（观点摘要）

　　马克思究竟如何看待伦理道德以及人的存在和发展？事实上，马克思批判的是具有意识形态性的资产阶级伦理道德，马克思思想中隐性贯穿一种以"人的存在及其方式变革"为核心的美德伦理学，强调人的本质实现和人性繁荣，美好生活（good life）即幸福是其最高追求。

　　马克思美德伦理与历史唯物主义逻辑自洽。马克思对人并非持漠视的态度，他批判的是对抽象的人的探讨，关注的则是现实的人的美好存在和全面发展。在马克思的思想语境中，人的现代化是社会现代化的先决条件和最终归宿，其实质是人的主体潜能和力量的充分绽放。马克思美德伦理与人的现代化具有内在同构性。历史唯物主义是二者的共同遵循，马克思美德伦理与历史唯物主义在历史语境主义方法论意义上有效融洽，同样，人的现代化是基于历史唯物主义的现实展开；"现实的人"是它们的共同关注中心，人的品质卓越和行为完善是二者的共同焦点；马克思将自由作为其幸福理论的内核，人的自由-幸福存在方式是二者的共同伦理旨归。

　　马克思美德伦理及人的现代化都实现了人的个体性、群体性和总体性的辩证统一。马克思美德伦理与人的现代化共存并内在互动：人的现代化内蕴马克思美德伦理之维,并在多个层面生动彰显马克思美德伦理思想;反过来,马克思美德伦理是人的现代化的伦理根基,人的现代化是马克思美德伦理的时代丰富和发展。二者共同促进主体现代化。

本文作者:李星,南开大学马克思主义学院

科学审视中国式现代化建设的出发点和落脚点
——美好生活需要的四维探析(观点摘要)

随着我国第一个百年奋斗目标的完成,建设社会主义现代化国家成为党和国家的工作重点。与西方现代化不同,中国式现代化的本质要求之一是要实现全体人民的共同富裕。党的二十大特别强调要把实现人民对美好生活的向往作为现代化建设的出发点和落脚点。

近年来, 习近平多次重申人民对美好生活的向往是我们的奋斗目标,并提出人民群众的美好生活需要和发展的不平衡不充分之间的矛盾是当前我国社会的主要矛盾。在新征程上,将人民对美好生活的向往变成现实,需要我们准确把握人民群众美好生活需要的基本内容。从理论维度看,马克思的需要理论为理解美好生活需要的科学内涵提供了理论依据;从现实维度看,新时代人民群众的美好生活需要主要表现为自然需要更加立体、社会需要日趋复杂和精神需要不断提升三个方面;从特征维度看,美好生活需要具有丰富多样性、动态发展性、现实客观性和人民主体性等独特属性;从价值维度看,满足人民群众对美好生活的向往,将有助于促进个人的全面发展和社会整体的繁荣进步。

在未来我国社会发展过程中,坚持将人民对美好生活的向往作为中国式现代化建设的出发点和落脚点,将推动中国式现代化道路行稳致远。

本文作者:王继华,天津大学马克思主义学院

中国式现代化主体选择的四重意蕴
（观点摘要）

中国式现代化是中国共产党团结带领全国各族人民在揭示人类社会发展一般规律的过程中深化了对中国现代化的规律性认识，在探索当代中国的经济、政治、文化、社会、生态发展等实践活动的过程中取得了现代化发展的丰硕成果和主要成就；而满足人民对美好生活的需要和向往，保障人民群众在现代化实现过程中增强获得感和幸福感，是全面建成社会主义现代化强国、实现第二个百年奋斗目标、推进中华民族伟大复兴的题中应有之义。

中国式现代化是人民选择美、践行美的过程，更是实现美和创造美的过程，它拓展了追求美好生活的人民主体性意蕴。从现代化的"追随者"，到现代化的"并跑者"，再到现代化的"引领者"，新时代的伟大成就，是党领导人民一起"拼出来、干出来、奋斗出来"的。因此，从认识主体、实践主体、价值主体和审美主体四个维度研究中国式现代化的主体选择，符合我国具体国情，代表了"人民的名义"，丰富和深化了对中国式现代化历史主体的规律性认识，破解了传统现代化和西方现代化的"古今中西之辩"，回应和解答了现代化发展过程中的人民之问和时代之问，对持续推进中国式现代化的体系化研究和学理化阐释有着重大的理论意义和现实意义。

本文作者：余成苗，天津师范大学马克思主义学院

中国式现代化与全过程人民民主

——天津市政治学学会 2023 年年会会议综述

2023 年 10 月 22 日,由天津市社会科学界联合会与天津市政治学学会主办,南开大学周恩来政府管理学院承办的"天津市政治学学会 2023 年年会、第十四届天津市青年政治学论坛暨天津市社科年会政治学分会场"于南开大学津南校区周恩来政府管理学院成功举办。来自南开大学、天津大学、中央财经大学、电子科技大学、国防大学、天津师范大学、天津财经大学、天津商业大学、中国国际友好联络会和平与发展研究中心等二十余所高校和研究机构的一百余位专家学者参与会议研讨。

南开大学周恩来政府管理学院党委书记王慧、杨龙、程同顺,天津师范大学高景柱,天津财经大学杨书文,天津商业大学薛立强,天津社会科学院于家琦等专家学者出席了会议。本次会议以"中国式现代化与全过程人民民主"为主题,围绕中国式现代化的内涵与外延、全过程人民民主的理论与实践、国家治理现代化等学术议题进行了深入研讨。

一、中国式现代化的内涵与外延

党的二十大报告提出："从现在起,中国共产党的中心任务就是团结带领全国各族人民全面建成社会主义现代化强国、实现第二个百年奋斗目标,以中国式现代化全面推进中华民族伟大复兴。"与会学者以学习领会党的二十大精神为立足点,在中国式现代化的内涵与外延、中华优秀传统文化与中国式现代化、中国式现代化与共同富裕等相关议题上进行了研讨。

坚持中国共产党的领导是中国式现代化的本质特征。有学者提出,党的性质宗旨和初心使命决定了中国式现代化是社会主义现代化。中国式现代化包含着现代化道路的一般规律和共同特征,为人类社会走向现代化提供了新的选择。有学者认为,"人与自然和谐共生的现代化"是中国式现代化的生态向度,强调"人与自然是生命共同体",蕴含着丰富的当代人权精神与价值。

有学者从传统文化视角理解中国式现代化,认为中国式现代化蕴含的世界观、价值观与传统文化对天人关系、治国理政等问题的思考一脉相承,优秀传统文化通过创造性转化成为中国式现代化塑造的文明新形态的历史底蕴和文化基因。有学者关注中国式现代化推动两岸融合发展的重要作用,认为中国式现代化是蕴含共同富裕、物质精神文明相协调等内容的高质量发展,高质量发展正是两岸关系融合发展的机遇所在,其理论逻辑在于使两岸同胞生活更好,享有更高品质的和平生活。

二、全过程人民民主的理论与实践

全过程人民民主是社会主义民主政治的本质属性。党的二十大报告把发展全过程人民民主确定为中国式现代化本质要求的一项重要内容,对"发展全过程人民民主,保障人民当家作主"做出全面部署、提出明确要求。与会学者聚焦全过程人民民主的理论与实践，探讨全过程人民民主的发展演变、制度建设、意识形态建设、天津实践等学术议题。

有学者指出，我国民主的发展与演变经历民主思想萌芽、政治民主斗争、社会主义民主政治的确立与发展三个阶段，全过程人民民主的"全"的内涵在于全链条、全方位、全覆盖，"过程"在于表达过程、协商过程、征询过程、决策过程、评价过程，既有着完整的制度程序，也有着完整的参与实践。有学者提出，全过程人民民主以全方位的制度构建为基础，坚持以党内民主、人大民主、政府过程民主、协商民主带动全过程人民民主，以保证人民民主的真实有效，宏观制度设计上的优越性以及中微观层面实践形式的丰富性保证了全过程人民民主的制度优势和治理效能。

有学者从社会主义意识形态建设方面探讨全过程人民民主理论，提出要牢牢掌握党对意识形态工作领导权、坚持马克思主义在意识形态领域指导地位的根本制度以及加快构建中国特色哲学社会科学的学科体系、学术体系、话语体系，从而建设具有强大凝聚力和引领力的社会主义意识形态。有学者基于天津市东丽区"约吧"的案例分析探讨全过程人民民主的天津实践。

三、国家治理现代化前沿议题

国家治理体系和治理能力是一个国家制度和制度执行能力的集中体现。党的二十大报告把"国家治理体系和治理能力现代化深入推进"作为新时期我国发展的主要目标任务之一。政府建设关乎国家治理现代化的发展前景。有学者从历史政治学视角对政府公职人员规模进行阶段划分探索，提出公职人员规模变迁的"滞后性"要求相关部门进行公职人员规模调整时应做到提前谋划，主动进行适应性调整。有学者剖析当前数字政府建设存在的现实问题，认为全过程人民民主的价值取向对数字政府建设能够起到调整规范和方向指引作用。有学者基于"技术—职责—组织"三维分析框架，探讨职责调整与政府数字化转型的互动机制。

完善社会治理体系是国家治理现代化的重要议题。有学者从社会治理共同体角度探讨国家治理现代化，认为社会治理共同体高质量发展需要从党建引领制度创新、完善科技支撑体系、推进合作治理、夯实专业治理基础、拓展共同治理适用场域等方面重点推进。有学者关注数字技术赋能乡村治理共同体的重要作用，认为数字技术通过流量变现与利益联结重塑乡村治理的社会基础，进而助推乡村治理有效。有学者探讨全过程人民民主和中华民族共同体建设的逻辑关联，认为两者的内在逻辑关联证明了统一的多民族国家与发展人民民主的兼容性。

从国家治理现代化出发，有学者探讨中国营商环境治理现代化，认为深化营商环境改革需要遵循市场化、法治化、国际化的基本价值指引，需要着力打造激励充分、自由竞争、开放包容的治理体系。有学者关注生态治理现代化的逻辑机理，将生态治理现代化的理论形态和实践样本概括为"迈向整体性治理"：党的领导提供了核心动能，结构重塑奠定了组织基础，共同行动确定了行为遵循。有学者剖析治理现代化进程中的县级部门任务超载现象，从压力输入和组织适应两个维度阐释任务超载现象的发生机理，提出理顺权责关系、优化督考模式、建立上下联动的工作机制等政策建议。

与会学者认为，在全面建设社会主义现代化国家、以中国式现代化全面推进中华民族伟大复兴的新征程上，政治学应该充分发挥自身学科优势，把握历史机遇，积极回应时代赋予中国政治学的使命和挑战，为构建中国特色哲学社会科学话语体系贡献力量。

本文作者：杨明、万思、黄睿楠，南开大学周恩来政府管理学院

习近平生态文明思想对马克思主义生态政治学的原创性贡献(观点摘要)

西方生态政治学的叙事危机呼唤着马克思主义生态政治学的学术构建。作为破解西方生态政治学对生态政治现象的现代性意识形态遮蔽的需要,马克思主义生态政治学以马克思主义哲学视域下对人与自然关系的政治哲学分析为思维起点,以马克思主义政治经济学视域下对生态危机制度根源的挖掘为逻辑展开,以科学社会主义视域下对生态政治变革与生态文明社会的谋划为终极诉求。

基于理论源流、传统转化、文明视野、西方镜鉴与实践反思的多重考量,习近平生态文明思想得以具备鲜明的政治品格,其关于建设社会主义生态文明、党全面领导生态文明建设、全民行动共建美丽中国、以人与自然和谐共生的现代化推动构建人类文明新形态、将生态文明建设作为"国之大者"、共谋全球生态文明建设的相关论述,从政治认知(议题创制)、社会政治动员、政治回应与决策、政策落实与变革等方面对马克思主义生态政治学做出了兼具科学性与时代性的原创性贡献,以生态政治为切入点进一步深化了对共产党执政规律、社会主义建设规律、人类社会发展规律的认识。

本文作者:李培鑫,南开大学马克思主义学院

争论与重构：在发展史视野中深入把握中国式现代化（观点摘要）

　　中国式现代化不仅是一个理论体系，也是一种实践体系，需要从马克思主义发展史的历史脉络中，从早期马克思主义不同流派的论争中，深入把握中国式现代化的最本质要求为什么在于中国共产党的领导。马克思从人类历史的整体视域出发创立了以人民为中心的解放学说与实践路径，实现了对西方旧哲学与欧洲中心主义的超越。但不论是西方马克思主义还是苏联的社会主义建设，都反映了以西方文明为底色的欧洲马克思主义的不同流派在实现社会主义现代化的道路上，陷入形而上学认识论与机械唯物主义方法论上的理论与实践的徘徊。中国共产党坚持以人民为中心的唯物史观认识论，以共同富裕为整体视域的方法论，正确处理了人本逻辑与资本逻辑、社会主义现代化与中华民族伟大复兴、中国复兴与世界发展的关系，是中国式现代化形成与成功的关键。

　　中国式现代化是马克思主义和中华文明共同孕育，党领导的独立自主、具有科学方法论的社会主义现代化。它在认识与方法的辩证统一中，坚持人民为中心共同富裕的现代化路径。中国式现代化代表一种现代化范式的重构,使长久以来关于社会主义是否可以实现现代化,怎样实现现代化的争论告一段落,世界历史进入一个构建人类文明整体发展的新阶段。

本文作者:孙晓鹤,天津师范大学马克思主义学院

中国式现代化道路对东非大湖地区国家的启示（观点摘要）

中国式现代化不同于西方的现代化,中国式现代化发展道路立足自身国情,其丰富的内涵对包括东非国家在内的非洲广大国家带来了很多新的启示和思考。中国式现代化是中国共产党领导的社会主义现代化,对西方现代化理论批判式借鉴和吸收,创造性发展了现代化理论,走出了一条适合本国国情的发展道路。

中国式现代化,既有学习其他国家现代化过程中的经验,也有了解世界各国在现代过程中走过的弯路和教训;不仅用批判的眼光去观察发达国家的现代化,也用批判性的视角看发展中国家的现代化。

非洲是世界上发展中国家最为集中的大陆。以东非大湖地区为代表的非洲区域有着完全不同的历史、社会人文和经济发展条件,其历史和现实问题,往往有着撒哈拉以南非洲国家普遍的共性,但也有各自鲜明的特点。政治方面涉及议题诸如非洲民族主义和非殖民化的关系、政治变迁和制度选择、非洲社会治理模式等。经济发展程度和社会文化条件都不相同。随着东非区域一体化程度的加深、非洲联盟作用的提升、非洲共享价值观的实践,所有这些都深刻体现了非洲国家现代化道路的艰巨性、复杂性和长期性。在"全球南方"和"金砖+"机制不断完善的背景下,非洲国家积极肯定中国式现代化发展道路,中国式现代化所蕴含的思想也促使非洲国家,寻求适合自身的发展道路和模式。

本文作者:甘振军,湘潭大学马克思主义学院

全过程人民民主与中华民族共同体建设的内在逻辑（观点摘要）

　　全过程人民民主和中华民族共同体建设均是习近平新时代中国特色社会主义思想指导下的重大理论创新和实践创新,分别代表着民主政治话语与民族政治话语的中国特色表达。全过程人民民主和中华民族共同体建设既统一于以中国式现代化全面推进中华民族伟大复兴的历史进程,也具有相互促成的逻辑关联。

　　全过程人民民主以各族人民共同当家作主为核心,可以提供民族平等的主体保障与安定团结的环境保障;以凝聚人心、汇聚力量为重点,发挥增进一致性认同和增强向心力关系的政治功能,是推进中华民族共同体建设的重要政治路径。中华民族共同体建设能够提供结构和动能两个维度的支持条件,结构支持使得全过程人民民主拥有团结统一的秩序化环境,动力支持促进全过程人民民主保持文明与利益的内生动能;同时,中华民族共同体建设对发展全过程人民民主具有应然层面和实然层面的导向性功能,内含着全过程人民民主应当贯彻的价值准则和实践指向,是发展全过程人民民主的显著优势之一。

　　全过程人民民主与中华民族共同体建设的内在逻辑关联生动呈现出统

一的多民族国家与发展社会主义人民民主的兼容性，为思考"民主"与"民族"的相互关系提供不同于西方固定模式的中国样本经验。

本文作者:冯辉,南开大学周恩来政府管理学院

驻村干部何以呈现融入差异？

——基于"激励—能力"框架的解释(观点摘要)

驻村干部在融入乡村社会的过程中具有显著的差异，其中受何因素影响？基于"激励-能力"的二维分析框架和案例研究方法,发现驻村干部是否愿意融入、是否能够融入是其融入差异的具体面向。对天津市 B 镇的案例追踪发现：

第一,驻村干部面临着差异化的激励互动情境与能力适配环境,"组织—干部—乡村"之间的机制与行动错位往往是引发融入差异的核心要素,驻村干部各自具有不同的结构约束与关系场域。

第二,干部融入差异化受双重因素影响,一是组织与干部间的激励协调,即组织对干部的激励强度与激励方式有所不同,干部对组织激励的需求与预期也倾向多样化;二是干部与乡村间的能力匹配,受个人特征、行政层级、社会资本等因素影响,驻村干部的融入能力具有差别,而不同乡村治理情境对驻村干部的能力要求也不一致。

第三,持续推动干部驻村机制需要在协调偏离基础上提升嵌入效能,推动实现对驻村干部的精准激励、按需赋能,使之更好地满足乡村人才振兴需求。

本文作者:何里程,南开大学周恩来政府管理学院

数字赋能：治理现代化视域下乡村治理有效的实现路径（观点摘要）

当前乡村社会普遍面临公共参与不足、乡村权威流失、社会整合能力降低等治理困境，数字时代的到来为解决乡村治理困境提供了重要契机。数字赋能乡村治理研究热衷于强调数字技术的功能性应用及其推动乡村治理结构变迁，对数字技术如何重塑乡村治理的社会基础关注不足。从乡村社会形态的内部性视角切入剖析"村BA"实践案例可发现，数字技术通过流量变现与利益联结重塑了乡村治理的社会基础，进而助推乡村治理有效。

数字技术和"村BA"的碰撞催生网红经济的发展模式，将线上的网络流量直接转换为线下源源不断的客流量，革新了乡村社会的经济业态。新兴经济业态打破乡村社会独立的、分散化的利益结构，塑造出以"村BA"为核心的利益共同体，强化着乡村社会的利益关联纽带。共同利益的建构与维系作为政治整合资源激发公共参与的热情和重塑乡村治理权威，为实现乡村治理有效奠定坚实的社会基础。在技术路径和结构路径之外，社会基础的研究进路为探究数字技术赋能乡村治理提供了不同的理论视角。

本文作者：杨明，南开大学周恩来政府管理学院

全过程人民民主视角下的数字政府建设：价值与规范（观点摘要）

全过程人民民主是新时代中国特色社会主义民主政治的最新理论成果，人民至上是其根本价值内核。基于全过程人民民主视角，针对我国数字政府建设目前存在民众权益保护不足、民众参与程度不足、数字鸿沟等现实问题，从根本出发点、核心目标与基本逻辑三个方面，探讨全过程人民民主的价值内核对数字政府建设的规范引导作用。

第一，数字政府建设应当始终以满足人民对美好生活的向往为根本出发点，始终以人民需求为导向、以优化公共服务为重点，确保公共服务真正满足人民群众的需求。

第二，数字政府建设应以彰显人民主体地位为核心目标，一方面，通过搭建平台体系，扩大民众参与途径，保证民众"能参与"；另一方面，注重宣教作用，提高民众参与意识，实现民众"想参与"。

第三，数字政府建设应当坚持数字正义与数字法治同构的数字善治逻辑，将传统公平正义观念融入政府治理数字化转型，坚持公平普惠、数字法治的价值理念，以良法善治原则指导数字政府建设，保障数字政府建设过程中民主价值的平等实现。

本文作者：李宁卉，南开大学周恩来政府管理学院

迈向整体性治理：中国式生态治理现代化的逻辑机理（观点摘要）

党的十八大以来，中国式生态治理现代化道路稳步推进，发生了历史性、转折性、全局性的变化，创造了举世瞩目的绿色发展奇迹，美丽中国建设迈出重大步伐。在这一过程中，中国探索出一套全新的理论形态和实践样本，它的背后离不开中国共产党领导的国家治理体制及相关运行机制。

这一制度奥秘可以提炼为"迈向整体性治理"。具体而言，整体性涉及党政关系、央地关系、部门关系、条块关系、政企关系和政社关系等多个层面。党的领导提供了核心动能，结构重塑奠定了组织基础，共同行动确定了行为遵循。该模式不仅能集全党意志、集国家力量推进生态文明建设，秉持公共本位，还创制了纵向多层次、横向多类型、内外多主体的共同体结构，实现了动态均衡下的有效运行。这种认识不但彰显了中国经验的可复制性和普遍价值，还反击了西方对于中国制度层面的片面化批评。在未来，需要超越对整体性治理的功用性认知，真正将整体理念嵌入中国式现代化的改革进程。

本文作者：王智睿，南开大学周恩来政府管理学院

从自信到自主:新时代中国式现代化国际话语权建构的逻辑理路(观点摘要)

在世界百年未有之大变局的背景下,中国式现代化以一种崭新的文明形态预示了未来文明演替的前景,使得"西方中心主义"面临空前的冲击和挑战。为避免中国式现代化话语被消解甚至陷入"失语"的危险境地,精心构建中国式现代化的对外传播话语体系,努力提升中国式现代化国际传播的话语权就成为时代赋予我们的重大课题。

习近平多次强调:"要努力提高国际话语权,要加强国际传播能力建设,精心构建对外话语体系……讲好中国故事,传播好中国声音,阐释好中国特色。"近些年来,我国的国际话语权建构已经取得一定的成效,但中国式现代化话语在国际传播格局中仍然面临诸多困境,这是当下亟待解决的重要问题。面对"西强中弱"话语传播格局,进一步提升中国式现代化对外传播的国际话语权,需要不断加强中国式现代化话语体系的构建,提升话语质量;塑造中国式现代化话语的传播主体,掌握话语主动;整合中国式现代化话语的传播载体,提升传播效能;优化中国式现代化话语的传播环境,增进话语认同。

本文作者:吕丹红,南开大学马克思主义学院

"人与自然和谐共生的现代化"的人权向度与意蕴（观点摘要）

　　"人与自然和谐共生的现代化"是中国式现代化的生态向度,强调"人与自然是生命共同体"的关系,蕴含着丰富的当代人权精神与价值。运用价值分析法诠释其内在的人权向度与意蕴, 有利于促进当代中国人权观的学理研究,推动中国人权实践发展进步,进而丰富并完善中国人权话语的具体内容。"人与自然和谐共生的现代化"发展基于全人类共同面临的生态危机,强调转变经济社会发展方式, 要以高品质的生态环境支撑高质量的经济社会发展,以满足人民群众和子孙后代对优美生态环境的需要, 建立人与自然平等相待、共生共荣的关系,积极推进"美丽中国"和"美丽世界"建设,进而促进人的自由全面发展,为人权事业发展进步提供健康的生态屏障。

　　"人与自然和谐共生的现代化"不仅是人权价值观念、发展理念在生态文明建设领域的现实表征,还是推动全球人权事业发展进步、增进全人类共同福祉、实现人的自由全面发展的必要手段。同时,"人与自然和谐共生的现代化"也体现出新时代中国人权事业发展道路蕴含的人民性、科学性、全面性、包容性、合理性等鲜明特色。

　　本文作者:侯博,西南政法大学人权研究院

探索高质量发展创造高品质生活的理论、实务与政策

——天津市社会学学会 2023 年学术年会综述

2023 年 11 月 18 日,天津市社会学学会 2023 年学术年会在天津体育学院召开。与会学者以"以高质量发展创造高品质生活:理论、实务与政策"为主题, 从理论、实务与政策多视角深入探索与交流创造高品质生活的理念、路径、对策与方案,会场气氛热烈,共同献上了一场丰富多彩的学术盛宴。天津体育学院党委副书记、院长张欣,天津市社科联党组成员、一级巡视员阎峰, 天津市社会学学会会长、天津市社科院张宝义,天津市社会学学会前任会长、南开大学教授、博士生导师侯钧生,天津市社会学学会副会长、南开大学社会学院副院长、博士生导师赵万里,天津市社会学学会副会长、南开大学社会学系主任、博士生导师宣朝庆,天津市社会学学会副会长、天津师范大学应用社会学系主任贺寨平,天津市社会学学会副会长、天津理工大学社会发展学院院长徐丽敏, 天津市社科院社会学所所长李培志,南开大学旅游与服务学院院长、休闲农业与乡村旅游研究中心主任、博士生导师徐虹,中国应急管理学会网络舆情专业委员会委员、天津师范大学政治与行政学院毕宏音,天津市法学会犯罪学分会会长、天津工业大学法学院刘晓梅,南开大学社会工作与社会政策系

副主任黄晓燕,天津社科联社会组织部副部长许国斌,以及来自南开大学、天津市社科院、天津师范大学、天津理工大学、天津工业大学、天津职业师范大学、天津公安警官职业学院、天津体育学院、天津市实验中学等单位的六十余名参会代表和我校一百二十余名学生参加了本次大会。

一、中国式现代化的重要任务:以高质量发展创造高品质生活

与会学者认为,全面建设社会主义现代化新阶段,人民群众不断增长的高品质生活需求,要求我们不断在高质量科学研究、高效益决策咨询、高水准社会服务,高品质人才培养中不断加强特色学科专业建设,更好地服务于国家战略和区域经济社会发展的需求,不断打造人民群众高品质生活和充满活力的社会主义现代化大都市。

天津作为中国式现代化的重要标杆性城市,全面建设社会主义现代化大都市要以高质量发展、高水平改革开放、高效能治理、高品质生活为目标导向。学者们认为,伟大的时代赋予社会学家们伟大的历史使命,希望通过此次论坛全面聚焦天津市高质量发展方向路径,凝聚社会事业各领域专家学者的智慧与力量,深入探索与交流创造高品质生活的理念、路径、对策与方案,为全面贯彻党的二十大精神和天津市全面建设现代化大都市贡献出更多智慧与力量,为开辟中国特色社会主义社会学的新征程作出努力。

二、从理论与方法层面认识社会

张宝义考察中西方社会结构的分野,认为宗教发展对西方社会结构产生了深刻影响,分析了"摩西十诫"产生过程以及在西方法律、道德、伦理等价值体系中的重要地位,对中西方社会结构塑造的影响。侯钧生强调,要坚持社会

学研究的程序和规范,尤其是正确认识定量研究;薛晓斌关注"20世纪上半叶中国马克思主义社会学方法论的发展"问题,认为马克思主义社会学方法论的演变从马克思主义这一源头,经历了从社会学到"辩证唯物主义+历史唯物主义"这一理论结构的变化和理论地位的变化;潘利侠从何谓"区分"开始,引申出"区分"的社会逻辑。王庆明的产权社会学研究认为,亟须把"身份"带回分析的中心,只有在身份与产权的对应关系中才能更准确地把握中国当下产权变革的进路。

三、社会心态是高品质生活的风向标

贺寨平以"青年'躺平'的实证研究"为题,从青年"躺平"状况及话语实践中探寻青年群体"躺平"传达的价值观念和群体诉求,关注青年心态和青年压力。毕宏音指出,网络社交空间生态优化应秉持着和而不同、协同施治、图于未萌、谋题划技的思路与策略。王可馨认为,后现代文化语境下自媒体对当代青年价值观有深刻影响,应注意一元与多元价值观的张力。

四、社会治理与高质量发展

赵万里聚焦"数字社会的治理问题与治理逻辑",围绕现代社会治理的两种逻辑、数字社会的治理问题:数字资本主义、数字社会的治理逻辑、技术—资本治理、科技与社会治理的关系四个部分展开报告。

吕弦璐针对当前社区治理结构中的问题,主张调适社区风险治理的结构张力,系统提升韧性水平。吴帆提出,应关注家庭照料资源对送托意愿的挤出效应;关注家庭照料资源对送托年龄的提升作用;注意母亲和祖辈照料资源影响程度的差异。于莉从流动人口与城市贫困之间的关系、教育的减贫效应、就业的减贫效应、社会保障的减贫效应等方面,分析教育、就业、社会保障等对户籍地身份对相对贫困影响的多重中介效应。李培志、桂慕梅等学者关注新时代志愿服务的理论内涵、现实意义与发展策略,围绕新时代文明实践志愿服务的实践与路径探索进行了探析。周建高关注居住治理问题,认为造成高密度大型集合居住区的根本原因是严格的土地管理制度,人均城市建设用地的严格控制,人均用地面积过小。张春颜以"风险差序格局"为视角探讨环境类邻避项目的社会稳定风险评估,并提出了具体建议。王旭光以"全面建设社会主义现代化国家进程中全民健身高质量发展的思考"为题,从全民健身公共服务、全民健身现代产业体系和高质量市场、全民健身多元融合的新发展格局、社会化组织管理体系、科技与数字赋能全民健身发展五个方面阐述了全民健身高质量发展的新思考。

五、社会工作的新阶段与新议题

随着中央社会工作部的成立,社会工作的理论与实务研究进入了新阶段。关信平教授以"充分发挥社会政策在中国现代化新征程中的积极作用"为主题,从促进高质量发展和走共同富裕道路两个维度上阐释社会政策在中国式现代化进程中的重要意义,提出要在总体福利水平、社会政策的公平性、积极的社会政策、包容性社会政策四个方面加强和优化,充分发挥社会政策在调节收入分配中的作用。

徐丽敏围绕"社会工作中专业实习的实践性知识建构",提出建构社会性工作实践性知识是时代的使命,明确了实践性知识的内含与特征,通过梳理社会工作实习中的实践性知识生成过程,从实习生、实习机构、学校三个层面分析实践性知识的生成困境,并分别提出了生成路径。刘振副提出中国社会工作自主知识体系的本质特征与基本构造,以及建构中国社会工作自主知识体系的现实路径。黄晓燕指出,儿童福利递送模式正在从供给驱动向需求驱动转变。王淼指出,少数民族儿童虐待是我们应该关注的地方。孙金明从家庭禀赋探讨临终老年人家庭照料负担,并提出继续稳妥推进适龄老人长期护理保险制度、就业帮扶、福利服务供给、税收减免等措施。冀云发现社区提供养老服务对疏于照料的发生有抑制作用;家人照料的时间越多,疏于照料的发生风险越低。刘晓梅认为,专业社会力量参与出狱人安置帮教工作有助于改善其所处的社会生活环境,提升非正式控制机制的质量。

　　总之,与会专家和同学们围绕相关议题,从理论、实务与政策多视角深入探索与交流创造高品质生活的理念、路径、对策与方案,为全面建设社会主义现代化大都市贡献了智慧与力量。

本文作者:司文晶,南开大学社会学院;王旭光,天津体育学院体育人文社科研究中心

从"摩西十诫"看西方社会中西方社会结构的分野(观点摘要)

"摩西十诫"是中西方社会路径分开的一个标志性的源头,对整个世界后期发展的影响很大。宗教的发展作为西方社会的框架影响深远,其中脉络很清楚。"摩西十诫"在西方法律、道德、伦理等价值体系中地位很重要。十条诫律中前四条都是和神有关系的,后六条是和人有关系。一、二诫强调一神的绝对性,三、四诫强调人要敬畏神;五、六、七、八、九诫关于人的道德;第十诫有关贪念。中西方神与神、神与人、人与人的关系类型以及社会结构塑造的不同。首先西方宗教里的神是水火不相容的,但是中国是多神并存的一个国家,神和神之间的关系非常融洽。其次是中西方神教一统性的不同。西方神教合一,中国是有教无神。西方社会呈倒T字结构,神的"独裁"性,人们生活行为准则的同质性,内部关系的平行性。中国社会呈现的是群团结构,基于血缘并以"五伦"结成的群团,非平等的内部关系,具有天然组织性。

本文作者:张宝义,天津社会科学院社会学所

充分发挥社会政策在中国式现代化新征程中的积极作用（观点摘要）

习近平在党的二十大报告提出："中国式现代化的本质要求是：坚持中国共产党领导，坚持中国特色社会主义，实现高质量发展，发展全过程人民民主，丰富人民精神世界，实现全体人民共同富裕，促进人与自然和谐共生，推动构建人类命运共同体，创造人类文明新形态。"社会政策从促进高质量发展和走共同富裕两个维度上为中国式现代化做出贡献。

社会政策在促进高质量发展和共同富裕方面发挥作用的条件有：一是社会政策在资源投入要达到一定的水平，二是社会政策的再分配要有利于缩小收入差距，三是社会政策要能够兼顾经济发展与社会公平，四是社会政策要能够兼顾各个群体的利益。需要在这四个方面做出相应的加强优化，才能发挥出其作用。同时还提到了政府财政和社会政策的关系对公共服务的再分配和提高实际生活水平平等化有重要影响。

我国总体福利水平有提升，但仍有短板需要解决，与国际水平相比还有较大差距。下一步需要提高社会政策再分配的公平性，建立全民基本收入保障体系，通过社会保险和社会救助来保障全体民众在任何时期都能获得基本的收入。加强全民社会服务，提供高质量的基本公共服务，缩小社会政策的结构性差异,注重风险再分配和社会再分配,包括普惠性和特惠性再分配、医疗救助、劳动能力和就业等方面。

最后,提出社会政策对经济发展的促进作用,一是提出基本原则,更加积极的社会政策;二是基本要求在微观层次上更加注重精准保障与服务,在宏观层次上要求更加注重社会政策对经济发展的贡献,提高社会政策的干预力度,抵御生活风险,释放日常消费促进双循环经济的发展。

本文作者:关信平,南开大学社会学院

数字社会的治理问题与
治理逻辑(观点摘要)

　　围绕现代社会治理的两种逻辑、数字社会的治理问题,数字资本主义、数字社会的治理逻辑,技术—资本治理,理解科技与社会治理的关系四个部分展开。法国大革命产生了社会学的马克思主义传统,工业革命形成了社会学的实证主义传统,两者共同奠定了现代社会学的社会基础。

　　现代社会治理的两种逻辑分别是资本主义治理逻辑和技治主义治理逻辑,即以"资本"增值、拓展和保护为核心的治理体系和以科学原则和技术手段为轴心的治理体系,提出数字社会的治理问题是数字资本主义,也就是基于数字主义与资本主义在全球化时代的联盟。而形成的资本主义新形态,是资本主义结构性需求适应数字化条件的运作方式,进一步解释了数字资本主义的技术逻辑和数字主义的资本逻辑,数字资本主义的治理问题是数字技术在建构新生产方式的同时,也服务于资本的逻辑。

　　在数字化生产条件占统治地位的社会中,整个社会生活表现为数据的积聚,人的主体性地位丧失。通过技术驯化和算法民间理论,结合从公司治理到资本治理再到数字化社会治理,厘清数字社会治理逻辑。最后提出协调、规范当代科技与社会的关系的观点。

　　本文作者:赵万里,南开大学社会学院

青年"躺平"现象的实证研究（观点摘要）

　　以默顿的失范理论视角为框架,通过"文化目标""制度性手段"两个主要因素对于"躺平"现象进行分析,考虑到我国社会文化结构和社会状况的特殊性,在现实生活中个体的选择路径和适应类型上呈现多元、复杂的成因,以及不同阶层文化目标的区别,引入阶层因素,对于不同阶层人群文化目标进行区别后,对于我国青年"躺平"现象可以大概分为四类,分别为退却型"躺平"、仪式型"躺平"、消极反抗型"躺平"与创新型"躺平"。

　　青年"躺平"现象成因较为复杂,影响青年"躺平"之因素,从"文化目标"以及"制度手段"两方面来看,价值观念之间的价值冲突、虚拟空间的发展和消费文化的兴起,以及社会风险、多元文化背景下社会包容度的增加和个体面对失败焦虑的心理机制,主要影响着在"躺平"现象中,青年个体适应类型中对于文化目标的态度;而社会转型期的阶层固化及其他因素、互联网与移动终端商业的发展,以及经济社会的发展与社会保障制度的完善等因素,则对个体在制度化手段的抉择作出重要影响。

　　可见,青年"躺平"现象的问题根源,在于"文化目标"与"制度手段"之间的冲突,是多矛盾与问题相互交织叠加形成的结构性问题,对于此部分青年群体所面临的社会困境,为避免更多青年受此类相对消极的话语引导,不能简单地从道德层面给予批判,或是从主流文化角度予以教训,更应当从制度层面入手多层次、多角度地破除青年困境,真正激发青年主动性。疏通、丰富实现个人奋斗、阶层跃迁的制度化手段,同时丰富、改变单一的文化价值目标,减小社会压力。

本文作者:贺寨平,天津师范大学应用社会学系

新流动性视域下乡村旅游高质量发展的治理再思考(观点摘要)

新流动性视角下乡村解构与失序的背景下,对当前乡村状况的深刻理解十分重要。尽管绝对贫困已得到缓解,但相对贫困仍然是一项极大的挑战;乡村空间正迅速受到人、物体、资本、信息、技术流动的影响,从而发生了解构和重塑;乡村治理的基础发生了变化,出现了资源诅咒、产业缺位、市场乱序、利益剥夺、精英俘获、参与障碍、文化变迁、贫困陷阱等实际问题,这些问题不容忽视。

乡村旅游高质量发展面临着诸多治理困境。乡村经济系统需要进行农业多功能挖掘、工业乡土化发展、服务业现代化再造,而这些都是需要面对的现实挑战。在人口结构变化、数字经济驱动、旅游从业能力失衡等因素引发的社会系统重构和治理难度加大的情况下,如何在外增收与在乡致富之间取得平衡成为一项复杂的任务。同时,制度安排与制度需求之间的矛盾也制约着乡村高质量发展。

在新流动性环境下,乡村旅游高质量发展需要应对经济、社会、制度系统的重构所带来的可持续发展挑战。有效治理是乡村振兴的社会基础。因此,在复杂的环境中,如何走向乡村旅游地的善治之路成为亟须解决的问题。最后,以陕西袁家村为例,通过权威善治视角对乡村旅游目的地治理演进机制进行了研究,提出了建设"健全自治、法治、德治相结合的乡村治理体系",实现"有效治理"和"共建共治共享"的目标。

本文作者:徐虹,南开大学旅游与服务学院

社会工作专业实习中的实践性
知识建构（观点摘要）

当前,社会工作本土经验和问题已经很难在西方理论框架下得到完全令人满意的解释,中国特色的社会工作专业急需探索适合本土国情的自主性知识体系,建构中国式现代化的社会工作实践理论。根据波兰尼知识的表征把知识划分成显性知识和默会知识以及派恩的《现代社会工作理论》可以看出,在这些学者的研究中都认可实践知识是构成社会工作理论的重要部分。社会工作专业实习过程中的实践性知识具有个人性、主体性、默会性和反思性的特征,将社会工作实习中的实践性知识生成过程分为认知阶段、价值体验阶段和行动阶段三个阶段。

社会工作实习中的实践性知识生成困境主要从实习生自身、实习机构、学校三个层面来分析:实习生面临着实习中的角色困境,实习机构对学校专业实习的重视程度不高和机构督导的专业性有待提升是主要问题,学校存在着专业督导的有效性不足、缺少有针对性的实习情景模拟等问题。由此,社会工作实习中实践性知识的生成路径分别从生成困境的三个层面来具体阐释。实习生应该牢固掌握社会工作专业理论知识,对课堂知识进行批判与反思在宏观环境中提高文化敏感性,提升角色认知能力。实习生要具备扎实的理论知识基础,并自觉将理论知识与自我实践经验进行联结与融合,才能实现理论知识向实践知识的转化,促进建构自我实践性知识。实习机构应完善社会工作督导制度,保障督导质量,并且合理安排行政性工作,保障实习的专业性。学校应完善专业实习制度,发展"学校+机构"的联合督导模式。

本文作者:徐丽敏,天津理工大学社会发展学院

全面建设社会主义现代化国家进程中全民健身高质量发展的思考（观点摘要）

　　将现阶段全民健身的发展对照全面建设社会主义现代化国家,还面临着很大差距。在党的十八大之后全民健身领域提出了如全民健身与健康促进、全民健身赛事新的特点、全民健身场地设施的保障等方面的新策略。对全生命周期健身与健康促进服务体系建设提出以下几点建议:

　　第一,将全民健身融入五位一体统筹发展的战略布局和全面建设社会主义现代化国家的新征程中,充分发挥全民健身的多元社会功能和综合社会价值。

　　第二,加强全民健身发展的顶层设计和政策保障,深度推进多领域融合发展,深入探索分析全民健身多元融合的新发展格局,加快构建全民健身高质量发展的新格局、新模式。

　　第三,以满足人民群众幸福美好生活为导向,探索我国全民健身公共服务供给模式的改革,需求侧管理。

　　第四,激发社会活力,探索全民健身公共服务、志愿服务、市场服务的全面协调、可持续发展的机制。

第五，从创新体制机制、改善产业布局和结构、创造良好市场环境、完善体育市场监管、强化体育产业要素保障、激发市场活力和消费几个方面，探索全民健身现代化产业体系建设和高质量全民健身市场发展的对策。

第六，打造全民健身智慧化服务新场景，构建全民健身智慧化发展的新生态和新模式，积极推进全民健身的数字化、信息化、智能化和智慧化服务体系的建设，为全民健身的高质量发展提供科技支撑。

本文作者: 王旭光,天津体育学院体育人文社科研究中心

重大公共热点事件中的网络表达 与社交空间生态优化（观点摘要）

　　当前,由普通网民承担主体建构者角色的网络表达,愈发成为新媒体时代网络公共参与的重要力量。在重大公共热点事件中,网络表达特征呈现出复杂化、矛盾化、摇摆化与流变化等新内涵,延伸出互联网技术平台设置的不同,平台活跃人群的多元,令网络社交媒介出现两种面向。

　　根据亨利·詹金斯提出,网络时代的"参与文化",联系到重大公共热点事件中社交空间网络表达景观呈现出以下几个现象:大规模实时性的全程参与及全民影响,满足诉求和情感的"自由传播"及自组织协作方式,多元主体"合唱"中的个人叙事视角下的"娱乐萌化"及异化情形深层互动与补充矫正,信息博弈间的"众声喧哗"及舆情多轮放大,冷热分层下的"带偏节奏"及舆论失焦等。

　　而后在洞悉重大公共热点事件背后的"饭圈文化"表达特质过程中,提出"后真相"是用来描述"客观事实在形成舆论方面影响较小,而诉诸情感和个人信仰会产生更大影响"的情形。作为一类独特的社会群体,"饭圈"通过互联网呈现出的高度组织化自治化的"集体"表达,深刻影响着社交场域舆情走势,不仅干扰了公共生活,也对社会治理形成了严峻挑战。所以,树立网络社交空间多维治理理念、构建健康网络生态治理共同体、完善重大公共热点事件信息传播体系、提升社交媒介生态综合实践力,就成为社交空间生态优化的必由路径。

本文作者:毕宏音,天津师范大学政治与行政学院

因于母职:家庭照料资源
对母亲托育偏好的影响
——基于 2019 年 CFPD 数据的分析(观点摘要)

婴幼儿照护是影响我国育龄妇女生育意愿的重要因素,政府虽制定了大量支持性政策,然而家庭的托育意愿依然非常低迷。关于我国托育服务的发展,目前学界主要从顶层制度层面、政府层面、托育服务机构实际发展困境以及对托育服务社会化的社会经济效益进行分析。从国家卫生健康委"2019 年全国人口与家庭动态监测调查"15~49 周岁有 3 岁以下子女的非农就业女性样本中获得 1027 个样本,基于基准模型 Probit、Oprobit 模型,通过了稳健性检验,再根据被解释变量测量、解释变量测量、调节变量测量、控制变量设置其中问题的为变量,得出以下结论:关注家庭照料资源对送托意愿的挤出效应,关注家庭照料资源对送托年龄的提升作用,注意母亲和祖辈照料资源影响程度的差异。

如由于没有找到合适的工具变量,内生性问题暂未得到解决,因此本文只是揭示了家庭照料资源与母亲 0~3 岁托育偏好之间的相关关系,无法进一步得出因果的结论。由于问卷的设置,无法进一步区分家庭对于私立和公办托育服务的需求差异;问卷中只有 0~3 岁托育服务,而无法区分 0~2 岁、2 岁及以上。祖辈照料对母亲 0~3 岁托育意愿以及理想托育年龄的影响机制,有待进一步研究探索。

本文作者:陈玲、吴帆,南开大学社会学院

新时代志愿服务的理论内涵、现实意义与发展策略(观点摘要)

我国新时代志愿服务发展从一个星星之火走到遍地开花,志愿服务越来越成为社会运行的一种方式。而其中也有些我们现在需要解决的问题,怎样去挖掘,怎样去认识中国特色的志愿活动。

新时代特色志愿服务体系就是中华传统思想文化里面的志愿理念和志愿精神,就是中国共产党人的一个精神谱系。当今志愿服务体系走向一个更宽广的脉络,志愿服务是要建构一种社会关系来激发社会活力,增进社会资本来加强社会整合,促进社会团结的一种社会行动。

志愿服务与社会变迁是同行的,与社会需要结构转型是同频的,与社会发展的变化是同步的,只有这样才能构成我们今天的中国的特色。怎么去把完善志愿服务工作制度和工作体系这项工作做得扎实,这是我们当前各级政府都需要去解决的问题。另一个重点就是处理我们政府推动发展和社会自发展之间的关系,也是需要关注的问题。

本文作者:李培志,天津社会科学院社会学所

573

换一个角度看"林张之辩"：
从二元社会结构看产业发展（观点摘要）

林毅夫与张维迎关于政府"有为/有限"、市场"失灵/有效"的问题讨论，从学理分析上来说似乎张维迎对于辩题的聚焦更加有针对性，对于政府所采取的诸如产业政策等工具进行了针对性范围聚焦讨论并引证，而林毅夫虽在一定程度上进行了辩驳但在引证时仍然有意无意地跳出了张维迎所划定的经济学探讨框架。但似乎即便张维迎所秉持的逻辑框架能够自洽，在实践面前也无法直面回答林毅夫所指出的"尚不见不用产业政策而获得持续性发展的国家"这一事实。

这就呈现出一种辩论场内张维迎"有理"，场外林毅夫"有用"的局面，可见两方分别站在经济学理论目标与实践过程发起的政府与市场辩论似乎都出现了一定的解释"无力感"，我们也许需要换一个角度，跳出经济学的束缚框架对政府与市场这一现实性的问题作出解释。

从二元社会结构的角度看，在社会主义初级阶段市场机制尚不成熟的时期，政府与市场实际上都是社会结构中的参与主体，二者的关系并非是不可调和的对立关系，也存在着某种并存与联结。在中国属地管理的大背景下，"伞式"结构与"蜂窝式"结构作为嵌入社会结构中的两大主体，都在发挥着各自配置资源的能力以推动产业发展。因此,我们应跳出经济学对于政府或市场经济行为的单独解构,换一个角度从社会结构的整体观来看二者之间的关系,这样就可以避免将二者分离开来单独讨论所造成的合成谬误。

可以看到政府与市场、企业在产业发展的不同阶段不同程度地展现出了互惠、庇护、支持、合作的紧密关系,既有企业主导的"蜂窝"结构"找伞"的情况,也有官方主导的"伞式"结构以委托、嫁接、让渡等方式联合"蜂窝"的情况,在这个过程中官方与民间市场都在产业发展中起到了主体作用,也正因如此才有了关于二者孰轻孰重的争论。我们要看到产业发展的主体由政府向市场的让渡是一个二元联动中逐步累进的过程,是一个由"政府、市场二重奏"到"政府搭台—市场唱戏",最终实现政府完全退出成为"裁判员"、市场成为资源配置"决定性"主体的"运动员"的过程。

本文作者:邵伟航,天津社会科学院社会学所

把自主作为方法:建构中国社会工作自主知识体系何以可能(观点摘要)

本文尝试研究中国社会工作自主知识体系的内含要义,也探索了中国社会工作知识制度体系的建设路径。可以把自己作为研究者,也可以把自己作为一个研究工具,也可以把自己作为研究内容。了解中国社会工作自主知识体系的建构,了解它的本质特征和基本构建。同样和中国自主知识体系一样,中国社会工作的自主知识体系也与自身这样的一个词根有关系,需要从自己出发去理解中国社会工作特殊体系的一个本质特征。

中国社会工作自主知识体系主要是一种来自自我实践的知识体系,也是一种解决了自身问题的知识体系,体现的是一种自主能力的知识体系,所以它的本质特征是有实践性、有效性和主体性。从它的本质特征我们也可以看到它的一个基本构架,中国社会工作的自主知识体系,包括理论体系、技术体系和方法体系三个组成部分。均以自己为优先,第一点体现了以自己为核心的理论体系,第二点是以自己为起点的技术体系。第三点是以自己为中心的方法体系。

把自己作为方法,是一种构建我们中国社会工作制度知识体系的有效路径,首先它一方面需要把自己作为研究主体研究工具和研究内容,另一方面也需要在对刚刚三个方法维度经验之中,解答中国社会工作的诸多难题和困境。构建中国社会工作自主知识体系的实践路径主要体现在从学术精英到大众参与,从专业的社会工作者实践场景中的多元合作者,还有各个学科的中国学者被视为研究主体,实现社会工作知识生产者从学术精英到大众参与的多元发展。其次是一种社会工作知识生产方式的转变,要把自己的经验,自己在为中国作为研究工具,实践研究范式完成到自我为中心的转型。最后是从学术之争到务实自身之实,社会工作知识内容的延展,要把自身实践困境特征和中国特质作为研究内容,实现知识内容从学术之争到务自身之实的延展。

本文作者:刘振,天津理工大学社会学院

接受者支配和声望地位对儿童资源分配行为的影响（观点摘要）

　　"社会地位"这个概念在社会学、心理学等诸多学科一直以来都是一个重点关注的变量和现象。社会地位从原始社会开始就以各种各样的形式存在着。那么在年幼的儿童生活中，他们也存在着各种各样类型的社会地位，比如说在同一个班级里面，可能有的孩子因为学习差或者表现差会受到这样的轻视，有的孩子可能会作为班干部享有某种所谓的社会地位。

　　在儿童的生活中也存在着不同形式的社会地位，研究儿童对社会地位的识别和理解，能够帮助我们更好地理解儿童的社会适应能力以及道德意识的发展。分别进行了两个实验：第一，在中国文化背景下的儿童群体身上，当接收者的支配与良好社会地位不等的时候，它能够对儿童的资源分配产生怎样的影响？结论是在"声望"情境下的分配结果是，随年龄发展变化相对平缓，一直是分配给高声望的人更多的资源。在"支配"情境下资源分配的结果相反。第二从 5 岁开始当这两种社会动机冲突的时候，他如何权衡这两个社会地位的相对重要性？结论是：5~8 岁的孩子更倾向于把资源分配当作一种奖励高声望的手段，并且随着年龄的增长，孩子综合考虑多种社会线索，表现出分配能力的提高。这个实验可以加深我们对"社会地位"这个复杂概念的理解,同时对家长或是教育者对孩子的公平意识及价值观发展的认识有重要的指导意义。

本文作者:张旭然,天津理工大学社会学院

生命历程理论视角下出狱人再社会化的若干思考（观点摘要）

个体生命历程早期的越轨预示着之后较弱的成年的社会纽带关系，而后者又预示着成年之后越轨行为的延续。但是成年期发生的重大生活事件（salient life events）和社会化历程可以在一定程度上抵消（conteract）早期生活经历的影响。这些重大生活事件对人生历程的重大作用被称为"转折点理论"。

以出狱个体为例，个体的再社会化过程当中，出狱意味着个体将建立新的社会关系，意味着生活方式的重大变化，这可能构成犯罪生涯的转折点。在出狱时，个体会被迫依赖于瞬时的家庭或同伴的支持，彼时的非正式控制力量会对行为方式变化产生最重要的作用力。转折点的发生不仅基于个体内部发生的变化，也不仅取决于外在环境，如家庭、朋友的非正式控制力量，而是一种综合作用。转折点被界定为一种非正式社会控制驱动下个体犯罪生涯的转折，因此社会力量以融入个体微观生活状态的方式发挥作用。从社会控制的角度来看，刑释人员出狱后是"继续犯罪"或"停止犯罪"两股对立力量的角力场，不同的力量牵扯着出狱人，将他推向不同的人生轨迹。犯罪治理是一项复杂、长期的社会工程，这一工程要求承认环绕个体存在的非正式控制的作用力和关联性。专业社会力量参与出狱人安置帮教工作有助于改善其所处的社会生活环境,提升非正式控制机制的质量。

本文作者:刘晓梅,天津工业大学法学院

社区健身与健康促进融合服务模式思考（观点摘要）

党的十八大以来，习近平高度重视人民的健康，提出健康中国、全民健身等国家战略，倡导构建运动促进健康新模式，积极推进健康关口前移。身体活动不足已经成为引起中国人死亡和多种慢性非传染性疾病发生和发展的重要危险因素之一。

通过文献资料法、实地考察法等，得出目前国内健身与健康促进中心的各地实践探索包含多种模式：以政府为主导，以市场化运营与多元需求导向为原则的武汉"江城健身 e 家"的社区科学健身服务综合体；通过与第三方企业合作为社区老年人提供多元化的健身与健康服务的上海社区老年人"体医融合"中心等。

从建设目标、建设原则、建设模式、运行模式等方面提出天津市社区健身与健康促进中心建设的设想。建设目标是搭建以社区为载体，利用智慧化技术、开放共享大数据资源、搭建互联网信息健康服务平台，构建更有针对性，更加科学和高效的全人群、全生命周期的大健康的服务模式。按照健康中国和全民健身国家战略总体要求，以全面建设社会主义现代化国家未来发展和人民健康需求为导向，充分发挥全民健身在健康前端关口的重要作用，加快全民健身与全民健康深度融合。根据依托单位性质划分为健身级、医疗级、专业级健身与健康促进中心。运行模式可以采用商业经营与公益建设有机融合的模式。

本文作者: 郑玉婷,天津体育学院全民健身研究智库

现代中国文学版图中的"天津"和"津味"

——2023 年天津市写作学会年会暨"城市书写与中国式现代化"学术研讨会综述

12 月 2 日,"城市书写与中国式现代化"学术研讨会暨天津市写作学会 2023 年学术年会在南开大学文学院成功举办。

天津市社会科学界联合会社会组织部副部长许国斌,天津市写作学会会长、南开大学文学院院长李锡龙,南开大学新闻与传播学院刘运峰,天津师范大学古籍保护研究院王振良,天津师范大学文学院副院长周宝东、刘卫东、丁琪,百花文艺出版社重点项目室主任、副编审刘洁,天津人民艺术剧院副院长、国家一级演员张文明,天津中医药大学文化与健康传播学院副院长薄彤、邢永革、杨一丹,河北师范大学文学院王勇,以及来自天津市及全国各地十余所高校、科研院所的四十余位专家学者齐聚一堂,开幕式由杨一丹副教授主持。专家学者围绕多个议题展开了广泛交流与深入讨论。根据会议议程和会上发言情况,择其要点综述如下。

习近平新时代中国特色社会主义思想指出,中国式现代化是人口规模巨大的现代化,是全体人民共同富裕的现代化,是物质文明和精神文明相协调的现代化,是人与自然和谐共生的现代化,是走和平发展道路的现代化。对于文学创作而言,其魅力不仅仅在于此时此地,更应彰显对人类命运的共同思考,以此获得超时空的艺术魅力。解决文学写作"为谁写""写什么"及"怎么写"的问题,是助力推动中华优秀传统文化的创造性转化与创新性发展的重要命题。

天津是近现代文学写作的重镇,有着丰富的"津味"城市文学,城市文学以文学的笔触记录着城市面貌、城市形象甚至社会关系和生活方式的变化,同时城市书写也深刻影响和改变着城市记忆、城市文化,成为考察城市历史、文化、现实的一个窗口,一种媒介。因此从文学作品、报刊文献、文化记忆中挖掘近现代天津形象,丰富天津书写,挖掘和呈现近现代天津的城市形象、城市文化和城市内涵,能够为丰富中国城市书写、讲好城市文化故事,进而"讲好中国故事"提供丰富的内涵支撑,也能够从城市文学的视角为探寻实现中国式现代化提供有益启发,这应为当代学术研究所重视。

一、镜像、景观与空间想象:天津城市文化的书写方式

天津城市空间问题可从地理空间、文化空间、生活空间、民俗空间、心理空间五个维度展开探讨。天津文化中的"上"与"下"最初由地理空间产生,最终指向的是天津人的心理空间。天津的城市空间可被二分为"中国地儿"与"租界地儿",或者说"上边儿"(天津卫城)与"下边儿"(租界地儿)。天津的文化空间也因此呈现出中西合璧、古今交融的特点,这鲜明地体现在天津的建筑、艺术等文化因素中。天津人的生活空间随之划分出西—中、官—民、富—贫的阶层或圈层,民俗空间也呈现出雅—俗、洋—华的对峙。在多重因素的共同作用下,天津人形成了小富即安、过日子的心理空间。由此可以看出,"上边儿"和"下边儿"产生之初并未脱离地理因素,但它与天津城市被屈辱地分割得七零八落的现实联系起来, 两个词的运用就体现出天津人心态上的分野,最后在某种程度上显示了天津人或者说天津城市的性格。

独具特色的文脉流传是城市生命的一部分,城市的形象正是在各类文化出版物中被创作者、研究者、读者共同建构。就文学与文化出版而言,天津在新中国成立前曾以出版通俗小说引起世人关注。现代意义上的天津文化出版肇始于新中国成立后,反映城市生活的作品开始在全国范围内涌现,天津的城市形象也在出版物中得到镜像反映。正是在这一时期,天津的文化出版业逐渐发展起来。进入 20 世纪 80 年代,以冯骥才、蒋子龙、林希为代表的天津作家群的创作日臻成熟,反映新时期发展建设的城市文学成为主流,天津的形象在各类文学和文化作品中完成迭代,实现了从城市到都市的形象跨越。而这些作品大部分是被天津的期刊刊发转载或在天津的出版社出版,可见城市形象的构建需要作家和出版机构共同发力完成,这也是天津出版行业最为繁荣的"黄金年代"。近年来,网络文学的崛起为文学创作带来了新的活力和可能性。

遗憾的是,无论是网络文学、传统文学还是文化出版领域,再难见到风靡一时的反映天津城市形象的现象级作品。但出版所承载的人文精神无论以何种样态留存于世,其间浸透的创作者和读者对城市空间——地理、文化与人——的多重想象仍可被感知。出版业仍承载着以高质量出版反映城市现实、塑造城市性格、传承城市文脉的社会功能。

戏剧艺术也是城市文化建构和文学表达的重要方式,更是人民群众喜闻乐见的呈现方式。天津人民艺术剧院创作的"津味戏剧"《海河人家》,延续了21 世纪以来"人家"系列作品关注寻常人生、跟踪时代变迁、展现地域风情的特色,同时又从主题提炼、艺术呈现等方面进行了创新。剧作以天津海河旁的一座小洋楼为空间载体,将 8 个家庭三十多个人物的命运编织进一个近乎生活流式的散文化结构当中,以扑面而来的烟火气、幽默细腻的情感表达、扎实稳健的情节架构,完成了个体生活记忆与时代精神走向的对接,让日常生活中的细节"说话",让家长里短成为社会变迁的"见证"。一个个鲜活的人物从生活中来,经过编导演的创造又在舞台上还原到生活当中去,用艺术的手段再现了一幅活生生的改革开放的历史画卷。

二、"津味儿"：从集体怀旧的"老味儿"到多元开拓的"新味儿"

"津味儿"这一概念尚有很多理论问题需要回答，肖克凡的中篇小说合集《天津小爷》《蟋蟀本纪》等作品或可解读一二。肖克凡小说的"津味儿"来源之一在于天津"民国想象"——具体言之即"民初天津-奇闻"和"抗日天津-谍战"这两大想象；来源之二在于民国故事中的奇人怪事；来源之三则是天津所独有的地域文化。肖克凡的"津味儿"更独特的一点在于他又多走了一步，结合自己的经历进行了"自选动作"，对"津味儿"进行了个性化的调配和拓展。在肖克凡的小说中，多了对天津"大杂院儿"的想象。肖克凡用"津味儿"的手法写"大杂院儿"，开拓了新的题材选项——"津味儿"并不一定只是民国天津所独有。

"津味儿"与"大杂院儿"的结合，看似是空间变化，实则是理念的转向：从能人异士到小人物。在"大杂院儿天津"中，对人性揭示的深度远超"奇闻"和"谍战"视角中的天津，在"传奇"和"战斗"之外增添了荒诞的色彩。可以说，民国天津的"津味儿"是一种集体怀旧的"老味儿"，而"新味儿"则需要每个作家进行新的开拓。回到个人史，寻找、表达个人体验到的"津味儿"，这或许是肖克凡的创作带来的最大启示。

2022年出版的小说集《多瑙河峡谷》收录了冯骥才发表于2019年到2021年的5部中短篇小说。与作家创作于新时期的津味儿小说相比，这5部小说已经发生显著变化。

首先，四十多年来中国经历了重要的社会转型，冯骥才的审美观照已经从"津门"系列小说对传统文化的反思转向聚焦当代社会伦理，深入思考改革开放以后中国市民社会逐渐富裕以后的价值转变和心理震颤。可贵的是，他并未止于对当代社会进行伦理批判,还试图从人文知识分子视域挖掘产生问题的深层根源,并从精神心理向度提出解决社会问题的方案。

其次,《多瑙河峡谷》本身的现实主义特征决定了作者必须摒弃市井奇风异俗的叙事模式,而把奇幻效果转移到叙述形式探索上来,创作出颇具现实主义内核又充满浪漫主义色彩、内蕴古典气质又散发出现代主义气息的"奇幻体"小说。

最后,在《多瑙河峡谷》的 5 篇小说中,标本化的津味儿已经不再浮现,取而代之的是一种新津味儿写作,即聚焦天津当代市民日常生活和市井生存哲学,在地域性与普世性的胶着状态中勾勒出天津城市文化的动态发展。可以说,《多瑙河峡谷》的价值取向蕴含着从传统津味儿向新津味儿的转变。

三、文化性格:现代报纸文艺副刊中的"天津印象"

文艺副刊既是文学作品的重要出版平台,也凭借其时效优势为文学作品的传播提供条件,而在同一个城市出版的所有副刊群更能彰显城市的品格、风貌与市民趣味。可以说,现代文学发展与文艺副刊关系密切,应当得到更多的重视。

天津是中国现代话剧的重镇和发源地之一,有着浓厚的城市戏剧氛围,不仅有现代话剧的演剧活动,传统戏曲、改良时装新戏也在天津城市交相辉映,从《庸报》副刊和电影广告版入手,审视 1930 年左翼文学发生前《庸报》,能够清晰地看到当时天津城市文化氛围以及对天津城市文化性格的影响。《庸报》创刊于 1926 年,比较受关注的副刊有《天籁》《另外一页》以及曹禺等人创办的《玄背》等,本文选取了不太受关注的戏剧副刊、1928 年 1 月 23 日创刊的《天津卫》为研究对象,从《庸报》副刊和电影广告版中可以审视 1930 年左翼文学发生前《庸报》的城市戏剧与城市文化的互动。尽管发刊词定位为生活指南,但《天津卫》是实际的戏剧副刊,主要着眼于戏剧教育和文本研究,也不乏戏剧理论与译介、戏剧组织和演剧活动等戏剧相关内容。在这其中,戏剧娱乐和传媒经济已然初现,体现出天津城市文化的商业性、娱乐性与大众化特征。

晚清天津与全国多地一样,有着缠足的习俗,女性承受肉体与精神的双重痛苦。而天津报刊多以开通风气为办报宗旨,利用白话、诗歌、小说等文学形式宣传戒缠足、提倡放足和天足,在清末民初社会文化转型中发挥了不可小觑的作用。清末新政时期,自朝廷颁布劝缠足圣谕之后,津门有识之士刘孟扬、张蔚臣等开始提倡天足,利用《大公报》《天津白话报》等报刊广为宣传,使天津缠足陋俗渐改。从晚清天津报刊中,可以较为详细地看到津冀女性从缠足到天足走过的曲折历程,既记录了女性缠足的血泪和放足的努力,也见证了城市从传统向现代的转型。

本文作者:杨一丹,天津中医药大学文化与健康传播学院;刘泱,南开大学文学院

散文之思与夫子自道

——读孙犁的《贾平凹散文集》序札记（观点摘要）

作于 1982 年的《〈贾平凹散文集〉序》是孙犁的一篇重要作品。早在 1981 年贾平凹《一棵小桃树》发表之时，贾平凹的散文就成为孙犁关注和偏爱的对象。随后借为《贾平凹散文集》作序之机，孙犁进一步阐释了自己的文学主张和文学理想，表明了自己的创作态度和是非标准。孙犁以"诚笃"评价贾平凹，这正是孙犁所认为的从事文学的基本素养。孙犁对贾平凹的奖掖之词也恰是孙犁晚年的自画像——广泛而深入地读书、写作，甘于寂寞而又在寂寞中坚守。孙犁在序文中谈及自己一直以庄子、欧阳修等古代散文家为圭臬，这亦可当作孙犁阅读取向和审美趣味的独白。孙犁还发表了自己对"闲适"类散文的看法，他并非否定此类散文，而是反对言不由衷、虚伪造作的作品，以情操作为散文的灵魂和判定散文艺术水准高下的标准。

最后，孙犁指出文章乃寂寞之道，而非谋求之术，这也可看作孙犁对于文坛旗帜鲜明的人格宣言。整篇序文阐明了孙犁所坚守的文学理想、所信奉的文学观念、所遵循的创作原则，反映了孙犁对于作家为人、为文之道，以及对于散文本质的思考。看似为他人作序，实乃孙犁的夫子自道。

本文作者：刘运峰，南开大学新闻与传播学院

天津文化的"上"与"下"

——关于天津城市空间问题的思考(观点摘要)

天津城市的空间问题可从地理空间、文化空间、生活空间、民俗空间、心理空间这5个维度展开探讨。天津文化中的"上"与"下"最初由地理空间的分割产生,而其最终指向的则是天津人的心理空间的分野。在地理空间的维度上,天津的城市空间可被二分为"中国地儿"与"租界地儿",抑或"上边儿"(天津卫城)与"下边儿"(租界地儿)。天津的文化空间也因此呈现出中西合璧、古今交融的特点,这鲜明地体现在天津的建筑、艺术等文化因素中。天津人的生活空间随之划分出西–中、官–民、富–贫的阶层或圈层,民俗空间也呈现出雅–俗、洋–华的对峙。在以上多重因素的共同作用下,天津人形成了小富即安、过日子、缺乏中产阶级的集体心理空间。由此可以看出,"上边儿"和"下边儿"产生之初并未脱离地理因素,但当其与天津城市被屈辱地分割得七零八落的现实联系起来时,两个词的运用就体现出天津人心态上的分野,也进而在某种程度上显现出天津人或者说天津城市的性格。

本文作者:王振良,天津师范大学古籍保护研究院

津味叙事的新开拓

——以冯骥才新作《多瑙河峡谷》叙事探索为中心
（观点摘要）

　　2022 年出版的小说集《多瑙河峡谷》收录了冯骥才发表于 2019 年到 2021 年的 5 部中短篇小说。与作家创作于新时期的津味儿小说相比,这五部小说已经发生显著变化。

　　首先,四十多年来中国经历了重要的社会转型,冯骥才的审美观照已经从"津门"系列小说对传统文化的反思转向聚焦当代社会伦理,深入思考改革开放以后中国市民社会逐渐富裕以后的价值转变和心理震颤。可贵的是,他并未止于对当代社会进行伦理批判,还试图从人文知识分子视域挖掘产生问题的深层根源,并从精神心理向度提出解决社会问题的方案。

　　其次,《多瑙河峡谷》本身的现实主义特征决定了作者必须摒弃市井奇风异俗的叙事模式,而把奇幻效果转移到叙述形式探索上来,创作出颇具现实主义内核又充满浪漫主义色彩、内蕴古典气质又散发出现代主义气息的"奇幻体"小说。

　　最后,在《多瑙河峡谷》的 5 篇小说中,标本化的津味儿已经不再浮现,取而代之的是一种新津味儿写作,即聚焦天津当代市民日常生活和市井生存哲学,在地域性与普世性的胶着状态中勾勒出天津城市文化的动态发展。可以说,《多瑙河峡谷》的价值取向蕴含着从传统津味儿向新津味儿的转变。

本文作者:丁琪,天津师范大学文学院

肖克凡与津味儿的个人化拓展(观点摘要)

"津味儿"这一概念尚有很多理论问题需要回答,肖克凡的中篇小说合集《天津小爷》《蟋蟀本纪》等作品或可解读一二。肖克凡小说的"津味儿"来源之一在于天津"民国想象"——具体言之即"民初天津-奇闻"和"抗日天津-谍战"这两大想象;来源之二在于民国故事中的奇人怪事;来源之三则是天津所独有的地域文化。

肖克凡的"津味儿"更独特的一点在于他又多走了一步,结合自己的经历进行了"自选动作",对"津味儿"进行了个性化的调配和拓展。在肖克凡的小说中,多了对天津"大杂院儿"的想象。肖克凡用"津味儿"的手法写"大杂院儿",开拓了新的题材选项——"津味儿"并不一定只是民国天津所独有。"津味儿"与"大杂院儿"的结合,看似是空间变化,实则是理念的转向:从能人异士到小人物。在"大杂院儿天津"中,对人性揭示的深度远超"奇闻"和"谍战"视角中的天津,在"传奇"和"战斗"之外增添了荒诞的色彩。

可以说,民国天津的"津味儿"是一种集体怀旧的"老味儿",而"新味儿"则需要每个作家进行新的开拓。回到个人史,寻找、表达个人体验到的"津味儿",这或许是肖克凡创作带来的最大启示。

本文作者:刘卫东,天津师范大学文学院

镜像、景观与空间想象

——高质量出版与天津城市形象建构（观点摘要）

独具特色的文脉流传是城市生命的一部分，城市的形象正是在各类文化出版物中被创作者、研究者、读者共同建构。就文学与文化出版而言，天津在新中国成立前曾以出版通俗小说引起世人关注。现代意义上的天津文化出版肇始于新中国成立后，反映城市生活的作品开始在全国范围内涌现，天津的城市形象也在出版物中得到镜像反映。正是在这一时期，天津的文化出版业逐渐发展起来。进入 20 世纪 80 年代，以冯骥才、蒋子龙、林希为代表的天津作家群的创作日臻成熟，反映新时期发展建设的城市文学成为主流，天津的形象在各类文学和文化作品中完成迭代，实现了从城市到都市的形象跨越。而这些作品大部分是被天津的期刊刊发转载或在天津的出版社出版，可见城市形象的构建需要作家和出版机构共同发力完成，这也是天津出版行业最为繁荣的"黄金年代"。近年来，网络文学的崛起为文学创作带来了新的活力和可能性。遗憾的是，无论是网络文学、传统文学还是文化出版领域，再难见到风靡一时的反映天津城市形象的现象级作品。但出版所承载的人文精神无论以何种样态留存于世，其间浸透的创作者和读者对城市空间——地理、文化与人——的多重想象仍可被感知。出版业仍承载着以高质量出版反映城市现实、塑造城市性格、传承城市文脉的社会功能。

本文作者：刘洁，百花文艺出版社重点项目室

"努力走在改革路上的天津人艺"

——浅谈天津人艺艺术创作和体制改革的经验

（观点摘要）

艺术工作者必须走进实践深处，观照人民生活，表达人民心声。《海河人家》的编剧黄维若在下笔之前多次到天津采风，对天津小洋楼文化进行了深入的调研和深刻的思考，对大杂楼里的邻里关系进行了细致分析。他认准小洋楼文化是中国近代史的缩影，从小洋楼到大杂楼的转变是中国四十年改革开放的真实写照。

导演钟海亦须臾未敢怠慢津门市井文化俗世俗貌的舞台浸透，在解释、处理、开掘和表达戏剧最基本的舞台要素和"规定动作"上天津味儿十足。《海河人家》延续了 21 世纪以来"人家"系列作品关注寻常人生、跟踪时代变迁、展现地域风情的特色，同时又从主题提炼、艺术呈现等方面进行了创新。剧作以天津海河旁的一座小洋楼为空间载体，将 8 个家庭三十多个人物的命运编织进一个近乎生活流式的散文化结构当中，以扑面而来的烟火气、幽默细腻的情感表达、扎实稳健的情节架构，完成了个体生活记忆与时代精神走向的对接，让日常生活中的细节"说话"，让家长里短成为社会变迁的"见证"。一个个鲜活的人物从生活中来，经过编导演的创造又在舞台上还原到生活当中去，用艺术的手段再现了一幅活生生的改革开放的历史画卷。

本文作者:张文明,天津人民艺术剧院

天津《庸报》副刊的城市戏剧氛围研究

——以《天津卫》为中心（观点摘要）

天津是中国现代话剧的重镇，亦是中国现代话剧的发源地之一，在发展过程中逐渐形成了浓厚的城市戏剧氛围。从戏剧种类来看，现代话剧的演剧活动、传统戏曲、改良时装新戏在天津交相辉映。在这其中，1930 年左翼文学发生前的《庸报》反映了相当浓厚的天津城市文化氛围，这一点可从《庸报》副刊和电影广告版中得以审视。《庸报》创刊于 1926 年，以往比较受关注的文艺副刊包括《天籁》《另外一页》以及曹禺等人创办的《玄背》等。与之相比，1928年 1 月 23 日创刊的《天津卫》尽管是不太受关注的一本副刊，但却具体地反映了天津城市戏剧与城市文化的互动。尽管其发刊词定位为"便利读者做生活上的指南"，但《天津卫》是实际的戏剧副刊。

《天津卫》着眼于戏剧教育，刊发了许多戏剧理论与译介文章，以及对戏剧作品的文本细读和文艺批评，并积极宣传戏剧组织与演剧活动，在版面间具有较高的互动性。与此同时，在谈及戏剧的功用时，《天津卫》的相关文章还指出"教育里重要的元素就是娱乐"。在《游艺新闻》和《天津卫》的交叉互动中，戏剧娱乐和传媒经济已然初现，体现出天津文化的商业性、娱乐性与大众化特征。

本文作者：杨一丹，天津中医药大学文化与健康传播学院

重庆报纸副刊中的"与抗战无关"论争
（观点摘要）

　　随着战略中心的转移以及人口的大迁移,抗战时陪都重庆一时间成为全国的文化中心和新闻中心。1938 年 12 月梁实秋开始编辑国民党《中央日报》的《平明》副刊并登出《编者的话》,此事引起轩然大波,形成了自抗战以来文艺界规范较大、影响深远的一次论争。罗荪借助《大公报·战线》打响了反击梁实秋的第一枪,并且引发了梁实秋的回应,梁实秋以及文学与抗战的关系迅速成为文坛与新闻界讨论的热点。《新蜀报》在副刊《新光》上设了专版讨论"与抗战无关"论的问题,三篇文章都态度鲜明地反对梁实秋"与抗战无关"的言论。在这之后刊登的各类批评乃至嘲讽梁实秋的文章俨然成了一场文学狂欢。

　　《国民公报》也是这场论战的主要阵地之一,《战火》副刊、《电影》副刊等都有文章对梁实秋的观点予以抨击。可以看到,梁实秋的"与抗战无关"论遭到了重庆各报刊的围攻,显示了抗战力量的强大和几乎是一边倒的社会舆论。但在另一方面,梁实秋的言论也与抗战进入相持阶段的大背景有关。它是一个测试器,测出了全国人民对投降主义时刻保持高度警惕的态度。同时它也是一个文学趣味转变的风向标,进入相持阶段的文学除了抗战的战斗性、宣传性之外还需要有趣味性和知识性,因此梁实秋的言论也包含了对人们多样审美需求的尊重。

本文作者:王勇,河北师范大学文学院

文艺副刊与中国现代文学研究漫谈
（观点摘要）

在中国现代文学孕育、发生、发展的历史进程中，图书、期刊、报纸文艺副刊是支撑其向纵深发展的三大出版平台。但与图书、期刊研究和相关文献的整理和数据库建设相比，报纸文艺副刊文献的整理、数据库建设及整体研究相对滞后，这是与文艺副刊在中国现代文学发展史上所起到的重要作用不相匹配的。一方面，文艺副刊是文学作品的重要出版平台，鲁迅《阿 Q 正传》、巴金《家》等许多中国现代文学重要作家的代表作品都最早发表于文艺副刊，具备不可替代的史料价值和版本价值。另一方面，凭借"随报附送"的时效性与广大的读者群优势，副刊为文艺作品提供了便捷、快速、畅通的传播扩散条件，甚至成为文学思潮、文学社团的重要阵地。

除此之外，中国现代文学的重要文艺副刊往往发行于北京、上海、重庆等重要城市，通过对在同一个城市出版的所有副刊群进行对比，城市的品格、风貌与市民趣味亦得以彰显。重回历史的第一现场，对以往未被关注到的文章碎片重新进行统筹整合，可对中国现代文学的面貌得出全新的认识。可以说，现代文学发展与文艺副刊关系密切，应当得到研究界更多的重视。

本文作者：李锡龙，南开大学文学院